U0383296

电子信息前沿技术丛书

Radar EW System
Simulation and Evaluation

雷达电子战系统
仿真与评估

肖顺平 / 主　编

赵　锋　艾小锋 / 副主编

冯德军　顾赵宇　吴其华　潘小义　刘晓斌 / 编　著

清華大學出版社
北　京

内容简介

雷达电子战建模与仿真技术在相关武器装备论证、设计、研发、定型、试验、训练等阶段发挥着不可替代的作用。雷达及其对抗装备技术的发展，以及大数据分析、数字孪生、智能建模、虚实一体等建模仿真新途径的出现，给雷达电子战仿真应用注入了新的活力。本书阐述编者团队 20 多年从事雷达电子战系统仿真与评估研究的成果、实例以及体会。全书共 10 章，第 1 章介绍建模仿真的基本概念，第 2～10 章分别对建模仿真体系架构、雷达系统功能级建模、雷达系统信号级建模、雷达目标与环境特性建模、雷达侦察与干扰系统建模、组网雷达对抗建模、雷达对抗分布式仿真、雷达电子战系统仿真模型校验、雷达电子战效果效能评估等方面的理论与技术进行详细的介绍，并给出翔实的应用实例。

本书可作为高等院校电子信息类专业的研究生教材，也可供雷达探测、电子对抗、仿真研究与设计等领域的科技工作者参考借鉴。

图书在版编目（CIP）数据

雷达电子战系统仿真与评估/肖顺平主编.—北京：清华大学出版社，2023.8（2025.3重印）
（电子信息前沿技术丛书）
ISBN 978-7-302-63635-9

Ⅰ.①雷… Ⅱ.①肖… Ⅲ.①雷达电子对抗－系统仿真－研究 ②雷达电子对抗－系统评价－研究 Ⅳ.①TN974

中国国家版本馆 CIP 数据核字（2023）第 094764 号

责任编辑：文　怡
封面设计：王昭红
责任校对：郝美丽
责任印制：宋　林

出版发行：清华大学出版社
　　　　　网　　址：https://www.tup.com.cn，https://www.wqxuetang.com
　　　　　地　　址：北京清华大学学研大厦 A 座　　　邮　　编：100084
　　　　　社 总 机：010-83470000　　　　　　　　　邮　　购：010-62786544
　　　　　投稿与读者服务：010-62776969，c-service@tup.tsinghua.edu.cn
　　　　　质量反馈：010-62772015，zhiliang@tup.tsinghua.edu.cn
　　　　　课件下载：https://www.tup.com.cn，010-83470236
印 装 者：三河市人民印务有限公司
经　　销：全国新华书店
开　　本：185mm×260mm　　　印　张：22.25　　　字　数：543 千字
版　　次：2023 年 8 月第 1 版　　　　　　　　　印　次：2025 年 3 月第 2 次印刷
印　　数：1501～2000
定　　价：99.00 元

产品编号：097813-01

FOREWORD

雷达电子战是信息化战争中不可或缺的重要组成部分。兵马未动,雷达电子战先行,并贯穿始终,成为战争双方争夺的焦点。通过建模仿真方法开展雷达电子战装备性能评估,一直是一种经济高效的手段,其在防空反导、精确打击、遥感侦察等领域被广泛应用。此外,建模仿真技术在雷达电子战装备发展论证、型号研制、鉴定定型、训练使用、作战应用、装备采办等全过程都具有不可替代的作用。

近年来,元宇宙、数字孪生、大数据分析等相关技术发展迅速,而其中最关键、最根本的是模型,模型的准确性决定了系统的有效性和真实性。美国率先开展数字化工程项目,组建数字基础设施联盟,并于 2022 年发布《提升博弈、演练、建模与仿真报告》《8315.05 指南:弹道导弹防御系统建模仿真校核、验证与确认》等重量级报告,着重提升雷达电子战领域的建模仿真能力。英国、澳大利亚以及北约等也在积极布局相关领域的研究。我国也长期致力于雷达电子战建模仿真,并开展了模型体系建设工程,形成了一系列仿真模型,并逐步开展基于 LVC(Live-Virtual-Constructive,真实-虚拟-构造)的仿真应用。

本书基于作者团队在雷达电子战建模仿真领域长期的研究积累,结合技术和应用发展,总结了相关研究的新成果。从建模仿真基本原理、体系架构、典型雷达及其面临的环境建模、模型校验、效能评估等全要素,系统地介绍所做的工作,并给出翔实的应用实例,以期领域内的读者能够快速建立仿真系统,开展仿真应用的研究工作。

本书共 10 章,第 1 章介绍电子信息系统建模仿真的基本概念,包括仿真方法及模型校验等;第 2 章介绍电子信息系统建模仿真体系架构,包括体系架构内涵、仿真体系架构设计、体系架构描述以及典型仿真体系架构分析;第 3 章介绍雷达系统功能级建模与仿真方法,包括雷达天线方向图、接收机、回波特性与建模、目标检测与参数测量、抗干扰等,并给出仿真实例;第 4 章介绍雷达系统信号级建模与仿真方法,包括雷达系统信号产生、接收处理、信号处理、数据处理、资源调度等全过程,并分别给出仿真实例;第 5 章介绍雷达目标与环境特性建模方法,包括目标运动特性、宽窄带电磁散射特性、大气传输路径与衰减、地海杂波等;第 6 章介绍雷达侦察与干扰系统建模方法,包括侦察系统基本原理及其功能级与信号级仿真方法,干扰系统基本原理及其功能级与信号级仿真方法;第 7 章介绍组网雷达对抗建模与仿真方法,包括分布式组网、集中式组网、双/多基地组网等建模仿真,并给出仿真实例;第 8 章介绍雷达对抗分布式仿真技术,包括分布式仿真的概念、特点及发展历史,高层体系架构,以及基于 HLA 的雷达对抗分布式仿真系统设计;第 9 章介绍雷达电子战系统仿真模型校验方法,包括建模与仿真校核、验证及确认基本概念,并以相控阵雷达仿真为例,介绍各个环节和指标的校验过程;第 10 章介绍雷达电子战效果效能评估模型,包括评估准则、评估指标体系等,并以相控阵雷达为例给出各个阶段的评估指标体系。

本书由国防科技大学肖顺平主编和统筹,是团队长期理论研究和工程实践的经验总结。其中,第 1 章由肖顺平、冯德军编写,第 2 章由肖顺平、艾小锋编写,第 3 章由吴其华编写,第 4 章由刘晓斌编写,第 5 章由冯德军编写,第 6 章由顾赵宇编写,第 7 章由艾小锋编写,第 8 章由肖顺平、赵锋编写,第 9 章由潘小义编写,第 10 章由赵锋编写。

本书的出版受到国家自然科学基金(No.62071475,No.61890540,No.61890541,No.61890542)资助,在此表示感谢。编写过程中,国防科技大学徐振海教授、李永祯研究员,航天科技集团一院十四所刘佳琪研究员,从篇章结构到具体技术内容提出了宝贵的意见和建议,徐志明、王俊杰等人也给予了帮助。在此一并表示衷心的感谢! 向本书参考文献的有关作者致以崇高的敬意。

本书可作为高等院校电子信息类专业的研究生教材,也可供雷达、电子对抗、仿真研究与设计等领域的科技工作者参考借鉴。由于雷达电子战系统相关技术快速发展,建模仿真新理论、新技术日新月异,加之作者技术水平有限,书中难免存在不足之处,恳请广大读者批评指正。

作 者

2023 年 8 月

目录

CONTENTS

第1章

绪　论

1.1　概述

自然辩证法认为观察与实验是科学认识的基础,也是检验理论的基本依据。达·芬奇认为:"科学如果不是从实验中产生,并通过实验去探索原因,便是毫无意义的。"但是,在现实生活中进行实实在在的实验存在许多的困难。例如,研制一枚导弹并检验其命中概率,必须建立在大量试验统计数据基础之上,也就是说,进行少量试验不能得到导弹的命中概率,但如果进行大量试验,经费开支是巨大的;同时,有些系统由于实验时间太长或危害性太大等原因根本不可能或不允许进行实验,如生态环境、人类社会发展、战争等。

为此,人们广泛利用数学手段对事物进行描述,通过建立系统的数学模型来研究系统的规律、特性,这也就是建模活动,如开普勒的行星运动三大定律、牛顿的万有引力定律、爱因斯坦的相对论等,这种方法的优越性促使其逐渐发展为系统研究和系统分析理论。但是,由于数学手段的限制,人们对复杂事物和复杂系统建立数学模型并进行求解的能力是非常有限的,计算机的出现使其成为可能,使人们能对复杂事物和复杂系统建立模型并利用计算机进行求解,这些手段和方法逐步形成了计算机仿真技术。

计算机仿真是指借助计算机(网),用系统模型对已经存在的、正在设计的、概念中的系统进行试验,以达到分析、研究、设计和评估该系统的目的。计算机仿真技术具有精度高、重复性好、通用性强、价格便宜等优越性,在军事研究、科学实验、工程技术、国民经济、重大决策等各个领域都得到了广泛的应用,其效果十分显著,特别是在重大国防武器系统研制或关键技术研究中,计算机仿真技术水平的高低直接关系到它们的先进性、经费开销、研制周期,甚至关系到所研究系统的成败。例如,舰艇作战系统建模与仿真技术,对加速海军舰艇作战系统建设,优化舰艇作战系统的体系架构,提高海军舰艇部队战斗力,都具有极为重要的意义。

本章详细介绍系统建模与仿真的基本概念,理解这些基本概念及其分类、工作流程是后续内容学习的基础,内容包括:系统的概念与分类方法,系统模型的概念、结构、分类方法、建模原则、建模方法、建模步骤等,系统仿真的定义、流程和分类方法等。

1.2 基本概念

1.2.1 系统

1.2.1.1 系统定义

系统一词最早见于古希腊原子论创始人德谟克利特(前460—前370)的著作《世界大系统》："任何事物都是在联系中显现出来的,都是在系统中存在的,系统联系规定每一事物,而每一联系又能反映系统联系的总貌。""系统"是一个内涵十分丰富的概念,很难给它下一个准确的定义。戈登(G. Gordon)在《系统仿真》一书中写道:"系统这个术语已经在各个领域用得如此广泛,以致很难给它下一个定义。"系统为"按照某些规律结合起来,互相作用、互相依存的所有实体的集合或总和"。这里给出一种普遍接受的定义:系统是由互相联系、互相作用的对象(要素、部件)构成的具有特定功能的有机整体。对我们来说,重要的是理解其含义。大至无限的宇宙世界,小到分子、原子,都可称为系统。仿真研究的一切对象都可称为系统。

例1.1 电炉温度调节系统

在图1-1所示的系统中,给定温度值与温度计所测量到的实际温度进行比较,得到温度偏差,该偏差信号被送到调节器中控制电炉的电压,从而达到控制电炉温度的目的。

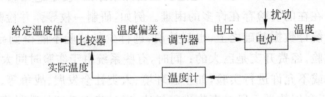

图1-1 电炉温度调节系统

例1.2 坦克推进系统

该系统由动力装置——发动机(动力特性、燃油消耗)、传动装置(离合器、传动箱、变速箱、减速器、主动轮)、行动装置(诱导轮、履带、悬挂装置)及操纵装置组成,将燃料燃烧产生的热能转变为机械能,经过传输、控制,使坦克获得机动性能,实现坦克运动,并保障坦克平稳行驶和通过难行地面与障碍物等。

尽管世界上的系统千差万别,但人们总结出描述系统的"三要素",即实体、属性和活动。实体确定了系统的构成,也就确定了系统的边界;属性也称为描述变量,描述每一实体的特征;活动定义了系统内部实体之间的相互作用,从而确定了系统内部发生变化的过程。

(1)实体:组成系统的具体对象。如例1.2中的动力装置、传动装置、行动装置和操纵装置。

(2)属性:实体所具有的某些特征。如例1.2中操纵装置的行程、操纵力;动力装置的转速、输出扭矩、燃油消耗;传动装置各旋转件的转速、传递扭矩;行动装置的速度、转速、行程。

(3)活动:特定长度时间内引起系统变化的过程。如例1.2中动力装置转速和扭矩的增减,操纵装置行程的改变,传动装置传动比的改变,行动装置行程的改变。

系统的运动、发展和变化,在不同的时刻系统中实体属性可能不同,这种变化通常用"状态"的概念加以描述：某时刻系统中实体、属性、活动的信息总和称为系统在该时刻的状态，用状态变量描述。

研究系统除了研究系统的实体、属性和活动外，还需要研究系统的环境，考察环境和系统之间的相互作用及对系统活动的影响。因此，研究系统首先应确定系统实体，即包括哪些对象，确定系统与环境的边界，这样可以清楚地了解环境的变化对系统的影响。在研究恒温系统中，往往要考虑环境温度的影响；在研究电系统中，常常要考虑电压波动；在研究机械系统中，也常常把温度、摩擦力等其他非线性因素当作干扰对系统的影响加以考虑。研究系统的重要内容之一是探讨系统及输入、输出三者之间的动态关系。系统输入（包括干扰）可看成环境对系统的作用，而系统输出可看成系统的活动。系统、环境、输入、输出之间的关系可由图 1-2 表示。

图 1-2　系统与环境

1.2.1.2 系统分类

1. 按照系统的特性分类

（1）工程系统：是指人们为了满足某种需要或实现某个预定的功能，采用某种手段构造而成的系统，如机械系统、电气系统、化工系统、武器系统等。工程系统有时也称作物理系统。

（2）非工程系统：是指由自然和社会在发展过程中形成的，被人们在长期的生产劳动和社会实践中逐步认识的系统，如社会系统、经济系统、管理系统、交通系统、生物系统等。非工程系统有时也称作非物理系统。

2. 按照对系统内部特性的了解程度分类

（1）白色系统：是指内部特性全部已知的系统。

（2）黑色系统：是指内部特性全部未知的系统。

（3）灰色系统：是指内部特性部分已知、部分未知的系统。

3. 按照系统的物理结构和数学性质分类

系统可分为线性系统和非线性系统、定常系统和时变系统、集中参数系统和分布参数系统、单输入/单输出系统和多输入/多输出系统等。

4. 按照系统中起主要作用的状态随时间的变化分类

所谓连续系统是指状态随时间连续变化的系统。若系统状态只在一些特定时刻 $t = \{t_1, t_2, \cdots\}$ 上被观测并产生相应的离散数据，即系统操作和状态只在离散时刻发生，则称为离散系统。离散系统又分为离散时间系统（如采样数据系统）和离散事件系统（如电话系统、理发店、加油站、交通管制红（绿）灯系统等，参见图 1-3）。

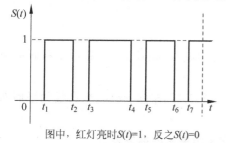

图中，红灯亮时$S(t)=1$，反之$S(t)=0$

图 1-3　红灯状态变化

虽然采样数据系统一类的离散时间系统的变量是间隔的，但是它和连续系统具有相似的性能，它们的模型都能用方程的形式加以描述。例如，采样数据系统在一定采样频率（如 1000 次/s、10000 次/s 等）下测得的数据是间断的，而被测系统是连续的。而离散事件系统一般带有随机性，即事件的发生不是确定性的，它的模型一般不能用方程形式来描述。同时，连续系统和离散时间系统的研究方法是控制论,而离散事件系统的研究方法是排队论和运筹论。因此,从模型研究角度,把系统分为连续系统、离散事件系统及混合系统是非常合理的,因为连续系统与离散事件在模型形式、建模方法和仿真技术上是截然不同的。系统中一部分具有连续系统特性,而另一部分具有离散事件系统特性,这样的系统称为连续-离散混合系统(简称混合系统)。现代数字计算机控制系统就是一种典型的混合系统(图1-4)。

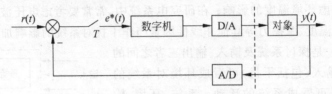

图 1-4　现代数字计算机控制系统

1.2.2　模型

1.2.2.1　模型定义

为了研究、分析、设计和实现一个系统,需要进行试验。试验的方法基本上可以分为两类:一类是直接在真实系统上进行;另一类是先构造模型,再通过对模型的试验来代替或部分代替对真实系统的试验。模型是对某个系统、实体、现象或过程的一种物理的、数学的或逻辑的表述,它不是原型的复现,而是按研究的侧重面或实际需要对系统进行的简化提炼,以有利于研究者抓住问题的本质或主要矛盾。传统上大多采用第一类方法。随着科学技术的发展,尽管第一类方法在某些情况下仍然是必不可少的,但第二类方法日益成为人们更为常用的方法,主要原因如下:

(1) 系统还处于设计阶段,真实系统尚未建立,人们需要更准确地了解未来系统的性能,只能通过对模型的试验来了解。

(2) 在真实系统上进行试验可能会引起系统破坏或发生故障,例如,对一个处于运行状态的化工系统或电力系统进行没有把握的试验将会冒巨大的风险。

(3) 需要进行多次试验时,难以保证每次试验的条件相同,因而无法准确判断试验结果的优劣。

(4) 试验时间太长或试验费用昂贵。

因此,在模型上进行试验日益为人们所青睐,建模技术也就随之发展起来。模型可以理解为为了某个特定目的将系统的某一部分信息简缩、提炼构造而成的系统的替代物,是系统某种性能的一种抽象形式。

1.2.2.2　模型分类

系统模型按存在形式可以分为以下几类:

(1) 描述性模型:运用文字形式简明阐述系统的构成、所处环境、主要功能和研究目的等。

(2) 物理模型:如一个待研制的新产品的模型,一个工厂、车间、仓库、生产线的平面布置图等。

(3) 数学逻辑模型:它是系统的各种变量的数学逻辑关系的抽象表述。

(4) 流程图和图解式模型:通常它们显示了系统组成部分相互之间的基本逻辑关系。

(5)计算机程序：运用通用的计算机程序语言或专用的模拟语言编写的计算机程序。

由于存在各种各样的系统，系统的数学模型分类方法很多，在系统建模与仿真领域常用以下两种分类法：

（1）根据模型的时间集合可以分为连续时间模型和离散时间模型。连续时间模型中的时间用实数来表示，即系统的状态可以在任意时刻点获得。离散时间模型中的时间用整数来表示，即系统的状态只能在离散的时刻点上获得，这里的整数时间只定性地表示时间离散，而不一定是绝对时间。

（2）根据模型中的状态变量可以分为连续变化模型和离散变化模型。连续变化模型中，系统的状态变量是随时间连续变化的。在离散变化模型中，系统状态变量的变化是不连续的，即它只在特定时刻变化，而在两个特定时刻之间系统状态保持不变。

上述两种分类方法相互交叉，可得到一种复杂的模型分类，如图1-5所示。第Ⅰ类模型系统状态随时间连续变化，且在任意时刻皆可获得系统状态变量值，此类系统是真正的连续系统，所对应的模型一般是常微分方程模型和连续时间的偏微分方程模型；第Ⅱ类模型系统状态随时间连续变化，而只在离散时间点上获取系统状态变量值，一般称为采样系统，所对应的模型是离散时间的偏微分方程模型和系统动力学模型；第Ⅲ类模型系统状态在离散时间点上变化，系统的状态变量可以连续表示，所对应的模型是离散事件模型；第Ⅳ类模型在系统状态变化和时间集合上都是离散的，所对应的模型是差分方程模型。

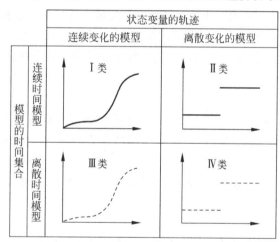

图1-5　连续模型与离散模型

1.2.2.3　系统建模

系统建模就是建立系统的数学模型，它是系统分析和综合的基础。系统数学模型是系统动态性能的描述和表达，揭示了系统的运动本质，准确地建立系统模型是一项十分重要的工作。系统模型建立的主要任务是确定系统模型的结构和参数。为了建立和研究系统模型，必须了解系统模型的一般结构。

1. 模型的基本结构

系统模型的基本结构用如下的数学形式表示：

$$E = f(x_i, y_i)$$

式中，E 为系统的工作性能；x_i 为可以控制的变量或参数，它们能够由决策者加以控制和利用,以便使模型解优化,通常,决策变量是 x_i 的主要部分;y_i 为不可控制的变量或参数,其往往不能为决策者所控制,在某种程度上表现了系统模型的环境,作为模型的输入信息反映其对模型理解的影响;f 为产生 E 时 x_i、y_i 之间的函数关系。

一般来说,系统模型是由组成要素参量、变量、函数关系、约束条件、目标函数这几方面的某种组合构成的。

1) 组成要素

组成要素是指所研究系统的组成部分,即系统的要素或子系统。对一个机械制造工厂来说,组成要素可能是在工厂内的车间、仓库、班组、工人、设备、产品、在制品、原材料、外协件等。我们把一个系统看成是一组相互独立、相互作用,并以某种形式联合起来去实现特定功能的实体的集合。按照这个观点,组成要素是构成系统的实体。

2) 参量

参量指模型运算部分能够赋予任意值的一个量度(或参数)。与变量不同,对于一定形式的函数而言,它只能赋予定值,即参量一经设定即保持不变。例如,对于泊松函数而言,随机变量 X 取值为 x 的概率为

$$P\{X=x\}=\lambda^x \mathrm{e}^{-\lambda}/x!$$

式中,λ 为分布函数的参量,x 为变量,e 为常数。

3) 变量

在系统模型中,有两类变量:外生变量和内生变量。外生变量也称输入变量,它起源于或产生于系统外部,即由外部原因引起;内生变量在系统内部产生。即由内部原因产生。内生变量又进一步分为状态变量和输出变量。状态变量表示在系统内的状态;输出变量表示离开系统的状态。

4) 函数关系

函数关系描述一个系统的变量和参量在系统的组成部分或组成部分之间的相互关系。它可以是确定性的,也可是随机性的。确定性函数关系是输入一经确定,则输出也唯一确定;而随机性函数关系是在既定的输入情况下,仍不会产生确定的输出。这两类函数关系都以输入变量以及状态变量的数学方程的形式出现,它们可以由统计方法和数学分析法进行假设和推断。

5) 约束条件

约束条件体现了对变量可供分配或消耗的限制。例如,对于一个军事问题而言,它的约束条件可能包括作战任务规模、作战环境、敌情、我军的武器装备、战略对军事的影响、国家科技水平与经济条件对军事问题的制约等。

6) 目标函数

目标函数是评价系统性能的准则。随着决策战略以及系统模拟目的的不同,目标函数可以是单目标的或多目标的。通过系统模拟拟订及模拟试验,我们能够获得优化系统目标函数的最优解或者接近最优解的较优解。

2. 系统建模原则

(1) 清晰性:一个大的系统由许多子系统组成,因此对应系统的模型也由许多子模型组成。在子模型与子模型之间,除了为实现研究目的所必需的信息联系外,相互耦合要尽可能少,结构要尽可能清晰。

(2) 切题性：模型只应该包括与研究目的有关的方面，即是与研究目的有关的系统行为子集的特性的描述。对于同一个系统，模型不是唯一的，研究目的不同，模型也不同。例如，研究空中管制问题，所关心的是飞机质心动力学与坐标动力学模型；研究飞机的稳定性与操纵性问题，则关心飞机绕质心动力学与驾驶仪动力学模型。

(3) 精密性：同一个系统的模型按其精密程度要求可分为许多级，对不同的工程，精密度要求不一样。例如，用于飞行器系统研制全过程的工程仿真器要求模型精度高，甚至要求考虑到一些小参数对系统的影响，这样系统模型复杂，对计算机要求高；但用于训练的飞行仿真器，要求模型精度相对就低，只要人感觉到"真"就行。

(4) 集合性：有时要尽量以一个大的实体考虑对一个系统实体的分割。例如，对武器射击精度鉴定，我们并不十分关心每发的射击偏差，而着重讨论多发射击的统计特性。

3. 系统建模方法

模型建立的任务是要确定模型的结构和参数。一般有三种途径：

(1) 对内部结构和特性清楚的系统，即所谓白盒系统（如多数工程系统），可以利用已知的一些基本定律，经过分析和演绎推导出系统模型。例如，弹簧系统是根据基尔霍夫定律经演绎建立的系统模型，此法称演绎法。

(2) 对那些内部结构和特性不清楚的系统，即所谓黑盒系统，如果允许直接进行试验观测，则可假设模型，并通过试验验证和修正建立模型，也可以用辨识的方法建立模型。对那些属于黑盒且又不允许直接试验测试的系统（如多数非工程系统），则采用数据收集和统计归纳方法来建立模型。

(3) 介于两者之间的还有一大类系统，对于它们的内部结构和特性有部分了解，但又不甚了解，此时则可采用前面两种相结合的方法。当然，即使对于第一类系统，有时在演绎出模型结构后，尚需通过试验方法来确定出它们的参数，因此第三种方法用得最多。

4. 系统建模步骤

科学技术的发展，交叉学科的涌现，使得所研究的系统趋于复杂化。同样，系统内部因素相互作用、相互影响、相互渗透，使系统与环境的边界更趋模糊，以至于很难提出一个普遍适用的步骤来一劳永逸地进行建模工作。但是，建模是有规律可循的。数学建模的过程大体上可以包括下面几个阶段，如图1-6所示。

1) 准备阶段

面临复杂的系统，准备阶段是繁重而琐碎的。首先，我们应弄清楚问题的背景、建模的目的或目标，并着手收集有关的材料。

2) 系统认识阶段

对于复杂的系统，通常首先用一个略图来定性地描述系统，并做以下几项工作，即假定有关的成分和因素、系统环境的界定以及设定系统适当的外部条件和约束条件。对于有若干子系统的系统，通常确定子系统，画出分图来表明它们之间的联系，并描述各个子系统的输入/输出(I/O)关系。在这个阶段应注意精确性与简化性有机结合的原则，通常系统范围外延大、变量多，子系统繁乱会导致模型的呆板，求解困难，精确性降低；反之，系统变量的集结程度过高，会使一些决定性因素被省略，从而导致模型失真。

3) 系统建模阶段

在模型建立之前，通常根据系统因素的特性和建模目的，作一些必要的模型假设，在此基础上,根据自然科学和社会科学的理论,建立一系列的数学关系式。模型的建立需要各学科知识的综合,微积分、微分方程、线性代数、概率统计、图与网络、排队论、规划论、对策论等应用数学知识是建模的基础,专业学科知识则是有力的工具。

4)模型求解阶段

模型求解常常会用到传统的和现代的数学方法,如计算机仿真是模型求解中最有力的工具之一。对于非自然科学系统模型的求解,如在社会经济系统中,由于问题的复杂性,常常无法用数学或模拟方法求解,因此有时在模型求解过程中寻求次优解作为模型的理想点。在求解阶段得出的结果一般要求对输入变量和参数变动不敏感,即模型的参数与变量之间有一定的稳定性,只有这样模型才是稳定的。

5)模型检验阶段

数学模型的建立是为系统分析服务的,因此模型应当能解释系统的现象和事实。在模型建立的基础上,常常用实际数据代入模型,检验模型是否真实。值得一提的是,在实际生活中,许多系统具有时滞性和长久性,即结果要很长时间后才能生效且影响的时间很长,这使模型难以验证,因此有的模型检验只能从定性的角度给予考虑。

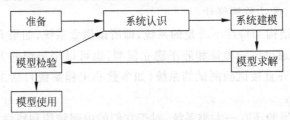

图 1-6　数学建模的主要步骤

1.2.3　仿真

1961 年,Morgenthaler 首次对"仿真"进行了技术性定义,即"在实际系统尚不存在的情况下对于系统或活动本质的实现"。另一个典型的技术性定义是 Korn 在 1978 年出版的《连续系统仿真》著作中给出"用能代表所研究的系统的模型做试验"。1982 年,Spriet 进一步将仿真的内涵加以扩充:"所有支持模型建立与模型分析的活动即为仿真活动"。1984 年,Oren 在给出"仿真"的基本概念框架"建模—试验—分析"的基础上,提出了"仿真是一种基于模型的活动"的定义,被认为是现代仿真技术的一个重要概念。实际上,随着科学技术的进步,特别是信息技术的迅速发展,"仿真"的技术含义得以不断发展和完善,从 Alan 和 Pritzker 撰写的《仿真定义汇编》可以清楚地观察到这种演变过程。无论哪种定义,仿真基于模型这一基本观点是相同的。综上所述,系统、模型、仿真三者之间有着密切的关系,系统是研究的对象;模型是系统的抽象,是仿真的桥梁;试验是仿真的手段。所以,仿真可以定义为:通过对模型的试验以达到研究系统的目的,或用模型对系统进行试验研究的过程。广义上讲,仿真就是利用相似学的基本原理,通过研究某种事物来研究与之相似的另一种事物的过程。

仿真技术是伴随着计算机技术的发展而发展的。在计算机出现之前,基于物理模型的试验一般称为"模拟",它一般附属于其他相关学科。自从计算机特别是数字计算机出现以后,其高速计算能力和巨大的存储能力使得复杂的数值计算成为可能,数字仿真技术得到蓬勃发展,从而使仿真成为一门专门学仿真科学与技术学科。

仿真学科的系统性、独立性主要表现在:

(1) 研究的对象既可以是已有的现实世界,也可以是设想的虚拟世界。研究方法是按照仿真的需求进行建模,从系统性的角度考虑各因素的交联。

(2) 研究的内容是包括建立研究对象模型、构造与运行仿真系统、分析与评估仿真结果三类活动的共性知识,以形成独立的知识体系。

在军事领域,"模拟"与"仿真"是两个常见的术语。《现代汉语词典》中对仿真的定义是:仿真是利用模型模仿实际系统进行实验研究的方法。对模拟的解释是:模拟是按照一个模式、模型和例子在动作、神态或行为上模仿或效仿。一般认为,"仿真"对应英文 simulation,而"模拟"对应 emulation。在不同的领域,不同的专家对这两个词的内涵也有不同的认识。一种认为两者的差别不大,另一种则认为两者存在差异。美国的 Zeigler 教授曾专门撰文解释两者的异同,认为两者的共同点体现在两点,一是它们都是针对相应对象进行的模仿;二是模仿的方法均是以模型为基础,也就是通过模型来表达对象的特征,进而加以研究。对于两者的差别,Zeigler 教授认为差别主要是两者所描述的对象不同:仿真描述的是一个实际系统,是一个"物"的概念,在军事领域也就是武器系统;而模拟所描述的是"动作、神态或行为",是生物的特有属性,从军事的角度来理解,模拟的对象是"人",具体来说也就是军队,这里的"动作、神态或行为"也就是指战争过程中军队的作战行动。

对于两者的关系,国内也有两种不同的声音。一种认同 Zeigler 教授的说法,另一种则认为两者没有什么区别,只是不同领域术语的不统一。例如,国防大学编译的《美军训练模拟》一书中,认为模拟与仿真完全可以通用。对于两者的关系,这里不再作更多的探讨。本书主要关注模拟训练,"模拟"一词的定义采用美国国防部的正式定义:模拟是对所选现实世界或假想条件下事件和过程特征的动态描述,它借助于从最简单到最复杂的方法和设施的辅助,依据已知的或假想的过程和数据运行。模拟训练的定义也是采用美国国防部的定义,即:模拟训练是在由模拟训练器(系统)实现模拟作战环境、作战过程和武器装备的作战效应下,所进行的严格的军事训练、军事作战演习或战法研究演练的全过程。另一个与模拟训练相关联且常用到的词是"作战模拟"(war gaming)。美国国防部联合出版物 102 号对作战模拟的定义是:"作战模拟是对在实际的或假想的环境下,按照所设计的规则、数据和过程行动的两支或多支部队进行对抗的模拟。"

1.2.3.1 仿真的分类

可以从不同的角度对仿真加以分类,比较典型的分类方法包括根据仿真系统的结构和实现手段分类、根据仿真所采用的计算机类型分类、根据仿真时钟与实际时钟的比例关系分类、根据系统模型的特性分类。

1. 根据仿真系统的结构和实现手段分类

根据仿真系统的结构和实现手段不同可分为物理仿真、数学仿真、半实物仿真、人在回路仿真和软件在回路仿真。

1) 物理仿真

按照真实系统的物理性质构造系统的物理模型,并在物理模型上进行试验的过程称为物理仿真。物理仿真的优点是直观、形象。在计算机出现以前,基本上是物理仿真。物理仿真的缺点是模型改变困难,试验限制多,投资较大。

2）数学仿真

对实际系统进行抽象，并将其特性用数学关系加以描述而得到系统的数学模型，对数学模型进行试验的过程称为数学仿真。计算机技术的发展为数学仿真创造了环境，使得数学仿真变得方便、灵活、经济。数学仿真的缺点是受限于系统建模技术，即系统的数学模型不易建立。

3）半实物仿真

半实物仿真又称物理—数学仿真，准确称谓是硬件（实物）在回路仿真，这种仿真方法是将数学模型与物理模型甚至实物联合起来进行试验。对系统中比较简单的部分或对其规律比较清楚的部分建立数学模型，并在计算机上加以实现；而对其他部分，则采用物理模型或实物仿真将两者连接起来完成整个系统的试验。半实物仿真具有以下特点：

（1）原系统中的若干子系统或部件很难建立准确的数学模型，再加上各种难以实现的非线性因素和随机因素的影响，使得进行纯数学仿真十分困难或难以取得理想效果。将不易建模的部分以实物代之参与仿真试验，可以克服建模的困难。

（2）可以进一步检验数学模型的正确性和数学仿真结果的正确性。

（3）可以检验构成真实系统的某些实物部件乃至整个系统的性能指标及可靠性，准确调整系统参数和控制规律。在航空航天、武器系统等研究领域，半实物仿真是不可缺少的重要手段。

4）人在回路仿真

人在回路仿真是操作人员、飞行员或航天员在系统回路中进行操纵的仿真试验。这种仿真试验将对象实体的动态特性通过建立数学模型、编程在计算机上运行；此外，要求有各种物理效应设备，模拟生成视觉、听觉、触觉、动感等人能感觉的物理环境。由于操作人员在回路中，人在回路仿真系统必须实时运行。

5）软件在回路仿真

软件在回路仿真又称为嵌入式仿真，这里所指的软件是实物上的专用软件。控制系统、导航系统和制导系统广泛采用数字计算机，通过软件进行控制、导航和制导的运算，软件的规模越来越大，功能越来越强，许多设计思想和核心技术都反映在应用软件中，因此软件在系统中的测试愈显重要。这种仿真试验将系统用计算机与仿真计算机通过接口对接，进行系统试验。接口的作用是将不同格式的数字信息进行转换。软件在回路仿真一般情况下要求实时运行。

2. 根据仿真所采用的计算机类型分类

1）模拟计算机仿真

模拟计算机是 20 世纪 50 年代出现的，自运算放大器组成的模拟计算装置包括运算器、控制器、模拟结果输出设备和电源等。模拟计算机的基本运算部件为加（减）法器、积分器、乘法器、函数器和其他非线性部件。这些运算部件的输入、输出变量都是随时间连续变化的模拟量电压，故称为模拟计算机。

模拟计算机仿真是以相似原理为基础的，实际系统中的物理量，如距离、速度、角度和质量等都用按一定比例变换的电压来表示，实际系统某一物理量随时间变化的动态关系和模拟计算机上与该物理量对应的电压随时间的变化关系是相似的。因此，原系统的数学方程和模拟计算机上的排题方程是相似的。

只要原系统能用微分方程、代数方程(或逻辑方程)描述,就可以在模拟计算机上求解。

模拟计算机仿真具有以下特点:

(1) 能快速求解微分方程。模拟计算机运行时各运算器是并行工作的,模拟计算机的解题速度与原系统的复杂程度无关。

(2) 可以灵活设置仿真试验的时间标尺。模拟计算机仿真既可以进行实时仿真,也可以进行非实时仿真。

(3) 易于和实物相连接。模拟计算机仿真是用直流电压表示被仿真的物理量,因此和连续运动的实物系统连接时,一般不需要 A/D、D/A 转换装置。

(4) 模拟计算机仿真的精度由于受到电路元件精度的制约和易受外界干扰,所以一般低于数字计算机仿真且逻辑控制功能较差,自动化程度也较低。

2) 数字计算机仿真

数字计算机仿真是将系统数学模型用计算机程序加以实现,通过运行程序来得到数学模型的解,从而达到系统仿真的目的。数字计算机的基本组成包括存储器、运算器、控制器和外围设备等。数字计算机只能对数码进行操作,数字计算机仿真必须将原系统变换成离散时间模型,故需要研究各种仿真算法,这是数字计算机仿真与模拟计算机仿真最基本的差别。

数字计算机仿真具有以下特点:

(1) 数值计算的延迟。任何数值计算都有计算时间的延迟,其延迟的大小与计算机的存取速度、运算器的解算速度、所求解问题本身的复杂程度及使用的算法有关。

(2) 仿真模型的数字化。数字计算机对仿真问题进行计算时采用数值计算,仿真模型必须是离散模型,如果原始数学模型是连续模型,则必须转换成适合数字计算机求解的仿真模型,因此需要研究各种仿真算法。

(3) 计算精度高。特别是在计算量很大时,与模拟计算机相比更显其优越性。

(4) 实现实时仿真比模拟仿真困难。对复杂的快速动态系统进行实时仿真时,对数字计算机本身的计算速度、存取速度等要求高。

(5) 利用数字计算机进行半实物仿真时,需要有 A/D 和 D/A 转换装置与连续运动的实物连接。

3) 数字模拟混合仿真

本质上,模拟计算机仿真是一种并行仿真,即仿真时代表模型的各部件是并发执行的。早期的数字计算机仿真则是一种串行仿真,因为计算机只有一个中央处理器(CPU),计算机指令只能逐条执行。为了发挥模拟计算机并行计算和数字计算机强大的存储记忆及控制功能,以实现大型复杂系统的高速仿真,20 世纪六七十年代,在数字计算机技术还处于较低水平时,产生了数字模拟混合仿真,即将系统模型分为两部分,其中一部分在模拟计算机上运行,另一部分在数字计算机上运行,两个计算机之间利用 A/D 和 D/A 转换装置交换信息。

数字模拟混合仿真具有以下特点:

(1) 数字模拟混合仿真系统可以充分发挥模拟仿真和数字仿真的特点。

(2) 仿真任务同时在模拟计算机和数字计算机上执行,这就存在按什么原则分配模拟计算机和数字计算机的计算任务的问题,一般是模拟计算机承担精度要求不高的快速计算任务,数字计算机则承担高精度、逻辑控制复杂的慢速计算任务。

(3) 数字模拟混合仿真的误差包括模拟计算机误差、数字计算机误差和接口操作转换误差,这些误差在仿真中均应予以考虑。

(4) 需要专门的混合仿真语言来控制仿真任务的完成。

随着数字计算机计算速度和并行处理能力的提高,模拟计算机仿真和数字模拟混合仿真已逐步被全数字计算机仿真取代。因此,今天的计算机仿真一般指的就是数字计算机仿真。

3. 根据仿真时钟与实际时钟的比例关系分类

实际动态系统的时间基称为实际时钟,而系统仿真时模型所采用的时钟称为仿真时钟。根据仿真时钟与实际时钟的比例关系,系统仿真分类如下:

1) 实时仿真

实时仿真即仿真时钟与实际时钟完全一致,也就是模型仿真的速度与实际系统运行的速度相同。当被仿真的系统中存在物理模型或实物时,必须进行实时仿真,如各种训练仿真器就是如此,因此有时也称为在线仿真。

2) 欠实时仿真

欠实时仿真即仿真时钟慢于实际时钟,也就是模型仿真的速度慢于实际系统运行的速度。对仿真速度要求不苛刻的情况一般采用欠实时仿真,如大多数系统离线研究与分析,因此有时也称为离线仿真。

3) 超实时仿真

超实时仿真即仿真时钟快于实际时钟,也就是模型仿真的速度快于实际系统运行的速度,如作战方案的仿真评估、大气环流的仿真、交通系统的仿真、生物进化(宇宙起源)的仿真等。

4. 根据系统模型的特性分类

仿真基于模型,模型的特性直接影响着仿真的实现。从仿真实现的角度,系统模型特性可分为两大类,即连续系统和离散事件系统。这两类系统固有运动规律不同,描述其运动规律的模型形式就有很大的差别。相应地,系统仿真技术也分为两大类,即连续系统仿真和离散事件系统仿真。

1) 连续系统仿真

连续系统是指系统状态随时间连续变化的系统,连续系统的模型按其数学描述可分类如下:

(1) 集中参数系统模型,一般用常微分方程(组)描述,如各种电路系统、机械动力学系统、生态系统等;

(2) 分布参数系统模型,一般用偏微分方程(组)描述,如各种物理和工程领域内的"场"问题。

需要说明的是,离散时间变化模型中的差分方程可归类为连续系统仿真范畴。原因在于,当用数字仿真技术对连续系统仿真时,其原有的连续形式的模型必须进行离散化处理,并最终也变成差分模型。

2) 离散事件系统仿真

离散事件系统是指系统状态在某些随机时间点上发生离散变化的系统。它与连续系统的主要区别在于,状态变化发生在随机时间点上。这种引起状态变化的行为称为"事件",因而这类系统是由事件驱动的;而且,"事件"往往发生在随机时间点上,也称为随机事件,因而离散事件系统一般都具有随机特性;系统的状态变量往往是离散变化的,例如,电话交换台系统,顾客呼号状态可以用"到达"或"无到达"描述,交换台则要么处于"忙"状态,要么处于"闲"状态;系统的动态特性很难用人们熟悉的数学方程形式(如微分方程或差分方程等)加以描述,一般只能借助于活动图或流程图,这样,无法得到系统动态过程的解析表达式。对这类系统的研究与分析的主要目标是系统行为的统计性能而不是行为的点轨迹。

1.2.3.2 仿真的过程

仿真有三个基本的活动,即系统建模(一次建模)、仿真建模(二次建模)和仿真试验,联系这三个活动的是计算机仿真的三要素,即系统、模型和计算机(包括硬件、软件)。它们之间的关系可用图1-7表示。

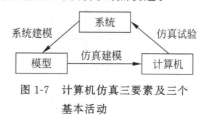

图1-7　计算机仿真三要素及三个基本活动

传统上,"系统建模"这一活动属于系统辨识技术范畴,仿真技术则侧重于"仿真建模",即针对不同形式的系统模型研究其求解算法,使其在计算机上得以实现。至于"仿真试验"这一活动,也往往只注重"仿真程序"的校核,至于如何将仿真试验的结果与实际系统的行为进行比较,也就是仿真的根本性问题——验证,却缺乏相应的理论研究。

现代仿真技术的一个重要进展是将仿真活动扩展到上述三个方面,并将其统一到同一环境中。在仿真建模方面,除了传统的基于物理、化学、生物学、社会学等基本定律及系统辨识等方法外,现代仿真技术提出了用仿真方法确定实际系统的模型。例如,根据某一系统在试验中获得的输入、输出数据,在计算机上进行仿真试验,确定模型的结构和参数。在仿真建模方面,除了适应计算机软、硬件环境的发展而不断研究和开发许多新算法及新软件外,现代仿真技术采用模型和试验分离技术,即模型的数据驱动。任何一个仿真问题都可分为两个部分,即模型与试验。在这一点上,现代仿真技术与传统的仿真定义是一致的。其区别在于,现代仿真技术将模型又分为参数模型和参数值两部分,参数值属于试验框架的内容之一。这样,模型参数与其对应的参数模型分开。仿真试验时,只需对参数模型赋予具体参数值,就形成了一个特定的模型,从而大大提高了仿真的灵活性和运行效率。

在仿真试验方面,现代仿真技术将试验框架与仿真运行控制区分开。一个试验框架定义一组条件,包括模型参数、输入变量、观测变量、初始条件、终止条件、输出说明。与传统仿真区别在于,将输出函数的定义也与仿真模型分开。

这样,当需要不同形式的输出时,不必重新修改仿真模型,甚至不必重新仿真运行。系统仿真的一般过程可用图1-8表示。

(1) 系统建模。建模与形式化的任务是根据研究和分析的目的,确定模型的边界。因为任何一个模型都只能反映实际系统的某一部分或某一方面,也就是说,一个模型只是实际系统的有限映像。为了使模型具有可信度,必须具备对系统的先验知识及必要的试验数据。特别是,还必须对模型进行形式化处理,以得到计算机仿真所要求的数学描述。

(2) 仿真建模。主要任务是根据系统特点和仿真要求选择合适的算法,其计算的稳定性、计算精度、计算速度应能满足仿真的需要。

(3) 程序设计。即将仿真模型用计算机能执行的程序来描述。程序中还要包括仿真试

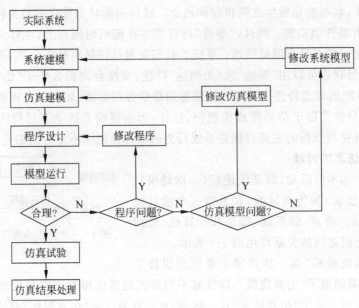

图 1-8　系统仿真的一般过程

验的要求,如仿真运行参数、控制参数、输出要求等。早期的仿真往往采用通用的高级程序语言编程,随着仿真技术的发展,一大批适用不同需要的仿真语言被研制出来,大大减轻了程序设计的工作量。

(4) 模型运行。分析模型运行结果是否合适,如不合适,从前几步查找问题所在,并进行修正,直到结果满意。

(5) 仿真试验和仿真结果处理。

1.2.3.3　仿真的应用

仿真技术已经有 50 多年的发展历史,不仅用于航空、航天、各种武器系统的研制,而且已经广泛应用于电力、交通运输、通信、化工、核能等各个领域。特别是近 20 年来,随着系统科学与工程的迅速发展,仿真技术已从传统的工程领域扩展到非工程领域,在社会经济、环境生态、能源、生物医学、教育训练等领域也得到了广泛的应用。仿真技术正是从其广泛的应用中获得了日益强大的生命力,而仿真技术的发展反过来使其得到越来越广泛的应用。

在系统的规划、设计、运行、分析及改造的各个阶段,仿真技术都可以发挥重要作用。随着人类所研究的对象规模日益庞大,结构日益复杂,仅仅依靠人的经验及传统技术难于满足越来越难的要求。基于现代计算机及其网络的仿真技术,不但能提高效率,缩短研究开发周期,减少训练时间,不受环境及气候限制,而且对保证安全、节约开支、提高质量尤其具有突出的功效。

1. 系统分析器

系统分析器是对已有系统进行分析时用的仿真技术。若系统是人造的,则可以通过仿真提出改造意见,如通过对汽车摆振问题的仿真分析提出克服摆振的方案;如果系统是自然的,则可通过仿真掌握其规律,使之运行得更好,如对生态平衡问题、环境问题进行仿真。

2. 系统设计器(工程仿真器)

系统设计器是对尚未有的系统进行设计时用的仿真技术。如构建欲设计系统的仿真模型,通过仿真考察其性能是否满足其要求;对已设计并制造出来的分系统在投入到整个系统中运行之前,利用仿真技术进行试验,如新控制器在工业过程中投运前先与仿真模型组合在一起进行分系统试验。

3. 系统观测器

在系统运行时,利用仿真模型作为观测器,给用户提供有关系统过去的(历史的)、现在的(实时的)甚至将来的(超实时的)信息,以便用户实时做出正确的决策,如利用仿真技术进行故障分析及处理。

4. 系统预测器

在系统运行前,利用仿真模型作为预测器,给用户提供系统运行后可能产生的现象,使用户修改计划或决策。

根据系统的数学模型,利用仿真技术输入相应数据,经过运算后即可输出结果,这种技术目前应用于很多方面,如专家系统、技术咨询系统和预测、预报系统。预测系统在很多领域都有应用。例如,应用地震监测模型根据监测数据预报地震情报;森林火警模型根据当地气温、风向、温度等条件预报火警;人口模型预测人口今后结构。

5. 系统训练器

利用仿真器作为训练器,训练系统操作人员或管理人员。一般来说,凡是需要由一个或一组熟练人员进行操作、控制、管理与决策的实际系统,都需要对这些人员进行训练、教育与培养。早期的培训大都在实际系统或设备上进行。随着系统规模的扩大、复杂程度的提高,特别是造价日益昂贵,训练时因操作不当引起破坏而带来的损失大大增加,因此,提高系统运行的安全性事关重大。以发电厂为例,美国能源管理局的报告认为,电厂的可靠性可以通过改进设计和加强维护来改善,但只能占可靠性提高的 20%～30%,其余要依靠提高运行人员的素质来提高。

训练仿真系统是利用计算机并通过运动装置、操纵装置、显示设备、仪器仪表等复现所模拟的对象行为,并产生与之适应的环境,从而成为训练操纵、控制或管理人员的系统。它能模拟实际系统的工作状况和运行环境,又可避免采用实际系统时可能带来的危险性及高昂的代价。

根据模拟对象、训练目的,可将训练仿真系统分为三大类。

(1) 载体操纵型:与运载工具有关的仿真系统,包括航空、航天、航海、地面运载工具,以训练驾驶员的操纵技术为主要目的。

(2) 过程控制型:用于训练各种工厂(如电厂、化工厂、核电站、电力网等)的运行操作人员。

(3) 博弈决策型:用于企业管理人员(如厂长、经理)、交通管制人员(如火车调度、航空管制、港口管制、城市交通指挥等)和军事指挥人员(如空战、海战、电子战等)的训练。

20 世纪 90 年代以来,"虚拟产品开发"(Virtual Product Development,VPD)技术引起了广泛关注,近几年来,人们又进一步提出了虚拟制造的概念。虚拟制造是实际制造过程在计算机上的本质实现,即采用计算机仿真与虚拟现实技术,在计算机上群组协同工作,建立产品的三维全数字化模型,"在计算机上制造",产生许多"软"样机,从而在设计阶段,就可以对所设计的零件甚至整机进行可制造性分析,包括加工过程的工艺分析、铸造过程的热力学分析、运动部件的运动学分析以及整机的动力学分析等,甚至包括加工时间、加工费用、加工精度分析等。设计人员或用户甚至可"进入"虚拟的制造环境检验其设计、加工、装配和操作,而不依赖于传统的原型样机的反复修改。这样使得产品开发走出主要依赖于经验的狭小天地,发展到了全方位预报的新阶段。总之,仿真技术之所以得到迅速发展,其根本的动力来自应用,而仿真技术的广泛应用又反过来促进了仿真技术的进步发展。

1.2.3.4　仿真的特点

1. 安全性

安全性一直是仿真技术被重用的最主要的原因,所以航空、航天、武器系统过去曾经是仿真技术应用的最主要领域,一直到现在仍然占据着很高的比例。20 世纪 60 年代以后,核电站及潜艇等也由于安全性的原因,广泛采用仿真技术来设计这类系统及培训这类系统的人员。

2. 经济性

几乎所有大型的发展项目,如"阿波罗"登月计划、战略防御系统、计算机集成制造系统都十分重视仿真技术的应用。这是因为,这些项目投资极大,有相当的风险,而仿真技术的应用可以较小的投资换取风险上的大幅降低。

3. 可重复性

由于计算机仿真运行的是系统的模型,在模型确定的情况下,稳定系统的输入条件,可以复现某一仿真过程,这样可以在稳定试验条件下对系统进行重复的研究,也可以通过过程复现培养受训人员的反应处理能力,提高训练效果。如飞行模拟器、电厂仿真器训练中的故障功能设置。

1.2.4　评估

人类科学研究可以划分为五个层次:认识论、实证论、方法论、价值论和本原论。其中,认识论是一种人类本能的认识方法;实证论的认识论讲究命题的证据;方法论是思想方法和世界观,它的特点是具有更高的抽象性;价值论中间加入了主观对象(人)的"价值标准",是牵涉"利益"的问题;本原论则旨在探求事物的根源和本来面貌,寻找现象发生的真谛。

评估一般是指明确目标测定对象的属性,并把它变成主观效用(满足主体要求的程度)的行为,即明确价值的过程,而英文中对此相关的典型解释有:"In general, an evaluation can be defined as the process of determining merit, worth, or significance"。可见评估问题的主体是人,这与一般实证论中无所谓主体是不同的。故而评估结论与评估目的、评估角度,甚至多方面的利益都息息相关。

综上所述,评估方法的研究不再局限于某个层次,而是横跨实证论、方法论和价值论多个层次的一个难题,这个特点是通常的自然科学课题所不具备的,这是问题难以解决的重要原因。

在这种背景下,国内的系统学专家提出了"物理—事理—人理"的系统方法论,并且把它应用到评估理论中。这种方法的特别之处在于不是力求排除人的主观因素,而是借助其他办法去协调平衡各方利益。

不同的应用领域有不同的评估需求,以电子对抗评估为例,当前电子对抗评估的主要方法分为三大类,即解析法、试验统计法和作战模拟法,这些方法也是作战效能评估的基本方法。这三种方法各有长短,在实践中各有其适用范围,还常常混合使用,取长补短。

1. 解析法

解析法的特点是根据描述效能指标和给定条件(常常是低层次的效能指标和作战环境条件)之间的函数关系的解析表达式来计算效能指标值。这个解析表达式可以直接根据军事运筹学理论来建立,也可以从用数学方法建立的效能方程得到。例如,运用概率论方法可建立不计对抗条件下射击效能的静态评估公式;应用排队论方法可建立不计对抗条件下射击效能的动态评估公式;应用兰彻斯特战斗理论可建立计入对抗条件下射击效能的评估公式。

解析法的优点是公式透明性好,易于理解,计算较简单,并且能够进行变量间关系的分析,便于应用。它的缺点是考虑因素少,只在严格限定的假设条件下有效,因而比较适用于不考虑对抗条件下的系统效能评估和简化情况下系统效能的宏观分析。

解析法的具体实现方法包括 ADC 法、层次分析法、模糊评估法、SEA 方法、结构评估法、经验假设法、量化标尺评估法、阶段概率法、程度分析法、信息熵评估法等。

2. 试验统计法

试验统计法的特点是运用数理统计方法,依据试验所获得的有效信息来评估系统效能。其前提是试验数据的随机特性可以清楚地用模型表示并相应地加以利用。常用的试验统计方法有抽样调查、参数估计、假设检验、回归分析和相关分析等。

试验统计法不仅能给出系统效能的评估值,还能显示武器装备性能、作战规则等因素对效能指标的影响,从而为改进武器装备性能和优化作战使用规则提供定量分析依据。对许多武器装备来说,试验统计法是评估其效能指标,特别是射击效能的基本方法。

3. 作战模拟法

作战模拟法的实质是以计算机仿真模型为基础,在给定数值条件下运行模型来进行作战仿真试验,由试验得到的关于作战进程和结果的数据直接或经过统计处理后给出效能指标的评估值。作战模拟法能较详细地考虑影响实际作战过程的诸多因素,因而特别适合于进行武器装备或作战方案的效能指标的预测评估。

1.3 电子信息系统仿真方法

1.3.1 概述

按系统模型的特征,系统仿真可以分为连续系统仿真及离散事件系统仿真两大类。过程控制系统、调速系统、随动系统等这类系统称为连续系统,它们的共同之处是系统状态变化在时间上是连续的,可以用方程式或结构图来描述系统模型。连续系统仿真的一般过程如图 1-9 所示。

利用系统建模技术可以建立系统的数学模型。如何把建立起来的系统数学模型转换成系统仿真模型,以便为分析解决实际问题服务,是计算机仿真的一个重要研究内容,即仿真算法。由仿真算法可以得到连续系统数字仿真方法。

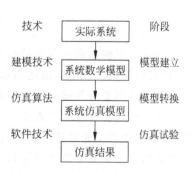

图 1-9 连续系统仿真的一般过程

在连续系统的数学模型中,微分方程是描述系统运动规律的一种重要方法。对于数量众多、比较一般的连续系统的数学模型,很难求得其解析解,而只能在计算机上进行仿真求解。实际仿真问题中归结出来的微分方程主要靠数值解法。为了在数字计算机上进行仿真,必须将连续时间模型转换为离散时间模型,这就是连续系统仿真算法所要解决的问题。它是数字计算机仿真的一个重要研究内容,是数字仿真与模拟仿真的根本差别。连续系统常用的仿真算法可分为数值积分法、离散相似法和快速数字仿真算法三大类。

根据仿真系统所采用的模型划分,通常将仿真系统分为以下几类:物理仿真、半实物仿真和数学仿真。物理仿真又称实物仿真,它是以几何相似或物理相似为基础的仿真。半实物仿真是将数学模型、物理模型联合在一起的仿真。数学仿真是以数学模型为基础的仿真,也就是以数学模型代替实际的系统进行试验,模拟系统实际变化的情况,用定量化的方法分析系统变化的全过程。

1.3.2 数学仿真

数学仿真的一般过程如图 1-10 所示,其中主要步骤包括以下几方面:

1. 问题阐述

问题提出并阐述是系统分析研究的第一步,它需要说明须解决什么问题、须干什么,所提出的问题必须是清楚明白的,必要时可以对问题进行重复陈述。问题一般由决策者与领域专家共同提出,或者是在获得决策者对问题同意的情况下由系统分析人员提出。

2. 目标确定

由系统分析人员和领域专家对系统进行分析,明确可重用的资源(包括模型、算法、仿真建模工具、数据等)、系统须具备的能力、存在的技术难点、需要解决的关键问题,同时对解决问题的途径、系统研发的时间要求、经费预算、预期效益、人员配备等进行分析与权衡,提供多种方案供决策者选择。

3. 系统分析与描述

在这一步中首先要给出系统的详细定义,明确系统的构成、边界、环境和约束。其次是确定系统模型的详细程度,即模型是精细的还是简化的,如对于运动平台,是采用运动学模型还是空气动力学模型;还要充分考虑系统研发中可重用的资源和需要新研发的模型与软件。最后还要确定仿真系统的体系架构与功能,如是采用集中式仿真还是采用分布式仿真等。

4. 建立系统的数学模型

领域专家根据系统分析的结果,确定系统中的变量,依据变量间的相互关系以及约束条件,将它们用数学的形式描述出来,并确定其中的参数,即构成系统的数学模型。所建立的数学模型必须是对系统的那些与研究目的有关的基本特性的抽象,即利用数学模型所描述的变量及作用关系必须接近于真实系统。同时,数学模型的复杂度应当适中。模型过于简单,可能无法真实完整地反映系统的内在机制;而模型过于复杂,可能会降低模型的效率,同时又增加了不必要的计算过程。

5. 数据收集

构造数学模型和收集所需数据之间是相互影响的,当模型的复杂程度改变时,所需的数据元素也将改变。数据收集包括收集与系统的输入/输出有关的数据以及反映系统各部分

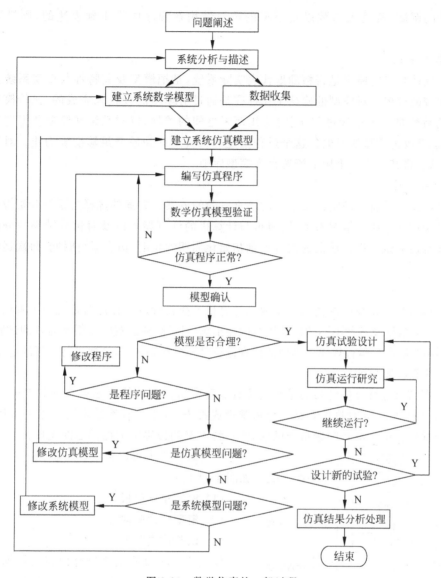

图 1-10 数学仿真的一般过程

之间关系的数据。

6. 建立系统的仿真模型

仿真模型是指能够在计算机上实现并运行的模型。建立系统仿真模型过程包括根据系统数学模型确定仿真模型的模块结构,确定各个模块的输入/输出接口,确定模型和数据的存储方式,选择编制模型的程序设计语言等。程序设计语言包括通用语言和专用仿真语言。专用仿真语言的优点是使用方便,建模仿真功能强,有良好的诊断措施等;缺点是模型格式确定,缺乏灵活性。仿真模型的建立一般由软件开发人员来完成。

7. 模型验证

模型的验证需要回答下述问题,即系统模型(包括对系统组成成分、系统结构以及参数值的假设、抽象和简化)是否准确地由仿真模型或计算机程序表示出来。验证与仿真模型及计算机程序有关,将复杂的系统模型转换成可执行的计算机程序不是容易的事,必须经过一定工作量的调试,若输入参数以及模型的逻辑结构在程序中是正确表达的,则模型验证通过。

8. 模型确认

模型确认是确定模型是否精确地代表实际系统,是把模型及其特性与现实系统及其特性进行比较的过程。对模型的确认工作往往是通过对模型的校正来完成的,比较模型和实际系统的特性是一个迭代过程,同时应用两者之间的差异,以对系统和模型获得透彻的理解,从而达到改进模型的目的。这个过程重复进行直到认为模型足够准确为止。对于经过确认的模型,将其作为可重用的资源存入模型库中。

9. 试验设计

仿真试验设计就是确定需要进行的仿真试验的方案。方案的选择与系统分析设计的目的以及模型可能的执行情况有关,同时也与计算机的计算能力以及对仿真结果的分析能力有关。通常仿真试验设计涉及的内容包括初始化周期的长度、仿真运行时间、每次运行的重复次数等。

10. 仿真运行研究

仿真运行就是将系统的仿真模型放在计算机上执行计算。在运行过程中了解模型对各种不同的输入数据及各种不同的仿真机制的输出响应情况,通过观察获得所需要的试验数据,从而预测系统的实际运行规律。模型的仿真运行是一个动态过程,需要进行反复的运行试验。

11. 仿真结果分析

对仿真结果进行分析的目的是确定仿真试验中所得到的信息是否合理和充分,是否满足系统的目标要求,同时将仿真结果分析整理成报告,确定比较系统不同方案的准则、试验结果和数据的评价标准及问题可能的解,为系统方案的最终决策提供辅助支持。

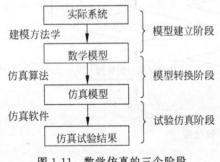

图 1-11　数学仿真的三个阶段

从仿真技术上可以将上述步骤分为三个阶段,如图 1-11 所示:

（1）模型建立阶段。

（2）模型转换阶段。

（3）试验仿真阶段。

模型建立阶段的主要研究内容是根据研究目的、系统的原理和数据建立系统模型,这一阶段的关键技术是建模方法学。

模型转换阶段的主要研究内容是根据模型的形式、计算机的类型及仿真目的将模型转换成适合计算机处理的形式,这一阶段的关键技术是仿真算法。

试验仿真阶段的主要任务是设计好仿真试验方案,将模型装载到计算机上运行,按规定的规则输入数据,观察模型中变量的变化情况,对输出结果进行整理、分析并形成报告,这一阶段的关键技术是仿真软件。

1.3.3　半实物仿真

半实物仿真系统是一种采用实体的仿真设备,在为被试对象构建的物理仿真试验环境中,综合数学模型和物理模型一起开展仿真试验的系统,一般由如下几部分组成。

（1）仿真设备：各种目标模拟器、电磁环境模拟器、仿真计算机、发射信号模拟器、物理效应设备等。

（2）参试部件：各种被试的真实物理部件或系统。

（3）各种接口设备：实时数字通信系统、数字量接口、模拟量接口等。

（4）试验控制台：包括试验设备、试件状态信号监视系统、仿真试验进程控制系统等，是用来监视控制试验状态进程的设备。

半实物仿真系统基本组成如图 1-12 所示。

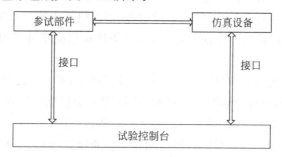

图 1-12　半实物仿真系统基本组成示意图

雷达电子战半实物仿真是一种硬件在回路中（hardware in the loop）的仿真，它将实际的设备接入仿真回路，仿真回路中有各种模拟器，模拟雷达射频信号的产生、合成、传输和处理，是一种实时仿真。半实物仿真分辐射式和注入式两类，辐射式半实物仿真系统通过暗室模拟被试设备的空间辐射。导弹突防半实物仿真是一种数学-物理仿真，导弹突防中防御雷达的接收机、雷达的信号处理、数据处理、电磁环境等都使用硬件设备进行物理模拟，导弹飞行动力学、导弹雷达目标特性、无源干扰等采用数学模型进行解算，弹载电子对抗设备则是通过射频接口直接接入系统的回路。目前各国的电子战系统半实物仿真大多采用这种仿真形式，由于它用各种模拟器构成信号的收发终端，并由数学模型联结成闭环回路，回路中有与实际情况一样的信号产生、处理等设备，因此仿真的可信度比较高，得到广泛应用。

雷达电子战半实物仿真比起外场电子对抗试验具有很多优势，主要体现在以下方面：

（1）试验成本低。要完成干扰机外场干扰效果试验评估，需要消耗大量人力和物力，组织时间长，协调量大，规模大，技术复杂，因此成本很高；而内场半实物仿真试验花费的人力和资源很少，组织时间也不长，因此成本较低。

（2）试验内容较全面。在外场干扰机干扰效果试验中，由于受试验装备和环境条件的限制，不可能完成各种条件下的对抗试验，因而无法全面完成战术技术指标的验证；另外，由于外场试验成本高，不可能用足够的试验次数来验证和收集系统的性能数据。而内场半实物仿真试验可以灵活地设置各种战情和态势、各种雷达工作体制和干扰机干扰模式，可以进行各种条件下的半实物仿真试验，特别是可以通过设置载机平台的运动特性来模拟实际的电子战装备的飞行特性，因此试验项目和内容较全面。

（3）试验逼真度较高。外场试验由于受条件的限制，不可能制造出武器系统实际作战的电磁环境，因此不可能对电子战武器系统的电磁环境适应能力进行近似真实作战环境下的试验。而在实验室内通过电磁环境模拟器电磁辐射源的设定，可以模拟近似真实的战场电磁环境，对干扰系统进行电磁环境适应能力试验。

（4）保密性好。外场试验处在一种宽开的试验场地，不可避免地要泄露试验电磁信号，因而保密性较差；而内场半实物仿真试验在室内进行，可以采取有效的措施防止试验电磁信号的泄露，保密性好。因此，内场电子战半实物仿真试验是目前很多军事先进国家首先采用的一种评估雷达电子战效果的有效方法。

1.3.4 功能级仿真

雷达系统仿真的主要理论基础是雷达距离方程和干扰方程。根据雷达距离方程，从斜距离为 R 的目标反射回来再被雷达所接收的回波信号与干扰相互交织在一起。干扰的表现形式为接收机噪声、杂波(来自不需要的散射源)以及电子干扰。在满足一定的信噪比/信干比条件下雷达能以较高概率发现目标，但这个条件这取决于许多因素，例如目标起伏方式、信号的处理方法等。

具体地说，雷达功能级仿真实质上是在数字计算机上，对一个已知概率的随机事件用蒙特卡洛统计试验法进行试验，从而得到该随机事件的一个模型。仿真雷达发现目标的随机事件 u，此事件的发生概率(即发现目标的概率)为 P_D。因为 $0 \leqslant P_D \leqslant 1$，所以 u 的取值范围也是 $[0,1]$，u 在此区间为均匀分布，因此随着 P_D 的增大，$u \leqslant P_D$ 的点数便越多，这就表示发现目标次数越多。若目标不存在，则可用相同的办法来仿真虚警概率 P_{fa}。进行功能级仿真时，主要的计算是根据目标与雷达的交会几何关系来计算信号及干扰的功率(如果不存在目标，则发现概率 P_D 换成虚警概率 P_{fa})。

由于功能级仿真只利用了雷达的功能性质，包含在波形和信号处理机中的详细内容没有涉及，只当作某种系统损耗来处理，对于大规模的仿真，这种仿真方法简单实用，特别是当雷达只是整个系统中的一个很小的组成部分时，则更是方便。但由于波形中的一些细节被忽略了，所以功能级仿真不能用来仿真实际系统中各个不同处理节点上的具体信号。功能级仿真基本上是对各种信号成分(目标、热噪声、杂波和电子干扰)功率的一种描述。雷达距离方程确定这些信号成分的换算关系。为了能利用几种标准检测情况当中的一种，必须用某一种标准情况下的统计特性去描述输出信号的统计特性。对于一个复杂的雷达环境(例如，假设干扰信号是高斯噪声与对数正态噪声的混合)，要这样做常常是很困难的。在有些应用场合下，就难以采用功能级仿真，例如欺骗干扰对抗雷达系统仿真、宽带雷达系统仿真等。在这些情况下，需要进行信号级仿真。雷达系统功能级仿真的基本思路是从信号功率的角度，运用雷达方程、干扰方程、干扰/抗干扰原理以及运动学方程等建立仿真计算综合输出(检测)信噪比模型，进而确定雷达检测时的发现概率与虚警概率，并在此基础上进行干扰/抗干扰性能评估和电子战条件下雷达检测过程的功能级仿真试验。

在雷达检测中有 4 种可能性，如表 1-1 所示。

表 1-1 检测中的 4 种可能性

目标存在情况	发 现	未 发 现
已知目标存在	正确检测	漏警
已知目标不存在	虚警	正确反映

对检测的输出很容易在统计学或蒙特卡洛的意义上进行仿真。假设已知有一个目标，且发现概率为 P_D。若产生一个在 $(0,1)$ 区间上均匀分布的随机变量 u，则可以定义，当 $u \leqslant P_D$ 时为发现目标；反之，当 $u > P_D$ 时，则没有发现目标。

雷达系统功能级仿真的流程如图 1-13 所示。

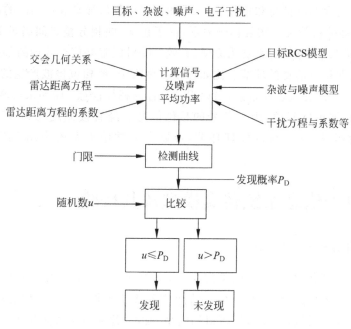

图 1-13　雷达系统的功能级仿真方法

雷达功能级仿真的基础是雷达距离方程。根据雷达距离方程，从斜距为 R 的目标反射回来再被雷达接收的回波信号功率为

$$P_s = \frac{P_t G_t G_r \lambda^2 \sigma D}{(4\pi)^3 R^4 L L_{\mathrm{Atm}}}$$

式中，P_t 为雷达发射机峰值功率；G_t 和 G_r 分别为雷达发射天线增益和接收天线增益；λ 为雷达波长；σ 为目标的雷达散射截面；R 为目标距雷达的距离；D 为雷达抗干扰增益因子；L 为雷达系统综合损耗；L_{Atm} 为电磁波在大气中传输的损耗。

1.3.5　信号级仿真

信号级仿真是指逼真地复现既包含幅度又包含相位的信号，复现这种信号的发射、在空间传输、经散射体反射、杂波与干扰信号叠加以及在接收机内进行处理的全过程。尽管可以利用线性叠加的方法，对各个单元进行组合或重新排列，从而省掉某些计算，但还是可以直接对雷达系统中实际信号的流通情况进行仿真。只要所提供的基本的目标模型和环境模型足够好，就可以使信号级仿真的精度足够高。

信号级仿真有两个重要特点，一是相参性，二是零中频信号。所谓相参性是指信号级仿真不仅能复现信号的幅度，还能复现信号的相位。对于相参处理雷达，如果仿真的信号不具有相参性，则不能仿真利用相位信息提高雷达检测性能的信号处理环节（如动目标显示、动目标检测等）。另外，如果在系统仿真中直接仿真射频信号，则要求的数学仿真系统采样率太高，普通计算机是不能满足这样高的运算能力的，况且也完全没有必要这样做，因为零中频信号已经包含了射频信号除载频以外的所有信息，而实际雷达处理射频信号时，总是先进行混频使信号载频下变频到一个可以处理的频率，因此仿真中用零中频替代射频，相当于省略了若干混频细节而不影响信号的检测等性能。

信号级仿真包含幅度信息和相位信息,因此可以用复信号来表示实际的信号,有几个显著的优点:①物理分析简便。用复信号表示,由于正交、同相分量之间满足 Hilbert 变换关系,则信号只有正频谱,分析起来更为方便、有效。②可以省略信号处理的某些线性环节,特别是一些需要提取相位信息的环节。比如在相参接收中,经相位检波产生的 I、Q 正交双通道信号,包含了回波的相位调制信息,可以得到目标的特征信息;而如果仿真系统直接使用复信号,则相位检波可以省略,因为信号的相位信息已经直接体现在其实部和虚部中了。③利于信号处理运算,许多线性处理环节,可以在数学仿真系统中用 FFT、相乘等运算实现。

1.4 电子信息系统仿真模型及其校验

1.4.1 仿真模型的建立

仿真的核心是各种模型,模型的可信度决定了整个系统的可信度。相似性原理指出,对于自然界的任一系统,存在另一个系统,它们在某种意义上可以建立相似的数学描述或有相似的物理属性。换句话说,一个系统可以用模型(或者"替身")在某种意义上来近似,这是整个系统仿真的理论基础。雷达电子战仿真过程中所建立的模型或者说寻找的"替身"具有一些基本特点:①相似性,即真实系统的"原型"与"替身"之间具有相似的物理属性或数学描述;②简单性,即在模型建立过程中,忽略了一些次要因素,实际的模型是一个简化了的近似模型;③多面性,对于由许多实体组成的系统来说,由于其研究目的不同,就决定了所要搜集的与系统有关的信息也是不同的,所以用来表示系统的模型并不是唯一的,即工程技术人员、靶场试验人员、指挥官所关注的问题不同,这会导致针对同样的原型所建立的模型不同。

电子信息系统模型的建立方法,或者说寻找反映问题主要矛盾的"替身"的方法主要有三类:①演绎法。即通过定理、定律、公理以及已经验证了的理论推演出数学模型,这种方法适用于内部结构和特性很明确的系统,可以利用已知的定律,利用力、能量等平衡关系来确定系统内部的运动关系,大多数工程系统属于这一类;②归纳法。通过大量的试验数据,分析、总结、归纳出数学模型。对那些内部结构不十分清楚的系统,可以根据系统输入、输出的测试数据来建立系统的数学模型;③混合方法。这是将演绎法和归纳法互相结合的一种建模方法,通常采用先验知识确定系统模型的结构形式,再用归纳法来确定具体参数。这种方法是最常用也是比较有效的。

简单地说,电子信息系统仿真中可以分为三个阶段:模型建立阶段、模型变换阶段和模型试验阶段。在模型建立阶段,核心问题就是要寻找所研究的雷达电子战对象的"替身",这个"替身"称为"模型"。模型变换阶段主要是根据模型的形式、计算机的类型及仿真目的,用建立的模型来替代实际的电磁环境,并建立相应的仿真软件,转换成适合计算机处理的形式。模型试验阶段的主要任务是根据雷达电子战仿真的方案,在计算机上运行建立的仿真软件,以规定输入数据,观察模型中变量的变化情况,对输出结果进行整理、分析并形成报告。

某雷达电子战仿真系统主要体现对抗条件下典型传感器、通信设备、导航设备、敌我识别设备等对武器装备作战效能的影响。仿真时,需要多种从不同角度描述系统的数学模型,涉及的主要数学模型如图 1-14 所示,主要包括战情环境模型、雷达系统模型、雷达侦察系统模型、雷达干扰系统模型、武器系统模型、模型与系统的校核、验证与确认等。

图 1-14　雷达电子战系统仿真主要数学模型简图

由图 1-14 可以看出,在进行雷达电子战仿真时,涉及众多系统的模型,其中最关键的模型是雷达系统模型和雷达干扰系统模型。模型的可信度是决定仿真系统逼真与可靠与否的关键因素,为保证模型的置信度,必须进行模型校验。

1.4.2 模型的校验

模型校验是仿真中一个极为重要的环节,它直接关系到仿真的可信度。模型校验过程是对模型的一个分析、评估过程,有时统称为 VV&A(verification, validation, accreditation),它们的含义如下:校核(verification)——对模型是否正确符合设计要求、算法、内部关系和其他技术说明的一种确定过程;验证(validation)——根据模型预期的使用目的,对模型是否精确表示了真实世界中客观事物的一种确定过程;确认(accreditation)——由管理部门根据专家评审和经验,证明模型在特定的应用领域使用是可接受的一种过程。

以相控阵雷达电子战相干视频信号仿真为例,这种类型的仿真需要模拟相控阵雷达系统工作的全过程,包括信号的发射、传播、目标回波、杂波与干扰叠加以及接收滤波、抗干扰、信号处理等环节,模型复杂,环节众多。因此,通常采取系统级校模和子系统校模相结合的方法。

各个子模块的有效性是整个系统有效的必要条件。在校模工作中,应先将仿真系统模型分到不可再分的子模块上去单独校验,即将该子系统从系统中抽出,在相同的输入条件下,比较系统的输出与实际输出,调整子系统中的可调参数,使该子系统的逼真度达到设定的值。然后再进行上一级模块的验证,如此下去,最后进行整体模型的校验。图 1-15 以相控阵雷达仿真系统的模型校验为例,给出了一种模型校验的思路。

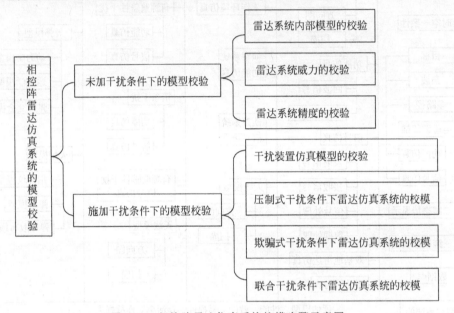

图 1-15　相控阵雷达仿真系统校模步骤示意图

思考题

1. 系统模型按存在形式可以分为哪几类?
2. 简述仿真与模拟的区别和联系。
3. 根据仿真系统所采用的模型划分,通常可将仿真系统分为哪几类?各有什么特点?
4. 简述模型的定义。
5. 简述系统建模的几个阶段以及各个阶段的作用。
6. 简述雷达功能级仿真和信号级仿真的区别和联系。
7. 简述电子信息系统仿真中的三个阶段以及各个阶段的作用。
8. 简述模型校验(VV&A)的含义。
9. 简述电子对抗评估的三类方法及其特点。

第2章

电子信息系统建模仿真体系架构

2.1 体系架构的基本概念

随着计算机技术和软件技术的发展,Amdahl于1964年首次提出体系架构的概念,使人们对计算机软件系统开始有了统一而清晰的认识,为从此以后的计算机软件系统设计与开发奠定了良好的基础。在软件工程领域,许多专家学者从不同角度和不同侧面对体系架构进行了定义和描述。一般而言,软件体系架构可表述为:为软件系统提供了一个结构、行为和属性的高级抽象,由构成系统的元素的描述、这些元素的相互作用、指导元素集成的模式以及这些模式的约束组成;软件体系架构不仅指定了系统的组织结构和拓扑结构,并且显示了系统需求和构成系统的元素之间的对应关系,提供了一些设计决策的基本原理。ANSI/IEEE Std 1471—2000给出了体系架构的定义:一个系统的基本组织,表现为系统的组件、组件之间的相互关系、组件与环境之间的相互关系以及系统设计和进化的原理。

电子信息系统仿真是随时间变化而实现电子信息系统模型的软件系统。体系架构设计是电子信息系统仿真系统开发过程中的关键步骤,目标是确定仿真系统的设计原则和总体框架,指导仿真系统设计的开展,保证仿真系统的开发工作能够达到预期目标,并能在仿真系统的整个生命周期中保持仿真系统能够方便地进行维护和调整,以适应所发生的各种变化。

2.2 体系架构的内涵

参照美国国防部1997年12月发布的C^4 ISR体系架构框架(CAF),电子信息系统仿真的体系架构可划分为三个视图:运作体系架构(Operational Architecture,OA)、技术体系架构(Technical Architecture,TA)和系统体系架构(System Architecture,SA),如图2-1所示。

1. 运作体系架构

电子信息系统仿真的运作体系架构描述完成仿真目标所需的运作节点或运作元素、各运作节点或运作元素所完成的仿真任务和活动、运作节点或运作元素之间的信息交换等。

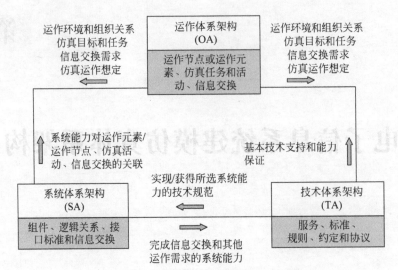

图 2-1　电子信息系统仿真的体系架构视图

其中,信息交换描述的内容包括所交换信息的类型、信息交换的频率、信息交换所支持的任务和活动、信息交换的内涵等。

电子信息系统仿真的运作体系架构描述可以采用图形和文本方式,内容包括:

(1)运作环境总体描述。提供关于仿真运作环境中运作节点或运作元素、它们的连接关系的高层次描述以及内部和外部信息流的顶层描述。

(2)运作组织关系描述。描述仿真运作环境中相关组织机构和它们之间的相互关系。

(3)仿真目标分解。将仿真目标分解为一系列仿真任务,并进一步将各仿真任务分解为若干层的子任务。目标是最底层的仿真任务能与某个特定的运作元素或运作节点相关联,即被某个特定的运作元素或运作节点所完成。

(4)仿真活动描述。描述实现仿真任务的功能性活动、这些活动的相互关系以及它们与仿真用户之间的关联。

(5)信息交换需求描述。基于上述仿真任务分解和活动描述,围绕实现仿真任务的各功能性活动,描述信息交换需求。描述的内容根据仿真应用的具体需要而定。通常,信息交换需求描述包括功能性活动的名称、待交换的信息名称、信息的发布者、信息的接收者、表现信息的媒介类型、信息的分类、信息流量、信息交换时限等。信息交换需求影响仿真技术体系架构中的标准和约定的选择。

(6)仿真运作想定。以图形或文本形式,简要描绘仿真目标、仿真任务以及实现仿真目标和仿真任务的仿真活动流程。

2. 技术体系架构

电子信息系统仿真的技术体系架构提供可应用的服务、标准、规则、约定和协议,为电子信息系统仿真运作体系架构需求(包括功能性需求和非功能性需求)的实现提供技术基础,指导电子信息系统仿真的分析、设计和实现。

3. 系统体系架构

系统体系架构以技术体系架构为技术基础,实现运作体系架构需求。电子信息系统仿真的系统体系架构主要包括电子信息系统仿真的软件和硬件、它们之间的逻辑关系、接口标准和信息交换,还包括电子信息系统仿真与外部环境(尤其是用户)的交互。

4. 三者之间的关系

运作体系架构、技术体系架构和系统体系架构三者之间的关系如图 2-1 所示,运作体系架构为系统体系架构、技术体系架构提供运作环境和组织关系、仿真目标和任务、信息交换需求、仿真运作想定,系统体系架构为运作体系架构提供系统能力对运作元素/运作节点、仿真活动、信息交换的关联,技术体系架构为运作体系架构提供基本技术支持和能力保证。

2.3 电子信息系统仿真体系架构设计

2.3.1 设计目标

电子信息系统仿真体系架构设计的目标包括:

(1) 实现仿真目标,满足仿真需求。对电子信息系统仿真而言,既存在功能性需求,也存在非功能性需求。这些需求可以划分为不同的优先等级,例如"必须实现"的需求、"应当实现"的需求和"想要实现"的需求等。在进行体系架构设计时,要综合评估这些不同优先级的需求,提出折中的方案。非功能性需求刻画电子信息系统仿真的质量特性,在体系架构设计阶段就要考虑它们的实现方法。

(2) 实现系统的灵活划分和分布。好的体系架构应允许在不进行重设计的前提下,能以多种不同的方式灵活实现电子信息系统仿真的结构组件以及功能组件的划分和分布。为达到这一目的,在体系架构设计阶段需要认真考虑各种组件分布的潜在需要。

(3) 减少系统维护和进化费用。体系架构应有助于使电子信息系统仿真整个生命周期中的维护和进化费用最小化。在体系架构设计时,需要预测电子信息系统仿真开发和运行过程中会发生的多种变化,进而评估这些潜在变化的影响,并采取措施尽可能地使这些变化对电子信息系统仿真设计和实现的影响局部化。一个具体的措施是尽可能减小并有效控制电子信息系统仿真各种组件之间的相互依赖。

(4) 提高重用性以及与遗留系统和第三方软件系统的集成性。体系架构应使电子信息系统仿真应用能够重用某些现存的组件、框架、类库、遗留系统、第三方应用等。

2.3.2 设计步骤

如图 2-2 所示,电子信息系统仿真体系架构设计可遵循一个迭代增量式的分阶段过程。

2.3.2.1 捕获体系架构需求

捕获体系架构需求的目的是从技术、运作、功能 3 方面,为体系架构设计提供需求驱动。捕获体系架构需求的活动主要包括:获取和描述电子信息系统仿真的业务需求和用户需求,分析和描述功能性需求和非功能性需求,识别与电子信息系统仿真体系架构相关的运作、技术和功能需求(含非功能性需求)。

1. 电子信息系统仿真需求

IEEE 软件工程标准词汇表(1997)中定义需求(requirement)为:①用户解决问题或达到目标所需的条件或能力;②系统或系统的组件必须满足的条件或必须具备的能力,以满足合同、标准、规范或其他正式文件的要求;③一种反映①或②所描述的条件或能力的文档

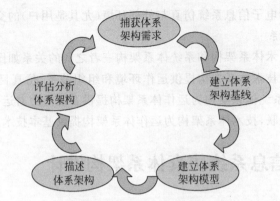

图 2-2   电子信息系统仿真体系架构设计基本过程

化表示。

电子信息系统仿真需求是对电子信息系统仿真中各个有意义的方面的陈述的一个集合,对仿真系统的分析、设计、实现、测试、运行和维护起指导和约束作用。电子信息系统仿真需求包括业务需求、用户需求、功能性需求和非功能性需求等方面内容。

1) 业务需求(business requirement)

客户(customer)(例如决定或批准、并投资启动电子信息系统仿真系统开发项目的组织、机构、公司等)建设电子信息系统仿真系统的目的和所要通过电子信息系统仿真实现的业务,反映了客户对电子信息系统仿真系统的高层次目标要求。

2) 用户需求(user requirement)

用户(user)(使用电子信息系统仿真系统的人群、组织、机构等)需要应用电子信息系统仿真系统达到什么样的目的,做哪些事。

3) 功能性需求(functional requirement)

电子信息系统仿真系统为了实现业务需求和用户需求而必须具备的功能,即电子信息系统仿真系统在职能上应该做什么。

4) 非功能性需求(nonfunctional requirement)

反映电子信息系统仿真系统质量和特性的额外要求,主要从各个角度对所考虑的可能的功能性需求的实现方案起约束和限制作用。非功能性需求包括过程需求(例如交付需求、文档化需求等)、产品需求(包括可移植性需求、可靠性需求、效率需求、易用性需求、可重用性需求、可维护性需求、运行环境需求、安全保密性需求等)和外部需求(包括费用需求、法规需求等)等方面内容。

下面进行简要描述。

(1) 文档化需求。从质量监督和使用维护等方面出发,客户方需要项目开发方提供关于需求规格说明、仿真模型、软件测试、仿真 VV&A 的规范化文档。文档化需求规定文档的内容和格式。

(2) 可移植性需求。包括仿真软件对不同运行环境的适应性和仿真软件在特定运行环境中的易安装性。

(3) 可靠性需求。可靠性指的是仿真软件在一定的环境中,以用户能够接收的方式运行时所表现出来的始终如一的能力。可靠性需求刻画仿真软件故障引起失效的频度的成熟性、出现仿真软件错误和（接口）操作错误情况下维持规定性能水平的容错性和在仿真软件失效发生后重建其性能水平并恢复直接受影响的数据的能力及所需开销，即易恢复性。常用的可靠性需求描述指标包括平均失效间隔时间（mean time between failures，MTBF）、平均修复时间（mean time to repair，MTTR）等。

（4）效率需求。描述仿真系统的最大用户容量以及仿真软件执行其功能时的时间特性（响应时间、处理时间和吞吐量等）和资源特性（使用资源，例如内存、数量及资源利用效率）。

（5）易用性需求。主要涉及仿真软件逻辑概念及其应用范围对用户的易理解性、仿真软件应用（例如运行、输入、输出控制）对用户的易学习性、软件运行时与用户的易交互性以及人机界面的友好性和舒适性。

（6）可重用性需求。仿真模型、软件或软件模块在类似的或新的仿真系统中的可重用性。可重用性可在仿真系统开发的效率和效益等方面带来收益。

（7）可维护性需求。包括仿真软件故障和失效原因的易分析性、针对仿真软件修改、排错或环境变化的易改变性、在仿真软件修改造成未预料结果情况下的稳定性和仿真软件修改成果的易测试性。

（8）运行环境需求。包括仿真系统操作环境需求、分布式需求和外部接口需求等。

操作环境需求描述对操作系统、数据库、硬件、网络、作业工具等的需求。仿真系统操作环境在实现系统功能的同时，应保证用户对系统的方便使用，并满足客户方重用已有软硬件资源的要求。

分布式需求体现了仿真系统功能的逻辑划分，以满足仿真系统的实现、运行和使用等方面的要求。在综合电子信息作战仿真训练中，不同作战样式的受训人员进行不同内容的训练，他们在地理上可能是分布的，在仿真环境中进行交互。

外部接口需求体现了仿真系统与其他系统（包括软件和硬件系统）进行信息交互的能力，应包含信息内容、信息量、通信协议以及其他限制条件。

如果仿真系统物理上表现为硬件系统，在运行环境需求描述中还应包括对自然环境条件、供电、运输要求、电磁兼容要求、操作人员辐射防护要求等内容。

（9）安全保密需求。描述仿真软件程序和数据对未授权的故意或意外访问的监控和防护能力。

非功能性需求描述对功能性需求的约束和限制，体现了仿真系统质量和特性的额外要求。根据仿真系统类型和工作环境的不同，仿真系统非功能性需求会有不同的侧重点。例如，对武器装备论证、试验与评估仿真系统，模型的正确性、准确性和仿真结果的可信性非常重要，对仿真校核、验证与确认（VV&A）的文档化需求是关键的非功能性需求；对用于实时训练目的的仿真系统，效率和易用性等是主要的非功能性需求。

2. 获取和描述电子信息系统仿真的业务需求

需求分析人员和仿真开发人员与电子信息系统仿真系统的客户和用户进行交流，获取业务需求和用户需求。所要执行的活动包括：

（1）起草需求调查问题表，确定需求调查方式，制订调查计划。

（2）通过会议、访谈、电话、电子邮件等形式，了解客户方的业务需求、客户方的所有用户类型（包括已明确的以及潜在的用户）、状况（包括用户的信息化程度、计算机操作水平、使用系统的频繁程度、重要性等）以及不同类型用户之间的相互关系。

（3）产生清晰、完整的业务需求说明书。

为了便于与客户的沟通，业务需求说明书一般采用自然语言，避免采用客户难以理解的形式化语言。为了消除自然语言描述需求时的二义性，需要增加限制和说明。业务需求说明书重点体现系统的范围和高阶需求。

业务需求说明书参考模板举例：

0．文档介绍

提示：介绍编写目的，指出预期读者。

1．系统建设背景

提示：描述系统建设的背景或形势，包括客户组织的结构和职能、客户业务当前存在的问题以及改进的必要性和可能性、系统建设的理论和技术基础等。

2．业务描述

2.1　业务用途

提示：描述系统所解决的业务问题。

2.2　业务价值

提示：描述系统的业务增值能力以及系统所具有的竞争优势。

2.3　业务风险

提示：总结系统可能带来的主要业务风险，例如用户的接受能力、消极影响等。预测风险的严重性，指明所能采取的减轻风险的措施。

3．系统主要功能

提示：总体描述系统的功能。

4．系统范围

提示：明确界定系统功能范围、与其他系统的交互关系、应用条件和限制等。

5．建设目标

提示：描述系统建设的当前目标和长远规划。

6．建设依据

提示：描述系统建设所依据的标准、规范、法规、参考资料等。

7．建设原则

提示：明确系统建设成功的评价标准，指明对系统建设的成功有巨大影响的因素。

8．用户说明

提示：包括使用、控制或维护系统的人或其他软硬件系统。

8.1　用户群分类

提示：区分用户类型（包括明确的和潜在的用户）。

8.2　用户描述

提示：采用表格形式，描述各个类型用户使用系统的方式和频度、信息化程度、计算机操作水平、优先级等。

8.3　用户之间的关系

提示：描述各个类型的用户之间的组织关系。

---

9. 其他需求

提示：包括安全性、容错性、运行环境适应性、可扩展性、可靠性、易用性、经费预算、工程化、交付需求等。

3. 获取和描述电子信息系统仿真的用户需求

通过会议、访谈、电话、电子邮件等形式与客户或用户代表沟通，了解用户利用系统需要完成的任务，对交流成果进行记录和分类。下面是几条常见的准则：

（1）对于客户或用户代表提出的每个需求都要知道"为什么"，并判断所提出的需求是否有充足的理由；

（2）以"实现什么"的方式表述用户需求，因为需求调查阶段主要关注"做什么"，而不是"怎么做"；

（3）分析并识别由明确的用户需求衍生出的隐含需求（有可能是实现已明确的用户需求的前提条件），避免因为对隐含需求考虑得不够充分而引起后期的需求变更。

分析、整理和核实所收集到的用户需求，产生清楚、完整、一致、可测试、可跟踪、可修改的用户需求说明书。用户需求说明书在业务需求说明书的基础上，增加用户需求描述表，重点描述用户分类、各个用户类型使用系统完成的任务以及相关的质量和特性要求。

用户需求描述表举例：

用 户 类 型	任务名称和标识	描　　　　述	质量和特性要求
用户类型 A	任务 A.1 任务 A.2 ……		
用户类型 B	任务 B.1 任务 B.2 ……		
用户类型 C	任务 C.1 任务 C.2 ……		
……	……		

4. 分析和描述电子信息系统仿真的功能性需求和非功能性需求

与客户和用户代表合作，并借助领域专家的帮助，电子信息系统仿真功能性需求和非功能性需求的分析过程进一步理解和细化用户的使用需求，实现从业务需求和用户需求到功能性需求和非功能性需求的映射。

功能性需求来自对业务需求和用户需求的综合与提炼，描述了电子信息系统仿真系统为了实现业务需求和用户需求而必须展示的可观察的行为。这些行为大多数处于用户和系统交互的环境中。功能性需求涵盖所有的系统功能，整体上体现客户业务增值能力和对用户的有用性，不应反映过时的或无效的业务过程以及无使用价值的功能。

电子信息系统仿真的功能性需求应综合体现电子信息系统仿真系统的仿真能力。例如，对电子信息作战仿真系统，应说明所仿真的作战区域大小、气象条件、战场实体种类和数量等。

作为系统行为的子集,每项功能性需求一般应针对特定的用户或用户群,包括输入、行为子集综合性描述和输出。从可实现性考虑,系统的各功能性需求之间应松散耦合,减少相互包含。从可重用性考虑,如果某一系统行为子集被多个功能性需求项所包含,该子集应被视为一个独立的功能性需求项。对在某些条件下被需要的备选功能性需求项,应说明相应的选择条件。

为了提高从用户需求到功能性需求映射的效率和效果,可采用基于图形符号的模型。例如,可针对每个用户类型,建立一个数据流程图(data flow diagram,DFD),如果某个用户类型的 DFD 变得很复杂,可以将其分解。DFD 中的每个加工代表了系统为满足用户类型的任务要求而需提供的一个子功能。DFD 中的所有加工、数据流和数据存储综合体现系统为了满足该用户类型的所有任务需求而需实现的功能。在 DFD 中,当前用户类型表现为数据源,并作为激励,引发系统的功能。当前用户类型与系统交互,向系统提供输入数据,从系统接收输出数据。针对某个特定用户类型的 DFD 可能会用到针对其他用户类型的 DFD 的数据,也可能会向针对其他用户类型的 DFD 输出数据。这时,可采用数据存储表示这些数据的源和目的,并在 DFD 中指明这些数据来自或流向哪个(或哪些)其他用户类型的 DFD。因此,相关联的其他用户类型在当前的 DFD 中不得到具体体现。但是,这些数据存储必须出现在其他用户类型的 DFD 中。

功能性需求描述手段总的来说有两类:基于自然语言的文字描述和基于图形符号的模型表示。基于自然语言的文字描述具有交流方便的特点,但同时会带来二义性、不准确、不精确等弊病。基于图形符号的模型表示能提供无二义性、准确、精确、可视化的需求描述。但是,由于模型代表了对真实系统、实体、现象或过程的抽象描述,需要文字描述来刻画细节,增强可懂性。因此,功能性需求描述需要采用文字描述和模型表示相结合的方式。

基于图形符号的需求建模方法有很多种,最常用的包括数据流图(DFD)、实体关系图(ERD)和用例图(use case diagram)三种方式。

DFD 作为结构化系统分析与设计的主要方法,已经得到了广泛的应用。DFD 使用 4 种基本元素来描述系统的行为,即过程、实体、数据流和数据存储。DFD 方法直观易懂,使用者可以方便地得到系统的逻辑模型和物理模型,但是从 DFD 图中无法判断活动的时序关系。

ERD 方法用于描述系统实体间的对应关系,需求分析阶段使用 ERD 描述系统中实体的逻辑关系,在设计阶段则使用 ERD 描述物理表之间的关系。需求分析阶段使用 ERD 描述现实世界中的对象。ERD 只关注系统中数据间的关系,而缺乏对系统功能的描述。若将 ERD 与 DFD 两种方法相结合,则可以更准确地描述系统的需求。

在面向对象分析的方法中通常使用 Use Case 获取软件的需求。Use Case 通过描述"系统"和"参与者"之间的交互描述系统的行为。通过分解仿真目标,Use Case 描述活动者为了实现这些目标而执行的所有步骤。Use Case 方法最主要的优点,在于它是面向用户的,用户可以根据自己所对应的 Use Case 不断细化自己的需求。此外,使用 Use Case 还可以方便地得到系统功能的测试用例。

无论采用何种方式,功能性需求描述应具备以下特征:

- 正确地反映用户的真实意图:用户"想要什么功能"和"不想要什么功能"。
- 易读易懂。

- 每个需求项只有唯一、准确的含义，无二义性。
- 需求项之间不存在矛盾。
- 每个需求项对用户而言都是必要的。
- 没有遗漏必要的需求项。
- 各项需求对开发方而言都应是技术上可行的，并且满足时间、费用、质量等约束。
- 各项需求对用户方而言都应是可验证的。
- 根据轻重缓急程度，对需求进行了优先级划分。
- 主要描述"做什么"而不是"怎么做"。

某些非功能性需求，例如可靠性需求、效率需求、易用性需求、安全保密性需求，与特定的仿真系统功能紧密联系，应在相应的功能性需求描述中加以说明。

在上述需求捕获、分析和描述活动的基础上，相关人员要进行项目可行性和项目风险分析。领导者、项目管理人员、需求分析人员、系统开发人员、客户和用户代表，以及行业专家、法律专家等进行研讨，分析仿真系统实现的技术可行性、时间、费用等；分析项目的风险，编写项目风险控制报告。

5. 识别体系架构需求

在上述的电子信息系统仿真需求捕获、分析和描述基础上，识别与电子信息系统仿真运作环境、运作组织、仿真目标、仿真活动、信息交换、运作想定等相关的运作需求，与电子信息系统仿真服务、标准、规则、约定和协议等相关的技术需求，与电子信息系统仿真的软硬件组件、它们之间的逻辑关系、接口标准和信息交换、与外部环境的交互等相关的功能性需求（含非功能性需求）。

2.3.2.2 建立体系架构基线

以与体系架构相关的运作、技术和功能需求为驱动，建立体系架构基线。作为元体系架构（meta-architecture），体系架构基线为体系架构的设计和描述提供基础方法和基础技术指导。体系架构基线设计包括以下内容：

（1）选择体系架构风格（architecture style）。

基本体系架构风格包括管道和过滤器（pipes and filters）、数据抽象和面向对象组织（data abstraction and OO-organization）、基于事件的隐式调用（event-based implicit invocation）、分层系统（layered systems）、知识库系统（repositories）、表格驱动的解释器（table-driven interpreters）、过程控制（process control）等。

（2）选择体系架构模式（architecture pattern）。

常见的体系架构模式包括代理模式（broker）、层次模式（layers）、客户机/服务器模式（C/S）、浏览器/服务器模式（B/S）、水平-垂直元数据（horizontal-vertical metadata）、模型-视图-控制器（model-view-controller）等。

（3）选择设计模式（design pattern）。

设计模式表示在一定的环境中解决某一问题的设计方案。常见的设计模式包括虚包（facade）、内部修饰（decorator）、委托监测者（proxy observer）、策略（strategy）、访问者（visitor）等。

（4）选择系统软件产品（例如操作系统、数据库管理系统等）。

（5）选择中间件产品。

(6) 确定所使用的遗留系统。

(7) 确定技术规范(标准、协议、实现语言、接口描述语言、通信协议等)。

在进行电子信息系统仿真的体系架构设计时,需要考虑多层次的电子信息系统仿真,即考虑到电子信息系统仿真的层次化。如图 2-3 所示,电子信息系统仿真可划分为 4 个层次:①战略级仿真,体现多军种联合作战中的电子信息系统/装备体系对抗;②战役级仿真,体现多个电子信息系统/装备之间的对抗;③战术级仿真,体现少量电子信息系统/装备之间的对抗;④工程技术级仿真,重点研究电子信息系统和装备的性能及与性能相关的现象,解决与系统和武器研发和维护等有关的工程问题。

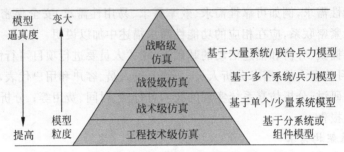

图 2-3　电子信息系统仿真的分层

2.3.2.3　建立体系架构模型

为完整描述电子信息系统仿真的体系架构,需要用 5 个不同的视图来建立体系架构模型,如图 2-4 所示。每个视图从不同侧面包括对体系架构重要的元素。

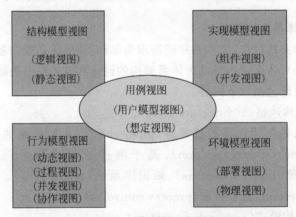

图 2-4　体系架构视图

1. 用例视图

用例视图(use case view),又称为用户模型视图(user model view)或想定视图(scenario view),用于描述系统的功能集,强调从用户的角度看到的或需要的系统功能。用例视图所描述的系统功能依赖于用户或另一个系统触发激活,为用户或另一个系统提供服务,实现用户或另一个系统与系统的交互。系统实现的最终目标是提供用例视图所描述的功能。

用例视图中可以包含若干个用例。用例用来表示系统能够提供的功能(系统用法),一个用例是系统用法(功能请求)的一个通用描述。

　　用例视图是其他视图的核心和基础。其他视图的构造和发展依赖于用例视图所描述的内容。因为系统的最终目标是提供用例视图所描述的功能,同时还附加一些非功能性的需求,因此用例视图影响着所有其他的视图。用例视图还可用于测试系统是否满足用户的需求和验证系统的有效性。用例视图主要为用户、设计人员、开发人员和测试人员而设置。

　　2. 结构模型视图

　　用例视图只描述系统应提供什么样功能,对这些功能的内部运作情况不予考虑。为了揭示系统内部的设计和协作状况,要使用结构模型视图(structural model view)描述系统。

　　结构模型视图,又称为逻辑视图(logical view)或静态视图(static view),展现实现系统功能的静态结构组成、特征和相互关系。

　　3. 行为模型视图

　　行为模型视图(behavioral model view),又称为动态视图(dynamic view)、并发视图(concurrent view)、协作视图(collaborative view)或过程视图(process view),展现系统的动态或行为特征。

　　4. 实现模型视图

　　实现模型视图(implementation model view),又称为组件视图(component view)或开发视图(development view),体现了系统实现的结构和行为特征,显示代码的组织方式,描述实现模块和它们之间的依赖关系。实现模型视图主要供系统开发者使用。

　　5. 环境模型视图

　　环境模型视图(environment model view),又称为部署视图(deployment view)或物理视图(physical view),描述系统实现环境的结构和行为特征,显示系统的物理体系架构和物理展开。环境模型视图提供给系统开发者、集成者和测试者。

　　2.3.2.4　描述体系架构

　　体系架构描述的作用是在整个生命周期中指导电子信息系统仿真的开发和运行。体系架构描述的主要内容是电子信息系统仿真体系架构视图,涉及对体系架构有意义的功能性需求和非功能性需求、静态结构特征、动态行为特征、系统实现特征、实现环境特征。体系架构描述的内容还包括对体系架构模式、技术标准、技术平台、遗留系统、第三方软件等的说明。

　　采用传统的基于框图方法的体系架构描述通常是非形式化的和随意的,使得体系架构设计经常难以理解,不适于对体系架构进行形式化分析和模拟,难以获得相应的支持体系架构设计工作的工具帮助。为了适应体系架构技术发展的需要,支持基于体系架构的开发,需要有形式化建模符号、体系架构分析与开发工具。为适应这个需要,用于描述和推理的形式化语言得以发展。20世纪90年代中期,一些统称为ADL(architecture description languages,体系架构描述语言)的工具被提出,包括Wright、C2、UniCon、MetaH、Aesop、SADL、Rapide等。

　　ADL为体系架构建模提供了具体的语法与概念框架,能够对体系架构连接器进行第一级抽象,还能描述模型的结构和内部组件之间的交互作用,并且还引入了一些新的系统分析模式。ADL使得系统开发者能够很好地描述他们设计的体系架构,以便与人交流,并能够用提供的工具对许多实例进行分析。同时,ADL所提供的规范化的体系架构描述方法使得体系架构的自动化分析成为可能。

ADL 致力于提高体系架构设计的可读性、可重用性和可分析性,可用来在系统实现之前对体系架构进行定义和建模。ADL 更加侧重于组件(component),除了确定组件及其互连之外,还着重描述以下三个方面:①组件行为规范,既包括功能性,也包括非功能性的特征,后者是体系架构描述的重点,包括可用性、可靠性、可维护性等;②组件通信规范;③组件连接规范。

在众多 ADL 中,比较有代表性的是美国卡耐基·梅隆大学的 Robert J. Allen 于 1997 年提出的 Wright 系统。Wright 是一种结构描述语言,该语言基于一种形式化的、抽象的系统模型,为描述和分析软件体系架构和结构化方法提供了一种实用的工具。Wright 系统主要侧重于描述系统的软件组件以及连接的结构、配置和方法。它使用显式的、独立的连接模型作为交互方式,这使得该系统可以用逻辑谓词符号系统,而不依赖特定的系统实例来描述系统的抽象行为。该系统还可以通过一组静态检查来判断系统结构规格说明的一致性和完整性。从这些特性的分析来说,Wright 系统的确适用于对大型系统的描述和分析。

ADL 是一种相对较新的技术,其本身有待进一步完备。但由于尚无迫切的工业需求,使得 ADL 发展缓慢。作为 ADL 的替代工具,对象建模语言却在过去的十多年中获得了飞速的发展。其重要的成果是 OMG(object management group,对象管理组织)发布的 UML(unified modeling language,统一建模语言)。UML 是标准化的面向对象的分析与设计的表示法,作为一种图形化的语言,它包括一组图表:用于需求采集的用例图和活动图,用于设计的类图和对象图,用于配置的包图和子系统图等。UML 就像一种分析与设计领域的世界语一样,使得体系架构分析和设计人员可以用一种标准化的方式来可视化地说明,构造应用程序及其文档。UML 语言规范日益完备,应用日益广泛。UML 自身也包括了足够的灵活性,大多数 UML 开发工具都支持一种称为"构造型"(stereotype)的表示法,它允许定制专有的符号和词汇。这是一个崭新的特性,意味着 UML 可以被裁剪和定制以满足更加广泛的应用需求。

2.3.2.5 评估分析体系架构

体系架构设计中的一个重要步骤是对体系架构进行折中分析(tradeoff analysis),即以具有高优先等级的体系架构需求为基准参照,通过评估和分析,比较不同的体系架构设计方案实现需求的能力和效果,综合考虑各种因素(例如时间、资源、技术、费用等),选择折中的体系架构设计方案。

一般而言,体系架构的评估分析方法包括"思考试验"(thought experiments)、建模(modeling)、基于需求相关剧情的预排(walkthrough)、基于经验指示的专家评判等。体系架构评估分析的一种重要手段是基于原型的概念验证。

Kazman 等在 2000 年提出了 ATAM(architectural tradeoff analysis method)方法。ATAM 方法不仅能够揭示体系架构如何满足特定的质量需求(例如性能和可修改性),还提供了分析这些质量需求之间交互作用的方法。使用 ATAM 方法评价一个软件体系架构的目的是理解体系架构设计满足系统质量需求的结果。采用 ATAM 方法的步骤如图 2-5 所示。

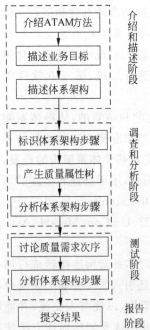

图 2-5 采用 ATAM 方法的步骤

2.4　基于 UML 的电子信息系统仿真体系架构描述方法

2.4.1　统一建模语言

2.4.1.1　统一建模语言概述

统一建模语言(UML)是一种第三代面向对象建模语言,不仅为软件产品和软件系统的开发提供了说明、可视化和编制文档的方法,也为其他众多领域(包括商业系统、商业过程、数据结构等)的建模应用提供了手段。

UML 是由信息系统和面向对象领域的三位著名的方法学家 Grady Booch、James Rumbaugh、Ivar Jacobson 提出的。UML 得到了"UML 伙伴联盟"的应用和反馈,并得到工业界的广泛支持,由世界软件产业界最大的联盟——国际对象管理集团(Object Management Group,OMG)采纳作为业界标准。2006 年,OMG 基本完成了 UML 2.0 的标准化工作。UML 取代软件界众多的分析和设计方法(Booch、Coad、Jacobson、Odell、Rumbaugh、Wirfs-Brock 等),成为一种标准,这是软件界第一次拥有了一个统一的建模语言。OMG 将 UML(版本:1.4.2,OMG 文档:formal/05-04-01)作为公共可得到的规格说明(Publicly Available Specification)提交国际标准化组织(ISO)进行国际标准化,并已被 ISO 采纳成为信息技术的国际标准(ISO/IEC 19501)。

2.4.1.2　UML 历史

从 20 世纪 80 年代初期开始,众多的方法学专家都在尝试用不同的方法进行面向对象的分析与设计。有少数几种方法开始在一些关键性项目中发挥作用,包括 Booch、OMT、Shlaer/Mellor、Odell/Martin、RDD、OBA 和 Objectory。到了 20 世纪 90 年代中期,出现了第二代面向对象方法,著名的有 Booch94、OMT 的延续以及 Fusion 等。此时,面向对象方法已经成为软件分析和设计方法的主流。这些方法所做的最重要尝试是在程序设计艺术与计算机科学之间寻求合理的平衡,来进行复杂软件的开发。

由于 Booch 和 OMT 方法都已经独立成功地发展成为世界上主要的面向对象方法,因此 Grady Booch 和 James Rumbaugh 在 1994 年 10 月共同合作把他们的工作统一起来,到 1995 年成为"统一方法"(Unified Method)版本 0.8。随后,Ivar Jacobson 加入,并采用他的用例(use case)思想,到 1996 年,成为"统一建模语言 UML"版本 0.9。1997 年 1 月,UML 版本 1.0 被提交给 OMG,作为软件建模语言标准化的候选。其后的半年多时间里,一些重要的软件开发商和系统集成商都成为"UML 伙伴",如 Microsoft、IBM、HP 等。它们积极使用 UML 并提出反馈意见,于 1997 年 9 月形成 UML 版本 1.1 并再次提交给 OMG,于 1997 年 11 月 7 日正式被 OMG 采纳作为业界标准。从 1998 年开始,在 OMG 的管理下,UML 的技术内容和文字描述不断地以受控的方式进行修订,期间经历了版本 1.2、1.3、1.4、1.5,到 2006 年形成了 UML 版本 2.0,2017 年 12 月发布了 UML 2.5.1 版本。

2.4.1.3　UML 2.0 简介

UML 2.0 共包括以下四个部分:

1. UML 2.0 顶层结构

UML 2.0 顶层结构(superstructure)定义了用户级的、用于结构、行为和交互建模的模型构造块（construct），包括建模元素、六种结构图、三种行为图和四种交互图。

2. UML 2.0 基础结构

UML 2.0 基础结构（infrastructure）定义了可重用的元语言（meta-language）内核和元模型（meta-model）扩展机制。元语言内核和元模型扩展机制可被用来定义和扩展一系列体系架构相关的元模型，包括 UML 2.0 顶层结构、元对象机制（meta object facility，MOF）、公共仓库元模型（common warehouse meta-model，CWM）。

3. UML 2.0 对象限定语言

UML 2.0 OCL（object constraint language，对象限定语言）为 UML 和 UML 模型提供了形式化语言，用来设置先置条件、后置条件、恒定条件等。

4. UML 2.0 图表交换规范

UML 2.0 图表交换（diagram interchange）规范为 UML 提供面向图形的补充信息，使 UML 模型能够在不损失任何信息的条件下被交换、存储、检索和显示。

与 UML 的以前版本相比，UML 2.0 在许多方面得到加强，例如，基于组件建模、软件系统结构、行为和交互的分解和分层、可执行模型、模型变换、代码生成、软件系统运行平台和运行环境建模、面向特定应用的可扩展性等。

2.4.1.4 UML 2.0 架构

UML 2.0 的语义和语法定义是在一个四层的元建模（meta-modeling）体系中。如图 2-6 所示，这四层分别是元元模型层（meta-meta model）、元模型层（meta model）、用户模型层（user model）和用户对象层（user object）。

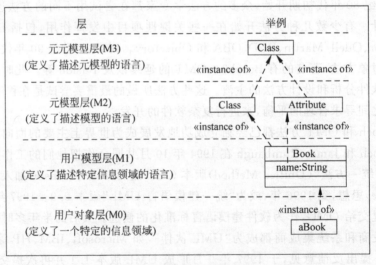

图 2-6 四层的元建模体系

1. 元元模型层

元元模型层构成了元建模体系的基础。该层定义了描述元模型的语言。该层通常被称作 M3。MOF 是元元模型的一个例子，它是 UML 的元模型。元元模型通常比它所描述的元模型简洁，可以描述多个元模型。

2. 元模型层

元模型是元元模型的实例，元模型中的每个元素都是元元模型中的某个元素的实例。

元模型层定义了描述模型的语言。该层通常被称为 M2。UML 和 CWM 是元模型的两个例子。元模型通常比描述它的元元模型具有更丰富的内涵,特别是在元模型定义了动态语义的情况下。UML 是 MOF 的实例。

3. 用户模型层

用户模型是元模型的实例,模型中的每个元素都是元模型中的某个元素的实例。用户模型层通常被称为 M1。通过模型,用户可以描述与广泛的问题领域相关的各种信息。用户使用 UML 建立的模型位于用户模型层。

4. 用户对象层

用户对象层位于元建模体系的最底层,通常称为 M0。用户对象层包含由模型所定义的模型元素的运行实例。

2.4.1.5　UML 2.0 建模元素

UML 2.0 的建模元素可分为两大类:元素和关系。

1. 元素

- 参与者(actor)是一个群体概念,代表使用系统某项功能的一类用户或外部系统(软件、设备等)。在系统运行期间,参与者通过向系统发送消息或从系统接收消息来与系统进行交互。
- 用例(use case)是一组动作序列及其变体的概括描述,系统执行这些动作及其变体,并产生对特定的参与者可观测的、有价值的结果。参与者使用系统的每种方式都可以表示为一个用例。用例是系统提供的功能(即系统的具体用法)的描述。
- 类(class)是对一组具有相同属性、操作、关系和语义特征的对象的抽象描述。
- 接口(interface)定义了一个操作集合,规定了由一个或多个类所提供的、其他类可使用的服务(包括返回值、操作名称、参数表)。
- 对象(object)是可以在其上施加一组操作并具有存储该操作效果的状态的一个实体。对象是类的具体表示,是实例(instance)的同义词。
- 包(package)是一种组合机制,把各种各样的模型元素通过内在的语义连在一起称为一个整体。被包所包含的模型元素称为包的内容。包通常用于对模型的组织管理,有时又将包称为子系统(subsystem)。包与包之间允许建立的依赖关系有合并、组合和引用。
- 组件(component)代表系统的一个模块化单元,通过提供的接口(provided interface)和需要的接口(required interface)对其内容进行封装。提供的接口描述了组件能够对它的实现环境提供的服务,需要的接口描述了组件需要从其实现环境得到的服务。只要遵循组件的行为接口规范,组件的不同实现是可以相互替换的。
- 节点(node)代表系统运行时存在并提供计算资源的物理元素,通常具有内存,有时也具有处理能力。
- 协作(collaboration)是一个规格说明,描述一个模型元素(例如用例或一个操作)如何由一组按照特定方式充当特定角色的类、接口和其他模型元素协同实现。
- 部分(part)代表被一个具有内部结构的容器型模型元素(例如组件)的实例所拥有的对象实例。一系列部分实例作为容器型模型元素实例结构和行为的组成部分,随着容器型模型元素实例的创建和消亡而创建和消亡。

- 端口(port)代表具有内部结构的容器型模型元素(例如组件)的实例和它的环境之间,或与所包含的部分实例之间的交互点(interaction point)。容器型模型元素的实例通过端口向外界环境提供服务或从外界环境得到服务。
- 连接器(connector)连接相互兼容的端口或接口,表明服务请求或信号的流向。
- 状态(state)是对象在其声明周期内的一种条件或一种状况,期间该对象满足某个条件、执行某个活动或等待某个事件。一个状态一般包含状态名称、状态变量和活动表三部分。
- 转移(transition)连接两个状态,表明当发生某个事件或满足某个特定条件时,对象将执行某种特定的动作并从一种状态进入另一种状态。
- 动作状态(action state)表示执行一个原子动作的状态,对一个操作的调用是典型的动作状态的示例。
- 消息(message)是对象之间通信的规格说明。在面向对象编程中,两个对象之间的交互表现为一个对象向另一个对象发送一条消息。一条消息是一次对象间的通信,通信所传递的信息是期望某种动作发生。通常情况下,接收到一条消息被认为是一个事件。消息可以是信号、操作调用或其他类似的东西(如 C++ 中的 RPC 或 Java 中的 RMI)。当对象收到一条消息时就被激活,开始活动。消息可分为三种类型:表示普通控制流的普通消息、表示嵌套控制流的同步消息和表示异步控制流的异步消息。
- 交互(interaction)代表在特定的语境中,为实现特定的目标,一组对象之间相互交换各种消息的行为。
- 笔记(note)用来描述在模型中一些额外的、普通模型元素无法表达的信息(例如一些解释和说明信息)。笔记中可以包含各种各样的字符串信息。含有信息的笔记与被描述的模型元素之间用虚线连接。
- 构造型(stereotype)代表 UML 提供给用户的三种基本扩展机制之一。构造型扩展机制是指在已有的建模元素的基础上建立一种新的、专门用于解决特定问题的建模元素(构造型)。构造型在相应的已有元素基础上增加一些特别的语义。
- 标签值(tagged value)代表 UML 提供给用户的三种基本扩展机制之一。标签是字符串,标签的取值是字符串或数值。标签值用来说明模型元素的一些性质,例如,文档(documentation)、责任(responsibility)、持续性(persistence)、并发性(concurrency)等。
- 约束(constraint)代表 UML 提供给用户的三种基本扩展机制之一。约束表示一些具有特定意义的限定条件,限定模型元素的用法或语义。

2. 关系

- 泛化/继承(generalization/inheritance)表示一个通用模型元素的结构和行为特征被一个具体模型元素所继承。具体模型元素不仅具有通用模型元素的特征,还有属于自己的新特征。泛化/继承关系可以应用于类、接口、用例等模型元素。
- 依赖(dependency)表示一个模型元素(类或包)的改变会影响到依赖该元素的模型元素(其他类或包)。
- 关联(association)主要用来表示类的实例之间存在连接关系。

- 聚合(aggregation)是一种特殊的关联,强调相关联的类之间具有整体和部分关系。
- 实现(realization)表示一个模型元素(例如接口)详细说明一种契约(contract),其他模型元素(例如类和组件)保证该契约的实现。实现关系还可以表示不同建模阶段模型之间的关系,例如系统分析和设计阶段的分析和设计模型、实现需求分析阶段的用例模型。
- 包含(include)应用于一个基本用例和一个附加用例,表明基本用例被执行时,由附加用例规定的系统行为被插入到执行基本用例的用例实例中。
- 扩展(extend)应用于一个基本用例和一个扩展用例,表明基本用例被执行时,当某种条件得到满足时,由扩展用例规定的系统行为被执行。
- 合并(merge)关系用来表示一个包包含并扩展一个或多个其他包中的模型元素。
- 引用(import)关系表明一个包中的模型元素在另一个包中可见(可引用)。
- 组合(combine)关系表明包的聚合,即某个包和其他一个或多个包组合在一起,形成一个新的组合包。

2.4.1.6　UML 2.0 图

图(diagram)由图片(graph)组成,图片是模型元素的符号化。把这些符号有机地组织在一起形成的图表示了系统的一个特殊部分或某个方面。一个典型的系统模型应有多个各种类型的图。

UML 2.0 定义了 13 种图。这些图可划分为 3 类:结构图、行为图和交互图,如图 2-7 所示。

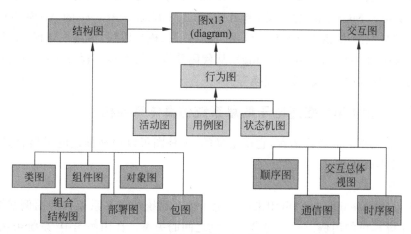

图 2-7　UML 2.0 图

2.4.1.7　UML 2.0 应用

上述的视图概念、图和建模元素等是 UML 的主要组成部分。UML 2.0 的主要目标包括:①为建模提供易于使用、表达能力强、标准的、可视化的图形表示;②与具体的实现无关,可应用于任何语言平台和工具平台;③与具体的过程无关,可应用于任何建模与软件开发过程;④简单并且可扩展;⑤支持面向对象的设计与开发中涌现的高级概念(例如协作、框架、模式和组件),强调体系架构、框架、模式和组件在软件开发中的重用;⑥与最好的软件过程实践经验相结合;⑦可升级,具有广阔的适用性和可用性;⑧有利于面向对象工具的市场成长。

UML 2.0 的可应用领域广泛，可以描述多种类型的系统，例如信息系统、技术系统（technical system）、嵌入式实时系统（embedded real-time system）、分布式系统（distributed system）软件、商业系统（business system）和商业过程（business process）等。

使用 UML 的建模工作一般要依照某个方法或过程进行，这个方法或过程列出了应进行哪些不同的步骤，定义了各个步骤的实现方法。在众多成功的软件设计与实现经验中，有两条最突出：①注重系统体系架构的开发；②注重过程的迭代和递增性。尽管 UML 本身是与软件过程无关的，但是在具有下述特点的软件过程中应用 UML，可以更好地发挥 UML 的作用：用例驱动的（use case driven）；以体系架构为中心（architecture-centric）；递增的（incremental）和迭代的（iterative）。相应地，基于 UML 的建模过程可分为几个连续的重复迭代阶段：需求分析阶段、设计阶段、实现阶段、测试和部署阶段等。在不同的阶段，UML 可用来构建不同应用目的的模型：需求分析阶段的模型用来捕获系统的需求、描述与真实世界相应的基本类和协作关系；设计阶段的模型是分析模型的扩充，为实现阶段提供指导性的技术解决方案；实现阶段的模型是真正的源代码，编译后的源代码变成可运行程序；部署模型表现软件在实现环境中的具体展开。虽然这些模型的内容和应用目的各不相同，但通常情况下，后期的模型都是由前期的模型扩展而来。因此，每个阶段的模型都要保存下来，以便出错时返回重做。

随着 UML 规范的完善和应用领域的拓展，市场上涌现出大量支持 UML 建模的工具，有代表性的 UML 工具包括 IBM 的 Rational XDE/Rose RT，Telelogic 的 TAU Developer 和 TAU Architect，I-Logix 的 Rhapsody，Borland 的 Together Control Center，Artisan 的 Real Time Studio，Microsoft 的 Visio 和 Interactive Object Software 的 ArcStyler 等。总体而言，这些 UML 工具提供以下功能：绘图、模型积累、模型跟踪、多用户建模、基于 UML 模型的代码框架生成（forward engineering）、从代码到模型的逆转工程（reverse engineering）、建模环境与开发环境的集成、模型交换等。

2.4.2　应用 UML 描述电子信息系统仿真体系架构

UML 是面向图表的建模语言，它所定义的 13 种图可以用来描述电子信息系统仿真体系架构模型，如图 2-8 所示。

1. 用例图

用例图（use case diagram）可用来描述电子信息系统仿真体系架构的用例视图，显示若干参与者、系统提供的用例以及参与者与用例之间的关系。在用例图中，系统可用一个长方框表示，系统的名字写在方框上或方框里面，方框内部包含该系统中的用符号表示的用例。参与者用一个小人形图形表示，小人的下方书写参与者名字。用例用椭圆形表示，用例的名字写在椭圆内部或下方。参与者位于系统边界的外部，用例位于系统边界的内部。用例和参与者之间的关联关系用一条直线表示。需要表现的用例之间的关系包括泛化/继承、扩展和包含。

在用例图中，一个实际的用例可采用普通的文字描述，也可以用 UML 活动图做进一步描述。用例图仅仅从参与者使用系统的角度描述系统中的信息，即从系统外部观察系统功能，它并不描述系统内部对该功能的具体操作方式。用例图定义系统的功能性需求。

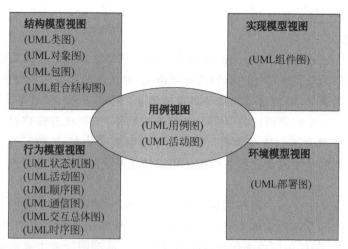

图 2-8　UML 图在电子信息系统仿真体系架构描述中的应用

2. 类图

类图(class diagram)可用来描述电子信息系统仿真体系架构的结构模型视图。类图不仅描述类和接口的结构属性和行为操作,还需要描述类和接口之间的关系(依赖、关联、聚合、泛化/继承和实现)。在系统的生命周期中,类图所描述的静态结构在任何情况下都是有效的。一个系统通常有若干类图。一个类图不一定包含系统中所有的类,一个类还可以加到几个类图中。

在类图中,类用长方形表示,长方形分为上、中、下三个区域,每个区域用不同的名字标识,代表类的各个特征,上面的区域标识类的名称,中间的区域标识类的属性,下面的区域标识类的操作方法(即行为),这三个部分作为一个整体描述某个类。接口表示为一个带接口名称的小圆圈,为了标识接口中的操作,接口也可采用带构造型<<接口>>的、只包含操作的类表示。

3. 对象图

对象图(object diagram)可用来描述电子信息系统仿真体系架构的结构模型视图。对象图是类图的变体,两者的差别在于对象图表示的是类的对象实例,而不是真实的类。对象图具体反映了系统执行到某处时,系统的工作状况。对象图通常用来示例一个复杂的类图,通过对象图反映真正的实例是什么,它们之间可能具有什么样的动态协作关系。

对象图使用的图示符号与类图几乎完全相同,只不过对象图中的对象名加了下画线,而且类与类之间关系的实例也都得到表现。

4. 包图

包图(package diagram)可用来描述电子信息系统仿真体系架构的结构模型视图。包图显示包以及包之间的依赖关系(合并、引用和组合关系)。在包图中,包图示为类似书签卡片的形状,由两个长方形组成,小长方形位于大长方形的左上角。如果包的内容没有被图示出来,包的名字可以写在大长方形内,否则包的名字写在小长方形内。

5. 组合结构图

组合结构图(composite structure diagram)可用来描述电子信息系统仿真体系架构的结构模型视图。组合结构图显示结构化的模型元素(例如类、组件、节点、协作等)的内部结构,包括部分、端口、接口、连接器。

6. 状态机图

状态机图(state machine diagram)可用来描述电子信息系统仿真体系架构的行为模型视图。状态机图作为对类所描述的事物的补充说明,显示类的所有对象可能具有的状态,以及引起状态变化的事件(例如接收到其他对象的消息、超时、出错、满足某个条件等)。状态的变化称作转移。一个转移可以有一个与之相连的动作,指明状态转移时应该做什么。状态机图通常仅用于具有下列特点的类:具有若干个明确的状态,类的行为在这些状态下会受到影响且被不同的状态改变。状态机图还用来描述系统的整体状态及变化。

7. 活动图

活动图(activity diagram)可用来描述电子信息系统仿真体系架构的行为模型视图,也可用来描述电子信息系统仿真体系架构的用例视图。活动图是状态机图的一个变种,描述一个连续的活动流,例如用例或操作执行时的动作流。活动图通常主要由动作状态和它们之间的转移连接构成。当动作状态所规定的动作执行完毕,状态转移即被触发,而不需要任何触发事件。

活动图还可以显示决策、条件、动作状态的并行执行、消息(被动作发送或接收)的规格说明等。此外,对象可以作为动作的输入或输出,在活动图中显示。

8. 顺序图

顺序图(sequence diagram)可用来描述电子信息系统仿真体系架构的行为模型视图。顺序图反映若干个对象之间的动态协作关系,也就是随着时间的流逝,对象之间是如何交互的,即按照时间顺序,消息是如何在对象之间发送和接收的。顺序图由若干对象组成,有以顺序图左上角为原点的两个坐标轴:纵坐标轴代表时间(向下增长),横坐标轴显示对象。每一个对象的表示方法是:矩形框中写有对象名,矩形框的正下方有一条带矩形条的垂直虚线,表示对象的"生命线"。对象之间传递的消息用带箭头的水平直线表示,直线的起点是发送消息的对象的生命线,指向接收消息的对象的生命线,直线的上方是所传递的消息的标签。

消息标签采用 BNF 语法规则描述如下:

<消息标签> ∷ = <顺序号>［"［"<条件子句>"］"］［" * ""［"<循环子句>"］"］
［<返回值>" : ="］<消息名>"("［<参数表>］")"

其中,条件子句是可选项,表示消息发送所需满足的条件;循环子句是可选项,指定一个重复发送消息的循环,例如" * [1..10]"表明一个消息被重复发送 10 次;返回值是可选项,表示一个消息操作调用的返回结果;消息名指示了消息的内容(调用的操作或发送的信号);参数表是可选项,表明消息引起的操作调用的参数;顺序号表示消息在整个消息序列中的编号。

顺序号采用 BNF 语法规则描述如下:

<顺序号> ∷ = (<整数>|<字符>".") * (<整数>|<字符>" : ")

其中,整数指定消息在消息序列中的顺序。一个消息序列的例子为:消息 1,消息 1.1,消息 1.2,消息 1.2.1,消息 1.2.2,消息 1.3,……。消息的顺序号不仅表示消息的顺序,还可表示消息的嵌套关系。消息 1 总是消息序列的开始消息,消息 1.1 是消息 1 的处理过程中的第一条嵌套消息,消息 1.2 是消息 1 的处理过程中的第二条嵌套消息。在顺序号中可使用

字符,表示并发消息,例如消息 1.2a 和消息 1.2b 是消息 1.2 处理过程中被同时发送的并发消息。

9. 通信图

通信图(communication diagram)可用来描述电子信息系统仿真体系架构的行为模型视图。通信图在 UML1.x 中称为协作图(collaboration diagram),主要描述协作对象之间的交互和链接(link)。链接是类之间关联的实例化,显示对象是如何联系在一起的。与同样表示对象交互的顺序图的微小差别在于,通信图强调使用消息顺序号来表示对象之间发送和接收的消息的顺序(而消息顺序号在顺序图中是可选的),而顺序图强调消息的时间顺序,在通信图中没有自上而下的时间轴。

10. 交互总体图

交互总体图(interaction overview diagram)可用来描述电子信息系统仿真体系架构的行为模型视图。交互总体图是一种特殊的活动图,其中的活动节点(activity node)是内嵌的交互(inline interaction)或对交互的使用(interaction use)。内嵌交互用顺序图描述,交互使用则表示一个引用,指向外部的交互。

11. 时序图

时序图(timing diagram)可用来描述电子信息系统仿真体系架构的行为模型视图。时序图也表示对象交互,侧重于表现一个或几个参与交互的对象的生命周期中,状态和引起状态转移的条件随着时间的变化。

12. 组件图

组件图(component diagram)可用来描述电子信息系统仿真体系架构的实现模型视图。组件图描述软件组件及组件之间的关系,显示代码的物理结构。组件可以是源代码、二进制文件或可执行文件等。组件之间的相关性连接用一条带开箭头的虚线表示,代表着一个组件只有同另一个组件在一起才有一个完整的含义。

13. 部署图

部署图(deployment diagram)可用来描述电子信息系统仿真体系架构的环境模型视图。部署图显示系统的物理结构,包括实际的计算机和设备(用节点表示)以及各个节点之间的关系。每个节点在内部显示可执行组件、过程和对象,反映出哪个软件运行在哪个节点上。组件之间的依赖关系也可以在部署图中显示。

2.5 典型仿真体系架构分析

仿真体系架构定义了仿真系统的组成部分以及指导组成部分的配置、相互作用、相互依赖的规则、协议和标准。随着技术和应用的发展,仿真的功能分布性、互连、互通、互操作、可重用性等要求日益受到重视,进一步推动了仿真体系架构的发展。本节结合电子信息系统仿真需要,简要介绍并比较常见的仿真体系架构,包括分布交互仿真(DIS)、高层体系架构(HLA)、试验与训练使能体系架构(TENA)、公共训练仪器体系架构(CTIA)和 LVC 体系架构。

2.5.1 分布交互仿真

分布交互仿真(distributed interactive simulation,DIS)是指采用协调一致的结构、标

准、协议和数据库,通过局域网或广域网,将分散在各地的仿真设备互连,形成可参与的综合性仿真环境。其特点主要表现在以下五方面。

（1）分布性：在 DIS 中,各个仿真节点在地理位置上是分布的,在功能和计算能力上同样也是分布的。

（2）交互性：各仿真节点既可联网交互运行,也可独立运行各自的仿真功能,而且不同硬件和操作系统的节点可以并存于同一个环境中。

（3）异构性：在仿真运行过程中,一方面人可以与虚拟实体、计算机生成的构造实体和实际存在的现实实体进行交互；另一方面各个实体之间具有交互能力。

（4）时空一致性：DIS 保证仿真系统中的时间和空间与现实中的时间、空间保持一致,这样才能使通过计算机生成的综合环境具有真实感,具有较高的可信度。

（5）开放性：DIS 是一个开放的体系架构,各节点可以任意地、方便地加入或离开系统,并且这种动态变化并不影响整个系统的正常运行。

DIS 标准和协议的核心是建立了一个通用的数据交换环境,通过协议数据单元（protocol data unit,PDU）的使用,支持异地分布的真实、虚拟和构造的平台级仿真之间的互操作。

DIS 主要解决两个问题：①使大规模复杂系统的仿真成为可能；②降低费用,即考虑经济的因素。解决这两个问题的思路就是重用与互操作,因此 DIS 的主要工作是发展和确保仿真中的各种重用和互操作技术。

2.5.2 高层体系架构

高层体系架构（high level architecture,HLA）是指导分布式仿真系统设计、实现与运行、促进仿真应用互操作和重用的体系架构,由美国国防部建模与仿真办公室（DMSO）推出,并被 IEEE 接纳为 IEEE1516 系列标准。在 HLA 中,实现某一特定仿真目的的分布式仿真系统称为联邦（federation）；参与联邦运行、实现联邦功能的仿真应用程序（例如真实仿真、虚拟仿真、构造仿真、联邦运行管理控制器、数据采集器等）称为联邦成员（federate）。

HLA 定义了联邦开发必须遵守的 10 条基本准则；定义了支持联邦和联邦成员运行的六大类服务（包括联邦管理服务、声明管理服务、对象管理服务、时间管理服务、所有权管理服务和数据分发管理服务）；定义了以表格形式描述对象模型的对象模型模板（OMT）。

为促进联邦成员的互操作和重用,HLA 定义了两类对象模型：成员对象模型（SOM）和联邦对象模型（FOM）。SOM 主要描述联邦运行期间,一个联邦成员发布和订购的对象类及属性、交互类及参数的特性；FOM 主要描述联邦运行过程中,所有联邦成员发布和订购的对象类及属性、交互类及参数的特性以及订购和发布关系。

作为高层体系架构,HLA 不重点考虑联邦成员如何由对象构建而成,而主要考虑在假设已有联邦成员的基础上,如何实现联邦成员的信息交互和功能集成,达到特定的仿真目的。联邦成员通过运行支撑环境（run time infrastructure,RTI）发布和订购信息。HLA-RTI 产品实现上述六大类服务。联邦成员在运行期间的信息交换,通过底层的通信系统以网络通信或共享内存等方式得到物理实现。HLA 的逻辑结构如图 2-9 所示,主要由各联邦成员和运行支撑环境 RTI 构成。其中,RTI 是分布式仿真系统的关键,它按照 HLA 接口规范提供一系列服务函数,支持联邦的运行、联邦成员之间的互操作,以及联邦成员级的重用。

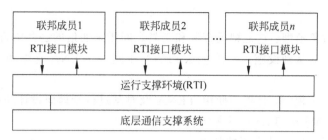

图 2-9　HLA 的逻辑结构框图

2.5.3　试验与训练使能体系架构

试验与训练使能体系架构(test and training enabling architecture,TENA)是由美国国防部发起,通过 FI2010(Foundation Initiative 2010)工程开发,旨在促进试验与训练资源互操作、重用、可组合的公共体系架构。它定义未来靶场软件开发、集成与互操作的整个结构,由核心工具集、靶场内的通信能力、与已有靶场资产的接口、相应的标准/协议/规则,以及相应的运作概念组成,用于实现一系列可互操作、可重用、可组合、地理位置分散的靶场资源(一部分是真实的,一部分是仿真的)可迅速联合起来形成一个综合环境,以逼真的方式完成各种新的试验与训练任务。

TENA 是针对试验、训练领域的特定需求而设计的,以提供试验和训练所需的更多特定能力,它的主要目的是促进试验与训练领域资源的互操作、重用和可组合。TENA 按照扩展的 C^4 ISR 体系架构框架的逻辑结构,从运作、技术、软件、应用、产品线等方面,建立了逻辑靶场资源开发、集成和互操作的总体技术框架,如图 2-10 所示,主要包括五部分。

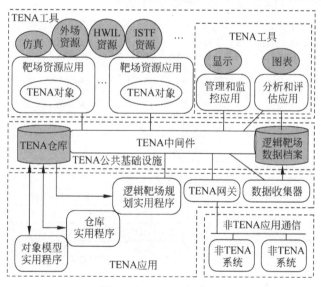

图 2-10　TENA 概览图

(1) TENA 应用:包括靶场资源应用与 TENA 工具。靶场资源应用是与 TENA 兼容的靶场仪器仪表或处理系统;TENA 工具是可重用的 TENA 应用,用于对"逻辑靶场"事件全生命周期的管理。

(2) 非 TENA 应用:是指与 TENA 不兼容但在试验中又是必需的靶场仪器仪表、被试系统等。

（3）TENA 对象模型：它是靶场资源和工具之间用来通信的公共语言。

（4）TENA 公共基础设施：主要包括 TENA 中间件、TENA 仓库和 TENA 逻辑靶场数据档案。

（5）TENA 实用程序：是指为使用 TENA 及对其进行管理而设计的相关应用程序，如仓库管理器、资源浏览器、TENA 网关等。

TENA 主要具有以下几方面的特点：

（1）TENA 所定义的 TENA 对象 SDO 比 HLA 对象要复杂、全面得多，它除了包含属性还包含相关操作的方法，并支持对象的组合，从而可以有效提高对象的重用与互操作。

（2）由于靶场界的应用都是实时应用，因此 TENA 中间件只提供实时服务，并进行了优化。

（3）TENA 提供了 TENA-HLA 网关，以解决与 HLA 兼容的仿真试验/训练资源的重用与互操作。

TENA 设计的主要目的是促进试验与训练界的互操作、重用和可组合，可以根据具体的任务需要将分布在各靶场、设施中的试验、训练、仿真、高性能计算能力集成起来，构成一个个试验和训练的"逻辑靶场"。

2.5.4　公共训练仪器体系架构

公共训练仪器体系架构（Common Training Instrumentation Architecture，CTIA）是为美国陆军 LT2（Live Training Transformation）产品线的研制提供试验支持而设计的一种公共训练仪器体系架构。CTIA 的体系架构如图 2-11 所示。

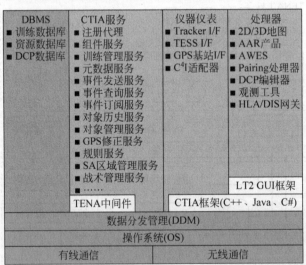

图 2-11　CTIA 的体系架构

与上述其他体系架构相比，CTIA 具有以下重要特点：

（1）针对无线数据链路通信的不可靠性特点，CTIA 采取了两种策略：①采取集中式服务的策略，实现对多个无线通信节点间带宽的有效管理；②提供了基于 CORBA 的网关技术，解决与其他非 CTIA 体系架构的系统间可靠通信问题。

（2）CTIA 设计了公共数据库，用于存储训练过程中产生的所有信息，从而一方面支持在任何时间、任何地点都可以进行训练过程的回放；另一方面，通过对相关资源实时状态信息的保存，保证了相关组件/系统在重启后仍能被正确识别，从而无缝接入训练过程，以保证训练过程持续稳定的执行。

（3）在目前的所有仿真体系架构中，CTIA 是唯一采用面向服务技术的体系架构。

2.5.5　LVC 体系架构

"任何时候，如果想开发系统 C 以取代 A 与 B，那么最终结果将是 A、B、C 三个系统同时存在"，建模 & 仿真领域多体系架构并存的现状再次验证了 Dell Lunceford 的上述论断。随着军事需求与技术的发展，迫切需要将多靶场、多组织机构、多武器平台协同起来进行联合仿真试验，首先需要解决多仿真体系架构间的互操作问题。针对该问题，美国国防部设计了多种不同的方法，比如统一仿真体系架构、使用网关、中间件技术等，但是上述方法均存在一定的缺陷。

实况仿真（live simulation）是指真实地参与实验的人员使用实际装备在实际战场的假象行动，在实验人员和装备系统上都安装有特定功能的传感器，主要使用于试验以及训练领域。构造（constructive）仿真是一种战争演练和分析工具，通常由模拟的人操纵模拟的系统。虚拟（virtual）仿真是指系统和军队在合成战场上模拟作战，往往表现为真人操纵模拟系统。LVC 仿真是指在仿真系统中同时具有实况仿真、虚拟仿真、构造仿真三种类型的仿真。

为了解决该问题，美军于 2007 年提出了 LVC 仿真体系架构发展路线图——LVCAR，主要目标是：提出一个远景构想与支撑策略，以实现多体系架构仿真环境互操作性的重大提升。该路线图首先从技术、业务及标准三个维度，对目前的主流仿真体系架构间的差异进行了分析，并制定了不同阶段的任务。第一个阶段是从 2007 年春季开始，持续 16 个月的时间，该阶段的目标是形成 LVCAR 的最终报告。第二个阶段是结合该最终报告的内容进行实施。

LVCAR 提出了三个重点关注的领域：未来集成技术体系架构、业务模型、应该发展与遵循的标准规范与管理流程，其中未来集成技术体系架构被认为是需要首要解决的问题。

截至 2009 年，是 LVCAR 实施（LVCAR-I）的第一个阶段，在该阶段主要取得如下成果：

（1）开发实现了"多体系架构仿真系统工程"和"多体系架构仿真联邦协议"两个原型系统，以及用来执行这些联邦协议的相关工具。

（2）研究了可用于提高 LVC 仿真可重用性的相关业务模型，并且深入分析了这些业务模型的可行性。

（3）研究了基于元数据技术来描述 LVC 仿真资源的机制，并对元数据进行了分类；建立了 LVC 仿真资源库，开发了基于元数据的资源发现与定位原型系统。

（4）设计了对网关进行描述与特征刻画机制，从而为用户选择合适的网关以接入试验环境提供更多的支撑。

（5）对 SOA 技术在 M&S 领域中如何应用进行了研究，深入分析了 SOA 技术在该领域应用的利弊。

2.5.5.1 LVC 仿真关键技术及问题

LVC 仿真是一种虚实结合的试验方法。基于其在军事武器装备全寿命周期中的应用,并参照覆盖不同仿真的体系架构,目前普遍使用 LVC 仿真试验的是多系统、兼容不同体系架构的联合仿真试验。LVC 仿真体系架构必须支持模型的可重用和可组合性;随着装备规模越来越大,仿真系统的规模将越来越大,将需要在已有小型仿真系统的基础上综合而成,这就要求这些小型仿真系统之间具有互操作能力,可以快速构建大型仿真系统。故关键技术有:

(1)异构系统交互体系架构技术。异构系统同步交互主要是在实装系统、半实物模拟系统、作战仿真系统、指挥信息系统、导调控制与评估系统等多种异构系统之间,构建统一的体系架构和数据标准,形成一个能够实现数据同步交互的综合环境,从而实现异构系统之间综合互操作、数据重用、功能组合等目的,以逼真、经济、高效的方式完成基于信息系统的体系试验任务。参照美军 TANA 技术标准,主要研究公共对象模型技术和公共网关技术,提供互联互通互操作支撑。

(2)虚实战场时空一致构建技术。主要是为了保证真实战场环境及实际装备实时投影到虚拟战场空间中,并保证状态信息实时更新,两个战场同步推进。主要涉及的关键技术有真实战场和虚拟战场精度控制技术、战场卫星定位与相对定位融合技术、试验场有线和无线网络无缝隙宽带传输技术、实际装备状态信息实时采集与传输技术等。

(3)战术互联网虚实融合技术。目的是实现参试装备体系指挥信息系统之间的数据互通。实装战术互联网与半实物战术互联网融合互通时,主要采用一个中继接力节点来实现;与虚拟战术互联网融合互通时,主要采用虚拟交互网关来实现。另外,还涉及导调控制与评估技术、虚拟兵力生成技术、作战仿真技术等。

根据 LVC 仿真系统的特点,其面临的问题有:

(1)实现无缝互操作能力问题。不同体系架构因其使用目的以及自身特性等因素的限制,在实现不同体系架构之间的互操作系统上存在很多的困难。

(2)实际装备与虚拟系统的实时性要求问题。即将实际系统(装备)加入虚拟系统,真实世界映射到虚拟世界的时空一致性问题。

(3)虚实系统间的数据传输及通信问题。数据通信问题是实现互操作能力的基本问题。

(4)系统可扩展性、可组合性及可重用问题。

2.5.5.2 基于 LVC 仿真的研究与应用

随着各种武器装备的信息化程度和复杂程度不断提高,单一的试验环境、参试装备、仿真系统越来越无法满足先进武器系统的试验和训练的要求。因此,针对特定的任务需求,将真实的、虚拟的、构造的仿真资源"无缝"集成起来进行 LVC 联合试验,构建虚实结合的试验训练环境,有助于提高试验训练能力。2018 年美国的"红旗"军演中就已经应用了 LVC 技术。

目前,LVC 仿真技术已应用于虚拟战场环境仿真、部队训练仿真、作战仿真、指挥决策仿真、武器平台仿真等军事训练的各个方面。

作战仿真可以使众多军事单位参与到作战模拟中而不受地域的限制,大大提高了战役训练的效益;还可以评估武器系统的总体性能,启发新的作战思想。

武器平台仿真包括武器技术仿真、武器系统仿真等。世界各军事强国竞相在新一代武器系统的研制过程中不断完善仿真方法,改进仿真手段,以提高研制工作的综合效益。它在提高新一代武器系统综合性能、减少系统实物试验次数、缩短研制周期、节省研制经费、提高维护水平、延长寿命周期、强化部队训练等方面都可大有作为。

例如,美军采用数字孪生技术,实现了武器研制、生产、训练、作战支持的全过程的模型化驱动,虚拟装备与实装虚实融合,最终实现以虚控实。

1. LVC仿真技术在空战训练中的应用

目前,各国基本都存在着日常训练需求和现有手段不平衡的问题,主要依靠飞行模拟器、教练机和作战飞机训练。为了解决训练不足的问题,美军已经开始将部分用于飞行的训练经费投入到LVC训练系统技术的开发中。

SLATE系统是美军将空中飞行的战斗机与地面模拟器连接、数字兵力模型集成的手段。可将模拟威胁无缝集成到驾驶舱环境,高度还原全要素的真实空战过程,并与现有战术作战训练系统兼容。SLATE系统提供了真实训练场景。训练系统的计算机用数字构建生成的力量扩大了场景范围,并真实地创建了与飞行员在真正冲突中实际看到的相似训练环境,可获得更好的训练效果和更全面的训练任务;并将空中、地面和海上装备也集成在同一任务场景中,提供了大量的敌方兵力来配合飞行员训练,更贴近实战化;最重要的是还有效降低了训练成本,缓解了军费压力。

2. LVC仿真技术在联合仿真试验上的研究

联合仿真试验,在美军中被称为集成试验评估(integrated test and evaluation,IT&E)技术。其核心思想是对各类仿真试验活动、试验资源实施进行统一的管理和规划,合理高效地利用试验信息,减少装备的研发周期,降低风险和费用,最终提高装备的试验效率。

以往的装备试验,通常都是单一模式的试验,一对一的模型,比如靶场试验,都是内外场试验相互独立进行。正是由于内外场试验处于不同的试验环境,两种试验模式下的数据也无法进行比对分析,造成了仿真资源的大量浪费。联合仿真试验模式下,均是采用多对多的模型,内外场试验充分融合,各类仿真资源互联互通,能够更加真实地体现装备特性。

目前靶场试验手段有了很大提升,对一些边界、极限条件以及危险性、消耗性试验的分析评估越来越朝着虚实合成的方向发展,其根本指导原则就是将各类真实的、虚拟的、构造的试验资源进行系统集成,形成近似作战的联合试验环境,并"按作战的方式进行试验",从而更加真实地检验被试系统的整体能力。

基于LVC的舰艇电子对抗反导能力试验研究基于LVC技术框架,就充分利用真实试验资源、半实物仿真资源、数字仿真资源,与被试舰艇作战系统融合构建联合试验环境的方法技术和应用进行了研究。水面舰艇电子对抗反导能力的试验评估,特别是对于反导成功概率的评估,应在靶场进行充分的试验,但是由于靶标特性模拟、环境构建能力、安控保障能力以及经费、周期等方面的限制,真实试验难以充分进行,在靶场目前仍然无法有效实施,如图2-12所示。在试验中引入建模与仿真(M&S)技术,构建由舰艇平台、作战系统、威胁目标和仿真系统等组成的多要素、多层级、跨地域的分布式联合试验环境。

3. LVC仿真技术在其他方面的研究

LVC仿真技术除了在上述作战训练、武器装备平台评估试验方面的应用,在作战指挥决策等方面也开展了很多研究。

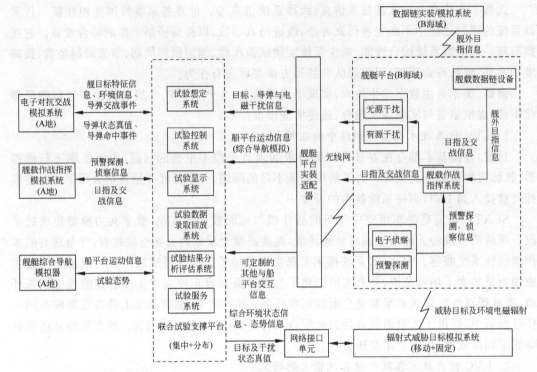

图 2-12　水面舰艇电子对抗反导联合试验环境组成示意图

指挥决策仿真利用虚拟现实技术,根据侦察情况资料合成出战场全景图,让受训指挥员通过传感装置观察双方兵力部署和战场情况,以便判断敌情,定下正确决策。例如,支持 LVC 仿真的航空指挥和保障异构系统集成技术等。

此外,基于 LVC 的虚实结合的体系试验方法、基于 LVC 训练的多系统互联技术等也被广泛研究。

体系试验方法是指进行体系试验活动所采用的形式和手段,即通过有目的地控制作战现象、事件、过程及环境条件来研究作战效能的方法。依据所采用的技术手段不同,主要分为实装试验法、仿真试验法、虚实结合试验法三种类型。基于 LVC 的体系试验方法需要构建一个异域异构、内外场结合的分布式逻辑靶场(图 2-13),统筹复用试验资源,实时推进体系对抗试验进程,其面临的主要技术需求包括四点:接入融合、交互实时、配置灵活、应用兼容。

2.5.6　仿真体系架构比较

2.5.6.1　HLA 与 DIS 的比较

HLA 与 DIS 的技术特点存在差异,主要表现在通信协议方面的差别、属性外推方面的差别和演练管理方面的差别。

1. 通信协议方面的差别

如表 2-1 所示,HLA 支持多种数据表示,而非 DIS 中固定的 PDU 格式。

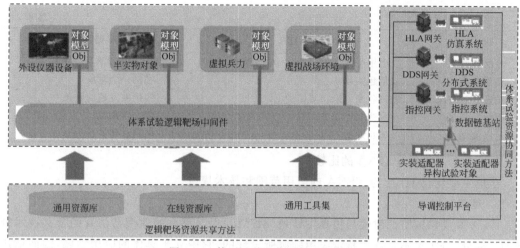

图 2-13 体系试验逻辑靶场系统架构

表 2-1 DIS 与 HLA 通信协议比较

目前的 DIS	HLA 类型仿真
每个仿真成员负责将自身的实体状态更新传输给其他仿真成员	每个仿真成员只将对象属性的变化传输给 RTI,由 RTI 根据仿真需要传输给其他仿真成员
无论是否需要,所有的状态更新被传输给所有的仿真成员	属性更新仅仅传递给需要这些信息的仿真成员
每个 PDU 包含固定的状态信息	当需要时,只传输属性的变化信息
只要任意一个状态变量的变化超过预定的阈值,实体状态的所有信息将被传输	仅仅传输变化了的属性

2. 属性外推方面的差别

DIS 与 HLA 属性外推方法比较,如表 2-2 所示。

表 2-2 DIS 与 HLA 属性外推方法比较

目前的 DIS	HLA 类型的仿真
只有实体位置和方向被外推	如果在联邦对象模型(FOM)中统一定义,任何属性都可以外推
在 IEEE 127811 的附录 B 中,描述了 8 个预估算法	当需要时,附加的预估算法可以在 FOM 中定义并加到协议目录中
每当超过预定的误差限时,仿真负责传输更新	与 DIS 相同,但属性的更新先提供给 RTI,再由 RTI 根据预约信息传输数据
每个仿真成员必须使用适当的 DR 算法外推每个远程实体的属性	与 DIS 相同,但可以为每次演练选择或建立属性外推算法和参数

3. 演练管理方面的差别

DIS 与 HLA 演练管理方法比较,如表 2-3 所示。

表 2-3 DIS 与 HLA 演练管理方法比较

功 能	目前的 DIS	HLA 类型的仿真
演练创建	建立一个演练 ID	创建联邦执行
加入一个演练	从网上收听数据,开始发送 PDU	加入联邦执行

功　　能	目前的 DIS	HLA 类型的仿真
分配对象 ID	应用程序产生一个唯一的 ID	从 RTI 请求对象 ID
创建对象	创建实体	实例一个对象
发现新的对象	接收来自未知实体的 EDPDU	实例被发现的对象
删除对象	除去实体	删除对象
退出演练	停止发送 PDU	撤销联邦执行

2.5.6.2　HLA 与 TENA 的比较

这里主要比较 HLA 与 TENA 的适用范围和技术规范。

1. 适用范围

HLA 是美国国防部建模与仿真主计划(MSMP)倡导建立的建模与仿真的公共技术框架的一部分。HLA 不是针对特定应用领域所设计的,它中立于具体的应用领域,因而适用于所有应用领域(如分析、试验、训练等)中的建模与仿真的开发与集成。它可将构造的、虚拟的和真实的(CLV)仿真集成起来互操作。

TENA 针对试验与训练领域而设计,因而适用于各种常见的试验与评估(T&E)资源,如野外靶场(OAR)、装机系统试验设施(ISTF)、硬件在回路(HITL)设施、系统集成实验室(SIL)和计算机建模与仿真(M&S)等,以及各种训练资源,如训练靶场、可配置的模拟器等开发与集成。

归纳来说,HLA 规范的是建模与仿真(M&S)系统的开发与集成,而 TENA 规范的是试验与训练系统的开发与集成。比较而言,HLA 比 TENA 更灵活,适用范围更广;而 TENA 针对试验与训练领域的特定需求对 HLA 进行了扩展,更专用,提供了试验和训练所需的更多特定的能力。

2. 技术规范

类似于 HLA,TENA 的定义也包括 TENA 规则、TENA 元对象模型及 TENA 应用与 TENA 中间件的接口规范。但考虑到 TENA 应用发展的阶段性,TENA 定义了 3 种不同的兼容程度,因此 TENA 分别制定了不同兼容程度下应遵守的规则。

TENA 元对象模型的作用类似于 HLA 的对象模型模板,而 TENA 的"逻辑靶场"对象模型则类似于 HLA 的联邦对象模型。TENA 应用与 TENA 中间件的接口规范类似于 HLA 的联邦成员接口规范,TENA 中间件则类似于 HLA RTI 软件。

类似于 HLA 要求共享一个联邦对象模型的各个联邦成员组成一个联邦,并基于 HLA RTI 软件提供的标准服务互换联邦对象模型所描述的信息,TENA 也要求根据不同的靶场目标将各个应用及相应的工具或实用程序集成为一个"逻辑靶场",TENA"逻辑靶场"中的各组成部分共享一个"逻辑靶场"对象模型,并依赖 TENA 中间件提供的服务对"逻辑靶场"对象模型中的信息进行交换以实现互操作。

在 HLA 定义和 TENA 定义中,用于描述各自对象模型中的对象特性的元对象模型存在很大区别,因此 HLA 对象模型和 TENA 对象模型也存在很大区别。对于 HLA 来说,元对象模型就是对象模型模板,它将对象模型的内容明确区分为"对象类"和"交互类",对象类的定义只包含属性而没有方法,对象类之间也只定义单一继承关系而不定义聚合关系。因此,HLA 对象类实际上是真实对象的一种逻辑表示,它并不限定真实对象的具体实现,而可作为不同实现形式（如不同语言、软件或实物）的真实对象的软件代理，适于交换状态连续的对象信息；而交互类则适于抽象表示并互换短暂的信息如消息等。TENA 元对象模型所定义的 TENA 对象比 HLA OMT 定义的 HLA 对象要复杂、全面得多，它们通常是真正的软件对象。TENA 对象模型除了定义靶场常见的 3 类信息即状态分布对象（SDO）、消息、数据流外，还要定义用于靶场管理的应用管理对象以及表示自然环境的对象等，这些对象可区分为"靶场空间"的对象和"任务空间"的对象。其中，SDO 是在某个靶场事件期间生存时间非零、状态演变的对象，它是目前流行的两种开发复杂分布式系统的编程机制即分布对象计算和以数据为中心的匿名公布/订购数据交换机制相结合的产物。此外，由于 TENA 面向特定的试验和训练领域，因此最终可定义适用于整个靶场界的标准的 TENA 对象模型，HLA 则需要针对不同的应用领域分别定义相应的参考联邦对象模型，以促进标准化。

TENA 和 HLA 的通信机制也存在很大不同。TENA 中间件 API 及其他部分当前正处于标准化阶段，已经实现的原型 IKE2 结合了 CORBA 分布式对象和类似于 HLA RTI 的匿名公布/订购数据分发这两种流行的编程机制。特别地，所设计的 TENA 中间件 API 隐藏了对象操作的实现细节，一旦编写了软件应用代码，它可以用于不同的试验或训练场合，可适用于不同的底层通信机制，比如共享内存、IP 协议、CORBA 及 HLA RTI，还可以与各种武器系统及靶场设施进行接口，如与各种战术数据链（TADL）接口。此外，由于靶场界的应用都是实时运行，因此不像 HLA RTI 那样提供了灵活、丰富的时间管理服务，TENA 中间件只提供实时服务。

思考题

1. 简述体系架构的组成及其描述方法。
2. 简述电子信息系统仿真体系架构的特殊性及其设计方法。
3. 简述电子信息系统仿真体系架构的描述方法。
4. 列举几类常见的典型仿真体系架构，比较优劣。
5. 查找 UML 工具，尝试设计一个简单的体系架构。

第3章

雷达系统功能级建模与仿真

根据 1.3 节的功能级仿真过程,其主要特点是对雷达信号处理环节通过信噪比计算进行等效,本章将对功能级仿真中涉及的各个特有模型进行详细讨论,而数据处理、资源调度等与信号级仿真一致的部分将在第 4 章进行分析。

3.1   回波特性建模与仿真

3.1.1   雷达回波信号功率模型

根据雷达距离方程,从斜距为 R 的目标反射回来被雷达接收的回波信号功率为

$$P_s = \frac{P_t G_t G_r \lambda^2 \sigma D}{(4\pi)^3 R^4 L L_{\text{Atm}}} \tag{3.1}$$

式中,P_t 为雷达发射机峰值功率;G_t 和 G_r 分别为雷达发射天线增益和接收天线增益;λ 为雷达波长;σ 为目标的雷达散射截面积;R 为目标距雷达的距离;D 为雷达抗干扰增益因子;L 为雷达系统综合损耗;L_{Atm} 为电磁波在大气中传输的损耗。

3.1.2   干扰信号回波功率模型

考虑存在宽带阻塞式噪声干扰的情况。根据干扰方程,若干扰机与雷达距离为 R_j,则雷达接收到的干扰功率为

$$P_{rj} = \frac{P_j G_j G_{rj} \lambda^2}{(4\pi R_j)^2 L_j L_r L_{\text{Atm}}} \frac{B_r}{B_j} \tag{3.2}$$

式中,P_j 为干扰机发射功率;G_j 为干扰机发射天线增益;G_{rj} 为干扰机所在方向上雷达接收天线增益(当干扰从主瓣进入时,该增益与雷达天线增益相同,否则,取雷达旁瓣增益);λ 为雷达波长;R_j 为干扰机距雷达的距离;L_j 为干扰机发射综合损耗;L_r 为雷达接收综合损耗;L_{Atm} 为电磁波在大气中传输的损耗(单程损耗);B_r 为雷达接收机瞬时带宽;B_j 为干扰信号带宽。

3.1.3   雷达系统综合损耗模型

1. 馈线损耗

分为发射通道损耗 L_t 与接收通道损耗 L_r,一般为 $1 \sim 3\text{dB}$。

2. 天线罩传输损耗

实际仿真时,天线罩传输损耗(双向)一般取 $L_{rd} \approx 0.6dB$。

3. 天线波束形状损耗

实际仿真时,天线波束形状损耗一般取 $L_p \approx 0.6dB$。

4. 滤波器失配损耗

滤波器失配损耗 L_{mf},除包括与普通脉冲雷达相同的中放滤波特性与发射脉冲波形的失配损耗外,还有 FFT 滤波器的加权损耗;有脉压电路时还有脉压加权引起的失配损耗。一般 $L_{mf} \approx 2dB$。若是抗干扰改善因子考虑了损耗因子,则不可重复计算。

5. CFAR 损耗

CFAR 损耗 L_{cf},因不同 CFAR 电路和杂波环境而不同。一般 L_{cf} 为 1.3~2.5dB。现代雷达使用各种 CFAR 技术,表 3-1 给出几种常用 CFAR 损耗。

表 3-1 CFAR 损耗

检 测 器	单元平均	最 大	最 小	有序统计量
CFAR 损耗/dB	1.31	1.65	2.47	1.82~1.93

6. 累积损耗

普通脉冲雷达全部接收到的目标信号都作检测后累积(即非相参累积)。PD 雷达对波束驻留时间内收到的脉冲串分成若干组,对组内各回波脉冲作相参累积,检测后各组的输出再作非相参累积。一般取 $L_i \approx 1.2dB$。若是抗干扰改善因子考虑了损耗因子,则不可重复计算。

7. 噪声相关损耗

若在 FFT 滤波前采用 2 脉冲或 3 脉冲 MTI 对消器,则经过对消器的噪声有部分相关性,降低了后续 FFT 的相参累积增益。对于 2、3 脉冲对消器此损耗分别约为 2dB 与 3dB。具体计算方法与公式参见有关文献。

8. 距离门损耗

1) 距离门失配损耗 L_{mr}

如距离门与脉冲宽度失配,则会引起此项损耗。

$$L_{mr} \approx \begin{cases} \tau_g / \tau, \tau_g > \tau \\ \tau / \tau_g, \tau_g < \tau \end{cases} \tag{3.3}$$

式中,τ_g 为距离门宽度;τ 为脉冲宽度。

2) 距离跨越损耗 L_{er}

若对信号按每一距离门中心取一次样,则取样点可能不是信号的最强点,因而产生此损耗。此损耗约为 1dB(假定 $\tau_g = \tau$,$P_d = 0.5$)。

9. 速度跨越损耗

速度跨越损耗 L_{ef} 是由于信号谱峰可能跨越两个多普勒滤波器引起的。FFT 前的幅度加权使每一滤波器加宽,邻近滤波器之间相交在 -3dB 点附近,此损耗很小,可以忽略不计。

10. 时域、频域遮挡损耗

1) 时域遮挡损耗 L_{et}

对中、高重频 PD 雷达发射脉冲及 TR 器件恢复时间遮挡接收通道引起不可忽略的损

耗。如检测概率 $P_d = 0.5$，此损耗

$$L_{et} = 1 + (\tau + T_R)/T_i \tag{3.4}$$

若 P_d 要求更高，则此损耗值还要增大些。

2) 频域遮挡损耗 L_{ef}

低、中重频 PD 雷达的主瓣杂波谱峰对目标信号遮挡引起不可忽略的损耗。此损耗的计算方法与 L_{et} 相似，对于 $P_d = 0.5$，有

$$L_{ef} = 1 + \Delta F_{dm}/\text{PRF} \tag{3.5}$$

式中，ΔF_{dm} 表示主瓣杂波谱宽的平均值。因为 ΔF_{dm} 是波束指向与载机航向夹角的函数，在天线波束扫描时是变化的。

11. 暂态门损耗

所有 PD 雷达在对每组接收脉冲串处理之前，须用门电路屏蔽若干个填充脉冲周期。此外，若采用主瓣杂波对消器，则还须加一两个脉冲周期的暂态时间，暂态门的总时间 $t_g = t_n + t_t$，其中 t_n 指填充脉冲时间，t_t 指增加的暂态时间。暂态门损耗

$$L_{tg} = 1 + t_g/T_i \tag{3.6}$$

式中，T_i 为一组脉冲串时间，$T_i = N_p/\text{PRF}$，N_p 为脉冲个数。

12. 保护通道损耗

由保护通道对主通道屏蔽作用引起主通道的检测损耗，$P_d = 0.5$ 时，$L_{gc} \approx 0.5\text{dB}$。

13. 检测后累积和第二门限损耗

PD 雷达的检测后累积和第二门限是结合解模糊(亦称寻求关联)过程进行的。即在雷达波束对目标驻留时间 T_d 内，N 组脉冲超过第一门限输出中有 M 个是在同一距离门与同一速度滤波器上出现(或称重合在不模糊的距离-多普勒平面上的同一单元中)，则认为信号通过第二门限，可判定在此不模糊的距离与速度单元上探测到目标。这种 M/N 第二门限检测比 N 个脉冲直接非相干累积后检测增加损耗约 0.5dB。若是抗干扰改善因子考虑了损耗因子，则不可重复计算。

14. 傅里叶变换损耗

傅里叶变换之前常采用窗函数加权采样数据 $x[n]$，通常，非矩形窗引起主瓣宽度增加，峰值减小，信噪比的减小可以换取峰值旁瓣电平的大幅度衰减。窗函数加权了信号中的干扰分量，信噪比损耗为

$$L_{\text{Fourier}} = \frac{\left(\sum\limits_{n=0}^{N-1}\omega[n]\right)^2}{N\sum\limits_{n=0}^{N-1}\omega^2[n]} \tag{3.7}$$

式中，$\omega[n]$ 为加权窗函数，N 为采样数据点数。

15. 干扰引导延时损耗

对于窄带瞄频式噪声干扰等干扰类型，被干扰的雷达接收到干扰信号要比目标回波信号有一定的延迟时间。这样，进入雷达的干扰信号有引导延时损耗

$$L_{tg} = (\tau - \Delta t)/\tau \tag{3.8}$$

式中，τ 为雷达接收脉冲宽度，Δt 为雷达接收干扰信号与目标回波信号的延时。

一般雷达损耗见表 3-2。

表 3-2 一般雷达损耗

损 耗 类 型	低重频方式（LPRF）/dB	高重频方式（HPRF）/dB
天线罩损耗	单程 0.3	双程 0.6
发射馈线传输损耗	3	估计 2
接收馈线传输损耗	1.5	
波束覆盖损耗	1.38	
CFAR 损耗	2	1
滤波器失配损耗	2	2
速度响应损耗	2	0
距离门跨越损耗	1	1
滤波器跨越损耗	0	0.1
重叠损耗	0	0.1
瞬态选通损耗	0	0.1
接收机匹配损耗	0.8	0.8

一些工作模式可能只有表中的部分损耗项目，所以，应结合信号处理过程代入参数。

3.1.4 大气传输损耗模型

大气传输损耗主要影响来源于大气的折射、吸收。地球大气层中对流层和电离层对电磁波传输有重要影响。在讨论对雷达电磁波传输影响时，对流层最为重要。对流层是从地面起一直到 15km 左右高空的非电离区域。

对流层大气传输损耗主要考虑对流层折射效应的大气透镜效应损耗和对流层吸收损耗，两者数学模型分别见 5.5.1 节、5.5.2 节相应内容。因此，在功能级仿真中大气传输损耗可以表示为

$$L_{Atm} = L_{Len} + L_{ab} \tag{3.9}$$

式中，L_{Len} 为大气透镜效应损耗，L_{ab} 为对流层吸收损耗。注意，根据第 5 章中的数学模型，大气透镜效应损耗基本上与电磁波频率无关，而吸收损耗与电磁波频率的关系很大，要分别进行拟合计算。

3.2 天线方向图特性建模与仿真

3.2.1 两坐标扇状波形方向图

两坐标雷达常采用余割平方天线，其方向图如图 3-1 所示。两坐标雷达的波束方向图包含两个部分，一部分是从水平至角 θ_1 的仰角扇区，另一部分是为了对低于最大高度 h_m 并以水平飞行方式接近的目标保持威力，从而将仰角覆盖范围扩大到 θ_1 之上形成的余割平方覆盖区域。

扇形波束主瓣方向图为

$$G(\theta) = \exp(-k\theta^2), \quad \theta \leqslant \theta_1 \tag{3.10}$$

式中，θ 为波束俯仰角度，$k = 4\ln\sqrt{2}/\theta_b^2$，$\theta_b$ 为 3dB 波束宽度。

波束在 θ_1 之上的方向图为

$$G(\theta) = G(\theta_1)\,\frac{\csc^2\theta}{\csc^2\theta_1}, \quad \theta_1 < \theta < \theta_2 \tag{3.11}$$

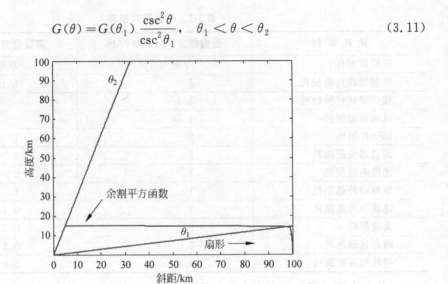

图 3-1　典型的两坐标雷达余割平方天线方向图

3.2.2　三坐标针状波束方向图

采用堆积多波束体制的三坐标雷达方向图如图 3-2 所示,仿真中认为各个波束的天线方向图是相似的,因此在计算主阵通道增益时,首先对单个波束的天线方向图进行建模,然后根据目标与波束指向之间的方位关系,计算各波束在目标方向的增益。二维天线方向图可以采用一维方向图相乘的方式实现。一维方向图采用高斯型天线方向图:

$$A_n(\theta) = A_n \exp\!\left(-k\left(\theta - \sum_{i=1}^{n}\theta_i\right)^2\right) \tag{3.12}$$

式中,θ 为波束俯仰角度,$k = 4\ln\sqrt{2}\,/\theta_b^2$,$\theta_b$ 为 3dB 波束宽度。

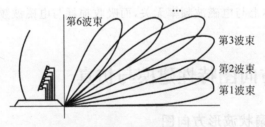

图 3-2　堆积多波束天线方向图

3.2.3　相控阵天线方向图模型

3.2.3.1　单波束方向图的建模与仿真

相控阵雷达天线阵面上由数以千计的辐射单元组成,加上天线波束灵活的电扫描,使得求解相控阵天线的增益计算过程复杂而且运算量非常大,即使采取建立天线增益方向图数据库的方法来提高效率,仍不能满足仿真系统实时性的要求。因此,把相控阵天线的仿真作为一个预处理的过程来进行,即事先根据可靠的相控阵雷达报道参数计算得到波束指向阵面法向时的方向图特征参数(主瓣增益、半功率宽度、第一副瓣增益……),然后通过理论模型控制参数的方法获得相控阵天线方向图的最优估计。

当波束指向(θ_0,φ_0)时,为使相控阵天线单波束与和差波束方向图的求解方便,建立指向直角坐标系$(O\text{-}x'y'z')$,如图 3-3(a)所示。其中Oz'轴即为波束指向,Ox'、Oy'轴分别为Ox、Oy 轴先沿φ方向正向旋转φ_0,再沿θ方向偏转θ_0而得到,Ox'的正向与θ的增加方向一致,Oy'的正向与φ的增加方向一致。指向直角坐标系$(O\text{-}x'y'z')$与阵面直角坐标系$(O\text{-}xyz)$的转换关系为

$$
\begin{bmatrix} x' \\ y' \\ z' \end{bmatrix} = \begin{bmatrix} \cos\theta_0\cos\varphi_0 & \cos\theta_0\sin\varphi_0 & -\sin\theta_0 \\ -\sin\varphi_0 & \cos\varphi_0 & 0 \\ \sin\theta_0\cos\varphi_0 & \sin\theta_0\sin\varphi_0 & \cos\theta_0 \end{bmatrix} \begin{bmatrix} x \\ y \\ z \end{bmatrix} \tag{3.13}
$$

在指向直角坐标系$(O\text{-}x'y'z')$的基础上再定义指向方位坐标系$(O\text{-}\alpha'\beta')$,如图 3-3(b)所示。其中,方位角α'表示在$x'Oz'$平面上的投影与z'轴的夹角,偏向Ox'轴正向为正,反之为负;俯仰角β'表示在$y'Oz'$平面上的投影与z'轴的夹角,偏向Oy'轴的正向为正,反之为负。指向方位坐标系$(O\text{-}\alpha'\beta')$与指向直角坐标系$(O\text{-}x'y'z')$的相互转换关系为

$$
\begin{cases} x' = \dfrac{\sin\alpha'\cos\beta'}{\sqrt{\cos^2\alpha'+\cos^2\beta'\sin^2\alpha'}} \\[4mm] y' = \dfrac{\cos\alpha'\sin\beta'}{\sqrt{\cos^2\alpha'+\cos^2\beta'\sin^2\alpha'}} \\[4mm] z' = \dfrac{\cos\alpha'\cos\beta'}{\sqrt{\cos^2\alpha'+\cos^2\beta'\sin^2\alpha'}} \end{cases} \tag{3.14}
$$

$$
\begin{cases} \alpha' = \arctan\left(\dfrac{x'}{z'}\right), \quad \alpha' \in \left[-\dfrac{\pi}{2},\dfrac{\pi}{2}\right] \\[4mm] \beta' = \arctan\left(\dfrac{y'}{z'}\right), \quad \beta' \in \left[-\dfrac{\pi}{2},\dfrac{\pi}{2}\right] \end{cases} \tag{3.15}
$$

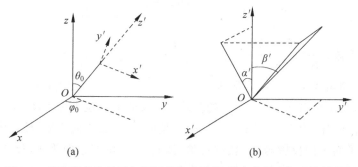

(a)   (b)

图 3-3 指向直角坐标系与阵面直角坐标系、指向方位坐标系的关系图

由前述易知,相控阵天线单波束的半功率点等场强线在指向方位坐标系$(O\text{-}\alpha'\beta')$内近似为一椭圆,其满足的椭圆方程为

$$
\frac{(\alpha')^2}{\left(\dfrac{B_0}{2\cos\theta_0}\right)^2} + \frac{(\beta')^2}{\left(\dfrac{B_0}{2}\right)^2} = 1 \tag{3.16}
$$

此时,可利用分段天线方向图理论模型来逼近相控阵天线方向图,即在充分考虑了相控阵天线波束在扫描的过程中方向图的变换规律的基础上用几个辛格($\text{Sa}(x)$)函数主瓣的组

合来分别模拟相控阵天线方向图的主瓣、第一旁瓣、第一零点、第一零深、第二旁瓣……因此,相控阵天线方向图的仿真模型具体可描述为

$$(G',\beta',\theta_0) = \begin{cases} A\mathrm{Sa}\left(\dfrac{2x_0\Delta M_0}{B_0}\right)\sqrt{K_0}, & \Delta \in \left[0,\dfrac{B_0}{2M_0}\right] \\[3mm] 0.707A\mathrm{Sa}\left(\dfrac{2x_1M_0}{2\alpha_1-B_0}\left(\Delta-\dfrac{B_0}{2M_0}\right)\right)\sqrt{K_0}, & \Delta \in \left(\dfrac{B_0}{2M_0},\dfrac{\alpha_1}{M_0}\right] \\[3mm] B\mathrm{Sa}\left(\dfrac{x_2M_0}{\alpha_{1.5}-\alpha_1}\left(\Delta-\dfrac{\alpha_{1.5}}{M_0}\right)\right)\sqrt{K_0}, & \Delta \in \left(\dfrac{\alpha_1}{M_0},+\infty\right) \end{cases} \tag{3.17}$$

式中,A 为波束指向阵面法向时的最大增益值;B 为波束指向阵面法向时的第一副瓣的增益值;B_0 为波束指向阵面法向时的半功率点(3dB)宽度的一半,α_1 为波束指向阵面法向时第一零点位置;$\alpha_{1.5}$ 为波束指向阵面法向时第一旁瓣的峰值位置;x_0 为方程 $\sin x_0 = 0.707x_0$ 的解;x_1 为方程 $\sin x_0 = \dfrac{C}{0.707A}x_0$ 的解;C 为波束指向阵面法向时主瓣与第一副瓣之间增益最低点的增益值;x_2 为方程 $\sin x_0 = \dfrac{C}{B}x_0$ 的解;K_0 为相控阵天线波束增益随扫描角变化的控制因子,$K_0 = \cos\theta_0$;Δ 为 (α',β') 与波束指向(在指向方位坐标系中,此时波束指向为 $\alpha_0'=0,\beta_0'=0$)的夹角;其计算公式如下:

$$\begin{aligned} \Delta &= \arccos\left(\frac{\sin\alpha_0'\cos\beta_0'\sin\alpha'\cos\beta' + \cos\alpha_0'\cos\alpha'\cos(\beta'-\beta_0')}{\sqrt{(\cos^2\alpha_0'+\cos^2\beta_0'\sin^2\alpha_0')(\cos^2\alpha'+\cos^2\beta'\sin^2\alpha')}}\right) \\ &= \arccos\left(\frac{\cos\alpha'\cos\beta'}{\sqrt{\cos^2\alpha'+\cos^2\beta'\sin^2\alpha'}}\right) \end{aligned} \tag{3.18}$$

M_0 为相控阵天线波束随扫描角展宽控制因子,可描述为

$$M_0 = p\Delta_\beta^2 + \frac{4-4K_0-pB_0^2}{2B_0}\Delta_\beta + K_0 \tag{3.19}$$

式中,p 为加权系数,$\dfrac{4-4K_0-2B_0}{B_0^2+2K_0B_0} < p \leqslant \dfrac{4-4K_0}{B_0^2}$。

对于单脉冲测角体制的相控阵雷达系统而言,波束指向一般用阵面方位坐标系($O\text{-}\alpha\beta$)描述。在阵面直角坐标系($O\text{-}x_py_pz_p$)的基础上定义阵面方位坐标系($O\text{-}\alpha\beta$),其中,方位角 α 表示在 x_pOz_p 平面上的投影与 z_p 轴的夹角,偏向 Ox_p 轴正向为正,反之为负;俯仰角 β 表示在 y_pOz_p 平面上的投影与 z_p 轴的夹角,偏向 Oy_p 轴的正向为正,反之为负。方位坐标系($O\text{-}\alpha\beta$)与阵面球坐标系的相互转换关系为

$$\begin{cases} \alpha = \arctan(\tan\theta\cos\varphi), & \alpha \in \left[-\dfrac{\pi}{2},\dfrac{\pi}{2}\right] \\[2mm] \beta = \arctan(\tan\theta\sin\varphi), & \beta \in \left[-\dfrac{\pi}{2},\dfrac{\pi}{2}\right] \end{cases} \tag{3.20}$$

以及

$$\begin{cases} \theta = \arctan(\sqrt{\tan^2\alpha+\tan^2\beta}), & \theta \in \left[0,\dfrac{\pi}{2}\right] \\[2mm] \tan\varphi = \tan\beta/\tan\alpha, & \varphi \in [0,2\pi] \end{cases} \tag{3.21}$$

当波束指向(θ_0, φ_0)时,由式(3.20)和式(3.21)不难得到阵面方位坐标系下单波束方向图的仿真模型,具体公式不再赘述。

3.2.3.2　和差波束方向图的建模与仿真

对于采用单脉冲测角体制的相控阵雷达系统而言,它是利用和差波束对目标进行探测与跟踪的。在一个角平面内形成四个部分重叠的子波束,四个子波束分别对接收到的回波信号进行调制,进而对这四路信号进行和差处理就可实现对目标的探测与跟踪。如图3-4所示,从波束截面图方向(即指向方位坐标系平面)看,四个子波束的中心指向分别为O_1、O_2、O_3和O_4,原点O为相控阵天线的中心指向,在这一方向上各子波束接收到的回波信号幅度相等。四个子波束的中心指向在指向方位坐标系下的坐标分别为O_1:$(-\Delta_1, \Delta_2)$;O_2:(Δ_1, Δ_2);O_3:$(-\Delta_1, -\Delta_2)$;O_4:$(\Delta_1, -\Delta_2)$。其中,$\Delta_1 = \eta \dfrac{B_0}{2}$,$\Delta_2 = \xi \dfrac{B_0}{2}$,$\eta, \xi$为比例系数,控制四个子波束重叠部分的大小,一般情况下有$0 < \xi \leqslant \eta < 1$。

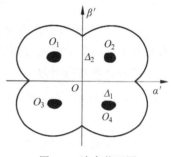

图3-4　波束截面图

由于Δ_1, Δ_2取值很小,因此四个子波束的天线方向图与波束指向相控阵天线中心指向时的单波束方向图形状差别非常微小,在相控阵天线和差波束方向图仿真中四个子波束完全可以用指向相控阵天线中心指向的单波束方向图来替代,其差别仅仅是其四个子波束的指向不同而已。

设四个子波束的方向图分别记为

$$O_1: F_1(\alpha', \beta') = G(-\Delta_1, \Delta_2, \alpha', \beta', \alpha_0, \beta_0)$$
$$O_2: F_2(\alpha', \beta') = G(\Delta_1, \Delta_2, \alpha', \beta', \alpha_0, \beta_0)$$
$$O_3: F_3(\alpha', \beta') = G(-\Delta_1, -\Delta_2, \alpha', \beta', \alpha_0, \beta_0)$$
$$O_4: F_4(\alpha', \beta') = G(\Delta_1, -\Delta_2, \alpha', \beta', \alpha_0, \beta_0)$$

式中,(α_0, β_0)为相控阵天线的中心指向(阵面方位坐标系下的坐标),(α', β')为在指向方位坐标系中的坐标。

则和波束方向图为

$$F_\Sigma(\alpha', \beta') = \sum_{i=1}^{4} F_i(\alpha', \beta') \tag{3.22}$$

方位差波束方向图为

$$F_{\Delta_1}(\alpha', \beta') = F_1(\alpha', \beta') + F_2(\alpha', \beta') - F_3(\alpha', \beta') - F_4(\alpha', \beta') \tag{3.23}$$

俯仰差波束方向图为

$$F_{\Delta_2}(\alpha', \beta') = F_1(\alpha', \beta') - F_2(\alpha', \beta') + F_3(\alpha', \beta') - F_4(\alpha', \beta') \tag{3.24}$$

相控阵雷达系统模拟时运用的具体步骤为:

(1) 将当前在阵面方位坐标系下的波束指向(α_0, β_0)和目标所在方向(α, β)变换到指向方位坐标系中,分别对应$(0,0)$和(α', β');

(2) 由式(3.22)、式(3.23)和式(3.24)求得指向方位坐标系下的和差增益;

(3) 在相控阵雷达系统进行测角以后,将测出的角误差信息$(d\alpha', d\beta')$转换到阵面方位坐标系$(d\alpha, d\beta)$即可。

这里需要指出的是,在实际相控阵雷达系统中,为了使和波束增益最大与差斜率最陡以及具有较低的副瓣电平同时能够满足,一般采取对和差波束分别进行独立馈电。在仿真中,可以通过调节四个子波束重叠部分的控制参数η, ξ来逼近最佳和差波束方向图。

进一步若考虑天馈系统及接收系统的幅、相不平衡性对和差信号的影响,反映到和差波束方向图上即峰值与零点产生漂移。此时和差波束方向图可由下式来描述:

$$F_{\Sigma}(\alpha', \beta') = \sum_{i=1}^{4} k_i e^{j\varphi_i} F_i(\alpha', \beta') \tag{3.25}$$

式中,若令第一个子波束作为基准,有$k_1 = 1, \varphi_1 = 0°$,则$k_i, \varphi_i (i = 2, 3, 4)$表示其他三个子波束相对于第一个子波束的幅度和相位比例关系。

方位差波束方向图为

$$F_{\Delta_1}(\alpha', \beta') = F_1(\alpha', \beta') + k_2 e^{j\varphi_2} F_2(\alpha', \beta') - k_3 e^{j\varphi_3} F_3(\alpha', \beta') - k_4 e^{j\varphi_4} F_4(\alpha', \beta') \tag{3.26}$$

俯仰差波束方向图为

$$F_{\Delta_2}(\alpha', \beta') = F_1(\alpha', \beta') - k_2 e^{j\varphi_2} F_2(\alpha', \beta') + k_3 e^{j\varphi_3} F_3(\alpha', \beta') - k_4 e^{j\varphi_4} F_4(\alpha', \beta') \tag{3.27}$$

计算机仿真结果表明,这种实时模拟的方法在保证系统仿真逼真度的前提下,大大降低了仿真的计算量,能够满足仿真系统的实时性要求。

3.3 接收机特性建模与仿真

在功能级仿真中,接收机特性方面考虑接收机噪声的影响。雷达接收机噪声的来源主要分为两种,即内部噪声和外部噪声。内部噪声主要由接收机中的馈线、放电保护器、高频放大器或混频器等产生。接收机内部噪声在时间上是连续的,而振幅和相位是随机的。外部噪声是由雷达天线进入接收机的各种人为干扰、天电干扰、宇宙干扰和天线热噪声等,其中以天线热噪声影响最大。

雷达接收机的内部噪声一般用噪声系数N_F衡量。它定义为实际接收机的噪声功率与理想接收机的输出噪声功率之比。一般情况下,噪声系数N_F的取值范围为$0\text{dB} < N_F < 10\text{dB}$。接收机内部等效噪声温度为

$$T_e = (N_F - 1)T_0 \tag{3.28}$$

接收机内部噪声功率为

$$P_e = kT_e B_n \tag{3.29}$$

外部天线噪声功率P_a用天线等效噪声温度表示,即

$$P_a = kT_a B_n \tag{3.30}$$

式中,$k = 1.38 \times 10^{-23}$ J/K为玻耳兹曼常数,T_a为天线等效噪声温度,B_n为雷达接收机瞬时带宽。

因此接收机噪声功率可以写为

$$P_n = P_e + P_a = kT_s B_n \tag{3.31}$$

式中，T_s 为系统噪声温度，$T_s = T_a + T_e$。

在仿真中，设天线噪声温度为 $T_0 = 290K$，因此系统噪声温度 T_s 为

$$T_s = T_a + T_e = N_F T_0 \tag{3.32}$$

接收机噪声平均功率为

$$P_n = P_e + P_a = kT_s B_n = kT_0 B_n N_F \tag{3.33}$$

3.4　目标检测特性与仿真

1. 虚警概率

虚警是指没有信号而仅有噪声时，噪声电平超过门限值而被误认为信号的事件。噪声超过门限的概率称为虚警概率。

通常加到接收机中频滤波器上的噪声是宽带高斯噪声，其概率密度函数由下式给出：

$$p(v) = \frac{1}{\sqrt{2\pi}\sigma} \exp\left(-\frac{v^2}{2\sigma^2}\right) \tag{3.34}$$

式中，$p(v)$ 是噪声电压为 $v \sim v + \mathrm{d}v$ 的概率；σ^2 是方差，噪声均值为零。

高斯噪声通过窄带中频滤波器后加到包络检波器，根据随机噪声的数学分析，可知包络检波器输出端噪声电压振幅的概率密度函数为

$$p(r \mid H_0) = \frac{r}{\sigma^2} \exp\left(-\frac{r^2}{2\sigma^2}\right), \quad r \geqslant 0 \tag{3.35}$$

式中，r 表示检波器输出端噪声包络的振幅，其概率密度函数是瑞利分布的。设置门限电平 U_T，噪声包络电压超过门限电平的概率就是虚警概率。虚警概率由下式求出：

$$P_f = P(U_T \leqslant r < +\infty) = \int_{U_T}^{+\infty} p(r \mid H_0) \mathrm{d}r = \exp\left(-\frac{U_T^2}{2\sigma^2}\right) \tag{3.36}$$

2. 检测概率

当振幅为 A 的正弦波同高斯噪声一起输入到中频滤波器后，经包络检波器后，输出电压幅度概率密度为

$$p(r \mid H_1) = \frac{r}{\sigma^2} \exp\left(-\frac{r^2 + A^2}{2\sigma^2}\right) \mathrm{I}_0\left(\frac{rA}{\sigma^2}\right) \tag{3.37}$$

式中，$\mathrm{I}_0(z)$ 为零阶修正贝塞尔函数，定义为

$$\mathrm{I}_0(z) = \sum_{n=0}^{\infty} \frac{z^{2n}}{2^{2n} n! n!} \tag{3.38}$$

式中，r 是信号加噪声的包络，其概率密度函数称为广义瑞利分布，σ^2 是方差。

信号被发现的概率就是 r 超过门限 U_T 的概率，因此检测概率 P_d 是

$$P_d = P(U_T \leqslant r < +\infty) = \int_{U_T}^{+\infty} p(r \mid H_1) \mathrm{d}r \tag{3.39}$$

该积分无法解析地给出结果，应用龙伯格数值积分的方法可以获得其数值解。一般是在一定虚警概率的要求下计算检测概率的。下面给出计算公式。

信噪比定义为

$$\text{SNR} = \frac{A^2}{2\sigma^2} \tag{3.40}$$

根据虚警概率的要求可以得出门限电平

$$U_T^2 = -2\sigma^2 \ln P_f \tag{3.41}$$

则

$$p(r \mid H_1) = \frac{r}{\sigma^2} \exp\left(-\frac{r^2 + A^2}{2\sigma^2}\right) I_0\left(\frac{rA}{\sigma^2}\right)$$

$$= \frac{r}{\sigma^2} \exp\left(-\frac{r^2}{2\sigma^2} - \text{SNR}\right) I_0\left(\frac{r\sqrt{2\text{SNR}}}{\sigma}\right) \tag{3.42}$$

令 $x = \frac{r^2}{2\sigma^2}$，则 $r = \sigma\sqrt{2x}$，$U_T' = -\ln P_f$。

$$P_d = P(U_T \leqslant r < +\infty)$$

$$= \int_{U_T}^{+\infty} p(r \mid H_1) \mathrm{d}r = \int_{-\ln P_f}^{\infty} \frac{\sqrt{2x}}{\sigma} \exp(-x - \text{SNR}) I_0(2\sqrt{x\,\text{SNR}}) \frac{\sigma}{\sqrt{2x}} \mathrm{d}x$$

$$= \int_{-\ln P_f}^{\infty} \exp(-x - \text{SNR}) I_0(2\sqrt{x\,\text{SNR}}) \mathrm{d}x \tag{3.43}$$

根据上式就可以计算给定虚警概率和信噪比时的检测概率。图 3-5 是虚警概率为 10^{-6}、10^{-9}、10^{-12} 时的检测概率曲线。

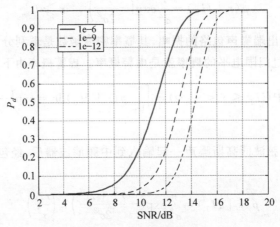

图 3-5　检测概率曲线

仿真中，为提高仿真效率，利用多项式拟合计算检测概率。图 3-6 是拟合的检测概率曲线。

3. 目标 RCS 模型

目标雷达散射截面积（radar cross section，RCS）是度量雷达目标对照射电磁波散射能力的物理量。对 RCS 的定义有两种观点：一种是电磁散射的观点；另一种是雷达测量的观点，两者的基本概念是统一的，均定义为：单位立体角内目标朝接收方向散射的功率与给定方向入射于该目标的平面波功率密度的 4π 倍。

目标 RCS 的大小对雷达检测性能有直接的关系，仿真中，给出的是目标 RCS 的实测值。目标 RCS 值是以数据文件的形式存储，模型解算时，根据当前仿真时刻的目标电波入

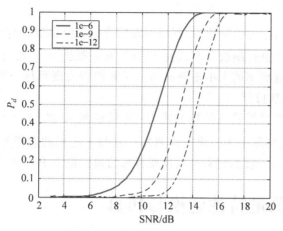

图 3-6 拟合的检测概率曲线

射角,通过插值算法得到目标 RCS 实测值。

由于考虑为轴对称目标,设目标 RCS 随目标电波入射角变化的实测值列表为

$$\mathrm{RCS}(\psi_k), \quad k=1,2,\cdots,N \tag{3.44}$$

式中,$\begin{array}{l}\psi_k \in [0,\pi] \\ \psi_k \leqslant \psi_{k+1}\end{array}$, $k=1,2,\cdots,N$。

基于软件系统仿真速度与精度的要求,这里采用分段线性插值对 RCS 实测数据进行插值-拟合。

分段线性插值算法可以表示为

$$\mathrm{RCS}(\psi) = \frac{\psi - \psi_{k+1}}{\psi_k - \psi_{k+1}}\mathrm{RCS}(\psi_k) + \frac{\psi - \psi_k}{\psi_{k+1} - \psi_k}\mathrm{RCS}(\psi_{k+1}),$$

$$\psi \in [\psi_k, \psi_{k+1}], \quad k=1,2,\cdots,N-1 \tag{3.45}$$

这样,给定目标的电波入射角 ψ 就可求出相应姿态下目标的 RCS 值。

4. 综合信噪比计算模型

雷达检测信噪比是由多方面因素综合决定的,其中包括目标回波功率、干扰信号功率、杂波及噪声功率等。

$$\mathrm{SNR} = \frac{P_s}{P_n + P_j + P_c} \tag{3.46}$$

式中,SNR 为综合信噪比,P_s 为回波信号功率,P_n 为接收机噪声功率,P_j 为干扰信号功率,P_c 为杂波功率。

当只考虑接收机噪声的影响时,信噪比的计算公式如下:

$$\mathrm{SNR} = \frac{P_s}{P_n} = \frac{P_t G_t G_r \lambda^2 \sigma D}{(4\pi)^3 R^4 L L_{\mathrm{Atm}} k T_0 B_n N_F} \tag{3.47}$$

当考虑宽带阻塞式干扰时,信噪比计算公式如下:

$$\mathrm{SNR} = \frac{P_s}{P_n + P_j} \tag{3.48}$$

式中,P_s 根据式(3.1)计算,P_n 根据式(3.33)计算,P_j 根据式(3.2)计算。

5. 目标检测模型

计算出雷达接收目标的信噪比后,利用预先拟合的检测曲线计算目标的发现概率 P_d,然后对目标的发现概率进行随机样本试验,即随机对一服从 $[0,1]$ 均匀分布的变量取值 P_0,通过比较其与目标发现概率的大小来判断当前时刻能否发现目标。若 $P_0 \leqslant P_d$,则表示发现目标;反之,没有发现目标。

搜索发现目标时的目标确认处理方式为:连续检测 m 次,当有 $k(k \leqslant m)$ 次发现目标时,确认发现目标。这实际上为一滑窗检测器。m 与 k 之间的选择关系为 $k_{opt} = 1.5\sqrt{m}$。仿真中,取 $m=4, k=3$。这时,正常有效发现目标的检测概率 $P_d \geqslant 0.75$。

3.5 参数测量特性建模与仿真

雷达系统对目标位置的测量是在雷达阵面球坐标下对目标距离和角度的测量问题,通过在目标的真实位置上叠加一定的误差得到测量值。

1. 距离测量模型

只考虑平稳高斯白噪声的影响时,距离测量的精度为

$$\sigma_R^2 = \frac{1}{8\pi^2 (E/N_0) B_e^2} \cdot \frac{c}{2} = \frac{1}{2(E/N_0)\beta^2} \cdot \frac{c}{2} \tag{3.49}$$

式中,B_e 为信号的均方根带宽,$\beta = 2\pi B_e$;c 为光速,$c = 3 \times 10^8 \mathrm{m/s}$;$E/N_0$ 为信噪比。

对于线性调频信号,假设速度已知时,测距精度为

$$\sigma_R = \frac{\sqrt{3}}{\pi B \sqrt{2(E/N_0)}} \cdot \frac{c}{2} \tag{3.50}$$

式中,c 为光速,B 为带宽,E/N_0 为信噪比。

2. 角度测量模型

对于典型的振幅和差单脉冲测角,在只考虑接收机噪声的影响时,测角误差均值为 0,标准差为

$$\sigma_{\Delta\theta_n} = \frac{1}{K_m} \frac{1}{\sqrt{2E/N_0}} \tag{3.51}$$

式中,K_m 为归一化的测角斜率,E/N_0 为和波束的信噪比。

以上讨论的测角精度是在指向方位坐标系下。仿真中在目标真实位置(指向方位坐标系)上叠加一定误差,再经坐标转换到阵面球坐标系下,得到目标的角度信息。

3. 径向速度测量模型

在非 PD 体制的工作模式下,目标速度一般是通过距离的变化率来计算的;而在 PD 模式,可以直接测出目标相对雷达的径向速度。

采用相参脉冲串进行多普勒滤波处理可以获得多普勒频率,进而得到径向速度值。多普勒频率测量的精度 δf_D 由下式给出:

$$\delta f_D = 1/2\tau \mathrm{SNR}^{\frac{1}{2}} \tag{3.52}$$

式中,τ 是相参处理间隔,SNR 是信噪比。雷达测量径向速度的精度 δ_v 为

$$\delta_v = \lambda/(4\tau \mathrm{SNR}^{\frac{1}{2}}) \tag{3.53}$$

式中，λ 为雷达波长。

因此，在给定相参处理间隔和信噪比的情况下，可以在真实速度上叠加一定的正态分布的噪声来产生径向速度测量值。

4. RCS 测量模型

在实际的 RCS 测量中，不可避免地会产生由各种因素引起的测量误差。RCS 测量的非相干误差统计量服从高斯分布，平均误差为零，均方根功率误差反比于 2 倍信噪比的平方根。

$$\Delta_{err} \sim N(0, \sigma^2) \tag{3.54}$$

式中，Δ_{err} 为非相干测量误差，σ 反比于 2 倍信噪比的平方根。

而 RCS 的测量值可表示为

$$RCS_m = RCS_t(1 + \Delta_{err}) \tag{3.55}$$

式中，RCS_t 为目标 RCS 真实值。

仿真时，在给定信噪比的情况下，在目标真实 RCS 的基础上叠加由上式表征的正态分布的测量误差来产生 RCS 测量值。

3.6　抗干扰特性建模与仿真

3.6.1　旁瓣对消模型

旁瓣对消的基本原理是利用主阵干扰信号和辅助阵干扰信号之间的相关性，将主阵干扰信号对消掉。由于相关性，对辅助阵接收到的干扰信号进行适当加权，可以产生一个与主阵干扰信号很"相似"的干扰信号。将主阵输出信号与辅助阵输出信号相减，主阵干扰信号的作用就会大大减弱，从而达到对消目的。其原理如图 3-7 所示。

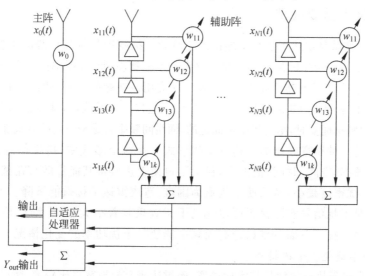

图 3-7　旁瓣对消原理

衡量旁瓣对消能力的重要指标是干扰对消比 R_{JCR}，其定义为

$$R_{\text{JCR}} = \frac{\text{采用旁瓣对消时系统输出功率}}{\text{未采用旁瓣对消时系统输出功率}} \tag{3.56}$$

鉴于是功能仿真,只考虑雷达有没有对消功能,根据不同的干扰源数和辅助阵天线数,旁瓣对消流程如图 3-8 所示。

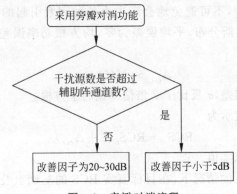

图 3-8　旁瓣对消流程

3.6.2　脉冲压缩模型

脉冲压缩与线性调频对应,两者之间是调制/解调关系,实质上是一个匹配滤波器。脉压滤波器采用近似理想的与线性调频信号匹配的滤波特性。理想情况下,脉压滤波器能使输出信噪比改善 D 倍,其中 D 为脉压比。

实际中,为了降低脉压后输出脉冲的副瓣电平,必须对匹配滤波器的幅频特性进行适当的加权,但同时会使它的主瓣变宽,峰值变低。

一般而言,因加权使信噪比损失 $1.2\sim1.4$dB,所以一般取脉冲压缩抗干扰因子为 $0.8D$。

3.6.3　频率捷变模型

所谓频率捷变就是雷达工作频率随机发生变化。捷变频是抗噪声瞄准干扰的有效方法,已得到广泛应用。捷变频主要有三种方式:脉内频率捷变、脉间频率捷变和脉组频率捷变。对脉内频率捷变,由于目前器件原因,还没有广泛应用。在脉间频率捷变时,每个脉冲的工作频率随机变化,频率变化范围可达中心频率的 10% 左右。在低波段,捷变的百分比大,高波段时较小。在脉组频率捷变时,组内频率是固定的,而组间频率则是按一定的方式随机发生变化。

频率捷变是一种展宽频谱的雷达抗干扰形式。在这个形式中,携带信息的信号被尽可能宽地分布在频率(空间,时间)范围上,目的是迫使干扰机将其能量散布在整个雷达的捷变带宽上,导致干扰密度减小,从而使干扰更为困难,造成雷达干扰效能下降。

频率捷变对干扰信号实际是否可以起到干扰效果有着很大影响,特别是从天线主瓣进入雷达接收机的干扰。下面分别讨论有无频率捷变时干扰功率的变化情况。

1. 采用频率捷变抗干扰措施

由于阻塞噪声干扰机的信号带宽比较宽,而雷达捷变频带宽也比较宽,所以干扰机发射的干扰信号功率只有落在雷达信号带宽之内才有效。因此采用捷变频抗干扰措施的改善因子为

$$D_a = \frac{\text{干扰信号带宽}}{\text{干扰信号与雷达捷变频重叠带宽}} \times \frac{\text{雷达捷变频带宽}}{\text{雷达瞬时带宽}} \tag{3.57}$$

1) 干扰信号带宽大于雷达捷变频带宽

可分为如下四种情况分别进行讨论：

（1）雷达信号带宽完全在干扰信号带宽之内。

（2）雷达信号带宽部分不在干扰信号带宽之内，并且雷达信号带宽中心频率小于或等于干扰信号带宽中心频率。

（3）雷达信号带宽部分不在干扰信号带宽之内，并且雷达信号带宽中心频率大于或等于干扰信号带宽中心频率。

（4）雷达信号带宽完全不在干扰信号带宽之内。

按照上述四种情况可推导出抗干扰改善因子为

$$
D_a = \begin{cases}
B_J/B_R, & f_J - (B_J - B_B)/2 < f_S < f_J + (B_J - B_B)/2 \\
\dfrac{B_J}{(B_J/2 - |f_J - f_S|) + B_B/2} \cdot \dfrac{B_B}{B_R}, & (f_J - (B_J + B_B)/2 < f_S < f_J - (B_J - B_B)/2) \\
& \quad \bigcup (f_J + (B_J - B_B)/2 < f_S < f_J + (B_J + B_B)/2) \\
1, & \text{其他}
\end{cases}
$$
(3.58)

式中，B_R 为雷达瞬时频带宽（Hz）；B_B 为雷达发射信号捷变频带宽（Hz）；B_J 为干扰机信号带宽（Hz）；f_S 为雷达信号带宽中心频率（Hz）；f_J 为干扰机信号带宽中心频率（Hz）。

2) 雷达捷变频带宽大于干扰信号带宽

同 1）类似讨论可推导出

$$
D_a = \begin{cases}
B_B/B_R, & f_S - (B_B - B_J)/2 < f_R < f_S + (B_B - B_J)/2 \\
\dfrac{B_J}{(B_J/2 - |f_J - f_S|) + B_B/2} \cdot \dfrac{B_B}{B_R}, & (f_S - (B_J + B_R)/2 < f_R < f_S - (B_J - B_R)/2) \\
& \quad \bigcup (f_S + (B_J - B_R)/2 < f_R < f_S + (B_J + B_R)/2) \\
1, & \text{其他}
\end{cases}
$$
(3.59)

式中，f_R 为雷达瞬时带宽的中心频率（Hz）。

2. 不采用频率捷变抗干扰措施

抗干扰措施的改善因子为

$$
D_a = \frac{\text{干扰信号带宽与雷达瞬时带宽重叠部分}}{\text{干扰信号带宽}}
$$
(3.60)

同上类似讨论可推导出

$$
D_a = \begin{cases}
\dfrac{B_R}{B_J}, & f_J - (B_J - B_R)/2 < f_R < f_J + (B_J - B_R)/2 \\
\dfrac{(B_J/2 - |f_J - f_S|) + B_B/2}{B_J}, & (f_J - (B_J + B_R)/2 < f_R < f_J - (B_J - B_R)/2) \\
& \quad \bigcup (f_J + (B_J - B_R)/2 < f_R < f_J + (B_J + B_R)/2) \\
0, & \text{其他}
\end{cases}
$$
(3.61)

频率捷变对于欺骗干扰的效果计算我们给出以下假设：假目标干扰参数中的射频值为针对雷达相应的载频来产生假目标干扰信号。处理步骤如下：

① 计算欺骗干扰对产生雷达干扰的概率

$$P_J = \frac{\text{干扰信号频点数}}{\text{雷达工作频点数}}$$

② 产生一个$(0,1)$随机数D_J，若$D_J < P_J$，则干扰有效，否则干扰无效。

3.6.4 脉冲累积模型

脉冲累积是抗噪声干扰的一种手段。累积有两种方式：相干累积和非相干累积。脉冲累积抗干扰改善因子为

$$D_M = n L_n \qquad (3.62)$$

式中，L_n为累积损失因子；n为雷达波束驻留目标时间内接收的脉冲个数，即

$$n = \frac{\theta_{0.5} T f_{PRF}}{360°} \qquad (3.63)$$

式中，$\theta_{0.5}$为雷达天线波束宽度(°)；T为天线扫描周期(s)；f_{PRF}为雷达脉冲重复频率(Hz)。

这里主要考虑非相干累积增益因子(即抗干扰改善因子)

$$D_M = n^\gamma \qquad (3.64)$$

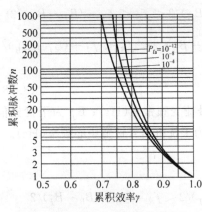

图 3-9 累积效率和累积脉冲数的关系

式中，γ与n的关系如图 3-9 所示。从图中可以看出，大多数情况下$\gamma = 0.7 \sim 0.9$，仅有在n非常大(相当于 SNR<1)时，γ才接近 0.5。

3.6.5 低副瓣天线模型

天线副瓣是对雷达进行遮盖性有源干扰的主要渠道，因为从主瓣进入的干扰限制在天线波束宽度范围内，在显示屏上只占一个小角度，不影响其他方位上对目标的观察和跟踪，但副瓣是全方位或大或小地存在的。因此从副瓣进入的强干扰可掩蔽很大角度范围内的目标信号，使雷达基本丧失探测能力。比较两部雷达天线在有无噪声干扰条件下的抗干扰改善因子为

$$D_{ant} = SLL_2 - SLL_1 - 2(G_1 - G_2)(dB) \qquad (3.65)$$

式中，G_1和G_2为两部雷达主瓣增益；SLL_1和SLL_2为两部雷达相对主瓣增益的接收旁瓣电平。

3.6.6 动目标显示模型

在大多数场景下，杂波功率谱服从一定分布，如高斯分布、全极型分布等。本书选择从功率谱的角度对杂波进行建模，具有一定优势。首先，通过设置不同的杂波平均功率、杂波多普勒中心频率、杂波标准离差取值来体现环境因素的作用效果；其次，杂波经动目标显示(MTI)滤波后的输出可由 MTI 对消器的频率响应与功率谱相乘直接得到，计算量小。

杂波谱通过滤波器的过程如图 3-10 所示。

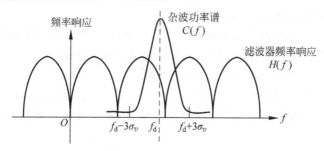

图 3-10 杂波谱通过滤波器示意图

通常,杂波功率谱用高斯模型表示:

$$C(f) = C_0 \exp\left[-\frac{(f-f_d)^2}{2\sigma_c^2}\right] \qquad (3.66)$$

式中,C_0 为杂波平均功率;$f_d = \dfrac{2V}{\lambda}$ 为杂波的多普勒频率,V 为雷达与杂波区中心的相对移动速度;$\sigma_c = \dfrac{2\sigma_v}{\lambda}$ 为杂波功率谱的标准离差,σ_v 为杂波的标准离差,与地形、风速有关。

则输入杂波功率主要集中于 $f_d \pm 3\sigma_v$ 的范围内,所以近似有

$$C_i = \int_{f_d - 3\sigma_v}^{f_d + 3\sigma_v} C(f)\mathrm{d}f$$

输出为输入在滤波器该频点处的增益,故经杂波抑制处理后的输出杂波功率为

$$C_o = \int_{f_d - 3\sigma_v}^{f_d + 3\sigma_v} C(f)H(f)\mathrm{d}f$$

杂波抑制比 CSR 可表示为

$$\mathrm{CSR} = \frac{C_o}{C_i} \qquad (3.67)$$

输入杂波功率已知,输出杂波功率可由 MTI 对消器频率响应与杂波功率谱相乘得到的结果经 IFFT 变换后得到。虽然求解输出杂波功率的计算量不大,但面对大型仿真系统中成员众多、交互复杂、处理环节多、处理数据量大等问题时,这种面向过程的建模方法仍然会对系统的运行效率造成不利影响。

为此,针对杂波抑制,我们采用预先处理到数据库生成的建模方法,具体思路如下:事先,针对各种场景建立相应杂波模型,然后做 MTI 处理,并对各种场景下的 MTI 处理结果进行归纳总结,最后形成不同条件下的杂波抑制性能数据库。这样,在大型防空反导仿真系统中,根据实际场景,通过查表或插值的方法得到 MTI 处理结果。仿真流程图如图 3-11 所示。

(1) 环境参数设置:根据实际场景,设置与杂波相关的环境参数,如地表形式、风速、地面反射率等。

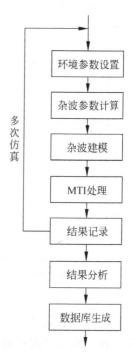

图 3-11 杂波抑制仿真流程

（2）杂波参数计算：根据设置的环境参数，计算描述杂波功率谱的相关参数，如杂波平均功率、杂波多普勒中心频率、杂波标准离差。

（3）杂波建模：根据杂波相关参数和雷达工作场景，给出杂波功率谱模型。

（4）MTI 处理：选择不同的对消次数，对杂波进行频域滤波。

（5）结果记录：记录剩余杂波量，计算杂波抑制比。

（6）结果分析：根据仿真结果，总结相关规律，以便简化数据库生成。

（7）数据库生成：根据多种场景的仿真结果建立 MTI 杂波抑制比与相关参数之间对应关系的数据库。

假设雷达脉冲重复频率为 1kHz，波长为 0.03m，杂波功率谱服从高斯分布或全极型分布，仿真分别得到杂波抑制比与相关参数之间的关系曲线，结果如图 3-12 所示。

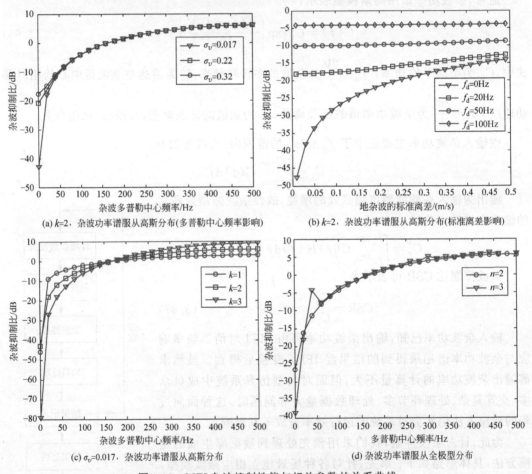

(a) $k=2$，杂波功率谱服从高斯分布(多普勒中心频率影响)　　(b) $k=2$，杂波功率谱服从高斯分布(标准离差影响)

(c) $\sigma_v=0.017$，杂波功率谱服从高斯分布　　(d) 杂波功率谱服从全极型分布

图 3-12　MTI 杂波抑制性能与相关参数的关系曲线

从图 3-12(a) 中可以看出，当杂波的多普勒中心频率在零频时，杂波抑制效果最好，此时，一次对消和二次对消的杂波抑制比分别为 −17.59dB、−20.77dB。随着杂波多普勒中心频率逐渐偏离零频，杂波抑制效果越来越差。对于功率谱服从高斯分布的杂波，MTI 对消次数一定时，MTI 的杂波抑制性能由杂波中心频率和杂波标准离差共同决定。因此，在建立 MTI 杂波抑制性能数据库时，要建立杂波抑制比随杂波多普勒中心频率和杂波标准离差变化的二维数据库。

　　杂波多普勒中心频率一定,杂波标准离差越大,则杂波功率谱越宽,从而 MTI 的杂波抑制效果越差;且杂波多普勒中心频率越靠近零频,杂波抑制比受杂波标准离差的影响越大,如图 3-12(a)、(b)所示。因此,在建立数据库时,零频附近的杂波标准离差应取得相对密集些,远离零频时的杂波标准离差可取得相对稀疏,这样,在保证精度的同时,进一步提高了仿真效率。当杂波多普勒中心频率大于 60Hz 时,MTI 的杂波抑制性能基本不受杂波标准离差的影响,如图 3-12(b)所示。因此,在建立数据库时,只需建立杂波抑制比与杂波多普勒中心频率对应关系的一组数据。

　　从图 3-12(c)中可以看出,杂波标准离差一定,MTI 的杂波抑制性能由对消次数和杂波多普勒中心频率共同决定。因此,在建立数据库时,需根据对消次数建立多组二维数据库。当杂波多普勒中心频率在 0～160Hz 范围内时,MTI 对消次数越多,杂波抑制性能越好,这是由于随着对消次数的增加,对消器零频附近的滤波特性凹口增大,所以杂波抑制性能越好。当杂波中心频率处于 160～200Hz 时,MTI 的杂波抑制性能受对消次数影响不大,所以这个频段的二维数据库只需建立一组。而当杂波中心频率大于 200Hz 时,对消次数越多,MTI 的杂波抑制性能越差。这是因为随着对消次数的增加,对消器的幅度频率响应更加不平坦,导致杂波抑制性能反而变差。

　　对功率谱服从全极型分布的杂波进行 MTI 处理,杂波抑制情况如图 3-12(d)所示。当杂波中心频率小于 60Hz 时,杂波抑制性能与杂波多普勒中心频率和极点数有关;当杂波中心频率大于 60Hz 时,杂波抑制性能主要由杂波多普勒中心频率决定,此时,只需建立杂波抑制性能与杂波多普勒中心频率对应关系的数据库。

　　根据上述分析,结合多种场景,通过仿真事先建立较完备的 MTI 杂波抑制性能与对消次数、杂波多普勒中心频率、杂波标准离差、极点数等参数对应关系的数据库,然后在大型防空作战系统仿真中,根据具体场景,通过查表或插值的方法,得出 MTI 的杂波抑制比,以供后续信号处理使用,是一种效果好、效率高的两全之策。

　　结合实际雷达系统 MTI 的杂波抑制效果,仿真中为改善因子设定了一个上限 25dB,即若改善因子的理论计算结果超过 25dB,则将其定为 25dB,这样与实际更相符。

3.6.7　动目标检测模型

　　动目标检测(MTD)是为弥补 MTI 的缺陷,根据最佳滤波器理论发展起来的。由于 MTI 对地物杂波的抑制能力有限,为此在 MTI 后串接一个窄带多普勒滤波器组来覆盖整个重复频率的范围。由于杂波和目标的多普勒频移不同,它们将出现在不同的多普勒滤波器的输出端,达到从强杂波中检测目标的目的。而且多普勒频率不同对应了不同的窄带滤波器输出,因此 MTD 还可以通过测出多普勒频移来确定目标的速度。其具体实现原理见 4.4.3 节,在功能级仿真中相当于相干累积。

3.6.8　旁瓣匿影模型

　　旁瓣匿影的功能是消除地物副瓣干扰的影响。地物副瓣干扰是指从天线副瓣进入雷达的地物杂波干扰,可通过辅助天线和主天线所接收的回波相比较从而判断出从天线副瓣进入的干扰,也可以采用一维杂波图的方式实现。其功能原理如图 3-13 所示。

　　辅助天线与主天线的接收信号分别经接收机、放大和检波送到比较电路,当主天线支路信号大于辅助天线支路信号时,选通电路开通,主天线信号输出;反之,如果主天线支路的信号小于辅助天线支路信号,则关闭选通电路。

　　辅助天线的增益应略高于主天线最大副瓣电平,所以当强干扰从主天线副瓣进入时,主天线支路的视频信号必然小于辅助天线支路的视频信号,因而被选通电路阻止输出达到反副瓣干扰的效果。

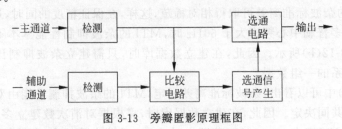

图 3-13　旁瓣匿影原理框图

3.6.9　前沿跟踪模型

　　在仿真系统中,考虑雷达具备前沿跟踪能力,能够一定程度上抗距离拖引等有源欺骗干扰。前沿跟踪基本原理是:先让目标回波信号经微分电路得到前正后负两个脉冲(图 3-14),再让跟踪波门对前沿脉冲跟踪。

　　在功能级仿真系统中,前沿跟踪的基本方法是:在进行距离测量时,在真实距离上除叠加误差外,还要叠加前沿跟踪造成的系统误差,即检测点由功率重心移到回波脉冲前沿产生的误差。对于向后拖引的情况,近似的处理方法是距离上减去 1/4 脉宽所对应的距离。

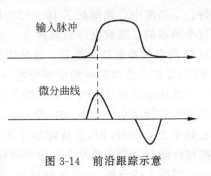

图 3-14　前沿跟踪示意

3.6.10　无源跟踪模型

　　在雷达仿真系统中,考虑在有预警卫星引导信息的情况下可以启用无源跟踪抗干扰的手段。

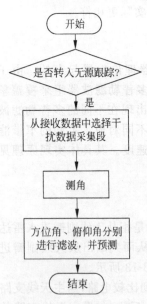

图 3-15　无源跟踪流程

　　当有源干扰的功率很强时,即使雷达采用了相应的抗干扰措施,雷达仍然无法正常工作。此时,若干扰为自卫式干扰,即干扰与目标在空间上处于同一位置,则雷达可以利用干扰信号,通过测量干扰信号的到达方向,确定目标的空间角度,再利用初始的目标位置粗略信息,仍然可获得目标信息。

　　仿真系统中,无源跟踪仿真的方法是:

　　(1)提取干扰数据最大值点,在该位置及其附近选择数据进行测角。

　　(2)干扰来波方向的测量。由于自卫式压制干扰与目标在空间上处于同一位置,故目标信噪比可用干扰与噪声功率的比值来替代。再利用前面介绍的原理,进行干扰信号的角度测量。

　　(3)角度测量数据的平滑。对测量得到的角度数据进行滤波和预测,预测角度值为下一时刻雷达天线波束指向。

　　无源跟踪的流程如图 3-15 所示。

3.7 雷达功能级仿真系统实例

本节通过一个雷达数据仿真系统实例对功能级仿真效果进行说明。该仿真系统可以实现对二维机械扫描、三维机械扫描、相控阵、被动探测等不同体制雷达探测与对抗过程的功能级仿真。将战情设置为相控阵雷达对一飞机目标进行探测,假设存在自卫式噪声压制干扰,干扰参数如图 3-16 所示。

干扰机001参数	数据值
干扰开始时间(s)	0.000000
干扰结束时间(s)	700.000000
干扰带宽(MHz)	100.000000
干扰机发射功率(W)	100.000000
干扰机射频频率(MHz)	6000.000000
干扰天线增益(dB)	20.000000
干扰类型	噪声压制干扰
RCS均值(m^2)	30.000000
RCS类型	固定
干扰机类型	飞机
航路经度(deg)	117.2759,114.2759
航路纬度(deg)	35.1973,35.1973
飞行高度(m)	10000.000000
速度(m/s)	150.000000
转向加速度(m/s^2)	10.000000
进入时间(s)	0.000000

图 3-16　压制干扰参数设置

图 3-17(a)、图 3-17(b)分别给出了无干扰以及压制干扰条件下雷达对目标的探测结果。可以看出,在无干扰的条件下,雷达对目标的探测距离约为 360km,而在施加压制干扰后由于压制干扰功率较大,雷达全程不能对目标进行稳定探测跟踪。

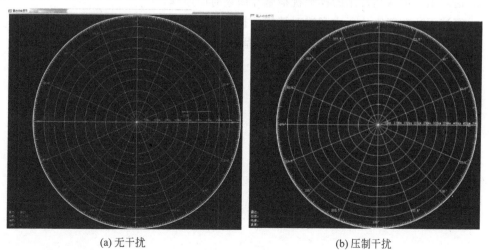

(a) 无干扰　　　　　　　　　　　(b) 压制干扰

图 3-17　雷达探测结果

　　针对自卫式压制干扰,假设雷达采用频率捷变抗干扰措施,捷变频带宽为 300MHz,得到的探测结果如图 3-18 所示。从图中可以看出,在采用频率捷变抗干扰后,雷达在约 256km 处对目标建立了稳定跟踪,验证了频率捷变抗压制干扰的有效性。

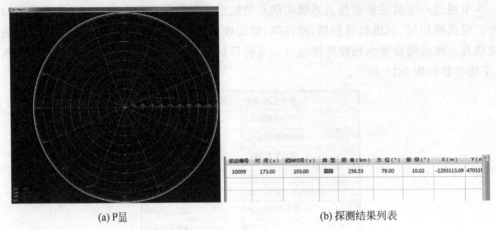

(a) P显　　　　　　　　　　　　　　　　(b) 探测结果列表

图 3-18　采用频率捷变抗干扰后的雷达探测结果

思考题

1. 简述雷达功能级仿真与信号级仿真的主要区别。

2. 简述雷达目标回波功率的计算公式以及每个参数的含义。

3. 简述雷达扇形波束方向图与针状波束方向图的特点。

4. 简述雷达接收机噪声功率的计算公式以及每个参数的含义。

5. 简述综合信噪比计算公式以及每个参数的含义。

6. 简述雷达功能级仿真中计算出综合信噪比后判断目标是否被检测的流程。

7. 雷达功能级仿真中,参数测量模型中所测量的参数包括哪些?不同参数的测量误差与哪些因素有关?

8. 请列出 5 项雷达常用的抗干扰措施并简述对应原理。

9. 简述雷达功能级仿真中旁瓣对消抗干扰效果如何进行仿真。

10. 简述雷达功能级仿真的整个处理流程,画出处理流程框图。

第4章

雷达系统信号级建模与仿真

4.1　天线建模与仿真

  相控阵天线是从阵列天线发展起来的。阵列天线通常由多个偶极子天线单元组成。偶极子天线是一种简单的天线,它具有近似的无方向性天线方向图,因而天线增益很低,在自由空间内增益往往只有 6dB 左右。为了获得较高的天线增益,可将多个偶极子天线单元按一定的规则排列在一起,形成一个大的阵列天线。最初,在通信等领域,为了改变大的阵列天线方向图的波束指向,通过改变阵列中各天线单元的信号相位关系,实现了最初的相控阵列天线。这一原理逐渐被广泛应用于雷达之中,直至今天形成了相控阵雷达蓬勃发展的局面。

  相控阵天线有多种形式,如线阵、平面阵、圆阵、圆柱形阵列、球形阵和共形阵等。本章先简要介绍线阵的原理,再推广到平面阵。阵列可分为端射阵和侧射阵两大类。端射阵产生的方向图,其最大值在阵列的轴线方向;侧射阵产生的方向图的最大值,在没有电控扫描的情况下,位于阵列轴线的法线方向。端射阵在实际相控阵雷达中应用较少,因此主要讨论侧射阵。

4.1.1　线阵天线的基本特性

4.1.1.1　线阵天线的方向图函数

  图 4-1 是 N 个阵元组成的线阵,设第 i 个天线阵元的激励电流为 I_i,$i=1,2,3,\cdots,N$。在线性传播媒质中,观测点处的场强为

$$x(k) = \sum_{n=0}^{N-1} x(n) e^{-\mathrm{j}\frac{2\pi}{N}nk} \qquad (4.1)$$

  若各天线阵元是相似元,则它们的方向图 $f_i(\theta)$ 一致;幅度为均匀加权,假设为单位量 1,则这个线阵的天线方向图函数 $F(\theta)$ 为

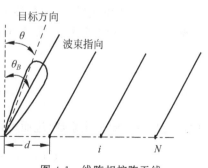

图 4-1　线阵相控阵天线

$$F(\theta) = \sum_{i=0}^{N-1} e^{ji\frac{2\pi}{\lambda}d(\sin\theta - \sin\theta_B)} \tag{4.2}$$

由欧拉公式化简得

$$F(\theta) = \frac{\sin\dfrac{N}{2}X}{\sin\dfrac{1}{2}X} e^{j\frac{N-1}{2}X} \tag{4.3}$$

取绝对值,得线阵的幅度方向图为

$$|F(\theta)| = \frac{\sin\dfrac{N}{2}X}{\sin\dfrac{1}{2}X} = \frac{\sin\dfrac{N\pi}{\lambda}d(\sin\theta - \sin\theta_B)}{\sin\dfrac{\pi}{\lambda}d(\sin\theta - \sin\theta_B)} \tag{4.4}$$

当 N 较大时,因 X 很小,故近似可得

$$|F(\theta)| = N\frac{\sin\dfrac{N}{2}X}{\dfrac{N}{2}X} = N\frac{\sin\dfrac{N\pi}{\lambda}d(\sin\theta - \sin\theta_B)}{\dfrac{N\pi}{\lambda}d(\sin\theta - \sin\theta_B)} \tag{4.5}$$

式中,$X = \Delta\varphi - \Delta\varphi_B$,$\Delta\varphi = \dfrac{2\pi}{\lambda}d\sin\theta$,$\Delta\varphi_B = \dfrac{2\pi}{\lambda}d\sin\theta_B$,$\theta$ 为目标所在角度;$\Delta\varphi$ 为来自目标的回波在相邻阵元之间的相位差;θ_B 为天线波束指向;$\Delta\varphi_B$ 为使天线波束最大值在方向 θ_B 所需的各辐射单元之间的相位差。

4.1.1.2　天线波束任意指向时的增益

天线波束扫描时增益和方向图将发生变化,假设相控阵天线在某一方向上的增益是指天线在该方向上辐射功率密度 $p(\theta)$ 与相同输入功率 P_{in} 馈入条件下无损耗、无方向性的理想天线在该方向辐射功率密度 p_0 之比。雷达天线增益 $G(\theta)$ 和天线方向图 $F(\theta)$ 有如下的关系式:

$$G(\theta) = GF^2(\theta) \tag{4.6}$$

式中,G 是天线辐射方向 θ_B 上的方向性因子,它是仅与天线扫描角 θ_B 有关的函数;$F(\theta)$ 是归一化的方向性函数。

由天线理论知,辐射方向 θ_B 上方向性因子 G 为

$$G = \frac{4\pi}{\lambda^2}A\cos\theta_B \tag{4.7}$$

式中,A 为天线孔径面积;λ 为雷达工作波长。

将式(4.5)、式(4.7)代入式(4.6),可得

$$G(\theta) = \frac{4\pi}{\lambda^2 N^2}A\cos\theta_B\frac{\sin^2\left(\dfrac{N}{2}X\right)}{\sin^2\left(\dfrac{1}{2}X\right)} \tag{4.8}$$

式中,N 是 $F(\theta)$ 归一化系数,进而可得

$$G(\theta) = \frac{4\pi}{\lambda^2 N^2}A\cos\theta_B\frac{1-\cos(NX)}{1-\cos(X)} \tag{4.9}$$

式中,

$$X = \frac{2\pi}{\lambda} d\left[\sin\theta - \sin\theta_B\right] \tag{4.10}$$

设 $\Delta\theta$ 为目标方向与波束指向之间的夹角,则有 $\theta = \theta_B + \Delta\theta$,令 $Y = \sin(\theta) - \sin(\theta_B)$,化简可得

$$Y = (\cos\Delta\theta - 1)\sin\theta_B + \cos\theta_B \sin\Delta\theta \tag{4.11}$$

当 $\Delta\theta$ 很小时,$\sin\Delta\theta \approx \Delta\theta$,$\cos\Delta\theta \approx \sqrt{1-\Delta\theta^2}$,式(4.11)转化为

$$Y = \sqrt{2 - 2\sqrt{1-\Delta\theta^2}}\sin(\theta_B + \xi) \tag{4.12}$$

式中,$\cos\xi = \dfrac{\sqrt{1-\Delta\theta^2} - 1}{\sqrt{2 - 2\sqrt{1-\Delta\theta^2}}}$,$\sin\xi = \dfrac{\Delta\theta}{\sqrt{2 - 2\sqrt{1-\Delta\theta^2}}}$。

将式(4.10)、式(4.12)代入式(4.9),得到线阵天线的增益函数为

$$G(\theta) = \frac{4\pi}{\lambda^2 N^2} A\cos\theta_B \frac{1 - \cos\left[N\frac{2\pi}{\lambda}d\sqrt{2-2\sqrt{1-\Delta\theta^2}}\sin(\theta_B+\xi)\right]}{1 - \cos\left[\frac{2\pi}{\lambda}d\sqrt{2-2\sqrt{1-\Delta\theta^2}}\sin(\theta_B+\xi)\right]} \tag{4.13}$$

下面在式(4.13)的基础上讨论线阵天线波束指向法向时的增益函数与波束偏离法向时线阵天线增益函数之间的关系。

1. 天线波束指向为阵面法向时的增益函数

在式(4.13)中,令扫描角 $\theta_B = 0$,此时 $\Delta\theta = \theta$,得到天线波束指向法向时的增益为

$$G_0(\theta) = \frac{4\pi}{\lambda^2 N^2} A \frac{1 - \cos\left[N\frac{2\pi}{\lambda}d\sqrt{2-2\sqrt{1-\Delta\theta^2}}\sin(\xi)\right]}{1 - \cos\left[\frac{2\pi}{\lambda}d\sqrt{2-2\sqrt{1-\Delta\theta^2}}\sin(\xi)\right]} \tag{4.14}$$

2. 天线波束偏离法向时天线增益函数

扫描角 $\theta_B \neq 0$ 时,式(4.13)表示天线在扫描角 θ_B 方向上的增益为

$$G(\theta) = \frac{4\pi}{\lambda^2 N^2} A\cos\theta_B \frac{1 - \cos\left[N\frac{2\pi}{\lambda}d\sqrt{2-2\sqrt{1-\Delta\theta^2}}\sin(\theta_B+\xi)\right]}{1 - \cos\left[\frac{2\pi}{\lambda}d\sqrt{2-2\sqrt{1-\Delta\theta^2}}\sin(\theta_B+\xi)\right]} \tag{4.15}$$

定义比例系数 L 为式(4.15)与式(4.14)之比,进而可得天线波束扫描时增益和天线波束指向法向时增益之间的比例系数 L

$$L(\theta_B,\Delta\theta)$$
$$= \cos\theta_B \frac{\left\{1 - \cos\left[N\frac{2\pi}{\lambda}d\sqrt{2-2\sqrt{1-\Delta\theta^2}}\sin(\theta_B+\xi)\right]\right\}}{\left\{1 - \cos\left[N\frac{2\pi}{\lambda}d\sqrt{2-2\sqrt{1-\Delta\theta^2}}\sin(\xi)\right]\right\}} \frac{\left\{1 - \cos\left[\frac{2\pi}{\lambda}d\sqrt{2-2\sqrt{1-\Delta\theta^2}}\sin(\xi)\right]\right\}}{\left\{1 - \cos\left[\frac{2\pi}{\lambda}d\sqrt{2-2\sqrt{1-\Delta\theta^2}}\sin(\theta_B+\xi)\right]\right\}} \tag{4.16}$$

化简为

$$L(\theta_B,\Delta\theta) = \cos\theta_B \frac{1 + \cos[N\omega\sin(\xi+\theta_B)]\cos(\omega\sin\xi) - \cos(\omega\sin\xi) - \cos[N\omega\sin(\xi+\theta_B)]}{1 + \cos(N\omega\sin\xi)\cos[\omega\sin(\xi+\theta_B)] - \cos(N\omega\sin\xi) - \cos[\omega\sin(\xi+\theta_B)]} \tag{4.17}$$

式中，$\omega = \dfrac{2\pi}{\lambda} d \sqrt{2-2\sqrt{1-\Delta\theta^2}}$，$\cos\xi = \dfrac{\sqrt{1-\Delta\theta^2}-1}{\sqrt{2-2\sqrt{1-\Delta\theta^2}}}$，$\sin\xi = \dfrac{\Delta\theta}{\sqrt{2-2\sqrt{1-\Delta\theta^2}}}$。

通过计算比例系数 L，可以得到天线波束偏离法向时扫描的增益函数

$$G_B(\theta) = LG_0(\theta) \tag{4.18}$$

由上述推导可以看出，天线波束扫描时增益函数，即天线工作在任意波束指向上的增益函数可以通过式(4.18)计算得到。

相控阵雷达天线阵面上数以千计的辐射单元，以及天线波束灵活的电扫描，使得求解相控阵雷达天线的增益计算过程复杂、计算量巨大。目前很难实现在仿真过程中实时计算相控阵天线的增益，一般运用预处理的方法来解决这个矛盾。

预处理时，根据不同的天线阵列计算天线法向方向图增益，建立数据列表 1；改变式(4.16)中 θ_B、$\Delta\theta$ 的值计算其对应的比例系数 L 值，形成数据列表 2。在实时仿真中读取列表数据分两步进行：先根据波束指向角 θ_B 和目标方向 θ，计算出 $\Delta\theta=\theta_B-\theta$，查寻列表 2 中$(\theta_B,\Delta\theta)$所对应的 L 值；然后从天线波束指向法向时的增益函数列表 1 中查找 $\Delta\theta=\theta$ 处的增益，这两个结果进行简单的乘法运算得到波束扫描到 θ_B 时目标方向 θ 处天线的增益值。

4.1.2 平面相控阵天线的基本特性

在方位角和俯仰角两个方向上同时实现天线波束的相控阵扫描，这时采用平面相控阵天线。本节先讨论天线口径为均匀分布时的天线方向图。

设整个阵面共有 $M\times N$ 个天线阵元，阵元间距在方位和俯仰方向上分别为 d_1 和 d_2。设方位角和俯仰角为(θ,φ)，同时在(θ_B,φ_B)方向上获得波束最大值，天线口径均匀分布，则天线方向图函数为

$$F(\theta,\varphi) = \sum_{i=0}^{M-1} e^{ji\left(\frac{2\pi}{\lambda}d_1\sin\theta-\frac{2\pi}{\lambda}d_1\sin\theta_B\right)} \sum_{k=0}^{N-1} e^{jk\left(\frac{2\pi}{\lambda}d_2\cos\theta\sin\varphi-\frac{2\pi}{\lambda}d_2\cos\theta_B\sin\varphi_B\right)} \tag{4.19}$$

式(4.19)也可以写成

$$F(\theta,\varphi) = |F_1(\theta)||F_2(\theta,\varphi)| \tag{4.20}$$

与线阵天线方向图函数式(4.4)一样，可用辛格函数表示为

$$\begin{aligned}|F_1(\theta)| &= \dfrac{\sin\dfrac{M}{2}\left(\dfrac{2\pi}{\lambda}d_1\sin\theta-\dfrac{2\pi}{\lambda}d_1\sin\theta_B\right)}{\sin\dfrac{1}{2}\left(\dfrac{2\pi}{\lambda}d_1\sin\theta-\dfrac{2\pi}{\lambda}d_1\sin\theta_B\right)} \\ &\approx M\dfrac{\sin\dfrac{M}{2}\left(\dfrac{2\pi}{\lambda}d_1\sin\theta-\dfrac{2\pi}{\lambda}d_1\sin\theta_B\right)}{\dfrac{M}{2}\left(\dfrac{2\pi}{\lambda}d_1\sin\theta-\dfrac{2\pi}{\lambda}d_1\sin\theta_B\right)}\end{aligned} \tag{4.21}$$

$$|F_2(\theta,\varphi)| = \dfrac{\sin\dfrac{N}{2}\left(\dfrac{2\pi}{\lambda}d_2\cos\theta\sin\varphi-\dfrac{2\pi}{\lambda}d_2\cos\theta_B\sin\varphi_B\right)}{\sin\dfrac{1}{2}\left(\dfrac{2\pi}{\lambda}d_2\cos\theta\sin\varphi-\dfrac{2\pi}{\lambda}d_2\cos\theta_B\sin\varphi_B\right)}$$

$$\approx N \frac{\sin \frac{N}{2}\left(\frac{2\pi}{\lambda}d_2\cos\theta\sin\varphi - \frac{2\pi}{\lambda}d_2\cos\theta_B\sin\varphi\right)}{\frac{N}{2}\left(\frac{2\pi}{\lambda}d_2\cos\theta\sin\varphi - \frac{2\pi}{\lambda}d_2\cos\theta_B\sin\varphi_B\right)} \tag{4.22}$$

式(4.20)表明,在等幅均匀分布时,平面相控阵天线方向图可看成两个线阵方向图的乘积,$|F_1(\theta)|$是垂直方向线阵的方向图,$|F_2(\theta,\varphi)|$是水平线阵的方向图。

若天线口径不是等幅分布的,则 $F(\theta,\varphi)$ 不能表示成式(4.19)的形式,因为这时不能认为每个行线阵的天线方向图 $F_2(\theta,\varphi)$ 或每个列线阵的天线方向图 $F_1(\theta)$ 完全一样,所以,不能作为公因子提出。此时,$F(\theta,\varphi)$ 可表示为

$$F(\theta,\varphi) = \sum_{i=0}^{M-1}\left\{\sum_{k=0}^{N-1} a_{ik}\mathrm{e}^{jk[d_2\cos\theta\sin(\varphi-\alpha)]}\right\}\mathrm{e}^{ji[d_1\sin(\theta-\beta)]} = \sum_{i=0}^{M-1} F_{2i}(\theta,\varphi)\mathrm{e}^{ji[d_1\sin(\theta-\beta)]} \tag{4.23}$$

式中,$\alpha=\frac{2\pi}{\lambda}d_2\cos\theta_B\sin\varphi_B$,$\beta=\frac{2\pi}{\lambda}d_1\sin\theta_B$,$F_{2i}(\theta,\varphi)$ 为第 i 行的行线阵方向图,有

$$F_{2i}(\theta,\varphi) = \sum_{k=0}^{N-1} a_{ik}\mathrm{e}^{jk[d_2\cos\theta\sin(\varphi-\alpha)]} \tag{4.24}$$

根据式(4.20),可以将平面相控阵看成一个列线阵,此列线阵中每个等效天线单元的单元方向图为 $F_{2i}(\theta,\varphi)$。

$F(\theta,\varphi)$ 也可表示为

$$F(\theta,\varphi) = \sum_{k=0}^{N-1}\left\{\sum_{i=0}^{M-1} a_{ik}\mathrm{e}^{ji[d_1\sin(\theta-\beta)]}\right\}\mathrm{e}^{jk[d_2\cos\theta\sin(\varphi-\alpha)]} = \sum_{k=0}^{N-1} F_{1k}(\theta,\varphi)\mathrm{e}^{jk[d_2\cos\theta\sin(\varphi-\alpha)]} \tag{4.25}$$

式中,$F_{1k}(\theta,\varphi)$ 是第 k 列的列线阵方向图。

4.1.3 平面相控阵天线的建模仿真

多功能相控阵雷达的平面相控阵天线方程图由以下部分组成:

$$g(\theta,\varphi) = G(\theta,\varphi)|E(\theta,\varphi)||e(\theta,\varphi)| \tag{4.26}$$

式中,$g(\theta,\varphi)$ 为天线方向图,$G(\theta,\varphi)$ 为方向性因子,$E(\theta,\varphi)$ 为阵因子,$e(\theta,\varphi)$ 为阵元因子,θ,φ 分别为俯仰角和方位角(以阵面中心和法线为基准)。

这里考虑的阵元因子 $e(\theta,\varphi)$ 可以看作一个近似全向阵元的辐射图,至少可以认为在雷达天线阵面坐标系中 $|\theta|\in(0,\theta_1)$(θ_1 一般为 $45°\sim75°$)范围内变化不大,故可以取 $e(\theta,\varphi)\approx1$;

考虑到电压方向图,方向性因子 $G(\theta_0,\varphi_0)$ 的表示式为

$$G(\theta_0,\varphi_0) = \left[\frac{4\pi A}{\lambda_0^2}\eta\cos\theta_0(1-|\Gamma(\theta_0,\varphi_0)|^2 - R_{\mathrm{loss}})\right]^{\frac{1}{2}} \tag{4.27}$$

式中,A 为天线孔径面积,λ_0 为工作波长,η 为幅度加权孔径效率,θ_0 为波束指向与阵面法线之间的夹角,$|\Gamma(\theta_0,\varphi_0)|$ 为在扫描角 (θ_0,φ_0) 处阵元失配时反射系数的振幅,R_{loss} 为波束形成网络的综合欧姆损耗。

失配及欧姆损耗总和 $1-|\Gamma(\theta_0,\varphi_0)|^2-R_{\mathrm{loss}}$ 通常为 $0.4\sim0.7$,加权效率 η 为 $0.6\sim$

0.8。若前者取 0.55，后者取 0.75，则

$$g(\theta,\varphi) \approx G(\theta,\varphi) \mid E(\theta,\varphi) \mid = \left(0.41 \cdot \frac{4\pi A}{\lambda_0^2}\right)^{\frac{1}{2}} \mid E(\theta,\varphi) \mid \tag{4.28}$$

若波束指向偏离法线方向 θ_0，则

$$g(\theta-\theta_0,\varphi-\varphi_0) \approx \left(0.41 \cdot \frac{4\pi A}{\lambda_0^2}\cos\theta_0\right)^{\frac{1}{2}} \mid E(\theta-\theta_0,\varphi-\varphi_0) \mid \tag{4.29}$$

综上所述，阵元因子 $e(\theta,\varphi)$ 可取 $e(\theta,\varphi) \approx 1$；方向性因子 $G(\theta,\varphi)$ 只影响天线增益的变化；而波束形状完全由阵因子 $E(\theta,\varphi)$ 确定。因此，阵因子 $E(\theta,\varphi)$ 的仿真是整个相控阵天线方向图仿真的重点和难点。

4.2　信号产生建模与仿真

信号产生与建模通过接收雷达主控和资源调度等的参数及指令信息，产生基带信号用于目标探测。对雷达信号的建模主要包括简单脉冲、线性调频、相位编码、相参脉冲串、捷变频和掩护脉冲等。

1. 简单脉冲信号

简单脉冲是位于某个频率的恒定幅值脉冲，可以表示为

$$s(t) = \text{rect}\left(\frac{t}{T_p}\right)\exp(\text{j}2\pi f_0 t + \text{j}\varphi_0) \tag{4.30}$$

式中，T_p 为脉冲宽度，f_0 为中心频率，φ_0 为初始相位，$\text{rect}(t)$ 为门信号，可以表示为

$$\text{rect}(t) = \begin{cases} 1, & 0 \leqslant t \leqslant 1 \\ 0, & \text{其他} \end{cases} \tag{4.31}$$

在仿真中，根据信号脉宽、中心频率等参数，可以产生相应的简单脉冲信号。

2. 线性调频信号

线性调频脉冲信号模型可以表示为

$$s(t) = \text{rect}\left(\frac{t}{T_p}\right)\exp(\text{j}2\pi f_0 t + \text{j}\pi\mu t^2 + \text{j}\varphi_0) \tag{4.32}$$

式中，μ 为调频斜率，且 $\mu = B/T_p$，B 为调频带宽。

3. 相位编码信号

对于调制相位为 φ_m 的相位编码信号，可以写为

$$s(t) = \frac{1}{\sqrt{T_p}}\sum_{m=1}^{M} x_m \text{rect}\left[\frac{t-(m-1)t_b}{t_b}\right] \tag{4.33}$$

式中，T_p 为脉冲宽度，M 为码元数目，$x_m = \exp(\text{j}\varphi_m)$，$t_b$ 为码元宽度。

4. 相参脉冲串信号

相参脉冲串信号指整个信号观察期间具有恒定的初始相位，对于具有 M 个脉冲的相参脉冲串信号，可以表示为

$$s(t) = \sum_{m=0}^{M-1} \text{rect}\left(\frac{t-mT_r}{T_p}\right)\exp(\text{j}2\pi f_0 t + \text{j}\varphi_0) \tag{4.34}$$

式中，T_p 为单个脉冲宽度，T_r 为脉冲重复周期，f_0 为中心频率，φ_0 为初始相位。

5. 捷变频信号

捷变频雷达基带信号可表示为

$$s(t) = \exp(j\omega_c t)v(t) \tag{4.35}$$

式中，ω_c 为载频，$v(t)$ 为复调制函数，它是 N_p 个宽度为 T_r 的矩形脉冲构成的脉冲串。对于脉间捷变频，有

$$v(t) = \sum_{k=0}^{N_p-1} \mathrm{rect}\left(\frac{t-kT_r}{T_r}\right)u(t-kT_r)\exp(j\omega_k t) \tag{4.36}$$

式中，ω_k 为第 k 个脉冲的角频率增量；T_r 为脉冲重复周期，即 PRI；$u(t)$ 为单个调制函数。

捷变频信号可以采用固定和伪随机等方式，能够实现脉间捷变及脉组捷变。一般情况下，仿真中预先设定捷变频的频率序列，对于固定捷变频，其捷变频率以该频率序列顺序变化；对于伪随机捷变频，其捷变频率通过随机选中该频率序列中的某个频率得到。

6. 掩护脉冲信号

掩护脉冲信号的作用机理完全针对干扰机信道化接收机与频率记忆和处理系统，目的是引导干扰机的干扰侦测系统，使干扰信号频率、波形锁定掩护脉冲信号，使得雷达探测信号免受干扰。

掩护脉冲信号实现有效抗干扰需要 3 个条件：

(1) 在时、频域特征上，掩护脉冲信号远强于探测信号，干扰机的信道化接收机首先截获掩护脉冲信号；

(2) 在干扰机频率记忆和处理系统中，掩护脉冲信号在时、频域要具有较高幅度，威胁度高于探测信号，从而能够被优先锁定；

(3) 掩护脉冲信号与探测信号在频域或时域上有充分间距。

由此可见，决定抗干扰效果的关键特性参数有以下几个：

(1) 掩护脉冲信号与探测信号的频率间隔 Δf_0，可用频点数 N_0；

(2) 掩护脉冲信号与探测信号的相对幅度 A；

(3) 信道化接收机的通道数量 M 及其接收灵敏度 R_s；

(4) 干扰机频率记忆和处理方式，一般用记忆衰减系数 ρ_s 表示；

(5) 干扰发射机通道数 N_s 及每个通道的有效带宽 B。

因此，对于掩护脉冲，若雷达探测信号为 $S(t)$，可设定掩护脉冲信号为

$$s_c(t) = AS(t)\exp(j2\pi\Delta f_0 t) \tag{4.37}$$

式中，$\Delta f_0 > \dfrac{B}{2}$，$N_s < N_0$ 为必要条件。若 $N_s \geq N_0$，表示干扰通道数多于雷达可用频点数，干扰机可侦测并对准所有雷达发射信号，此时掩护脉冲信号无效；若 $N_s < N_0$，则干扰机只对准部分雷达工作频点，掩护脉冲信号才能有效发挥作用。此外，掩护脉冲信号还可通过脉冲宽度、脉冲重复周期等参数进行调整。

7. 信号产生仿真实例

本部分为信号产生仿真实例，雷达信号及目标回波模拟软件能够生成多种雷达信号。以线性调频信号为例，通过设置信号参数、雷达参数可以得到相应的信号波形及回波。参数设置窗口信息如图 4-2 所示，其中信号带宽为 2MHz，脉宽为 5μs，码元个数、码元宽度等与

线性调频信号无关的参数无法修改。

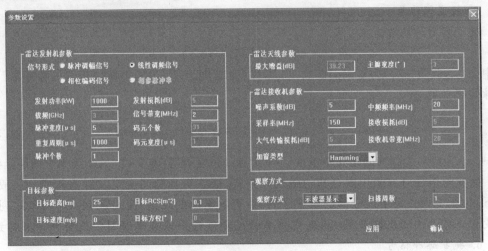

图 4-2 参数设置窗口信息

产生的线性调频信号如图 4-3 所示。可以发现信号的频率变化与设置的基本一致,对应的频谱特性也与线性调频信号的频谱基本一致。

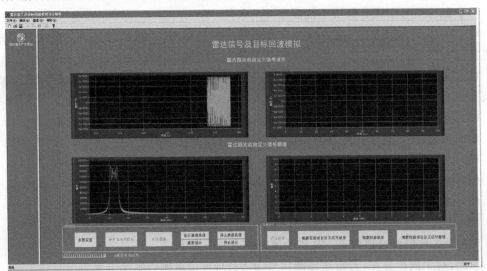

图 4-3 线性调频信号时域波形

4.3 接收机处理建模与仿真

雷达接收机是雷达系统的重要组成部分,其主要作用是放大和处理雷达发射后返回的回波,并以在有用的回波和无用的干扰之间获得最大鉴别率的方式对回波进行滤波。到目前为止,雷达系统已经全部采用了超外差式接收机。超外差式雷达接收机的原理框图如图 4-4 所示。

从超外差式接收机的原理框图可以看出,雷达接收机处理可以分为两个部分,即高频部分和中频部分。对于相干视频信号数字仿真来说,考虑到其特殊的针对性和数字采样可行

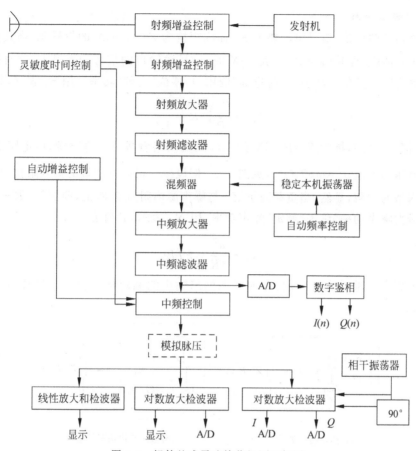

图 4-4　超外差式雷达接收机原理框图

性限制,一般只对中频或者零中频(视频)部分进行建模和仿真,牵涉的具体模型主要包括接收机噪声模型、灵敏度时间控制(STC)模型、自动增益控制(AGC)模型和接收机多通道模型。

4.3.1　接收机噪声模型

4.3.1.1　接收机噪声概述

雷达接收到的目标回波信号一般非常微弱,接收机噪声的存在很大程度上限制了这些微弱信号的检测。接收机输出的噪声来自两个方面:外部噪声和内部噪声。外部噪声也称为天线噪声,主要来自大气层内雷电等自然现象引起的天电干扰、各种电气设备引起的工业干扰以及接收天线周围介质的热起伏噪声等,这些噪声的频谱成分主要集中于较低的频段,可以通过适当的屏蔽或滤波被显著削弱,因此在仿真中一般不予考虑。仿真中主要的建模对象是对雷达接收处理有严重影响的接收机内部噪声。

接收机噪声模型主要包括噪声功率、功率谱及其分布。在仿真中,由于产生的是到达中频匹配滤波器输入端口的噪声,因此,噪声功率应为外部噪声与内部噪声之和。接收机噪声的带宽则由中频器件带宽决定,其功率谱为常数,与频率无关(接收机噪声类似白噪声)。接收机噪声的分布可以认为满足高斯分布。

4.3.1.2　接收机噪声功率计算

为了讨论噪声功率的计算,下面首先介绍几个基本概念。

1. 额定噪声功率

根据电路基础理论,信号电动势为 E_s 而内阻抗为 $Z=R+\mathrm{j}X$ 的信号源,当其负载阻抗与信号源内阻匹配,即其值为 $Z^*=R-\mathrm{j}X$ 时,信号源输出的信号功率最大,此时输出的最大信号功率为"额定"信号功率(有时也称"资用"功率或"有效"功率),用 S_a 表示,其值是

$$S_a=\left(\frac{E_s}{2R}\right)^2 R=\frac{E_s^2}{4R} \tag{4.38}$$

同理,把一个内阻抗为 $Z=R+\mathrm{j}X$ 的无源二端网络看成一个噪声源,由电阻 R 产生的起伏噪声电压均方值 $\overline{u_n^2}=4kTRB_n$,见图4-5。假设接收机高额前端的输入阻抗 Z^* 为这个无源二端网络的负载,显然,当负载阻抗 Z^* 与噪声源内阻抗 Z 匹配,即 $Z^*=R-\mathrm{j}X$ 时,噪声源输出最大噪声功率,称为"额定"噪声功率,用 N_0 表示,其值为

$$N_0=\frac{\overline{u_n^2}}{4R}=kTB_n \tag{4.39}$$

因此可以得出重要结论:任何无源二端网络输出的额定噪声功率只与其温度 T 和通带 B_n 有关。

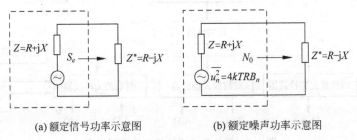

(a) 额定信号功率示意图　　　　(b) 额定噪声功率示意图

图4-5　额定功率示意图

2. 天线噪声温度

天线噪声是外部噪声,它包括天线的热噪声和宇宙噪声,前者是由天线周围介质微粒的热运动产生的,后者是由太阳及银河星系产生的,这种起伏噪声被天线吸收后进入接收机,就呈现为天线的热起伏噪声。

假设天线为理想情况,即天线无损耗(无发热损失和失配损失)、无旁瓣指向地面,则根据电阻热噪声的概念,天线噪声的大小可以用天线噪声温度 T_A 表示,其功率为

$$P_A=kT_A R_A B_n \tag{4.40}$$

其中,k 为玻耳兹曼常数,$k=1.38\times10^{-23}\mathrm{J/K}$;$R_A$ 为天线等效电阻;B_n 为接收机带宽;T_A 为天线的噪声温度。

1) 噪声系数

雷达接收机中,信号与噪声的功率比值 S/N 称为"信噪比",决定检测能力的是接收机输出端的信噪比 S_o/N_o。内部噪声对检测信号的影响,可以用接收机输入端的信噪比 S_i/N_i 通过接收机后的相对变化衡量。如果内部噪声越大,输出信噪比减小得越多,则表明接收机性能越差。通常,我们用噪声系数和噪声温度衡量接收机的噪声性能。

噪声系数的定义:接收机输入端信噪比与输出端信噪比的比值。可以用下式表示:

$$F=\frac{S_i/N_i}{S_o/N_o} \tag{4.41}$$

式中,S_i 为输入额定信号功率,N_i 为输入额定噪声功率,S_o 为输出额定信号功率,N_o 为输出端额定噪声功率,且有

$$N_o = N_i G_a + \Delta N \tag{4.42}$$

其中,$G_a = S_o/S_i$ 为接收机额定功率增益(另外,接收机传输损耗因子 L_r 与功率增益的关系为 $L_r = 1/G_a$),于是

$$\begin{aligned} F &= N_o/(N_i G_a) \\ &= 1 + \Delta N/(N_i G_a) \\ &= 1 + \Delta N/(kT_o B_n) \end{aligned} \tag{4.43}$$

其中,$T_o = 290K$。

关于噪声系数在相干视频仿真中的应用,需要说明的是,噪声系数只适用于接收机的线性电路和准线性电路,具体对仿真来说,由于所有雷达信号,包括目标回波、干扰信号、地杂波和接收机噪声都是产生于匹配滤波器前端的,所以我们定义的噪声系数是从接收机天线,经高频部分和若干中频器件,到达匹配滤波器前端,在这一区间由于内部噪声引起的信噪比衰减。另外,噪声系数是无量纲值,且通常用分贝表示。接收机噪声系数说明图如图 4-6 所示。

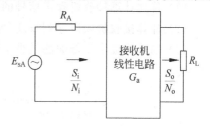

图 4-6 接收机噪声系数说明图

2) 等效噪声温度

等效噪声温度是针对内部噪声来说的,其定义是从外部噪声的天线噪声温度推广得到的。若把内部噪声折算到天线输入端口,即把内部噪声看成等效外部输入噪声,则该噪声可以看成天线等效电阻 R_A 在温度 T_e 时产生的热噪声,这里的 T_e 即称为接收机内部噪声的等效噪声温度。

等效噪声温度与噪声系数的关系为

$$F = 1 + T_e/T_o \tag{4.44}$$

于是得到

$$T_e = (F - 1) \times 290K \tag{4.45}$$

从上面的推导过程,可见等效噪声温度是针对天线噪声温度 $T_A = T_o = 290K$ 时推导得到的,但它仅反映了接收机内部噪声的大小,与天线噪声无关,因此,总的噪声温度为

$$T = T_e + T_A \tag{4.46}$$

而天线噪声温度 T_A 并不一定为 290K,在仿真中,可以根据具体情况设定。

综上,得到接收机噪声的功率模型

$$P = kT_o B_n F \tag{4.47}$$

式中,F 为噪声系数(倍数)。

4.3.1.3 接收机噪声仿真方法

接收机噪声可以看成一个窄带高斯随机过程,其功率谱宽度为接收机中频器件的带宽,因此仿真中接收机噪声仿真的基本思路是:将产生的高斯白噪声通过一个窄带滤波器。主要流程如图 4-7 所示。

接收机噪声仿真模型需要输入的参数主要包括接收机带宽 B_n、接收机噪声系数 F、需要产生的噪声信号时间长度 ΔT 以及时域采样率 f_m(仿真系统采样率)。

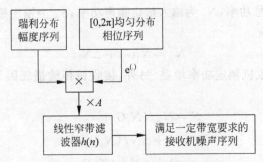

图 4-7 接收机噪声信号产生流程

仿真的具体步骤如下：

(1) 首先计算接收机噪声信号的功率，根据式(4.47)，有 $P_N = kT_0B_nF$。

(2) 计算接收机噪声序列长度，$N = f_m\Delta T$。

(3) 构造线性窄带低通滤波器 $h(n)$，其带宽为接收机带宽 B_n。滤波器 $h(n)$ 的 FFT 变换为

$$H(k) = \begin{cases} \exp\left(-\mathrm{j}\dfrac{2\pi}{N}\dfrac{N-1}{2}k\right), & 0 \leqslant k < \mathrm{Num} \\ 0, & \mathrm{Num} \leqslant k < N \end{cases} \tag{4.48}$$

其中，$\mathrm{Num} = \dfrac{B_n}{f_m}N$，于是 $h(n) = \mathrm{IFFT}[H(k)]$，$h(n)$ 为因果、物理可实现系统。各步骤的信号模型如下。

(1) 产生单位功率高斯白噪声复序列 $r(n)$。

因为高斯信号的幅度服从瑞利分布，相位服从均匀分布，所以可以通过产生相互独立的瑞利分布序列 $a(n)$ 和均匀分布序列 $\phi(n)$ 得到高斯白噪声复序列，$a(n)$ 和 $\phi(n)$ 分别作为幅度调制和相位调制函数，它们的分布密度为

$$p(a) = \frac{a}{\sqrt{2\pi}}\mathrm{e}^{-\frac{a^2}{2}}, \quad \phi \sim [0,2\pi] \tag{4.49}$$

于是得到复信号

$$r(n) = a(n)\mathrm{e}^{\mathrm{j}\phi(n)} \tag{4.50}$$

另外，还可以通过简化的方法产生高斯白噪声复序列得到

$$r(n) = r_R(n) + \mathrm{j}r_I(n) \tag{4.51}$$

其中 $r_R(n)$、$r_I(n)$ 为相互独立的高斯白噪声实序列。

(2) 乘以幅度因子 A。

由于带宽为 f_m，因此，白噪声序列 $r(n)$ 的实际带宽为 f_m，所以其对应的功率为 $P_m = \dfrac{f_m}{B_n}P_N$，所以要给其乘上的幅度因子为 $A = \sqrt{P_m}$，于是得到

$$x(n) = Ar(n) \tag{4.52}$$

(3) 通过低通滤波。

将 $x(n)$ 进行傅里叶变换

$$X(k) = \mathrm{FFT}[x(n)] \tag{4.53}$$

在频域滤波

$$Y(k) = X(k)H(k) \tag{4.54}$$

并将结果进行傅里叶逆变换

$$y(n) = \text{IFFT}[Y(k)] \tag{4.55}$$

$y(n)$ 即为最终的接收机噪声信号复序列。

4.3.2　灵敏度时间控制模型

4.3.2.1　STC概述

对接收信号进行放大是雷达接收机的一个重要功能。当雷达面临杂波干扰时,如果接收机的增益比较高,则在杂波干扰中的近程目标就会使接收机饱和;如果把接收机增益调得过低,又会使接收机的灵敏度大大降低,影响远区目标的检测。为了解决这个矛盾,雷达接收机采用了灵敏度时间控制(STC)。灵敏度时间控制又称为近程增益控制或时间增益控制,是指在近距离时使接收机的灵敏度降低,以防止近程杂波使接收机发生饱和;在远距离时使接收机保持原来的增益和灵敏度,以保证小目标的获取和辨别。

灵敏度时间控制的基本原理是每次发射脉冲之后,产生一个负极性的随时间渐趋于零的控制电压,供给可调增益放大器的控制级,使接收机的增益按此规定电压的形状跟随着变化。一个典型的控制电压与接收机灵敏度随时间或者目标距离变化的曲线如图4-8所示。

因此,STC电路实际上是一个接收机增益随时间而变化的调整电路,关键的问题是如何产生一个与这一波形的变化规律相匹配的电压波形。

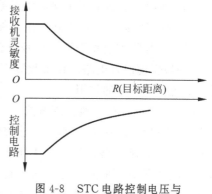

图 4-8　STC电路控制电压与灵敏度曲线

4.3.2.2　STC仿真建模

在相控阵雷达相干视频信号数字仿真中,灵敏度时间控制的建模是将接收机增益作为时间的函数来实现的,即需要建立接收机增益相对于时间或者目标距离的函数。通常情况下,灵敏度时间控制的准则是按 $KR(t)^{-\alpha}$ 进行放大,相应地,仿真中所建立的函数为

$$G(t) = KR(t)^{-\alpha} \tag{4.56}$$

其中,K 为比例常数,与雷达的发射功率等因素有关;α 为由实验条件所确定的系数,通常 $\alpha = 2.7 \sim 4.7$。灵敏度时间控制可以在中频进行,亦可以在零中频(视频)进行。在数字仿真中,首先将雷达接收信号移至零中频,再根据雷达的发射功率、天线波瓣形状等因素来选择适当的 K 和 α,对零中频信号进行衰减。

4.3.2.3　STC仿真方法

在相干视频信号仿真中,STC模块的输入为中频或者零中频条件下的接收信号采样。在STC模块中,对输入信号采样做如下处理:

(1) 计算各采样点对应的增益值 G。式(4.56)中的 K 和 α 由仿真事先装订。由采样索引和采样区间起始时间计算各采样点对应的时刻 t,再利用式(4.56)计算该采样点对应的增益 $G(t)$,形成一个与输入信号采样同长度的增益序列 $G(n)$。

（2）将输入采样序列 $x(n)$ 和增益序列 $G(n)$ 相乘，形成信号经 STC 模块处理后的输出。

4.3.3　自动增益控制模型

4.3.3.1　AGC 概述

雷达接收机设置增益控制的目的在于，使接收机的增益随信号的强弱而进行调整。在接收弱信号时保证接收机具有足够高的增益以保证远距离目标的观测；在接收强信号时接收机的增益随信号的增强而降低，以保证接收机、显示器以及跟踪系统处于正常工作状态。

增益控制有两种方法，即人工（手动）增益控制和自动增益控制（AGC）。前者需要操纵员根据具体情况来手动控制，因此不属于本节的范畴，这里不予讨论。

在雷达接收机中，AGC 分为射频段 AGC 和中频段 AGC 两种。AGC 的作用可归纳为四方面：

（1）防止由于强信号引起的接收机过载；

（2）补偿接收机增益的不稳定；

（3）在跟踪雷达中用于保证角误差信号的归一化；

（4）在多波束三坐标雷达中用来保证多通道接收机的增益平衡。

对于相控阵雷达相干视频信号仿真来说，由于雷达波束体制的特殊性，同时不存在点源电压、环境温度以及电路工作参数等不稳定因素的影响，对 AGC 模块进行建模仿真主要是考虑上述（1）和（3）的作用。

4.3.3.2　AGC 一般实现方法

AGC 和 STC 一样，都是对雷达接收机的增益进行控制，它们之间的一个不同之处在于 STC 为开环控制电路，而 AGC 为闭环反馈控制电路。在实际的雷达系统中，AGC 的一般组成框图如图 4-9 所示，图中虚线方框部分就是 AGC 电路，一般由视频放大器、门限电路、脉冲展宽电路、峰值检波器、低通滤波器、直流放大器和隔离放大器组成。

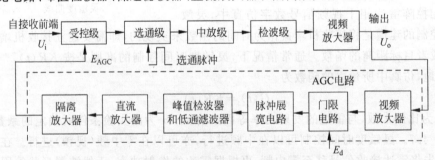

图 4-9　AGC 一般组成框图

E_{AGC} 为 AGC 电路反馈的控制电压，它被送到受控级去进行增益控制。控制电压 E_{AGC} 并不是每一次处理循环都存在，而是由门限电路的导通与否决定。门限电路是一个比较电路，它加有一个门限电压 E_d，平时处于截断状态，当输入脉冲信号的幅度值超过 E_d 时，电路导通让视频电压通过，此时 AGC 电路便产生了控制电压 E_{AGC}。视频放大器和直流放大器用来提高 AGC 电路的增益。脉冲展宽电路用来展宽视频脉冲，以使峰值检波器的效率得以提高，这就能保证在脉冲重复频率较低和脉冲宽度较小时，仍能具有足够大的检波输出电压。隔离放大器主要用来做前后级之间的隔离。峰值检波器也称为"视频脉冲检波器",其主要作用是提取视频脉冲的包络信号,低通滤波器则是为了滤去不必要的较高频成分,以保证输出电压就是所需要的自动增益控制电压。

4.3.3.3 AGC 的仿真方法

在相干视频仿真中,由于不对雷达接收机的射频部分进行建模仿真,因此 AGC 模块也只仿真其中的中频部分,其主要作用是维持接收机输出信号幅度最大值在一定的水平。

仿真中,AGC 模块的功能由三个主要的组成模块来实现:峰值提取、信号放大和增益控制。其中的峰值提取和增益控制模块属于对 AGC 电路的建模仿真。仿真的大致流程如图 4-10 所示。

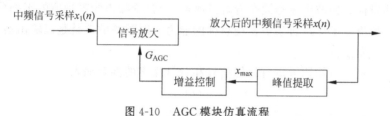

图 4-10 AGC 模块仿真流程

与其他模块不同的是,AGC 模块的三个组成模块分散于雷达处理流程的不同部分,峰值提取和信号放大模块在雷达信号处理模块中实现,而增益控制模块则在雷达的数据处理中实现。

1. 峰值提取

峰值提取模块的主要功能是提取信号包络的峰值 $x_{\max}$ 或者均值 x_{mean}。其仿真方法比较简单,首先对信号产生模块中的中频或者零中频回波信号 $x(n)$ 进行包络检波,然后循环比较,提取出所有采样点中的最大幅度值即为包络峰值,即

$$x_{\max} = \mathrm{Max}(|x(n)|), \quad n = 0, 1, \cdots, N-1 \tag{4.57}$$

或者统计平均,求取包络的均值,即

$$x_{\mathrm{mean}} = \frac{1}{N} \sum_{i=0}^{N-1} |x(n)|, \quad n = 0, 1, \cdots, N-1 \tag{4.58}$$

2. 增益控制

增益控制模块的主要功能是以提取的中频(或者零中频)信号包络的峰值或者均值作为输入,通过建立的一个简单的滤波器,对增益 G_{AGC} 进行实时更新。滤波器方程为

$$G_{\mathrm{AGC}}(k+1) = \begin{cases} G_{\mathrm{AGC}}(k)\left(\dfrac{x_{\max}}{U_{\mathrm{T}}}\right)^{\alpha}, & x_{\max} > U_{\mathrm{T}} \\ G_{\mathrm{AGC}}(k), & x_{\max} \leqslant U_{\mathrm{T}} \end{cases}$$

$$\text{或} \quad G_{\mathrm{AGC}}(k+1) = \begin{cases} G_{\mathrm{AGC}}(k)\left(\dfrac{x_{\mathrm{mean}}}{U_{\mathrm{T}}}\right)^{\alpha}, & x_{\mathrm{mean}} > U_{\mathrm{T}} \\ G_{\mathrm{AGC}}(k), & x_{\mathrm{mean}} \leqslant U_{\mathrm{T}} \end{cases} \tag{4.59}$$

式中,U_{T} 为门限电压,α 为一负数系数。

3. 信号放大

信号放大模块实现输入信号采样与 AGC 增益值的相乘,即

$$x(n) = x_1(n) G_{\mathrm{AGC}} \tag{4.60}$$

4.4 信号处理建模与仿真

4.4.1 匹配滤波与脉冲压缩处理

4.4.1.1 常规脉冲的匹配滤波

本节先简要阐述匹配滤波的基本概念、原理以及实现方法,然后给出常规脉冲匹配滤波的数学模型、仿真模型及其具体实现方法。

1. 白噪声背景下的匹配滤波

通常雷达目标的回波中总是混杂着背景噪声,当背景噪声为零均值的正态分布时,信噪比的大小唯一地决定了噪声背景下发现目标的能力。匹配滤波器就是以输出最大信噪比为准则的最佳线性滤波器。

设线性非时变滤波器输入端有目标信号和背景噪声的混合输入

$$x(t) = s_i(t) + n(t) \tag{4.61}$$

式中,背景噪声为平稳白噪声,其双边功率谱密度为

$$P_n(f) = \frac{N_0}{2} \tag{4.62}$$

而确知信号 $s_i(t)$ 的频谱为

$$S_i(f) = \int_{-\infty}^{\infty} s_i(t) e^{-j2\pi ft} dt \tag{4.63}$$

当滤波器的频率响应为

$$H(f) = k S_i^*(f) e^{-j2\pi ft_0} \tag{4.64}$$

式中,k 为常数,t_0 为使滤波器物理可实现所附加的延迟。

此时滤波器输出端的信噪比(SNR)达到最大,这个滤波器称为最大信噪比准则下的最佳滤波器,常称为匹配滤波器。由上式可知,匹配滤波器的幅频特性和相频特性分别为

$$| H(f) | = k | S_i(f) | \tag{4.65}$$

$$\arg[H(f)] = -\arg[S_i(f)] - 2\pi ft_0 \tag{4.66}$$

即匹配滤波器的幅频特性与输入信号的幅频特性形状完全相同,只有相对增益的差异,不妨假设 $k=1$,则匹配滤波器的幅频特性与输入信号的幅频特性相同,而其相频特性与输入信号频谱的相频特性相反,并有一个附加的延迟项。

匹配滤波器的输出信号为

$$s_o(t) = \int_{-\infty}^{\infty} S_i(f) H(f) \exp(j2\pi ft) df = \int_{-\infty}^{\infty} | S_i(f) |^2 \exp[j2\pi f(t - t_0)] df \tag{4.67}$$

根据匹配滤波器的频率特性 $H(f)$,可求出其脉冲响应为

$$h(t) = \int_{-\infty}^{\infty} H(f) \exp(j2\pi ft) df = \int_{-\infty}^{\infty} S_i^*(f) \exp[j2\pi f(t - t_0)] df$$

$$= \left\{ \int_{-\infty}^{\infty} S_i(f) \exp[j2\pi f(t_0 - t)] df \right\}^* = s_i^*(t_0 - t) \tag{4.68}$$

对于一个物理上可实现的滤波器,其脉冲响应必须满足

$$h(t) = 0, \quad t < 0 \tag{4.69}$$

亦即

$$h(t) = \begin{cases} s_i^*(t_0 - t), & t \geqslant 0 \\ 0, & t < 0 \end{cases} \tag{4.70}$$

由于输入信号当 $t < 0$ 时,应满足条件 $h(t) = 0$,即当 $t > t_0$ 时,应满足 $s_i^*(t_0 - t) = 0$,由此得出脉冲响应为

$$h(t) = \begin{cases} s_i^*(t_0 - t), & 0 < t < t_0 \\ 0, & t < 0 \\ 0, & t > t_0 \end{cases} \tag{4.71}$$

如果信号存在于时间间隔 $(0, T_p)$ 内,为了充分利用输入信号能量,应该选择 $t_0 \geqslant T_p$,一般选择 $t_0 = T_p$。即信号在 t_0 时刻前结束,而匹配滤波器输出达到其最大信噪比 $2E/N_0$ 的时刻,t_0 必然在输入信号全部结束之后,这样才能利用信号的全部能量。

物理概念上是由于输入信号在某些频率上较强,在另一些频率上较弱,而噪声频谱假定是均匀的。匹配滤波器对不同频率分量进行加权,使信号分量强的地方增益大,信号弱的地方增益小,这样强者愈强,弱者愈弱,输出结果就相对加强了信号而减弱了噪声的影响。另一方面,输入信号中各频率分量的相对相位是按照 $\arg[S_i(f)]$ 分布的,若匹配滤波器的相频特性 $\arg[H(f)]$ 正好和它相反,则通过此滤波器后,各频率成分的相位变为一致,只保留一个线性相位项。这表示这些不同频率成分在特定时间 t_0 全部同相相加,从而在输出端信号形成峰值。而输入噪声和输出噪声各分量间的相位是随机的,在各瞬间呈杂波状态,因此,滤波器的相频特性并不改变其相位的随机性。这样,就达到了匹配滤波的目的——使得输出信噪比最大。

匹配滤波器的频率响应为输入信号频谱的复共轭,因此,信号幅度的大小不影响滤波器的形式。当信号结构相同时,其匹配滤波器的特性亦一样,只是输出能量随信号幅度而改变。当两信号只有时间差别时,也可用同一匹配滤波器,只在输出端有相应的时间差而已,即匹配滤波器对时延信号具有适应性。但对于频移 ξ 的信号,由于其信号频谱发生频移,即

$$S_i'(f) = S_i(f - \xi) \tag{4.72}$$

则它的匹配滤波器频率特性与 $S_i(f)$ 不同。若信号 $s_i'(t)$ 通过原滤波器,则各频率分量没有得到合适的加权,且相位也得不到应有的补偿,在输出端得不到信号的峰值。这就是说,匹配滤波器对于有多普勒频移的信号是不适应的,当目标回波存在多普勒频移时将会产生失配问题。

2. 常规脉冲的匹配滤波

上面分析了匹配滤波的一般理论,这里给出常规脉冲的匹配滤波步骤。当相控阵雷达工作于常规脉冲探测体制时,其发射信号用复数可表示为

$$s_i(t) = \begin{cases} A\exp(j\omega_0 t), & |t| \leqslant \dfrac{\tau}{2} \\ 0, & |t| > \dfrac{\tau}{2} \end{cases} \tag{4.73}$$

式中,τ 为脉冲宽度,ω_0 为雷达工作中心频率。

则发射信号的频谱为

$$S_i(\omega) = \int_{-\infty}^{\infty} s_i(t)\exp(-j\omega t)\,dt = \pi A \operatorname{Sa}\left(\frac{\pi(\omega-\omega_0)}{2}\right) \tag{4.74}$$

图 4-11 和图 4-12 分别给出了雷达发射信号的波形图和其频谱图,其中载波中心频率为 $\omega_0 = 5\,\mathrm{GHz}$,脉冲宽带 $\tau = 1\mu s$。

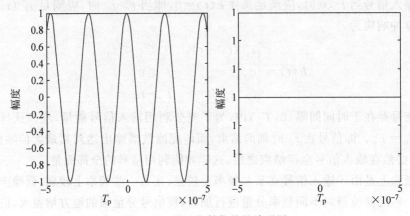

图 4-11 雷达发射信号的波形图

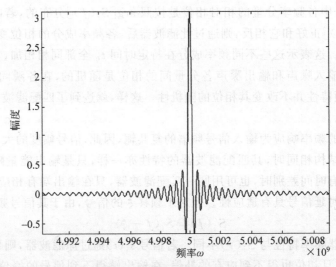

图 4-12 雷达发射信号的频谱图

为了简化分析,不妨假设 $t_0 = 0$,则由前分析可知,对应于常规脉冲的匹配滤波器的冲激函数为

$$h(t) = s_i^*(t_0 - t) = s_i^*(-t) = s_i(t) \tag{4.75}$$

即常规脉冲的匹配滤波器的冲激函数与发射信号一致,这一点由前面发射信号的频谱为实数就可以得到。则匹配滤波器的输出为

$$s_o(t) = s_i(t) * s_i(t) = \begin{cases} (\tau + t)\exp(j\omega_0 t), & -\tau \leqslant t \leqslant 0 \\ (\tau - t)\exp(j\omega_0 t), & 0 < t \leqslant \tau \\ 0, & |t| > \tau \end{cases} \tag{4.76}$$

其包络为三角波,如图 4-13 所示。

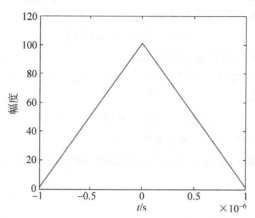

图 4-13 匹配滤波器的输出幅度图

匹配滤波器输出信号的频谱为

$$S_o(\omega) = H(\omega)S_i(\omega) = S_i^2(\omega) = \pi^2 A^2 \mathrm{Sa}^2\left(\frac{\pi(\omega-\omega_0)}{2}\right) \tag{4.77}$$

其频谱图如图 4-14 所示。

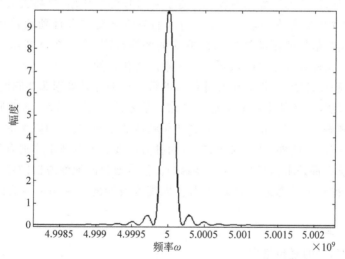

图 4-14 匹配滤波器输出信号的频谱

在相控阵雷达相干视频信号仿真中,可令 $\omega_0 = 0$。在仿真实现中,具体处理步骤如下。

针对发射信号设计匹配函数,令

$$h_1(n) = 1, \quad n = 0,1,\cdots,M-1 \tag{4.78}$$

其中,$M = F_s T_p$,F_s 为采样频率,T_p 为脉宽。

进行补零 FFT 处理:

$$h(n) = \begin{cases} h_1(n), & n = 0,1,\cdots,M-1 \\ 0, & n = M,\cdots,N-1 \end{cases} \tag{4.79}$$

其中，N 为序列点数长度。

（1）对补零的匹配函数作傅里叶变换

$$H(K) = \mathrm{FFT}[h(n)] \tag{4.80}$$

（2）对雷达目标回波信号作傅里叶变换

$$X(K) = \mathrm{FFT}[x(n)], \quad n = 0, 1, \cdots, N-1 \tag{4.81}$$

（3）匹配滤波结果为

$$y(n) = \mathrm{IFFT}[X(K)H(K)] \tag{4.82}$$

4.4.1.2 LFM 的匹配滤波——脉冲压缩

采用脉冲压缩处理而不用简单脉冲系统来获得高距离分辨力的雷达系统具有以下潜在优势：

（1）改善检测性能；

（2）减少了受到干扰时的易损性；

（3）增加了系统的灵活性。

脉冲压缩能够很好地解决雷达的探测能力与距离分辨力之间的矛盾，而且具有潜在的抗干扰能力。线性调频脉冲压缩信号是通过非线性的相位调制获得大的时宽带宽积的典型例子，这种信号的突出优点是匹配滤波器对回波信号的多普勒频移不敏感，即使回波信号有较大的多普勒频移，原来的匹配滤波器仍能起到脉冲压缩的作用，这将大大简化信号处理系统。这种信号的主要缺点是：匹配滤波的输出响应将出现与多普勒频移成反比的附加时延。此外，线性调频信号匹配滤波器输出响应的旁瓣较高，为了压低旁瓣常采用失配处理（附加加权网络），这样处理是以降低系统的灵敏度为代价的。

在实际的工程设计中，线性调频脉冲信号的数字压缩可以采用非递归滤波器的方法，也可采用 FFT 的方法，两者从本质上讲都是求输入信号的自相关函数，前者属于时域卷积处理，后者属于频域谱分析。无论是采用时域还是频域的处理方法，均要考虑为压低距离旁瓣而采用数字加权技术。此外，从广义上讲，这两种方法及其加权技术亦适合于相位编码信号的压缩处理（其核心都是求信号的自相关函数）。信号通过匹配滤波器的输出可以从频域和时域两个方面获得。不考虑边带倒置处理时，匹配滤波器的传递函数应为线性调频信号频谱的复共轭。

1. 时域卷积法

设线性调频信号的复包络为

$$u(n) = A\mathrm{e}^{\mathrm{j}\pi\mu T_s^2 n^2}, \quad n = 0, 1, \cdots, N-1; \quad NT_s = \tau \tag{4.83}$$

则匹配滤波器的冲激响应为

$$h(n) = u^*(N-n-1), \quad n = 0, 1, \cdots, N-1 \tag{4.84}$$

上两式表明有限时宽为 τ 的发射波形对应数字压缩处理滤波器的冲激响应也是以有限序列。设接收信号经 A/D 模块处理以后表示为

$$s_i(n), \quad n = 0, 1, \cdots, M-1, M \geqslant N \tag{4.85}$$

则此时匹配滤波器的输出应为

$$s_o(n) = \sum_{k=0}^{\infty} s_i(n-k)h(k) = \sum_{k=0}^{N-1} s_i(n-k)u^*(N-k-1) \tag{4.86}$$

或

$$s_o(n) = \sum_{k=0}^{\infty} s_i(k)h(n-k) = \sum_{k=0}^{N-1} s_i(k)u^*(N-n-1+k) \tag{4.87}$$

其运算可以通过非递归数字滤波器来实现。

需要指出,在仿真时,对信号的匹配滤波并不是对整个输入信号求自相关的,而是取输入信号的一个周期对其进行"匹配",如图4-15所示。

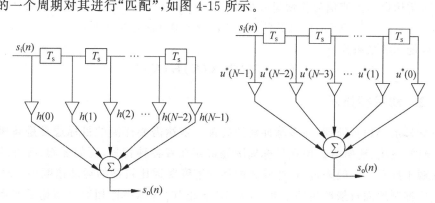

图4-15 用时域卷积法的非递归滤波实现线性调频信号的数字脉冲压缩

此外,对于时宽为τ、调频带宽为B的线性调频信号,若选采样频率$f_s = B$,则在信号持续期内的取样点数$N = \dfrac{\tau}{T_s} = \tau B$,仍为时宽带宽积或压缩比。匹配滤波器冲激响应的取样点数应与之相同,或者说非递归数字滤波器的阶数即为压缩比。

2. 频域FFT法

上面用非递归滤波器进行数字压缩是直接进行线性时域卷积。另一种方法是基于频域的正、反离散傅里叶变换法。其原理非常简单:对输入信号作FFT,乘以匹配滤波器的数字频率响应函数,再经IFFT输出压缩后的信号序列。同样,这里匹配滤波器的频率响应函数是输入信号在一个雷达周期内的傅里叶变换的复共轭,而不是对整个输入信号匹配。具体步骤为

(1)针对发射信号设计匹配函数。

① 线性调频信号的生成

$$h_1(n) = K_t e^{j\pi b \left(n\frac{1}{F_s}\right)^2}, \quad n = 0, 1, \cdots, M-1 \tag{4.88}$$

式中,b为线性调频斜率;$M = F_s T_p$;F_s为采样频率;T_p为脉宽;$K_t = \dfrac{B}{F_s}\dfrac{1}{\sqrt{D}}$为匹配滤波函数系数,$B$为信号带宽,$D$为脉压比。

② 加窗处理:

$$h_2(n) = h_1(n) * w(n), \quad n = 0, 1, \cdots, M \tag{4.89}$$

式中,$w(n)$为窗函数。

③ 补零FFT处理:

$$h(n) = \begin{cases} h_2(n), & n = 0, 1, \cdots, M-1 \\ 0, & n = M, \cdots, N-1 \end{cases} \tag{4.90}$$

式中,N为序列点数长度。

（2）对补零的匹配函数作傅里叶变换：

$$H(K) = \text{FFT}[h(n)] \tag{4.91}$$

（3）共轭处理：

$$H(K) = H^*(K) \tag{4.92}$$

（4）对雷达目标回波信号作傅里叶变换：

$$X(K) = \text{FFT}[x(n)], \quad n = 0,1,\cdots,N-1 \tag{4.93}$$

（5）匹配滤波结果为

$$y(n) = \text{IFFT}[X(K)H(K)] \tag{4.94}$$

4.4.2 动目标显示

动目标显示（MTI）处理，即多脉冲对消处理。雷达需要探测的目标通常是高速运动的物体，如导弹、飞机、舰艇等。但在目标周围经常存在着各种背景，例如云雨、各种地物以及释放的无源干扰等。一般来说，这些背景的运动速度要远比目标的运动速度小。MTI 的主要目的是要抑制地面背景产生的杂波，在众多"静止"的目标中把相对于雷达径向运动的目标检测出来，一般来说它不能得到目标的精确速度信息。

对消处理原理：当固定目标、地杂波等与运动目标处于同一距离单元时，前者的回波通常较强，以至于运动目标的回波被淹没在其中，必须设法对二者进行区分。当雷达发射机采用主振放大器时，发射信号是全相参的，即发射高频脉冲、本振电压、相参电压之间均有明确的相位关系。在中频进行检波仍能保持和高频相位检波相同的相位关系。在相位检波器的输出端，固定目标回波是一串振幅不变的脉冲，而运动目标的回波是一串振幅调制的脉冲，呈现上下"跳动"的"蝴蝶效应"。要消除固定目标回波最直观的办法就是将相邻重复周期的信号相减，固定目标由于振幅不变而相互抵消，运动目标相减后剩下相邻重复周期振幅变化的部分输出。

数字对消器是利用动目标回波和杂波在频谱上的区别，有效地抑制杂波而提取目标信号，因此又称为杂波抑制滤波器。下面介绍几种常用的 MTI 滤波器及其工作原理。

多脉冲非递归对消滤波器的原理框图如图 4-16 所示。

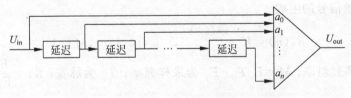

图 4-16 多脉冲非递归对消滤波器原理框图

图中，$a_0, a_1, \cdots, a_n$ 为对消系数。

由于各脉冲数据之间存在近似一个脉冲重复周期的时间延迟，对于杂波来说在这一个脉冲重复周期间隔内几乎没有较大的变化，因而对消效果理想，而对于目标信号来说只损失了一小部分。

1. 一次对消器

一次对消器也称双脉冲对消器，即为 $n=1$ 的情况，其对消公式为

$$y(n) = x(n) - x(n-1) \tag{4.95}$$

由此得其系统函数为

$$H(z) = 1 - z^{-1} = \frac{z-1}{z} \qquad (4.96)$$

其频率响应曲线图如图 4-17 所示。

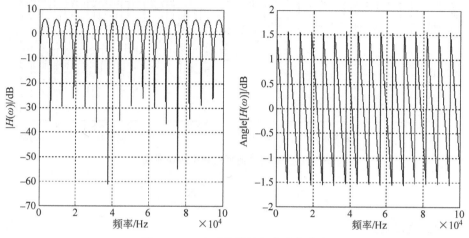

图 4-17　一次对消器的频率响应曲线

它是一个单零点系统,并不是一个十分理想的倒梳齿形滤波器,能够起到抑制固定目标和慢速杂波的作用,但抑制能力有限。同时,它对不同的多普勒频率灵敏度相差较大。

2. 非递归二次对消器

一次对消器的杂波抑制能力有限,故采用二次对消,甚至多级延迟对消来改善对消器的振幅频率特性,在结构上它等效于两个一次对消级联,其对消公式为

$$y(n) = x(n) - Kx(n-1) + x(n-2) \qquad (4.97)$$

其系统函数为

$$H(z) = 1 - Kz^{-1} + z^{-2} \qquad (4.98)$$

通常情况下,取 $K=2$,当 $z = \exp(-j\omega T)$ 时,频率响应为

$$| H(\omega) | = 2 | 1 - \cos\omega T | \qquad (4.99)$$

其频率响应曲线如图 4-18 所示。

需要注意的是,三脉冲相消在具体实现时往往不是进行两次减法运算,而是按差分方程一次完成的。$x(n)$,$x(n-1)$,$x(n-2)$依次三个周期的数据,这样缩短了运算时间,并且只需存储未经处理的信号就够了,它不需存储中间的运算结果。这时,它等效于两个一次对消器串联。由两者的频率响应可以看出,两种对消器的系统增益不同,所以在输出之前要进行归一化处理,而两种对消器的第一盲速点基本相同,所以采用更高阶的对消器对盲速的改善不大,这就要考虑采用其他的方法。为了克服 MTI 所引起的盲速的影响,可以采用参差重复频率的方法。

3. 非递归 N 次对消器

仿照二次对消器的构成,可以构成有更多的脉冲加权后相加的对消电路。可以证明,如果多脉冲按二项式系数加权,它就等效于多个一次对消级联。这样可以得到 N 次非递归脉冲对消器的系统函数

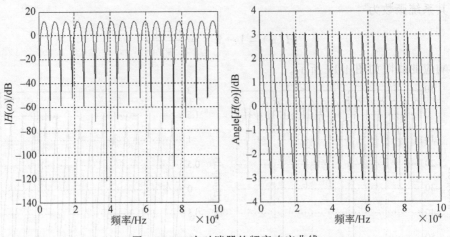

图 4-18　二次对消器的频率响应曲线

$$H(z) = (1 - z^{-1})^N = \sum_0^N a_k z^{-k} \qquad (4.100)$$

式中，a_k 为二项式系数，有

$$a_k = (-1)^k C_N^k = (-1)^k \frac{N!}{k!(N-k)!} \qquad (4.101)$$

二项式系数加权是应用最广的，但不是最佳的，这里最佳是指使改善因子最大的一组系数。不过当参与对消脉冲的数不大时（小于 6），采用最佳的权系数改善意义不大，反而会使处理变得复杂。

4.4.3　动目标检测

MTI 对地物杂波的抑制能力有限，因此在 MTI 后串接一窄带多普勒滤波器组来覆盖整个重复频率的范围，由于杂波和目标的多普勒频移不同，它们将出现在不同的多普勒滤波器的输出端，从而达到从强杂波中检测目标的目的。此外，不同的多普勒频率对应了不同的窄带滤波器输出，因而 MTD 还可以通过测量多普勒频移确定目标的速度。

具有 N 个输出的横向滤波器（N 个脉冲和 $N-1$ 根延迟线）经过各脉冲不同的加权并求和后，可以做成 N 个相邻的窄带滤波器组。该滤波器组的频率覆盖范围为 $0 \sim f_r$。横向滤波器如图 4-19 所示。每根延迟线的延时 $T_r = \dfrac{1}{f_r}$，设加在 N 个输出端的加权值为

$$W_{ik} = e^{-j2\pi(t-i)N/k}, \quad i = 1, 2, \cdots, N \qquad (4.102)$$

式中，i 表示抽头序号。每个 k 值对应一组不同的加权值，并得到相应的多普勒滤波器响应。

由于每个滤波器只占 MTI 对消器通频带的 $1/N$ 的宽度，使得 MTD 输出端的信噪比有相应的改善。当输入噪声为白噪声时，采用窄带滤波器组后，信噪比将提高近 N 倍，从而达到理想的相干累积的效果。

在数字化处理中，通常采用数字滤波的方法，用 N 点快速傅里叶变换实现 N 个滤波器组。其实质是用数字方法计算离散信号的频谱，每个固定频率分量的输出就相当于中心频率在此固定频率的窄带滤波器输出。具体做法是对每个脉冲每一个距离单元的一组数据做

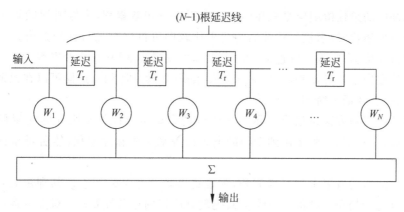

图 4-19 多普勒滤波器组的结构

FFT 来得到等效的滤波器组。

根据离散傅里叶变换的公式

$$x(k) = \sum_{n=0}^{N-1} x(n) e^{-j\frac{2\pi}{N}nk} \tag{4.103}$$

当多普勒频移等于 $\dfrac{2\pi k}{NT_s}$(对应于数字信号中的 $\dfrac{2\pi k}{N}$)时,式(4.103)中的每一项的相位都将被后面的这一乘积项将相位调至 0。可以认为是对具有 $\dfrac{2\pi k}{NT_s}$ 频率的项进行了相干累积,因此多普勒滤波器也可以称作相干累积滤波器,因为通过该滤波器后,将 N 个相干脉冲累积,相对于白噪声而言使信噪比提高了 N 倍。

具体处理过程如下:

(1) 令 $y(i) = x_n(i)$,$n = 0, 1, \cdots, N-1$,N 为序列点数长度,即取出脉冲回波序列 $x_n(i)$ 同一对应时刻的一列,记为 y;

(2) 加窗处理:$y_1(i) = y(i) * w(i)$,$i = 0, 1, \cdots, M$,$w(n)$ 为窗函数,M 为脉冲的个数;

(3) 补零 FFT 处理:该波束驻留周期内所有脉冲的个数逼近为 2 的幂,便于后面的 FFT 处理。

$$y_2(i) = \begin{cases} y_1(i), & i = 0, 1, \cdots, M-1 \\ 0, & i = M, \cdots, Mk-1 \end{cases} \tag{4.104}$$

$Y(K) = \mathrm{FFT}[y_2(i)]$ 即为 MTD 输出。

4.4.4 非相干累积

实际工作的雷达,都是在多个脉冲观测的基础上进行检测的。对多个脉冲观测的结果就是一个累积的过程,累积可简单地理解为是各脉冲叠加起来的作用。多个脉冲累积后可以有效地提高信噪比,从而改善雷达的检测能力。累积可以在包络检波前完成,称为检波前累积或中频累积。信号在中频累积时要求信号间有严格的相位关系,即信号是相参的,所以又称为相参累积。此外,累积也可以在包络检波器以后完成,称为检波后累积或视频累积。由于信号在包络检波后失去了相位信息而只保留幅度信息,所以检波后的累积就不需要信号间有严格的相位关系,因此又称为非相参累积。

相参脉冲串的最佳检测应是先在匹配滤波后进行相参累积(中频或视频累积),然后对累积结果进行振幅检波(求模),检波后与门限比较即可得出有无目标的判决。而对于非相参脉冲串的最佳检测,应采用线性(平方律)振幅检波视频累积(非相参累积)的方法。注意,许多先进雷达在做了相参累积后,还做非相参累积(如滑窗检测),这样可以在保证足够检测的前提下,进一步降低虚警率。

早期雷达的累积方法是依靠显示器荧光屏的余辉结合操作员眼和脑的累积作用而完成,而在自动门限检测时,则要用到专门的电子设备来完成脉冲累积,然后对累积后的信号进行检测判决。

虽然视频累积的效果不如相参累积,但在许多场合还是采用它。其理由是:非相参累积的工程实现比较简单;对雷达的收发系统没有严格的相参性要求;对大多数运动目标来讲,其回波的起伏将明显破坏相邻回波信号的相位相参性,因此即使在雷达收发系统相参性很好的条件下,起伏回波也难以获得理想的相参累积。事实上,对快起伏的目标回波来讲,视频累积还将获得更好的检测效果。这里将采用非相参累积。

具体用公式描述:

$$y_n(i) = |x_n(i)|, \quad i = 1, 2, \cdots, M-1 \tag{4.105}$$

$$y_n(i) = \frac{1}{M}\sum_{k=0}^{M-1}|x_n(i-k)|, \quad i = M, \cdots, S_{\text{dwell}} \tag{4.106}$$

其中,$x_n(i)$ 为第 i 个脉冲的回波序列;M 为非相干累积长度;S_{dwell} 为脉冲驻留数。

4.4.5 CFAR 处理

雷达信号经过脉冲压缩、MTI 或 MTD 之后,接着就要对目标的确认进行判决:过门限检测。由于多种杂波或其剩余的存在,加上系统噪声的影响,过门限检测的结果可能使终端计算机的处理能力饱和。因此必须采用自适应门限:恒虚警率处理(CFAR)。

通常把用作 CFAR 的门限称为第一门限。对应于不同的处理背景(气象、噪声和地物),恒虚警处理有三种对应的基本形式,即快门限 CFAR、慢门限 CFAR、时间单元 CFAR(杂波图 CFAR)。

4.4.5.1 CFAR 的分类

常用的雷达信号 CFAR 可分为两大类,即噪声环境的恒虚警处理和杂波环境的恒虚警处理。其中,噪声环境的恒虚警处理适用于热噪声环境;杂波环境的恒虚警处理适用于热噪声环境和杂波干扰环境。杂波环境的恒虚警处理存在相对较大的恒虚警损失,它可根据不同特性的杂波再分成不同的类型,如针对瑞利杂波处理的单元平均 CFAR 及其各种改进形式、对数正态分布杂波 CFAR、威布尔杂波 CFAR 等、非参量 CFAR 等。下面将对其中比较典型的几种方法加以具体分析,并在仿真中加以实现。

1. 慢门限恒虚警处理

实际中多采用噪声电平恒定电路实现慢门限 CFAR,其原理类似于 AGC,即在休止期(接近于纯噪声区,不含目标信号和地杂波等干扰)内对噪声进行采样,经检波后送低通滤波器平滑,平滑后的电压去控制接收机中放增益。

在闭环控制电路中,平滑滤波器相当于对随机变量的平均值进行估计,只要滤波器的时间常数足够大,就可得到满意的噪声标准差 σ 的估值。用滤波器输出去控制中放增益,即对

中放增益取归一化 $y=x/\sigma$，则输出噪声服从标准正态分布。

2. 快门限恒虚警处理

快门限 CFAR 的方法有很多种，结合多功能相控阵雷达的工作环境以及数字仿真的特点，需要着重考虑如下两种快门限 CFAR 方法。

1）邻近单元平均 CFAR

对于低分辨率雷达而言，雨、雾、云等气象杂波可以视为大量独立散射单元的叠加，因而由中心极限定理知其服从瑞利分布。对瑞利分布杂波的 CFAR 就是求其平均值的估计，再以此对其归一化。由于杂波通常只存在于一定的方位和距离范围以内，所以只能在检测点邻近的有限个参考单元内进行采样以得到平均值的估计。当参考单元数量较少时，估计的起伏就会较大，输出噪声起伏变大，引起虚警率的增加，从而影响信号检测能力。若维持虚警率不变，必须提高输入信噪比，称为 CFAR 的损失。

2）非瑞利杂波的 CFAR

在瑞利杂波环境中，邻近单元平均 CFAR 可以获得准最佳的检测性能。但在多数应用场合下，CFAR 参考单元窗中往往不可避免地会存在多目标干扰；另外，当参考窗靠近杂波源时，窗中的部分参考单元会受到杂波的污染，从而使参考背景表现出类似于多目标干扰的非均匀分布特性，这些情况下邻近单元平均 CFAR 性能会随着干扰点的增加而迅速下降。已提出了几种邻近单元平均 CFAR 的修正方案，以提高对非瑞利杂波干扰的适应能力。

选大单元平均 CFAR 是将参考窗对半，分别计算各自的平均干扰，然后两值中的最大值作为 CFAR 估值。这种修正方案计算出的门限跟随干扰幅度突然变化的能力要比邻近单元平均 CFAR 好得多，但相对于瑞利杂波干扰情况下 CFAR 损失比邻近单元平均 CFAR 要大一些。

类似的修正方案还有选小单元平均 CFAR、加权单元平均 CFAR 等。

3）杂波图递归滤波器的设计

地物杂波由于变化剧烈，即距离上的"均匀性宽度"很窄，所以在采用邻近单元恒虚警电路对其进行处理时只能使用很少的参考单元，这是以恒虚警的损失为代价的，且虚警率不易保持恒定。为了消除地物杂波的影响，我们通常采用动目标显示滤波器对输入信号进行处理。但当目标的径向速度很小或为零时（如切线飞行），此时多普勒频率很小，就无法利用速度来区分目标和杂波了。

地物杂波虽然在距离或方位上变化非常剧烈，但在同一距离方位单元中地物杂波的幅度随时间变化是缓慢的。基于这样的特性，可以采用"时间单元"平均的恒虚警处理方法，在时间上对地物杂波取平均值估计。

这里的"时间单元"是指以一个天线扫描周期作为一个时间单元对空间单元进行平均值估计。空间单元里存储的应是多次天线扫描所得的杂波平均值估计。这种方法首先将空间按距离和方位分割成许多空间单元，其中每一个空间单元的距离长度相当于一个脉冲宽度或稍小，方位宽度相当于半个天线波束宽度或更小些，然后再对各个空间单元的回波振幅分别加以存储（因为一个空间单元的方位宽度约占半个波束宽度，它对应于许多次扫描，所以存储的应是多次扫掠的杂波平均值），从而得到称为"杂波图"的大量数据，即实现了在时间上对地物杂波的平均值估计。为了简化恒虚警处理设备，通常采用单回路反馈累积的方法来对多次累积平均值进行估计。

4.4.5.2　恒虚警率处理的质量指标

衡量一个恒虚警处理设备的性能,主要依靠以下两个指标:

1. 恒虚警性能

恒虚警率性能表明了恒虚警率处理设备在相应的环境中实际所能达到的恒虚警率情况。这是因为理想的恒虚警处理通常是难以做到的,为此需要讨论实际处理时虚警率偏离理想情况的程度——恒虚警性能。

2. 恒虚警率损失

如前所述,恒虚警处理是以降低信噪比为代价的,通常把信噪比的这种损失称为恒虚警率损失,其定义为:雷达信号经过恒虚警率处理后,为了达到原信号(处理前的信号)的检测能力所需的信噪比的增加量。恒虚警率损失也可以用检测能力的降低来说明。显然,损失越小越好。

下面给出时域距离向单元平均(选大、选小)恒虚警处理所用具体公式:

if　$n < M + K$

$$K_h = \frac{1}{M} \sum_{j=1}^{M} x_i(n+j+K)$$

$$T_{KH} = T_h + K_h K_t$$

if　$n > N - K - M$

$$K_h = \frac{1}{M} \sum_{j=1}^{M} x_i(n-j-K)$$

$$T_{KH} = T_h + K_h K_t$$

if　$M + K \leqslant n \leqslant N - K - M$

$$K_h = \begin{cases} \max\left(\dfrac{1}{M}\sum_{j=1}^{M} x_i(n-j-K), \dfrac{1}{M}\sum_{j=1}^{M} x_i(n+j+K)\right), & \text{取大单元平均 CFAR} \\[2mm] \min\left(\dfrac{1}{M}\sum_{j=1}^{M} x_i(n-j-K), \dfrac{1}{M}\sum_{j=1}^{M} x_i(n+j+K)\right), & \text{取小单元平均 CFAR} \\[2mm] \text{mean}\left(\dfrac{1}{M}\sum_{j=1}^{M} x_i(n-j-K), \dfrac{1}{M}\sum_{j=1}^{M} x_i(n+j+K)\right), & \text{取单元平均 CFAR} \end{cases}$$

$$T_{KH} = T_h + K_h K_t$$

if　$x_i(n) \geqslant T_{KH}$

$$y_i(n) = 1;$$

else

$$y_i(n) = 0;$$

式中,$x_i(n)$,$n = 0, 1, \cdots, N-1$。

4.4.6　测距处理

测量目标的距离是雷达的基本任务之一。无线电波在均匀介质中以固定的速度直线传播(在自由空间传播速度约等于光速 $c = 3 \times 10^8$ m/s)。图 4-20 中,雷达位于 A 点,而在 B

点有一目标,则目标至雷达站的距离(即斜距)R可以通过测量电波往返一次所需的时间t_R得到:

$$\begin{cases} t_R = \dfrac{2R}{c} \\ R = \dfrac{1}{2} c t_R \end{cases} \tag{4.107}$$

而时间t_R也就是回波相对于发射信号的延迟,因此,目标距离测量就是要精确测定延迟时间t_R。

现代雷达常采用电子设备自动地测读回波到达的延迟时间t_R,有两种定义回波到达时间t_R的方法,一种是以目标回波脉冲的前沿作为它的到达时刻;另一种是以回波脉冲的中心(或最大值)作为它的到达时刻。对于通常碰到的点目标来讲,两种定义所得的距离数据只相差一个固定值,可以通过距离校零予以消除。

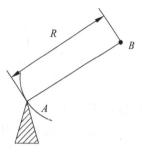

图 4-20　目标距离测量

如果要测定目标回波的前沿,由于实际的回波信号不是矩形脉冲而近似为钟形,此时可将回波信号与一比较电平相比较,把回波信号穿越比较电平的时刻作为其前沿。用电压比较器是不难实现上述要求的。用脉冲前沿作为到达时刻的缺点是容易受回波大小及噪声的影响,比较电平不稳也会引起误差。

具体所用公式描述为

目标反射时间＝开始采样时间－PRT起始时间＋内插得到的PRT内准确时间

本公式适用于开始采样时间按需要随意设定,一般情况下取PRT起始时间为开始采样时间;

$x_1(n), n = 0, 1, \cdots, N-1$为点迹合并后的输出;

$x_2(n), n = 0, 1, \cdots, N-1$为MTI累积取模再取最大值(单元选大函数)或为非相干累积输出。

$$\text{for} \quad n = M, \cdots, N-1-M \ (M \text{ 为两侧参考单元数目})$$
$$\text{if} \quad x_1(n) = 1$$

$$\Delta T = \frac{\displaystyle\sum_{k=n-M}^{n+M} k x_2(k)}{\displaystyle\sum_{k=n-M}^{n+M} x_2(k)} \frac{1}{F_s}$$

$$R = \Delta R + \frac{\Delta T c}{2}$$

$$\text{for} \quad n \notin [M, \cdots, N-1-M]$$
$$\text{if} \quad x_1(n) = 1$$

$$\Delta T = \frac{n}{F_s}$$

$$R = \Delta R + \frac{\Delta T c}{2}$$

由雷达精度理论可知,雷达发射线性调频波形时

$$S(t) = A\cos\left(2\pi f_0 t + \frac{\pi B}{t_p}t^2\right), \quad -\frac{t_p}{2} < t < \frac{t_p}{2} \tag{4.108}$$

式中,t_p 为信号持续时间,B 为调频带宽,f_0 为中心频率。当信号的时宽带宽积 $Bt_p \to \infty$ 时,回波时延的均方误差为

$$\sigma_t = \frac{\sqrt{3}}{\pi B \sqrt{\dfrac{2E}{N_0}}} \tag{4.109}$$

式中,E 为信号能量,N_0 为噪声能量。对于脉冲压缩雷达而言,$\dfrac{2E}{N_0}$ 即为其接收机输出信噪比,故可用 SNR 来表示。

可得雷达测距精度为

$$\sigma_R = \frac{c}{2}\sigma_t = \frac{\sqrt{3}\,c}{2\pi B \sqrt{\text{SNR}}} \tag{4.110}$$

式中,$c = 3 \times 10^8\,\text{m/s}$ 为真空中光速。

在脉压雷达(脉压比$\gg$1)中,

$$\sigma_R(t) = \frac{\sqrt{3}\,c}{2\pi B \sqrt{\dfrac{\sigma}{\sigma_0}\text{SNR}_{\min}R_{\max}^4}}R^2(t) \tag{4.111}$$

式中,σ_0 对应最远探测距离 $R_{\max}$ 时的标定值,$\text{SNR}_{\min}$ 为最小可检测门限,σ 为目标的平均 RCS。

4.4.7 目标角度的自动测量

相控阵雷达接收系统的构成与用何种测角方法有关。在机械扫描雷达中,天线波束扫过目标时,回波脉冲串信号的幅度受天线方向图调制,求出这一回波脉冲串的中心位置即可得到目标的位置。在机械扫描的单脉冲雷达中,目标位置可以采用单脉冲测角方法来测量。但是对于相控阵雷达来说,由于要跟踪多个目标,数据率要求高,在对一个方向进行搜索和跟踪时,雷达波束在此方向驻留的时间很短,通常只有几个重复周期,因此,通常采用单脉冲测角法。

相控阵雷达中所用的单脉冲测角方法主要有三种。从原理上讲,这些方法与普通的机械扫描的单脉冲精密跟踪雷达是一样的,它们都基于通过幅度比较和相位比较来进行角度内插以提高目标角度位置的测量精度。这三种方法是比幅法、相位和差单脉冲法、幅度比较和差单脉冲法。这里采用比幅法测角,其原理如图 4-21 所示。

相控阵天馈系统形成两个相互覆盖的波束 $F_1(\theta)$ 和 $F_2(\theta)$。两个波束相交的方向为 θ_0,它们的最大值方向分别为 θ_1 和 θ_2。图 4-21(a)中所示的目标位置靠近左边方向图 $F_1(\theta)$ 的最大值指向。两个接收波束各有一个接收通道。图 4-21(b)中的 G_1、G_2 分别表示两个通道的接收机的增益。通过比较两路接收机输出信号的幅度,可确定目标所在的位置。由于此幅度比较过程可以在一个回波脉冲的持续时间内完成,因此,这种方法是一

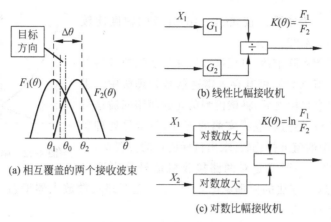

图 4-21 比幅法测角原理

种单脉冲测角方法。

比幅法测角有两种形式。当接收机是线性接收机时,如图 4-21(b)所示,两路接收机输出要用除法运算实现幅度比较。幅度比较器的输出值 $K(\theta)$ 产目标所在角位置的函数,$K(\theta)$ 可表示为

$$K(\theta) = \frac{F_1(\theta)}{F_2(\theta)} \cdot \frac{G_1}{G_2} \tag{4.112}$$

相邻两接收波束的方向图函数 $F_1(\theta)$ 和 $F_2(\theta)$,可以通过计算、实测校准预先求出。若两路线性接收机的增益 G_1 和 G_2 是相等的,则幅度比较器输出 $K(\theta)$ 便完全与 $\dfrac{F_1(\theta)}{F_2(\theta)}$ 相等。因此,只要求出两个接收机输出幅度比值 K,便可确定目标所在的角度位置。

为了有一个数量概念,可将天线方向图用高斯函数替代,这对于大多数天线方向图的主瓣均是适合的。

令相邻两天线的方向图函数分别为

$$\begin{cases} F_1(\theta) = \mathrm{e}^{-\alpha(\theta-\theta_1)^2} \\ F_2(\theta) = \mathrm{e}^{-\alpha(\theta-\theta_2)^2} \end{cases} \tag{4.113}$$

式中,θ_1 和 θ_2 为图 4-21(a)所示 $F_1(\theta)$ 与 $F_2(\theta)$ 两个波束的最大值指向,两波瓣相交于 θ_0,θ_0 可设为 0°。如果天线波瓣半功率点宽度为 $\Delta\theta_{\frac{1}{2}}$,则可求得式中的 α 为

$$\alpha = 4\ln\sqrt{2} / \Delta\theta_{\frac{1}{2}} = 1.386 / \Delta\theta_{\frac{1}{2}} \tag{4.114}$$

用高斯函数拟合天线方向图之后,在两路接收机增益平衡的条件下,幅度比较器输出 $K(\theta)$ 为

$$K(\theta) = \mathrm{e}^{-\alpha(\theta_1-\theta_2)^2} \, \mathrm{e}^{-2\alpha(\theta_1-\theta_2)\theta} = c\,\mathrm{e}^{-2\alpha(\theta_1-\theta_2)\theta} \tag{4.115}$$

对比较简单的情况,当两个波瓣在半功率点相交,即当 $\theta_2-\theta_1 = \Delta\theta_{\frac{1}{2}}$ 时,

$$K(\theta) = c\,\mathrm{e}^{-2.7726\theta / \Delta\theta_{\frac{1}{2}}} \tag{4.116}$$

式中，$c = e^{-\alpha(\theta_1 - \theta_2)^2}$ 为常数。按式（4.116）计算的幅度比较器输出 $K(\theta)$ 示于图 4-22。

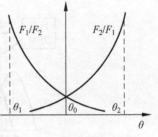

图 4-22　幅度比较器 $K(\theta)$

对一个实际的相控阵雷达，可根据计算并经实测校准后的天线方向图算出比值 $K(\theta)$，将其存入雷达信号处理机中。雷达信号处理机测出有目标之后，将该检测单元的两路回波信号幅度取出并进行比较，通过将获得实测的 $K(\theta)$ 与信号处理机中存储的 $K(\theta)$ 表中的值进行比较，求出目标所在的位置 θ。

比幅法测角的另一形式是对两路接收机信号分别取对数，然后再相减。这一方法的原理见图 4-21(c)。在两路对数放大器增益一致的条件下，幅度比较器的输出 $L(\theta)$ 为

$$L(\theta) = \ln \frac{F_1(\theta)}{F_2(\theta)} = \ln F_1(\theta) - \ln F_2(\theta) \tag{4.117}$$

这一方法用减法运算代替除法运算，既简化了运算，又便于压缩接收机的动态范围。但对数接收机常常不能满足信号处理的要求，因此，要用这一方法，必须将信号检测支路与测角支路分开。

上述这两种幅度比较测角的方法，主要应用于具有多个接收波束的相控阵雷达中，一个接收波束收到的信号，可用来与周围上下左右接收波束的信号进行比较。如采用下面讨论的方法，每一个接收波束的位置都要单独形成和波束、方位差波束、仰角差波束进行测角，则在多接收波束的相控阵雷达中，总的接收通道将增加很多。

测角精度 σ_θ 主要取决于两个因素：①雷达天线波束半功率宽度 $\Delta\theta_{\frac{1}{2}}$；②雷达接收信噪比 SNR；并且测角精度 σ_θ 与天线波束宽度成正比，而与接收信噪比的开方值成反比，则其测角精度可表示为

$$\sigma_\theta = \frac{k}{\sqrt{\text{SNR}}} \Delta\theta_{\frac{1}{2}} = \frac{k\Delta\theta_{\frac{1}{2}}}{R_{\max}^2 \sqrt{\frac{\sigma}{\sigma_0} \text{SNR}_{\min}}} R^2(t) \tag{4.118}$$

式中，k 为比例系数，$k \approx 1$。

4.4.8　雷达信号处理实例

本部分为雷达信号处理仿真实例，通过构建的雷达信号处理与数据处理模拟软件，产生线性调频信号，经过噪声叠加、正交鉴相和匹配滤波，得到脉冲压缩处理后的信号，并可获得目标距离信息。设定的目标距离为 26km，目标回波处理各环节的结果如图 4-23 所示。

对雷达回波信号添加噪声之后的结果如图 4-24 所示。

可以发现，噪声添加后，雷达原始信号基本不可见，这是由于噪声幅度相比目标回波幅度高很多导致的。但是，通过正交鉴相和匹配滤波处理，雷达仍可以将目标检测出来。

将叠加噪声后的目标回波与本地信号进行正交鉴相处理，可以得到信号的相位变化特性。由于回波信号添加了噪声，得到的相位变化与真实相位之间存在偏差，偏差大小与信噪比有关。正交鉴相结果如图 4-25 所示。

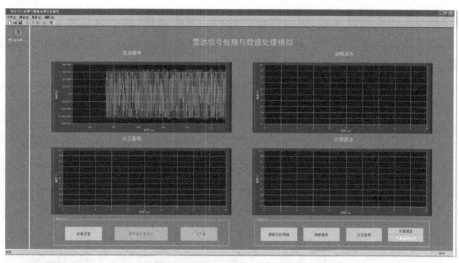

图 4-23 线性调频信号目标回波时域波形

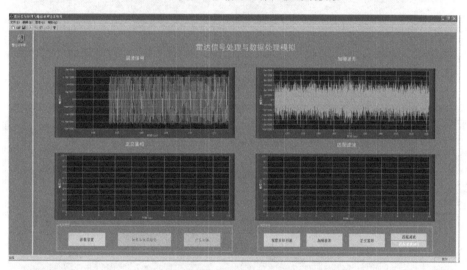

图 4-24 线性调频信号回波添加噪声后的波形

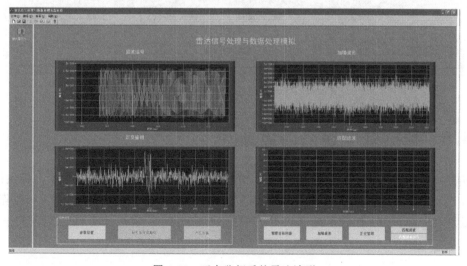

图 4-25 正交鉴相后的雷达波形

　　对回波进行匹配滤波处理,可以得到目标的一维距离像,峰值处反映了目标的位置信息。对距离像还可进行归一化处理,结果如图 4-26 和图 4-27 所示。可以发现,目标峰值在 $172\mu s$ 附近,对应的距离为 25.8km,与设定的目标位置基本一致。

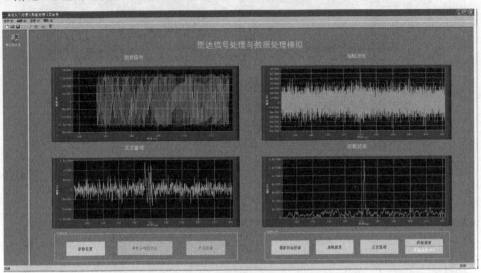

图 4-26　匹配滤波后的雷达波形

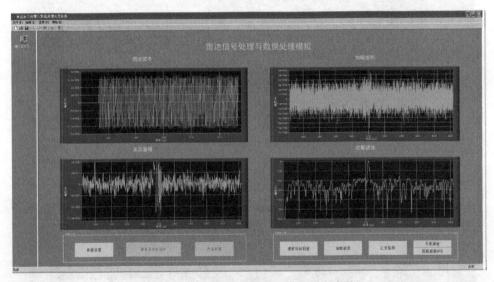

图 4-27　匹配滤波后的归一化的雷达波形

4.5　数据处理建模与仿真

　　相控阵雷达提供经过滤波处理的目标当前数据及预测数据,为天线波束指向提供依据,并且提供质量良好的目标航迹,为目标识别和实施精确打击提供前提。实际上,相控阵雷达数据处理和资源调度(有时也把调度并入数据处理部分)是雷达任务最佳实现的一系列算法。

数据处理接收信号处理设备送来的检测点迹报告,并进行后期处理,使单次探测结果与目标历史信息相融合,并利用滤波算法进行实时状态估计,得出可靠性和精度都高于单次探测结果的目标状态估值,从而完成对目标连续、稳定的跟踪。

由于相控阵雷达本身固有的特点,使得其在跟踪和处理多机动目标的功能方面具有一般雷达不可比拟的优势,这种优势实际上也是建立在其数据处理部分强大的跟踪能力和多目标相关处理功能之上的。因此,相控阵雷达系统数据处理必须完成以下的功能:

(1)建立目标航迹,并进行航迹管理;

(2)检测点迹与航迹的配对——航迹关联;

(3)目标的跟踪滤波及预测。

其中,航迹关联算法和目标跟踪滤波算法是数据处理中的主要算法,也是较为复杂、多样的部分,本节将予以详细描述。

4.5.1　相控阵数据处理主要工作模式及处理流程

相控阵雷达以调度间隔为单位进行工作,一个调度间隔内一般又有多个雷达事件,雷达事件的类型包括搜索事件、确认事件、跟踪事件等,其中,跟踪事件又可分为粗跟事件和精跟事件。针对不同雷达事件(雷达任务)类型,数据处理完成的功能是不同的,必须采用不同的处理方式。

由于雷达执行搜索任务时,测角精度较差,而测距相对来说精度较高,因此搜索任务的航迹关联只在一维距离(斜距)上进行;而在执行跟踪、确认任务时,角度信息和距离信息都可以利用,因此进行坐标转换后,可以从三维空间距离上进行更为准确的航迹关联。

某些相控阵雷达的资源调度算法还具有波束合并的功能,即:在处理空间方向和请求时间上都很相近的两个波束请求时,只在一个合并后的空间方向和时间上,安排一次波束驻留(同时完成两个任务)。但一般来说,由于雷达探测波形的需求不同,搜索任务与跟踪、确认任务之间不会进行波束合并,而跟踪、确认之间则可以进行波束合并。

因此,兼顾波束合并的需要,跟踪和确认事件的处理流程是相同的。下面给出数据处理工作流程图以及搜索事件处理流程图和跟踪、确认事件处理流程图,分别如图4-28~图4-30所示。

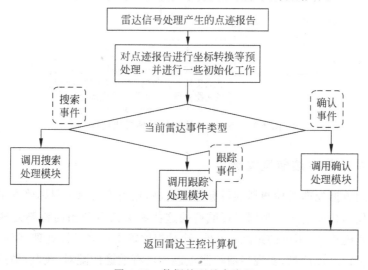

图4-28　数据处理基本流程

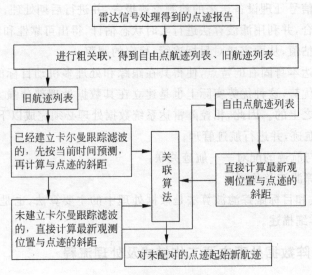

图 4-29 搜索事件处理模块流程

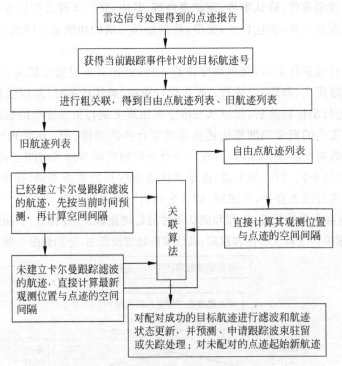

图 4-30 跟踪、确认事件处理模块流程

4.5.2 相控阵雷达航迹管理

相控阵雷达数据处理对检测到的目标建立航迹,相当于为每个目标建立了一份档案,可以保存目标的任何相关信息。利用目标航迹的这些相关信息和当前检测处理结果,数据处理可以对目标实施连续、精确的跟踪;另外,针对相控阵雷达多目标处理、跟踪的要求,数据处理可以利用目标航迹信息,实现当前检测点迹与已有航迹的配对、关联(航迹关联)。

现代防空作战,面临的战场环境日益复杂、恶劣,不仅需要跟踪的目标数量较多,且对于非合作目标(一般是敌方)跟踪难度也逐步增大,有的是因为目标本身机动性好,或散射截面积(RCS)小,有的则是因为其施放的压制干扰或实施的其他有效电子对抗手段。在这样的作战环境下,相控阵雷达系统要稳定、高效地工作,必须进行统一、有效、科学的管理,具有对战场环境分析、判断和科学决策的能力,这是相控阵雷达主控计算机必须胜任的。

其中,数据处理的航迹管理功能起到了一个十分重要的作用,它可以根据一定的规则,终结部分航迹,退出跟踪,使雷达避免因为敌方施放的大量干扰、诱饵而系统崩溃;也可以对某些重点目标进行精确跟踪(精跟),保证对威胁目标实施及时、精确的打击。

4.5.2.1　目标航迹信息的构成与更新

为了配合目标跟踪、航迹关联,目标航迹至少包含以下内容:

1. 航迹号

航迹号在目标航迹起始时,由航迹管理部分分配获得,并且不重复使用。

2. 航迹状态

航迹状态包括自由点航迹、暂时航迹、可靠航迹、精跟航迹。

自由点航迹为新起始的目标航迹,并且没有被确认更新过。

暂时航迹是已经确认更新过,但暂时还没有确认成功的航迹。

可靠航迹是已经确认成功、正在粗跟的航迹。

精跟航迹是已经被航迹管理确定为某种意义上的"重点目标"而进行精跟的航迹。

3. 关联波门(波门类型及其阈值)

关联波门的类型有斜距波门、球形波门和椭球形波门三种。

斜距波门用于自由点航迹的关联,以前次观测斜距为中心,某一门限(阈值)为斜距差包含的区域,是只利用斜距观测信息进行比较的关联波门,这实际上是从雷达在搜索时一般角度测量误差较大、而距离测量误差相对小考虑的。

球形波门用于暂时航迹的关联,即以前次观测位置为球心,某一门限(阈值)为半径形成的球形区域,无方向性。

而椭球形波门以前次滤波位置为中心,把滤波误差矩阵对观测新息矢量归一化后结果与一门限(阈值)比较,实际上抽象成了一个椭球形区域,有方向性。

4. 跟踪滤波器

目标跟踪滤波器是航迹信息的一个重要部分,也是完成跟踪滤波的平台,它存储卡尔曼滤波器的相关信息,可以完成航迹的滤波更新和预测;由卡尔曼滤波原理,跟踪滤波器只存储当次滤波矢量和滤波误差矩阵,并在每次滤波中得到更新。

4.5.2.2　目标航迹的起始和终结规则

航迹的起始和终结规则在相控阵雷达多目标跟踪功能中具有重要地位,考虑到雷达的资源有限,而面临的空情复杂、恶劣,有效的航迹起始和终结规则是保证雷达系统有效、平稳运转的关键之一。

航迹的起始包括新航迹的生成和航迹的确认。新航迹的生成既可能存在于搜索事件(包括失踪处理),也可能存在于确认、跟踪事件中。

航迹的确认采用"K/M"准则,即若在 M 次观测中,该目标航迹关联配对成功次数大于或等于 K,则判定该航迹确认成功,否则撤销该暂时航迹。另外,这里的 M 次观测均是指在确认或跟踪任务进行的观测,搜索任务的观测、关联结果不用于航迹的确认。也就是说,如果搜索任务发现并起始了一个新航迹,则该航迹的 M 次确认观测中,不包括发现时的观测。

航迹的终结规则一般也采用"K/M"准则。即:在对可靠航迹或精跟航迹的连续 M 次观测中,如果关联配对失败次数大于或等于 K,则将该航迹终结。另外,一般终结一条精跟航迹后,会调用失踪处理,即:在该精跟航迹最近一次的滤波位置附近安排搜索任务,期望重新捕获已丢失的"重点"目标。

至于航迹确认和航迹终结"K/M"准则中,K 和 M 值的选取,可以根据雷达系统性能和面临的战场环境来权衡确定。一般仿真系统中可设定航迹确认"K/M"准则为:$K=2$,$M=3$;设定航迹终结"K/M"准则为:$K=4$,$M=6$。

4.5.3　相控阵雷达航迹关联算法

航迹关联算法是相控阵雷达实现多目标跟踪的核心算法之一。航迹关联过程是将信号处理模块检测的新点迹与已知目标航迹相比较,并给出点迹-航迹的配对结果,用于后续的跟踪滤波、确认处理或产生新航迹。

目前关联算法主要有两大类:最近邻法和全邻法。最近邻关联算法的基本原则是:选择使统计距离 Δl 最小的检测点迹作为目标的配对点迹。而全邻法全面考虑了跟踪门内的所有检测点迹,并根据不同相关情况计算出各概率加权系数以及所有点迹的加权和得到等效点迹,然后用各点迹更新多个目标的状态。

4.5.3.1　最近邻航迹关联算法

最近邻关联(NNP)算法进行航迹配对的原理如下:首先进行粗关联,得到相同或相邻扇区内的两个航迹列表,按先后顺序分别把两个列表里的所有航迹与所有检测点迹进行配对,并将点迹-航迹之间的统计距离 Δl(斜距差或空间统计距离)作为关联的基本依据。

具体而言,最近邻关联算法的基本步骤如下:

(1) 粗关联。

选择与当前雷达波束指向处在同一个扇区或相邻扇区的所有航迹,并添加进两个列表:旧航迹列表 $\{T_i^{(1)}\}$ 和自由点航迹列表 $\{T_i^{(2)}\}$。

(2) 计算旧航迹列表里所有航迹 $\{T_i^{(1)}\}$ 与所有点迹 $\{P_j\}$ 的空间统计距离。

具体方法是:若该航迹已完成卡尔曼滤波器的初始化,则先按当前仿真时间进行预测,得到目标预测位置,再计算与所有点迹观测位置的空间统计距离 $\{l_{ij}\}$;若该航迹还未建立卡尔曼滤波,则直接用该航迹最近一次观测位置计算与所有点迹的空间统计距离 $\{l_{ij}\}$。另外,计算空间统计距离时,先判断检测点迹是否在该航迹波门内,若不在波门内,令 $l_{ij}=\infty$。

(3) 选择矩阵 $\{l_{ij}\}$ 中的最小值。

遍历整个矩阵 $\{l_{ij}\}$,选择所有元素中的最小值,若该最小值不是 ∞,那么该检测点迹与该航迹配对,并从矩阵 $\{l_{ij}\}$ 里删除该点迹和航迹对应的行和列。

(4) 重复步骤(3)的操作,直到 $\{l_{ij}\}$ 里没有非 ∞ 的元素,于是,得到所有关于旧航迹 $\{T_i^{(1)}\}$ 的配对结果。

(5) 针对自由点航迹 $\{T_i^{(2)}\}$ 和剩下的点迹 $\{P_j'\}$,执行类似于步骤(2)~(4)的操作,得到

关于自由点航迹 $\{T_i^{(2)}\}$ 的配对结果。

（6）如果配对成功的航迹是当前雷达事件所针对的目标航迹（跟踪、确认时，雷达事件的安排是针对具体目标航迹的），那么用配对成功的检测点迹对该航迹进行滤波更新，按照一定的数据率进行预测，并向资源调度部分提出波束驻留请求。

实现上述关联过程可以借助表 4-1 所示的"统计距离矩阵"来完成。

表 4-1 统计距离矩阵

点 迹	T_1	T_2	T_3	…
P_1	4.2	5.4	6.3	…
P_2	1.2	3.1	∞	…
P_3	∞	7.2	∞	…

从上述过程可以看出，检测点迹与航迹之间空间统计距离 Δl 的计算是最近邻关联算法的关键步骤，而由前所述，根据航迹的状态可以将关联波门分为三种：斜距波门、球形波门和椭球形波门。

- 如果是斜距波门，把检测点迹斜距与航迹预测斜距之差作为 Δl（如式（4.119）所示）；
- 如果是球形波门，把检测点迹位置与航迹预测位置之间连线长度作为 Δl；
- 如果是椭球形波门，则按式（4.123）计算得到 Δl。

对于斜距波门，统计距离 Δl 为

$$\Delta l = r^m - \hat{r} \tag{4.119}$$

式中，r^m 为检测点迹距离观测值，$\hat{r}$ 为航迹距离预测值，而波门计算如下：

$$L = kL_0 \tag{4.120}$$

式中，L_0 为初始斜距波门值，k 为波门系数。

对于球形波门，统计距离为

$$\Delta l = \sqrt{(x^m - \hat{x})^2 + (y^m - \hat{y})^2 + (z^m - \hat{z})^2} \tag{4.121}$$

其中，x^m, y^m, z^m 分别为 x, y, z 方向的观测值，$\hat{x}, \hat{y}, \hat{z}$ 为 x, y, z 方向的预测值。球形波门的大小由其半径 R 决定，即

$$L = R = kV_{max}\Delta t \tag{4.122}$$

式中，V_{max} 为设定的目标最大飞行速度（即认为目标的飞行速度小于 V_{max}），Δt 为前后时间间隔，k 为波门系数。

对于椭球形波门，统计距离 Δl 计算如下：用当前时间对航迹进行位置预测：$\hat{X} = [x, y, z]'$，点迹的观测位置为 $Z = [x, y, z]'$，那么新息项为 $v = Z - \hat{X}$，则

$$\Delta l = v'P_v v \tag{4.123}$$

式中，P_v 是根据当前预测协方差矩阵、观测误差矩阵得到的新息协方差矩阵。椭球形波门的计算如下：

$$L = kL_0 \tag{4.124}$$

式中，k 为波门系数。

不论是斜距波门、球形波门还是椭球形波门，其波门系数 k 都是动态变化的，增大波门系数则目标被捕获的概率增加。比如，如果当前的目标航迹没有获得更新的点迹，那么相应地，波门系数 k 也要增大。

4.5.3.2 航迹跟踪滤波中的去冗余处理

对于复杂的相控阵雷达航迹关联,还有一些航迹相关处理必须被考虑,下面详细介绍。

1. 相邻搜索波位重复检测的去冗余处理

雷达天线波束方向图由主瓣和若干副瓣组成。对于主瓣,一般称其 3dB 功率宽度为主瓣宽度。对于信噪比较小的情况,雷达搜索发现目标一般只可能在主瓣宽度内,但若考虑到目标 RCS 的起伏,或大信噪比的情况,以及雷达搜索波形在不同扇区交界处切换等影响,雷达搜索事件在相邻的几个波束上检测到同一个目标的可能性还是相当大的。

若不对这些重复检测进行去冗余处理,则不仅为后面的确认关联处理带来麻烦,而且可能使正确航迹(指主瓣发现的航迹,一般角度测量值相对较准)跟踪恶化、终结,对相控阵雷达资源也是一种无谓的消耗。

相邻搜索波位的去冗余处理,既要考虑到对同一个目标重复检测的情况,也要考虑到两个目标角度、斜距上都十分相近的情况,因此只能是一种折中处理。具体思路如下:

(1)因为雷达执行搜索事件时距离测量值相对来说还是较为可信的,所以首先从距离上去相关(即判断检测点迹是否落在航迹的斜距波门内);

(2)比较发现目标时的信噪比。一般来说,相比于副瓣,波束主瓣发现目标时的信噪比会高很多,但由于目标 RCS 起伏、大信噪比等因素影响,以及计算信噪比本身存在的误差,这一结论也不一定成立,同时再考虑到两个目标斜距、角度上相近的情况,比较信噪比的规则必须慎重。

对于信噪比的比较,一般的处理规则如下:若当前搜索事件检测点迹的信噪比,比前一相邻波位搜索检测点迹信噪比低 k dB,则认为当前检测点迹为冗余点迹,予以去除;若超过 k dB,则为该检测点迹起始一条新航迹。

关于 k 值的选取,是根据电子战环境、战术策略和雷达性能设定的,一般可取 $k=3$。

2. 目标交替跟踪的去冗余处理

考虑到一个目标可能同时对应有两条或多条粗跟航迹,甚至精跟航迹,而这些航迹的滤波更新周期相当,且交替地进行,这样在航迹关联时互不影响,都能够保持连续的跟踪。从节约雷达资源和优化航迹管理方面考虑,很有必要去除其中的冗余航迹。

对目标交替跟踪的去冗余处理,同时在航迹的确认转粗跟阶段和粗跟阶段进行。

具体来说,对于可能是同一个目标的航迹,比较它们在时间轴上的位置、速度矢量等,如果满足一定的限度,则认为是一个目标,这时比较它们的稳跟次数、当前信噪比等,稳跟次数多且当前信噪比大的航迹保留;另外,粗跟航迹与精跟航迹比较时,只可能是粗跟航迹被去除。

4.5.4 相控阵雷达目标跟踪算法

对目标的跟踪滤波属于系统的状态估计问题,即把目标的运动状态作为估计参量,用动态估计的方法得到目标状态的估计值和预测值,使其对目标的定位精度高于雷达对目标的观测值。如果把目标的运动看成是线性变化的(即状态转移矩阵与状态矢量无关),则目标的跟踪滤波就是线性系统的状态估计问题。

对于飞机、靶机和战术导弹等,一般认为其运动状态在直角坐标系下可以用一个线性系统来描述,也就是说,其状态方程在直角坐标系下是线性的;另外,雷达对目标探测得到的位置信息是斜距、方位角和俯仰角,显然,在直角坐标系下,观测方程是非线性的。解决这类问题的方法一般是非线性滤波,即对滤波在局部进行线性化。

如果对目标的跟踪滤波是在球坐标系下完成的,即状态矢量是球坐标系下的,包括斜距、俯仰角、方位角以及它们的一、二阶导数,滤波和预测的结果分别以球坐标和直角坐标两种形式给出,用于进一步的波束驻留申请,以及航迹关联;对于拦截弹的跟踪,由于信号形式的区别,不存在距离-多普勒耦合效应的补偿问题,因此采用的是直角坐标系下的常增益线性滤波,即 $\alpha\text{-}\beta$ 滤波算法。

4.5.4.1　目标运动模型与跟踪滤波算法

雷达探测到的目标位置是以球坐标形式出现的,即斜距、方位角、俯仰角,可以认为这三个通道的观测误差是不相关的。如果完全在球坐标系下进行滤波,则观测方程为线性方程,而状态方程为非线性方程。因此,需要考虑的问题是,如何写出球坐标系下的离散化状态方程。

1. 针对机动目标的跟踪算法

对机动目标的跟踪效果是衡量雷达性能的一个重要指标,目前关于机动目标的跟踪算法,主要有辛格(Singer)算法、当前统计模型算法、输入估计(IE)算法、变维滤波(VD)算法和交互多模(IMM)算法等。

当前统计模型算法是从辛格算法基础上发展起来的,其基本思想是当目标以某一加速度机动时,下一时刻的加速度值是有限的,且只能在当前加速度的某一邻域内,即认为目标的加速度是一个有色噪声,并且其概率密度随当前加速度均值而变化,服从修正的瑞利分布。

以直角坐标系下 x 轴方向为例,当前模型为

$$\begin{cases} \ddot{x}(t)=a_1(t) \\ \dot{a}_1(t)=-\alpha a_1(t)+\alpha\bar{a}+w(t)=-\alpha a_1(t)+w_1(t) \end{cases} \tag{4.125}$$

式中,α 是机动时常数的倒数(即机动频率),通常的经验值为:转弯机动 $\alpha=1/60$,躲避机动 $\alpha=1/20$,大气扰动 $\alpha=1$;$a_1(t)$ 是状态变量 $\ddot{x}(t)$,且均值为 $\bar{a}$;$w_1(t)$ 是白噪声,其均值为 $\alpha\bar{a}$,方差为

$$\delta_w^2=2\alpha\frac{4-\pi}{\pi}\left\{a_{max}-E\left[\frac{a_1(t)}{Z(t)}\right]\right\}^2 \tag{4.126}$$

式中,$Z(t)$ 为观测值。

此时,一维连续状态方程为

$$\begin{bmatrix}\dot{x}(t)\\\ddot{x}(t)\\\dddot{x}(t)\end{bmatrix}=\begin{bmatrix}0&1&0\\0&0&1\\0&0&-\alpha\end{bmatrix}\begin{bmatrix}x(t)\\\dot{x}(t)\\\ddot{x}(t)\end{bmatrix}+\begin{bmatrix}0\\0\\\alpha\end{bmatrix}\bar{a}+\begin{bmatrix}0\\0\\1\end{bmatrix}w(t) \tag{4.127}$$

对上式进行离散化后,可以得到直角坐标系下的离散化状态方程

$$X(k+1)=\Phi X(k)+U\bar{a}_x(k)+\Gamma w_x(k) \tag{4.128}$$

式中,$X(k)=(x(k),\dot{x}(k),\ddot{x}(k))^T$ 为 x 轴状态矢量;$\bar{a}_x(k)$ 为沿 x 轴随机加速度均值;$w_x(k)$ 为沿 x 轴的状态噪声。

$$\boldsymbol{\Phi} = \begin{bmatrix} 1 & T & \frac{1}{\alpha^2}(-1+\alpha T+e^{-\alpha T}) \\ 0 & 1 & \frac{1}{\alpha}(1-e^{-\alpha T}) \\ 0 & 0 & e^{-\alpha T} \end{bmatrix}, \quad \boldsymbol{U} = \begin{bmatrix} \frac{1}{\alpha}\left(-T+\frac{\alpha T^2}{2}+\frac{1-e^{-\alpha T}}{\alpha}\right) \\ \left(T-\frac{1-e^{-\alpha T}}{\alpha}\right) \\ (1-e^{-\alpha T}) \end{bmatrix},$$

$$\boldsymbol{\Gamma} = \begin{bmatrix} \frac{1}{\alpha^2}\left(-T+\frac{\alpha T^2}{2}+\frac{1-e^{-\alpha T}}{\alpha}\right) \\ \frac{1}{\alpha^2}(-1+\alpha T+e^{-\alpha T}) \\ \frac{1}{\alpha}(1-e^{-\alpha T}) \end{bmatrix}$$

同理,求得其他两个轴的离散状态方程

$$\boldsymbol{Y}(k+1) = \boldsymbol{\Phi}\boldsymbol{Y}(k) + \boldsymbol{U}\bar{a}_y(k) + \boldsymbol{\Gamma}w_y(k) \tag{4.129}$$

$$\boldsymbol{Z}(k+1) = \boldsymbol{\Phi}\boldsymbol{Z}(k) + \boldsymbol{U}\bar{a}_z(k) + \boldsymbol{\Gamma}w_z(k) \tag{4.130}$$

式中,T 为两次滤波之间的时间间隔;$\bar{a}_y(k)$、$\bar{a}_z(k)$ 分别为沿 y 轴、z 轴随机加速度均值;$w_y(k)$、$w_z(k)$ 分别为沿 y 轴、z 轴的状态噪声。

2. 球坐标系下的离散状态方程

前面分析了当前统计模型在直角坐标系下的描述,下面给出使用当前统计模型算法,球坐标系下的离散状态方程。

由前已知,在球坐标系下目标的运动方程是非线性的,因此只有通过坐标转换及线性化,获得球坐标系下的离散状态方程。

直角坐标 (x,y,z) 和球坐标 (R,θ,φ) 之间的转换关系如下:

$$\begin{cases} x = R\sin\theta\cos\varphi \\ y = R\sin\theta\sin\varphi \\ z = R\cos\theta \end{cases} \tag{4.131}$$

通过坐标转换、线性化,以及适当的简化,可以把上面三个直角坐标系下的离散状态方程转化为球坐标系下的离散状态方程。

1) 距离通道

离散状态方程为

$$\boldsymbol{R}(k+1) = \boldsymbol{\Phi}_r\boldsymbol{R}(k) + \boldsymbol{U}_r\bar{a}_r(k) + \boldsymbol{\Gamma}_r w_r(k) \tag{4.132}$$

式中,$\boldsymbol{R}(k) = [r(k) \quad \dot{r}(k) \quad \ddot{r}(k)]^T$,各转移矩阵为

$$\boldsymbol{\Phi}_r = \begin{bmatrix} 1 & A & B \\ 0 & 1 & F \\ 0 & 0 & 1 \end{bmatrix}; \quad \boldsymbol{U}_r = \begin{bmatrix} C \\ G \\ J \end{bmatrix}; \quad \boldsymbol{\Gamma}_r = \begin{bmatrix} D \\ B \\ K \end{bmatrix} \tag{4.133}$$

其中,

$$A = T; \quad B = \frac{1}{\alpha^2}(-1+\alpha T+e^{-\alpha T}); \quad C = \frac{1}{\alpha}\left(-T+\frac{\alpha T^2}{2}+\frac{1-e^{-\alpha T}}{\alpha}\right);$$

$$D = \frac{C}{\alpha}; \quad F = \frac{1}{\alpha}(1-e^{-\alpha T}); \quad G = \alpha B;$$

$$I = e^{-aT}; \quad J = 1 - e^{-aT}; \quad K = \frac{1}{\alpha}(1 - e^{-aT})$$

2）俯仰通道

离散状态方程为

$$E(k+1) = \boldsymbol{\Phi}_e E(k) + \boldsymbol{U}_e \bar{a}_e(k) + \boldsymbol{\Gamma}_e w_e(k) \tag{4.134}$$

式中，$E(k) = [\theta(k) \quad \dot{\theta}(k) \quad \ddot{\theta}(k)]^T$，各转移矩阵为

$$\boldsymbol{\Phi}_e = \begin{bmatrix} 1 & A & \dfrac{B}{r(k)} \\ 0 & 1 & \dfrac{F}{r(k)} \\ 0 & 0 & \dfrac{1}{r(k)} \end{bmatrix}; \quad \boldsymbol{U}_e = \begin{bmatrix} \dfrac{C}{r(k)} \\ \dfrac{G}{r(k)} \\ \dfrac{J}{r(k)} \end{bmatrix}; \quad \boldsymbol{\Gamma}_e = \begin{bmatrix} \dfrac{D}{r(k)} \\ \dfrac{B}{r(k)} \\ \dfrac{K}{r(k)} \end{bmatrix}$$

3）方位通道

离散状态方程为

$$A(k+1) = \boldsymbol{\Phi}_a A(k) + \boldsymbol{U}_a \bar{a}_a(k) + \boldsymbol{\Gamma}_a w_a(k) \tag{4.135}$$

式中，$A(k) = [\phi(k) \quad \dot{\phi}(k) \quad \ddot{\phi}(k)]^T$，各转移矩阵为

$$\boldsymbol{\Phi}_e = \begin{bmatrix} 1 & A & \dfrac{B}{r_{xy}(k)} \\ 0 & 1 & \dfrac{F}{r_{xy}(k)} \\ 0 & 0 & \dfrac{1}{r_{xy}(k)} \end{bmatrix}; \quad \boldsymbol{U}_a = \begin{bmatrix} \dfrac{C}{r_{xy}(k)} \\ \dfrac{G}{r_{xy}(k)} \\ \dfrac{J}{r_{xy}(k)} \end{bmatrix}; \quad \boldsymbol{\Gamma}_a = \begin{bmatrix} \dfrac{D}{r_{xy}(k)} \\ \dfrac{B}{r_{xy}(k)} \\ \dfrac{K}{r_{xy}(k)} \end{bmatrix}$$

式中，$r_{xy}(k) = r(k)\cos(\theta(k))$。

3. 球坐标系下的目标跟踪算法

距离、俯仰和方位三个通道观测是独立的，每个通道都可以应用卡尔曼递推方程进行滤波，三个通道的观测方程分别是

距离通道

$$\boldsymbol{Z}_r(k) = \boldsymbol{C}R(k) + \boldsymbol{V}_r \tag{4.136}$$

俯仰通道

$$\boldsymbol{Z}_r(k) = \boldsymbol{C}R(k) + \boldsymbol{V}_e \tag{4.137}$$

方位通道

$$\boldsymbol{Z}_a(k) = \boldsymbol{C}A(k) + \boldsymbol{V}_a \tag{4.138}$$

式中，$\boldsymbol{V}_r$、$\boldsymbol{V}_e$、$\boldsymbol{V}_a$ 分别为距离、俯仰、方位通道的观测误差；$\boldsymbol{C}$ 是观测矩阵

$$\boldsymbol{C} = \begin{bmatrix} 1 & 0 & 0 \end{bmatrix} \tag{4.139}$$

下面分别给出距离、俯仰和方位通道的卡尔曼递推方程。

1）距离通道

（1）预测状态矢量。由前面的距离通道离散状态方程可写出预测状态矢量的公式

$$\hat{\boldsymbol{R}}\left(\frac{k}{k-1}\right) = \boldsymbol{\Phi}_r \hat{\boldsymbol{R}}\left(\frac{k-1}{k-1}\right) + \boldsymbol{U}_r \bar{a}_r(k) \tag{4.140}$$

如果用距离通道加速度 $\ddot{r}(k-1)$ 的一步预测值 $\ddot{r}\left(\dfrac{k}{k-1}\right)$ 作为"当前"加速度,并作为瞬时随机加速度的均值,则预测状态矢量的公式变为

$$\hat{r}\left(\frac{k}{k-1}\right)=\boldsymbol{\Phi}_r\hat{r}\left(\frac{k-1}{k-1}\right) \tag{4.141}$$

式中,

$$\boldsymbol{\Phi}_{r1}=\begin{bmatrix}1 & T & \dfrac{T^2}{2}\\ 0 & 1 & T\\ 0 & 0 & 1\end{bmatrix}$$

(2)预测协方差矩阵:

$$\hat{\boldsymbol{P}}_r\left(\frac{k}{k-1}\right)=\boldsymbol{\Phi}_r\hat{\boldsymbol{P}}_r\left(\frac{k-1}{k-1}\right)\boldsymbol{\Phi}_r^{\mathrm{T}}+\boldsymbol{Q}_r(k) \tag{4.142}$$

其中,$\boldsymbol{Q}_r(k)$ 是距离向扰动噪声矩阵,且

$$\boldsymbol{Q}_r(k)=2\alpha\delta_r^2\begin{bmatrix}\dfrac{1}{20}T^5 & \dfrac{1}{8}T^4 & \dfrac{1}{6}T^3\\ \dfrac{1}{8}T^4 & \dfrac{1}{3}T^3 & \dfrac{1}{2}T^2\\ \dfrac{1}{6}T^3 & \dfrac{1}{2}T^2 & T\end{bmatrix} \tag{4.143}$$

式中,α 为机动频率,δ_r^2 为距离扰动方差,且

$$\delta_r^2=\frac{a_{r\max}^2}{3}(1+P_{\max}+P_0) \tag{4.144}$$

式中,$a_{r\max}$ 为最大可能加速度,$P_{\max}$ 为最大加速度发生概率,P_0 为无加速度的概率。

(3)卡尔曼增益:

$$\boldsymbol{K}_r=\hat{\boldsymbol{P}}_r\left(\frac{k}{k-1}\right)\boldsymbol{C}^{\mathrm{T}}\boldsymbol{P}_{v,r}^{-1}=\hat{\boldsymbol{P}}_r\left(\frac{k}{k-1}\right)\boldsymbol{C}^{\mathrm{T}}\left[\boldsymbol{C}\hat{\boldsymbol{P}}_r\left(\frac{k}{k-1}\right)\boldsymbol{C}^{\mathrm{T}}+\boldsymbol{R}_r(k)\right]^{-1} \tag{4.145}$$

式中,$\boldsymbol{R}_r(k)$ 是距离观测误差方差。

(4)状态矢量滤波值:

$$\hat{\boldsymbol{R}}\left(\frac{k}{k}\right)=\hat{\boldsymbol{R}}\left(\frac{k}{k-1}\right)+\boldsymbol{K}_r(k)\left[\boldsymbol{Z}_r(k)-\boldsymbol{C}\hat{\boldsymbol{R}}\left(\frac{k}{k-1}\right)\right] \tag{4.146}$$

(5)滤波协方差矩阵:

$$\hat{\boldsymbol{P}}_r\left(\frac{k}{k}\right)=[\boldsymbol{I}-\boldsymbol{K}_r(k)\boldsymbol{C}]\hat{\boldsymbol{P}}_r\left(\frac{k-1}{k-1}\right) \tag{4.147}$$

2)俯仰通道

俯仰通道卡尔曼滤波算法与距离通道类似,只是状态转移矩阵不同,下面给出俯仰通道卡尔曼递推方程。

(1)预测状态矢量。由前面的距离通道离散状态方程可写出预测状态矢量的公式

$$\hat{\boldsymbol{P}}_r\left(\frac{k}{k}\right)=[\boldsymbol{I}-\boldsymbol{K}_r(k)\boldsymbol{C}]\hat{\boldsymbol{P}}_r\left(\frac{k-1}{k-1}\right) \tag{4.148}$$

$$\hat{\boldsymbol{E}}\left(\frac{k}{k-1}\right)=\boldsymbol{\Phi}_e\hat{\boldsymbol{E}}\left(\frac{k-1}{k-1}\right)+\boldsymbol{U}_e\bar{\boldsymbol{a}}_e(k) \tag{4.149}$$

如果用俯仰通道加速度 $\ddot{e}(k-1)$ 的一步预测值 $\ddot{e}(k-1)$ 作为当前加速度,并作为瞬时随机加速度的均值,则预测状态矢量的公式变为

$$\hat{\boldsymbol{P}}_r\left(\frac{k}{k}\right)=\left[\boldsymbol{I}-\boldsymbol{K}_r(k)\boldsymbol{C}\right]\hat{\boldsymbol{P}}_r\left(\frac{k}{k-1}\right) \tag{4.150}$$

$$\hat{\boldsymbol{E}}\left(\frac{k}{k-1}\right)=\boldsymbol{\Phi}_{e1}\hat{\boldsymbol{E}}\left(\frac{k-1}{k-1}\right) \tag{4.151}$$

式中,

$$\boldsymbol{\Phi}_{r1}=\begin{bmatrix} 1 & T & \dfrac{T^2}{2r(k/k-1)} \\ 0 & 1 & \dfrac{T}{r(k/k-1)} \\ 0 & 0 & \dfrac{1}{r(k/k-1)} \end{bmatrix}$$

式中,$r(k/k-1)$ 为距离预测值。

（2）预测协方差矩阵：

$$\hat{\boldsymbol{P}}_e\left(\frac{k}{k-1}\right)=\boldsymbol{\Phi}_e\hat{\boldsymbol{P}}_e\left(\frac{k-1}{k-1}\right)\boldsymbol{\Phi}_e^{\mathrm{T}}+\boldsymbol{Q}_e(k) \tag{4.152}$$

其中,$\boldsymbol{Q}_e(k)$ 是俯仰扰动噪声矩阵,且

$$\boldsymbol{Q}_e(k)=2\alpha\delta_e^2\begin{bmatrix} \dfrac{1}{20}T^5 & \dfrac{1}{8}T^4 & \dfrac{1}{6}T^3 \\ \dfrac{1}{8}T^4 & \dfrac{1}{3}T^3 & \dfrac{1}{2}T^2 \\ \dfrac{1}{6}T^3 & \dfrac{1}{2}T^2 & T \end{bmatrix} \tag{4.153}$$

式中,α 为机动频率,δ_e^2 为距离扰动方差,且

$$\delta_e^2=\frac{a_{e\max}^2}{3}(1+P_{\max}+P_0) \tag{4.154}$$

式中,$a_{e\max}$ 为俯仰方向最大可能加速度,$P_{\max}$ 为最大加速度发生概率,P_0 为无加速度的概率。

（3）卡尔曼增益：

$$\boldsymbol{K}_e(k)=\hat{\boldsymbol{P}}_e\left(\frac{k}{k-1}\right)\boldsymbol{C}^{\mathrm{T}}\boldsymbol{P}_{v,e}^{-1}=\hat{\boldsymbol{P}}_e\left(\frac{k}{k-1}\right)\boldsymbol{C}^{\mathrm{T}}\left[\boldsymbol{C}\hat{\boldsymbol{P}}_e\left(\frac{k}{k-1}\right)\boldsymbol{C}^{\mathrm{T}}+\boldsymbol{R}_e(k)\right]^{-1} \tag{4.155}$$

式中,$\boldsymbol{R}_e(k)$ 是俯仰角观测误差方差。

（4）状态矢量滤波值：

$$\hat{\boldsymbol{E}}\left(\frac{k}{k}\right)=\hat{\boldsymbol{E}}\left(\frac{k}{k-1}\right)+\boldsymbol{K}_e(k)\left[\boldsymbol{Z}_e(k)-\boldsymbol{C}\hat{\boldsymbol{E}}\left(\frac{k}{k-1}\right)\right] \tag{4.156}$$

式中,$\boldsymbol{Z}_e(k)$ 为俯仰角观测值。

（5）滤波协方差矩阵：

$$\hat{\boldsymbol{P}}_e\left(\frac{k}{k}\right)=\left[\boldsymbol{I}-\boldsymbol{K}_e(k)\boldsymbol{C}\right]\hat{\boldsymbol{P}}_e\left(\frac{k-1}{k-1}\right) \tag{4.157}$$

式中，$\boldsymbol{I}$ 为 3×3 单位矩阵。

3）方位通道

方位通道卡尔曼滤波算法与距离通道、俯仰通道类似，只是状态转移矩阵不同，下面给出方位通道卡尔曼递推方程。

（1）预测状态矢量。由前面的方位通道离散状态方程可写出预测状态矢量的公式

$$\hat{\boldsymbol{A}}\left(\frac{k}{k-1}\right)=\boldsymbol{\Phi}_a\hat{\boldsymbol{A}}\left(\frac{k-1}{k-1}\right)+\boldsymbol{U}_a\bar{\boldsymbol{a}}_a(k) \tag{4.158}$$

如果用俯仰通道加速度 $\ddot\varphi(k-1)$ 的一步预测值 $\ddot\varphi\left(\dfrac{k}{k-1}\right)$ 作为当前加速度，并作为瞬时随机加速度的均值，则预测状态矢量的公式变为

$$\hat{\boldsymbol{A}}\left(\frac{k}{k-1}\right)=\boldsymbol{\Phi}_{a1}\hat{\boldsymbol{A}}\left(\frac{k-1}{k-1}\right) \tag{4.159}$$

式中，

$$\boldsymbol{\Phi}_{a1}=\begin{bmatrix}1 & T & \dfrac{T^2}{2r\left(\frac{k}{k-1}\right)\cos\left(\theta\left(\frac{k}{k-1}\right)\right)}\\[2mm]0 & 1 & \dfrac{T}{r\left(\frac{k}{k-1}\right)\cos\left(\theta\left(\frac{k}{k-1}\right)\right)}\\[2mm]0 & 0 & \dfrac{1}{r\left(\frac{k}{k-1}\right)\cos\left(\theta\left(\frac{k}{k-1}\right)\right)}\end{bmatrix}$$

式中，$r\left(\dfrac{k}{k-1}\right)$ 为距离预测值，$\theta\left(\dfrac{k}{k-1}\right)$ 为俯仰角预测值。

（2）预测协方差矩阵

$$\hat{\boldsymbol{P}}_a\left(\frac{k}{k-1}\right)=\boldsymbol{\Phi}_a\hat{\boldsymbol{P}}_a\left(\frac{k-1}{k-1}\right)\boldsymbol{\Phi}_a^{\mathrm{T}}+\boldsymbol{Q}_a(k) \tag{4.160}$$

式中，$\boldsymbol{Q}_a(k)$ 是方位向扰动噪声矩阵，且

$$\boldsymbol{Q}_a(k)=2\alpha\delta_a^2\begin{bmatrix}\frac{1}{20}T^5 & \frac{1}{8}T^4 & \frac{1}{6}T^3\\[1mm]\frac{1}{8}T^4 & \frac{1}{3}T^3 & \frac{1}{2}T^2\\[1mm]\frac{1}{6}T^3 & \frac{1}{2}T^2 & T\end{bmatrix} \tag{4.161}$$

式中，α 为机动频率，δ_a^2 为距离扰动方差，且

$$\delta_a^2=\frac{a_{a\max}^2}{3}(1+P_{\max}+P_0) \tag{4.162}$$

式中，$a_{a\max}$ 为方位向最大可能加速度，$P_{\max}$ 为最大加速度发生概率，P_0 为无加速度的概率。

（3）卡尔曼增益：

$$\boldsymbol{K}_a(k) = \hat{\boldsymbol{P}}_a\left(\frac{k}{k-1}\right)\boldsymbol{C}^{\mathrm{T}}\boldsymbol{P}_{v,a}^{-1} = \hat{\boldsymbol{P}}_a\left(\frac{k}{k-1}\right)\boldsymbol{C}^{\mathrm{T}}\left[\boldsymbol{C}\hat{\boldsymbol{P}}_a\left(\frac{k}{k-1}\right)\boldsymbol{C}^{\mathrm{T}} + \boldsymbol{R}_a(k)\right]^{-1} \quad (4.163)$$

式中，$\boldsymbol{R}_a(k)$ 是方位角观测误差方差。

（4）状态矢量滤波值：

$$\hat{\boldsymbol{A}}\left(\frac{k}{k}\right) = \hat{\boldsymbol{A}}\left(\frac{k}{k-1}\right) + \boldsymbol{K}_a(k)\left[\boldsymbol{Z}_a(k) - \boldsymbol{C}\hat{\boldsymbol{A}}\left(\frac{k}{k-1}\right)\right] \quad (4.164)$$

式中，$\boldsymbol{Z}_a(k)$ 为方位角观测值。

（5）滤波协方差矩阵：

$$\hat{\boldsymbol{P}}_a\left(\frac{k}{k}\right) = \left[\boldsymbol{I} - \boldsymbol{K}_a(k)\boldsymbol{C}\right]\hat{\boldsymbol{P}}_a\left(\frac{k-1}{k-1}\right) \quad (4.165)$$

式中，$\boldsymbol{I}$ 为 3×3 单位矩阵。

标准卡尔曼滤波递推流程如图 4-31 所示。

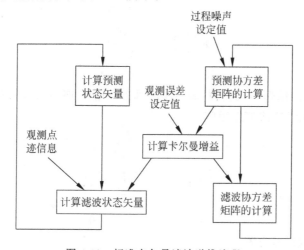

图 4-31　标准卡尔曼滤波递推流程

4.5.4.2 滤波器的初始化及跟踪数据率

1. 滤波器的初始化

卡尔曼滤波器的初始化对于跟踪的稳定性十分重要，不同体制的雷达、不同的目标环境，适用的初始化方法是不同的。对于相控阵雷达来说，不仅要考虑目标的跟踪起始稳定性，还要考虑雷达资源的合理运用，两点起始法是很多滤波器采用的初始化方法，其基本思想是：通过连续两次观测值获得目标初始位置信息和初始速度信息，以起始一个卡尔曼滤波器。

1) 距离通道初始化

初始位置直接取观测值，初始速度通过距离变化率得到，而初始加速度置为 0，距离通道初始状态矢量

$$\hat{\boldsymbol{R}}\left(\frac{0}{0}\right) = \begin{bmatrix} r \\ \dfrac{r - r_0}{\Delta t} \\ 0 \end{bmatrix} \quad (4.166)$$

式中，r_0 是前一时刻的距离观测值，Δt 为两次观测间隔。加速度项之所以置为 0，是从工程实际出发，为了该项能尽快收敛。

距离通道初始化误差协方差矩阵

$$\hat{\boldsymbol{P}}_r\left(\frac{0}{0}\right) = \begin{bmatrix} R_r & \dfrac{R_r}{T} & 0 \\ & \dfrac{2R_r}{T^2} & 0 \\ & & 0 \end{bmatrix} \tag{4.167}$$

式中，R_r 为距离观测误差方差。

2）俯仰通道初始化

与距离通道一样，初始位置直接取观测值，初始速度通过俯仰角变化率得到，而初始加速度置为 0，俯仰通道初始状态矢量

$$\hat{\boldsymbol{E}}\left(\frac{0}{0}\right) = \begin{bmatrix} \theta \\ \dfrac{\theta - \theta_0}{\Delta t} \\ 0 \end{bmatrix} \tag{4.168}$$

式中，θ_0 是前一时刻的俯仰角观测值，Δt 为两次观测间隔；加速度项同样置为 0。

俯仰通道初始化误差协方差矩阵

$$\hat{\boldsymbol{P}}_e\left(\frac{0}{0}\right) = \begin{bmatrix} R_e & \dfrac{R_e}{T} & 0 \\ & \dfrac{2R_e}{T^2} & 0 \\ & & 0 \end{bmatrix} \tag{4.169}$$

式中，R_e 为俯仰观测误差方差。

3）方位通道初始化

与俯仰通道一样，初始位置直接取观测值，初始速度通过方位角变化率得到，而初始加速度置为 0，方位通道初始状态矢量为

$$\hat{\boldsymbol{A}}\left(\frac{0}{0}\right) = \begin{bmatrix} \varphi \\ \dfrac{\varphi - \varphi_0}{\Delta t} \\ 0 \end{bmatrix} \tag{4.170}$$

式中，φ_0 是前一时刻的方位角观测值，Δt 为两次观测间隔；加速度项同样置为 0。

方位通道初始化误差协方差矩阵

$$\hat{\boldsymbol{P}}_a\left(\frac{0}{0}\right) = \begin{bmatrix} R_a & \dfrac{R_a}{T} & 0 \\ & \dfrac{2R_a}{T^2} & 0 \\ & & 0 \end{bmatrix} \tag{4.171}$$

式中，R_a 为方位观测误差方差。

2. 跟踪数据率

相控阵雷达可以实现多目标跟踪能力,但其资源总量是有限的,分配好这些资源,最大限度地发挥相控阵雷达潜能,十分重要。实际相控阵雷达运行时,由数据处理模块提出不同事件请求,资源调度负责统筹安排,因此,数据处理跟踪算法中数据率的设定对相控阵雷达的实际工作结果有很大影响。

雷达发现新目标后(搜索或跟踪、确认任务都有可能),起始一条新航迹,并申请确认照射事件。由于此时并不知道目标的速度大小及方向,需要立刻执行确认照射,这个时间间隔应该是很小的,一般取 0.1s,对应的数据率(称为补照数据率 H_1)为 10Hz。

至于确认过程,也是滤波器的初始化过程,由于初始化的稳定性主要由初始速度的估计质量决定,而初始速度是通过变化率得到,不难发现,观测间隔 Δt 作为分母应该越大越好;但另一方面,考虑到目标处于起始阶段,雷达探测发现目标的概率不一定很高,因此 Δt 也不能够太大,一般 $\Delta t = 0.5s$,对应的数据率(称为确认数据率 H_2)为 2Hz。

目标航迹确认成功之后,航迹类型转为"可靠"。此时,跟踪数据率逐渐减小到可靠航迹的跟踪数据率,称为粗跟数据率 H_3,粗跟数据率一般小于 2Hz。具体实现如下:

$$\text{if}(n < 20)\&(H > H_3)$$

$$H = kH \tag{4.172}$$

式中,n 为已经滤波次数,H 为跟踪数据率,k 为衰减系数,且 $0 < k < 1$,如取 $k = 0.97$。逐步降低跟踪数据率的原因是初始阶段目标跟踪不很稳定,如果立刻将数据率由确认数据率降到稳跟数据率,可能导致失跟。

对于被雷达判定为重点目标的航迹,转入精跟。精跟与粗跟的区别仅在于跟踪数据率的不同,精跟数据率 H_4 一般远大于粗跟数据率 H_3。

4.5.4.3 目标航迹波束请求及预测更新

为了实现对目标的连续跟踪,数据处理在航迹每次跟踪滤波之后需要向资源调度提出新的波束照射请求。波束请求时间由当前时间和数据率决定,波束请求位置通过滤波器预测得到。

波束请求时间等于当前时间加上当前数据率的倒数。

波束请求位置根据当前的滤波器状态来确定,如果卡尔曼滤波器还没有完成初始化,则波束请求位置为当前目标航迹的观测位置;如果已经完成初始化,则通过卡尔曼滤波预测得到波束请求的位置,预测的时间为波束请求时间。

另外,如果某次跟踪事件中,雷达没有发现目标,则用预测状态矢量和预测协方差矩阵代替更新滤波状态矢量和滤波协方差矩阵。

4.5.5 相控阵雷达数据处理仿真实例

本部分基于雷达信号处理及数据处理的相关功能,给出雷达对不同目标跟踪的仿真实例。设定两个目标由东向西飞行,飞行速度为 300m/s,飞行起始经纬度为(117.27°E,35.59°N),终止经纬度为(114.27°E,35.59°N)。仿真设置如图 4-32 所示。

雷达经过航迹起始、航迹关联、航迹管理等得到的跟踪结果如图 4-33 所示。可以发现,两个目标均能被稳定跟踪。

下面以目标机动飞行及两目标交叉飞行为典型场景,对雷达数据处理进行仿真。对于

图 4-32   雷达参数设置及态势显示

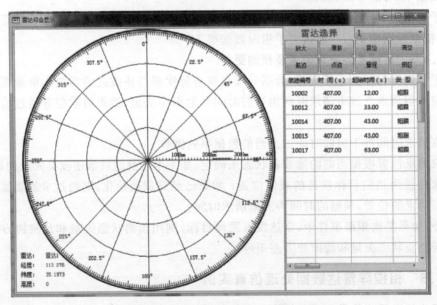

图 4-33   雷达目标跟踪结果

机动飞行的场景,设置目标个数为 1,径向速度为 300m/s,目标分别在经纬度为(117.2759°E, 35.5973°N)、(116.7759°E, 35°N)、(116.2759°E, 35.5973°N)、(115.7759°E, 35°N)、(115.2759°E, 35.5973°N)处进行机动,其机动的加速度为 $10m/s^2$。仿真测量结果如图 4-34 所示。

图 4-34 中,雷达类型设置为相控阵,经过雷达信号及数据处理,得到雷达的测量航迹与

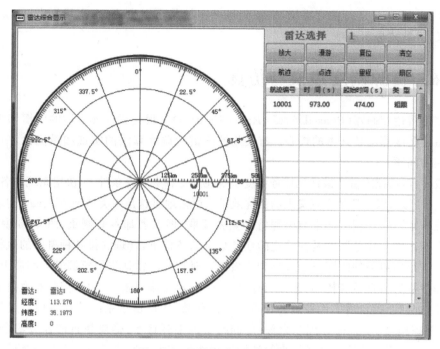

图 4-34 目标机动飞行航迹结果

设置的目标轨迹吻合,从而验证了数据处理模型及功能的正确性。

对于交叉飞行的场景,设置目标个数为 2,目标 1 起始位置为 (117.27°E,34.29°N),终止位置为 (114.27°E,34.29°N)。目标 2 起始位置为 (117.27°E,34.09°N),终止位置为 (114.27°E,34.59°N),得到结果如图 4-35 所示。

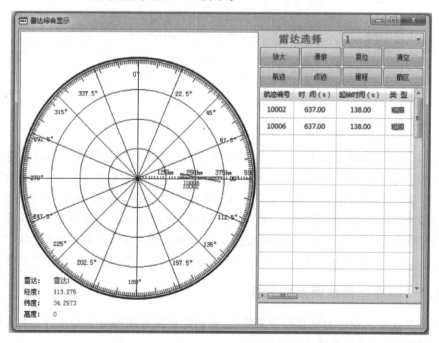

图 4-35 目标交叉飞行雷达测量航迹结果

图 4-35 中,通过运行仿真系统,根据测量航迹结果可以发现,两个目标在 250km 附近出现交叉,且航迹显示清晰。

4.6　资源调度建模与仿真

相控阵雷达控制器(Phased Array Radar Control)是现代相控阵雷达的中枢和大脑,而相控阵雷达调度算法是其中的核心。有关相控阵雷达调度算法的实现和最优化,一直是雷达界关注的问题。

一般而言,相控阵雷达最优化任务调度系统在满足各类约束条件下,决定系统中各种雷达任务的执行序列,以达到某个意义上的最优效果。严格地讲这是一类典型 NP-hard 问题。

相控阵雷达任务调度通常与资源管理紧密互联,但二者却各有侧重,图 4-36 说明了它们的联系与区别。任务调度是在给定的任务集合的条件下,合理安排各种事件的执行工序,以期望在满足约束条件的同时最大化调度效率。对相控阵雷达进行资源管理实质上是对雷达的工作参数进行自适应控制,包括目标采样间隔、雷达波束指向、检测门限和发射波形等。也就是说,如何通过自适应地控制各种雷达工作参数,使得雷达系统满足各种预定目标(威力范围、跟踪精度、多目标处理能力等)的同时资源消耗最小,需要执行的任务集合也最小化。可见,资源管理算法和任务调度算法同属于相控阵雷达系统任务产生与安排的范畴,前者是在达到预定技战术指标的前提下消耗资源最小,任务数目最少;而后者则是在给定任务集合的前提下,如何组合优化使得执行效率最大化。

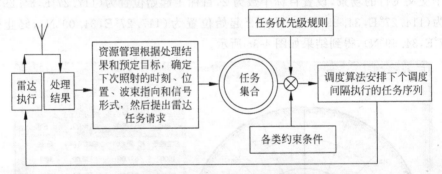

图 4-36　相控阵雷达任务调度和资源管理的关系

以 Benchmark 问题研究为主要代表的资源管理是现代相控阵雷达控制的重要内容,也是雷达界的研究热点之一。为了更客观地评价相控阵雷达目标跟踪及其资源管理算法的性能,1994 年 Blair 等设计了一个算法测试标准,即第一个 Benchmark 难题,其中考虑了机动目标跟踪和相控阵雷达的波束指向。1995—1999 年,他们又设计了其他三个 Benchmark 问题。从相控阵雷达控制器 PARC 的构成来看,资源管理算法应该属于数据处理模块,而任务调度算法则属于雷达调度模块。本章对资源管理内容涉及较少,而把重点放在任务调度算法。

4.6.1　相控阵雷达调度的分类

关于调度策略的设计方法是多种多样的,但归结起来常用的方法有 4 种:固定模板、多模板、部分模板及自适应算法。

雷达调度所面临的环境是时变与动态的,主要是如下原因造成的:

- 新目标不断地出现；
- 已跟踪的目标可能丢失；
- 对于同一目标,雷达的工作状态依信息的累积程度而不断变化；
- 对不同目标威胁严重程度的判断导致跟踪数据率的变化；
- 临时赋予的工作任务。

4.6.1.1 固定模板、多模板和部分模板

所谓调度策略是指调度程序按什么准则和方法处理各种可能的波束请求,安排在一个调度间隔(定义调度间隔为系统控制程序调用调度程序的时间间隔,仅当其受到调用时,调度程序才对即将发生的调度间隔内的雷达事件做出安排)内的事件序列。

1. 固定模板

固定模板调度策略是指在每个调度间隔内预先分配相同的时间槽,用于一组固定组合雷达事件的调度方法。

图4-37为一种简单的固定模板,在每个调度间隔内,调度程序依次安排5个雷达事件:确认—跟踪—跟踪—搜索—搜索。

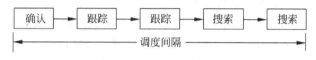

图 4-37　固定模板调度举例

这种固定的模板策略的优点是它的简单性,并且由于它不要求实时地对事件排序,所以对计算机处理的要求也最小。

但是,由于雷达所面临的环境是动态的,这种固定模板不可能适用于多样化的动态环境。同时,就雷达时间和能量的利用情况而言,这种调度策略也是低效的。因为模板的设计,即每个调度间隔内的时间槽的数目和顺序安排是与最恶劣的作战环境相匹配的,对于非恶劣环境必然是低效的。

为克服上述局限性,可采用多模板调度策略,即设计一组固定模板,使每一种模板与一种特定的雷达环境相匹配。

2. 多模板

多模板方法是固定模板方法的一种推广。所用模板的数量由以下几个因素决定:期望操作环境的多样性,期望的操作效率和选择逻辑的复杂程度。现已设计出来的系统少则使用3个多则使用77个模板,图4-38给出了一组多模板示例。

图 4-38　多模板调度举例

多模板调度的优点是所用的计算机时间和存储量少,设计与分析简单,并且有一定程度的灵活性和适应能力;其缺点是雷达运用效率低,对硬件设计变化敏感,不利于波形和能量调整。

但是,随着模板种类的增加,对计算机的处理要求也随之增加,并且即使模板种类非常多,也难以达到自适应调度的灵活性和适应性。

3. 部分模板

部分模板的基本特征:在每个间隔内预先安排一个或多个事件,以维持某个最低程度

的操作,同时允许以满足紧急操作优先级和设备约束的方法安排该间隔剩余时间内的事件。

在图 4-39 的部分模板调度例子中,已对每个间隔分配一个水平搜索和一个水平线上的搜索事件,以满足基本的系统搜索要求,即在每个调度间隔内,它所要求的对应于一类搜索观察的搜索速度最小,而对应于每秒多于或少于一次搜索观察的最小搜索速度可通过在每个间隔预先安排多个事件,或在每个其他间隔预先安排多次观察的方法进行调节,如此等等。对该间隔其余时间雷达事件的选择依据操作优先级进行。

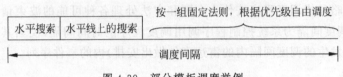

图 4-39　部分模板调度举例

部分模板调度的优点是雷达运用效率较高,有利于波形和能量调整,能自由地修改设计,对环境有中等程度的灵活性和适应性;其缺点是要求中等程度的计算机时间和存储器开销,难以设计和分析。

4.6.1.2　自适应调度策略及其准则

所谓自适应调度策略是指在满足不同工作方式相对优先级与表征参数门限值约束的情况下,在雷达设计条件范围内,通过实时地平衡各种雷达波束请求所要求的时间、能量和计算机资源,为一个调度间隔选择一个最佳雷达事件序列的一种调度方法。

因此它满足以下几条自适应准则:

(1)与动态的雷达环境即变动着的波束请求环境相适应;

(2)与规定的不同工作方式的相对优先级相适应,同时满足各种工作方式规定的表征参数的门限值范围;

(3)使时间、能量和计算机资源得到尽可能充分的利用又不超出它们的约束范围,因此,对波形和能量调整灵敏;

(4)在雷达设计条件的约束范围之内;

(5)波束请求安排在时间上尽可能均匀,以免出现峰值资源需求。

把满足以上 5 个条件调度的事件序列称为最佳雷达事件序列,因为在满足系统作战要求的条件下,其所对应的调度效率最高。自适应算法的功能如图 4-40 所示。

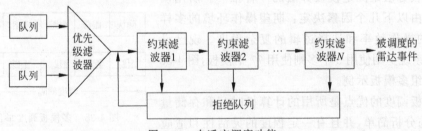

图 4-40　自适应调度功能

4.6.2　影响调度策略的主要因素

调度策略的设计主要受以下几个因素影响。

1. 各种工作方式的相对优先级

在多目标威胁复杂环境中,雷达调度程序总是面临着多种请求,而且这些请求可能竞争同一时间段。但是由于受到各种资源和雷达设计条件的约束,这些请求不可能同时都得到满足。因此雷达系统的系统设计师必须为相控阵雷达的设计规定各种任务类型和工作方式的相对优先级。

由于雷达的每一种工作方式都是相对于待定的目标(或空域)而采取的,所以每种工作方式的相对优先级主要取决于相应目标(或空域)的相对重要性和时间紧迫程度,而且与系统设计师的经验和主观判断有关。

一般而言,实际相控阵雷达可按递减的顺序,把各种可能的工作方式分为以下 5 个级别:

(1) 专用工作方式,指雷达为完成某些特殊功能而必须采取的工作方式。

(2) 关键工作方式,如对拦截导弹的目标跟踪即属于此类。

(3) 近距离跟踪与搜索,由于它们的时间较为紧迫,故而应置较高优先级。

(4) 远距离跟踪与搜索,可以置较低的优先级。

(5) 测试与维修,与雷达系统的可靠性和可维修性有关,一般置最低的优先级。对于仿真系统而言,这项可以忽略。

2. 不同工作方式表征参数的门限

相控阵雷达各种工作方式优先级的相对性,不仅是指在正常工作条件下它们的相对重要性,而且也是指在非正常条件下这种相对重要性的可变性。

为描述这种可变性,引入工作方式的表征参数概念,并定义它为相应工作方式的完成程度。对于不同的工作方式定义不同的表征参数。例如,对于跟踪方式,定义其表征参数是在一个调度间隔内被调度的跟踪请求数;对于搜索方式,则定义帧扫描时间(雷达天线完成对某个指定空域的扫描所需要的时间)为它的表征参数。

雷达系统的系统设计师在规定各种雷达工作方式相对优先级的同时,还须对各种工作方式的表征参数规定相应的门限值。

在正常工作条件之下,雷达调度程序按规定的各种相对优先级调度雷达事件。但是当由于这种调度使处于较低优先级工作方式的表征参数远大于(或小于)其门限,致使系统难以在整体上实现其作战意图时,就应该减少对较高优先级工作方式的请求调度,并相应增加对较低优先级工作方式的请求调度,其等效作用是改变了它们的相对优先级。

3. 调度间隔的选择

调度程序是受系统控制程序控制的。定义调度间隔为系统控制程序调用调度程序的时间间隔。仅当其受到调用时,调度程序才对即将发生的调度间隔内的雷达事件作出安排。

如果调度间隔选择得过长,就无法实现系统对某些工作方式的调度(或雷达的回路响应时间,或数据率)要求。但是调度间隔选择得过短,就会额外增加计算机的支援程序和内务处理程序的开销。因此,调度间隔应在满足系统对响应时间要求的条件下尽可能选择得长一些。

最大调度间隔为

$$T_{\max} = T_{\text{fast}}/4 \tag{4.173}$$

其中,T_{fast} 为调度间隔跟踪回路要求的最快响应时间。

4. 资源与设计条件约束

由于每一种工作方式都要消耗一定的资源,而雷达系统所拥有的资源是有限的,因此调度策略的设计必然还受以下资源和设计条件的影响:

(1) 时间资源约束。这是最直观的约束,相控阵雷达的调度程序就如同一位服务者,而各种任务请求相当于顾客,调度程序在一定时间内只能满足一定数量请求。

(2) 能量资源约束。任何一个雷达事件的发生,都要求雷达发射机发射一个或多个脉冲,即消耗一定的能量,特别是对那些距离远或处于干扰环境中的目标,为保证足够的数据质量,可能要消耗更多的发射机能量。

由于不同的工作方式通常要求不同的脉冲波形,即对应于不同的占空比,所以在考虑调度策略设计时,应取在某个固定时间区间(一个或多个调度间隔)上一个脉冲序列的平均占空比,即综合占空比。

(3) 数据处理计算机资源约束。在每一个雷达事件结束之后,雷达回波要经信号处理机送到雷达系统计算机进行数据处理,因而要占用相应的计算机处理与存储资源。一般而言,跟踪方式比搜索方式要占用更多的计算机资源。通常认为前者为后者的 1.5 倍,并把计算机资源约束统一表示为在单位时间内允许的最大跟踪波束数。

(4) 雷达设计条件约束。它是指某些硬件设计所造成的限制。

如对于一部采用封闭型铁氧体移相器的雷达来说,移相器的材料本身就规定了单位时间内允许最大波束位置改变次数,因而也就限制了在一个调度间隔时间内可调度的任务数目。

4.6.3 多模板和部分模板调度模型

4.6.3.1 多模板调度模型

在实际系统中,应用较多的调度方法包括部分模板调度、多模板调度和固定模板调度。这三种方法的实现难度依次降低,而相应的调度效益和能力也随之下降。

模板设计没有固定的方法,"有多少调度设计师,就有多少种调度设计方法"。不过总的原则是兼顾调度效率与执行可行性,在满足实时性基础上尽量使得调度策略灵活多变,以适应不同的调度环境。就多模板设计而言,所用模板数量取决于如下因素:预期的环境复杂性,期望的调度效益,期望的逻辑复杂程度等。

下面给出仿真"铺路爪"(Pave Paws)雷达时所建立的三模板调度模型。根据对 Pave Paws 资料的分析,它的工作时间按 54ms 间隔分割,每个 54ms 间隔称为一个"资源",每个"资源"可以用于监视、跟踪、校正和性能监视。情报资料给出了标称模板的设计,根据对资料的分析,我们设计了另两种调度模板:增强搜索模板和减少搜索模板。为了便于叙述,将增强搜索模板记为 A 模板,将标称模板记为 B 模板,将减少搜索模板记为 C 模板。

1. 标称模板

标称工作模板由情报资料给出,如图 4-41 所示,L 表示远程监视、S 表示近程监视、T 表示跟踪或确认、C 表示校准和性能监测。这样,模板按 $38 \times 0.054s = 2.052s$ 周期性地重复。实际上,L 既包括了远程搜索,也包括对远程目标进行的失跟处理;S 包括了中、近程监视及相应的失跟处理;而 T 包括了确认任务及不同数据率的跟踪任务,标称模板最大工作比约为 25%。

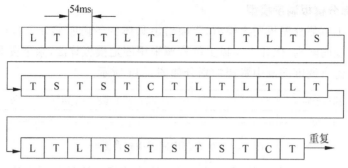

图 4-41　Pave Paws 的标称工作模板

2. 增加搜索模板

Pave Paws 还可以根据实际情况的不同采用增加搜索的工作方式。增加搜索工作方式中,大约 3/4 的资源用于搜索。因此,根据标称模板,可以大致推出增加搜索工作方式的模板(图 4-42),增加搜索工作方式最大工作比约为 22%。

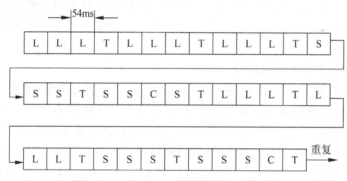

图 4-42　Pave Paws 的增加搜索工作方式

3. 减少搜索模板

Pave Paws 根据实际情况的不同还可以采用减少搜索(增加跟踪)的工作方式。在减少搜索(增加跟踪)工作方式中,大约 3/4 的资源用于跟踪。根据标称模板,可以大致推出减少搜索工作方式的模板(图 4-43),减少搜索工作方式最大工作比约为 26%。

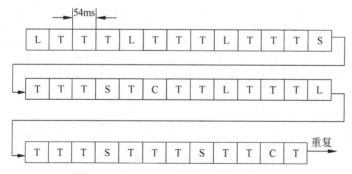

图 4-43　Pave Paws 的减少搜索工作方式

采用多模板调度方式时,模板之间的切换是一个关键问题。一种解决方案是根据跟踪类型任务(跟踪与确认任务)的数量来切换模板。切换的准则是一个调度间隔中要求占用的跟踪资源(54ms)数目 T_N。

4.6.3.2 部分模板调度模型

结合 4.6.1.1 节部分模板调度模型，下面给出具体例子说明部分模板调度的建模与仿真。在给定的调度间隔内，保证 1/4 以上的资源采用固定模板算法，余下资源按照自适应调度算法进行。对仿真调度间隔中资源的划分如图 4-44 所示。

按波位执行搜索任务	进行自适应调度，并按调度结果执行各种任务
←—— 1/4资源 ——→	←———————————— 3/4资源 ————————————→

图 4-44　仿真调度间隔中资源划分

其中，在前 1/4 资源里依次执行远程搜索和近程搜索。这种仿真方法可以基本体现雷达在各种工作方式下资源的占用情况，同时实现也比较简便。例如，图 4-44 中若后面 3/4 用于自适应调度的资源全部执行跟踪任务，则是减少搜索(增加跟踪)的工作方式。

4.6.4　基于尝试求解法的静态自适应调度模型

相控阵雷达波束调度的方法有多种，按照复杂程度可以分为固定模板、多模板、部分模板和自适应调度策略。针对自适应调度问题，本节给出基于尝试求解法的静态自适应调度模型。

4.6.4.1　时序分析与仿真应用

图 4-45 是一种典型相控阵雷达调度时序。假设有一条航迹需要不断进行重照，以刷新位置和速度等信息以保持跟踪。在 A 调度间隔安排第 i 次刷新并且在 B 间隔时由雷达系统执行，其数据只能滞后到 C 间隔由计算机来处理，之后该航迹发出第 $i+1$ 次刷新请求，显然它最快也只能在 D 间隔得到安排并且在 E 间隔得到执行。考虑到第 i 次执行刷新可能处于 B 间隔开头，而第 $i+1$ 次执行刷新可能处于 E 间隔末尾，所以两次连续刷新的间隔为 B—C—D—E 共 4 个调度间隔，可知调度间隔长度 T_I 必须满足

$$T_I \leqslant \frac{1}{4f_{\max}} \tag{4.174}$$

式中，$f_{\max}$ 是系统最大的数据刷新率。

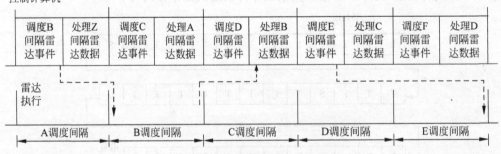

图 4-45　相控阵雷达调度时序图

由图 4-45 可见，相控阵雷达控制器(PARC)和雷达设备是并行同步的，这是实际实时系统的基本要求。PARC 计算机不但完成调度任务，也同时负责处理数据。但仿真系统，尤其是数字仿真系统的实时率常常较低，雷达事件的执行很可能是欠实时的。因此上面的这种并行结构可以进行简化为串行处理以适应仿真需要，其前提条件是假定调度安排和数据

处理不是实际雷达系统工作的实时性瓶颈。在一般情况下这是对实际系统的合理假设。

如图 4-46 所示,改进后的仿真时序流程中,调度安排和数据处理(即 PARC 计算机工作)与雷达执行是串行的。为了客观模拟实际系统,仿真中调度间隔的选择仍然需要满足式(4.174)。

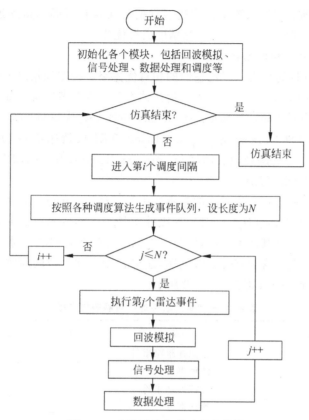

图 4-46 改进后的仿真时序流程图

4.6.4.2 相控阵雷达的自适应调度建模与仿真

本节研究的相控阵雷达自适应调度算法实质上是在一组规则下的尝试求解法,可以表述为:对优先级高的波束请求优先进行调度,并检查各类约束条件及资源限制是否满足;若不满足,则跳过此请求考虑次优先级的请求。在这种方法中,每种雷达任务的优先级都是事先规定的。为了保证在任务繁忙期间也有机会调度低优先级的任务,对它们设置了表征参数及其门限。当低优先级任务长时间不能分配系统资源时,表征参数将超出门限,这时调度系统将安排低优先级任务的执行,这其实相当于临时改变了任务的相对优先级。

这组规则包括:

- 优先级规则:先考虑安排优先级相对较高的雷达任务,然后考虑优先级相对较低的雷达任务。即给定雷达事件集合 $R = \{r_1, r_2, \cdots, r_N\}$,$\forall r_i, r_j \in R$,当二者竞争同一个时间槽时,如果 $P_i > P_j$ 则先安排事件 r_i,反之安排事件 r_j。
- 时间约束规则:一个调度间隔内安排的雷达任务所占用的时间总量不能大于调度间隔本身的时间长度,即 $\sum t_i \leqslant T_I$,其中 t_i 是第 i 个雷达任务占用的时间,T_I 是调度间隔时间长度。

- 能量约束规则：雷达任务的占空比必须满足发射机占空比的长期和短期要求。
- 计算能力约束规则：雷达任务所需的计算资源必须满足数据处理计算机的要求。
- 资源充分利用原则：在不违反上述时间、能量和计算能力约束条件的基础上，充分利用各种雷达系统资源，以追求调度效率的最大化。
- 期望时间原则：雷达系统安排雷达事件的真实执行时间尽量逼近此雷达任务申请时的期望执行时间，这有利于跟踪精度的最优化。

1. 雷达事件的分类和优先级划分

首先确定雷达事件的种类并规定它们的相对优先级。设定抽象出来的一般性雷达事件为（Radar Event Block，REB），它不代表任何具体类型。在本节中考虑如下 6 类具体的雷达事件类型，即搜索事件（Search Request Block，SRB）、确认事件（Confirmation Request Block，CRB）、粗跟事件（Tracking Request Block，TRB）、精跟事件（Precision Tracking Request Block，PTRB）、失踪处理事件（Loss-process Request Block，LRB）和拦截弹跟踪事件（Guide Request Block，GRB）。

确定各种雷达事件的相对优先级的基本原则是雷达系统的战术任务和使命。对实际的相控阵雷达而言，各种雷达事件的相对优先级并不是一成不变的。如果原有的优先级顺序影响了雷达系统整体实现其战术意图，则应该根据情况改变它们的相对优先级。

优先级问题中不但包含静态优先级问题，还包含动态优先级的问题。上面的 6 类雷达事件的静态优先级（设为 P）规定如表 4-2 所示。

表 4-2　6 种雷达事件的相对静态优先级

事 件 类 型	含　　义	静态优先级 P
GRB(高)	拦截弹跟踪事件	6
PTRB	精跟事件	5
LRB	失踪处理事件	4
CRB	确认事件	3
TRB	粗跟事件	2
SRB(低)	搜索事件	1

在上节中提出的"执行时间窗"条件同样也适用于此处。本节定义"动态优先级 DP"的概念来反映执行时间窗的影响，它是指各种雷达事件的优先级不是静态不变的，而是时间的分段函数，其具体表达式如式（4.175）所示。因为数据处理部分在提出波束调度的请求时，都给出了下次照射请求的位置和期望执行照射的时刻。对于调度程序而言，在算法中对每个 REB 需要多加一个变量 t_l，这个变量存储的是此雷达事件"从现在到必须安排调度执行（否则有失踪的可能）的剩余时间"。当这个时间剩余量达到某一个下限 t_1 后，对应的动态优先级 DP 较高，雷达调度程序尽可能早地把此雷达事件加入到 REQ 中，否则便失去了执行的意义。如果 t_l 已经是负值且小于另一个门限，则认为不必再安排波束驻留，因为目标肯定已经不在预测的波门之内。

设定时间因子效应为 η，REB 的静态优先级为 P，则动态优先级 DP 为

$$DP = P\eta = \begin{cases} P, & t_l \in [t_2, t_1] \\ 0, & t_l \in (t_1, +\infty) \\ -1, & t_l \in (-\infty, t_2) \end{cases} \tag{4.175}$$

2. 相控阵雷达自适应调度算法

如图 4-47 所示，搜索请求队列（Search Request Queue，SRQ）由 SRB（Search Request Block）组成，其他类型的雷达任务类似。

（1）仿真系统为搜索、粗跟、确认、失踪、精跟和拦截弹跟踪等各种雷达事件分别建立对应的申请缓冲区，用来存放各类雷达波束调度请求。这些请求是由仿真系统的数据处理分系统根据以前处理结果而提出的申请（非搜索类任务），或者是例行常驻任务（搜索任务）。

（2）在每一个调度间隔内，按照优先级原则、三类约束条件、资源充分利用原则和期望时间原则等各种规则，利用尝试求解法建立雷达调度事件队列。

（3）依次执行雷达事件队列 REQ 中的各个雷达事件 REB，在每个 REB 中完成一系列的雷达动作，包括发射机模块处理、天线模块处理、接收机模块处理、信号处理模块处理和数据处理模块处理等。

（4）用处理结果刷新各个雷达任务申请缓冲区，开始下一个调度间隔，周而复始执行上述过程。

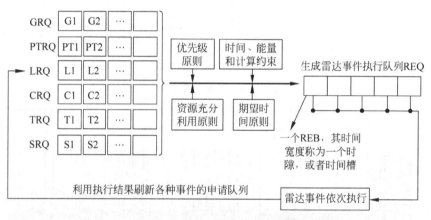

图 4-47　自适应调度算法流程图

4.6.4.3　仿真结果与结论

利用 Visual C++ 开发了基于尝试求解法的相控阵雷达自适应调度软件系统，并且利用该系统进行了仿真，其参数设置如表 4-3、表 4-4 所示。

表 4-3　尝试求解法调度仿真的雷达参数

阵面仰角	天线增益	波束宽度	搜索空域	功率	中心频率	频率捷变	带宽
22.5°	38.5dB	1.6°	$[-45°,45°]\times[0°,70°]$	160kW	5.4GHz	—	1.6MHz

表 4-4　尝试求解法调度仿真的目标及干扰参数

目标 RCS	起伏类型	干扰天线增益	灵敏度	系统损耗	目标数量	假目标分布
$1m^2$	斯威林Ⅱ	3dB	−30dBmW	5dB	12 个	相邻间距 1.8km

仿真系统中仅设置了 3 种雷达事件，分别是搜索、确认和跟踪。图 4-48 和图 4-49 给出了上述参数下的仿真结果，图中不同类型的雷达任务用幅度来区别。

对比图 4-48 和图 4-49 可以看出，申请任务序列的多个任务之间在时间上可能存在冲突，如果简单按照任务的期望执行时间来安排任务，难免发生任务的丢失。"执行时间窗"或

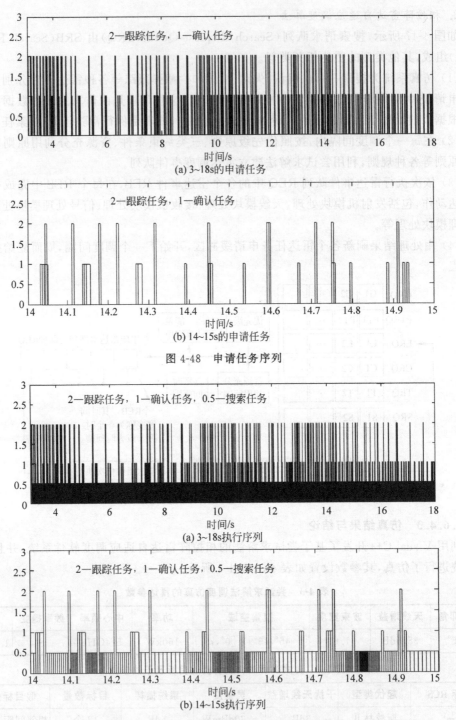

(a) 3~18s的申请任务

(b) 14~15s的申请任务

图 4-48　申请任务序列

(a) 3~18s执行序列

(b) 14~15s执行序列

图 4-49　尝试求解法调度仿真的执行任务序列

者"动态优先级"技术能够较好地解决此问题。比较图 4-48(b)和图 4-49(b),申请任务序列都得到了有效合理的安排,非搜索类任务请求的被调度率 R_s(安排执行数目除以申请数目)为 100%,而且多余的时间和能量资源得到了充分利用。

思考题

1. 信号级仿真对实时性的要求较高,对于二维 CFAR 处理,采用何种方法能够提高计算效率?

2. 数据处理中,对于目标交替跟踪去冗余处理方法,请思考并给出详细的处理流程。

第5章

雷达目标与环境特性建模

5.1 概述

    雷达目标特性是现代战略、战术武器系统设计、研制、定型的依据,也是目标识别、电子对抗、战场侦察、雷达系统仿真、隐身与反隐身、导弹制导、无线电引信等技术的研究基础,对雷达目标特性的建模与仿真是现代雷达电子战系统仿真的重要组成部分。当前的雷达目标特性建模方法主要有两种:一种是基于电磁学的建模;第二种是基于现象学的建模。前者主要通过电磁散射计算方法对目标散射特性进行建模,其主要优点是模型准确度高,缺点是计算较复杂,且只能对少数简单目标建模;后者主要从统计学的角度对目标散射特性进行建模,这一方法的优点是简单实用,缺点是物理解释不够,普适性欠缺。在实际应用中,也可以将两种方法结合使用。

    在现代战争中,各种电磁辐射源在特定的战场空间内产生的电磁辐射形成了复杂的战场电磁环境。雷达所面临的复杂环境主要受多径传输、大气衰减以及地海杂波的影响。本章主要进行雷达目标特性建模,以及对各种复杂电磁环境建模求解。

5.2 自由空间目标运动特性建模

    目标回波信号是雷达发射的电磁波经过大气衰减、目标散射和天线接收等一系列复杂作用后在接收机通道中感应出的电流信号,它受到雷达目标散射特性、目标大气传输特性等的影响,同时与目标的运动特性也密切相关。因此,雷达目标的运动特性建模仿真是雷达电子战仿真的重要内容。

    本节以在大气层外飞行的自由空间雷达目标(导弹、卫星)为例,介绍雷达目标运动特性的建模方法。

5.2.1 自由空间目标运动基本方程

    当雷达目标在大气层外飞行时,大气十分稀薄,可不考虑大气阻力的影响,由于不受其他外力作用,目标的运动是相对平稳的。如果忽略各种摄动力的因素影响(例如地球形状非球形、密度分布不均匀引起的摄动力以及太阳、月球的引力等),自由空间目标的飞行轨道模型为"二体轨道模型"。二体运动是自由空间目标运动的主要形式。由理论力学可知,自由空间目标飞行轨迹位于速度矢量与地球引力矢量所决定的平面内,是一种平面运动,该平面称为弹道平面。研究导弹在该平面内的运动规律时,采用极坐标最为方便,为此,可以选取以地心 O_e 为坐标原点、c 为初始极轴、r 为极轴和 f 为极角的极坐标系,如图 5-1 所示。

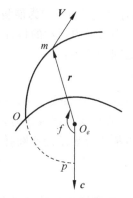

图 5-1 地心极坐标系下的弹道

顺着飞行方向,规定任一瞬时的极轴 r 与初始极轴 c 之间的极角为正,与之相反的方向为负值。根据万有引力定律,如果假设运动目标的质量为 m,某瞬时地心矢径为 r,那么地球引力 G 的矢量式可表示为

$$G = -F \frac{Mm}{r^2} \frac{r}{r} \tag{5.1}$$

式中,F 为万有引力常数,M 为地球质量。根据牛顿第二定律,可以得到二体运动的基本方程为

$$\frac{d^2 r}{dt^2} = -\frac{\mu}{r^2} \frac{r}{r} \tag{5.2}$$

式中,$\mu = FM = 398600.44\,\mathrm{km^3/s^2}$ 为地心引力常数。作用在目标上的地球中心引力仅与目标的质量成正比,与目标地心距的平方成反比,由引力产生的加速度幅值 $-\frac{\mu}{r^2}$ 与目标的质量无关,引力加速度的方向与地心距单位矢量 $\frac{r}{r}$ 的方向相反。从形式上而言,二体运动比较简单,但其精确求解较复杂。由动量矩守恒定律和机械能守恒定律,对式(5.2)进行积分,可以推导得到地心极坐标下椭圆弹道方程的表达式为

$$r = \frac{P}{1 + e\cos f} \tag{5.3}$$

式中,$P = \frac{h^2}{\mu}$,$e = \frac{c}{\mu}$,h 为矢量 h 的模值,h 为任一瞬时目标对地心的动量矩,c 为 c 的模值,c 为弹道平面内的积分常矢量。

根据解析几何可知,式(5.3)为极坐标表示的圆锥截线方程,式中,e 为偏心率,它决定圆锥截线的形状,P 为半通径,它与 e 共同决定圆锥截线的大小。为导出圆锥截线参数与目标关机点参数(k)的关系,不妨设飞行目标的关机速度为 v_k,地心距为 r_k,弹道倾角为 θ_k。根据动量矩守恒定律:

$$h = r_k v_k \cos\theta_k \tag{5.4}$$

半通径为

$$P = \frac{r_k v_k \cos^2\theta_k}{\mu/r_k} = r_k \nu_k \cos^2\theta_k \tag{5.5}$$

式中，$\nu_k = v_k^2/(\mu/r_k)$ 为能量参数，反映了目标主动段关机点动能的 2 倍与位能的比值。由在地球引力场内运动的目标遵循机械能守恒定律，可以推得椭圆弹道偏心率 e 与主动段关机点之间的关系：

$$e = \sqrt{1 + \nu_k(\nu_k - 2)\cos^2\theta_k} \tag{5.6}$$

由式(5.5)和式(5.6)可以看出，圆锥截线参数完全由目标主动段关机点参数决定；相反，当已知圆锥截线参数时，也可相应确定目标的弹道参数。

以极坐标表示的椭圆弹道方程也能以直角坐标 xOy 表示，即

$$\frac{x^2}{a^2} + \frac{y^2}{b^2} = 1 \tag{5.7}$$

式中，a 为椭圆长半轴，b 为短半轴。由于地心 O_e 为椭圆的一个焦点，c 为半焦距。根据几何知识可以得到

$$a = \frac{P}{1 - e^2} \tag{5.8}$$
$$b = a\sqrt{1 - e^2}$$

若用关机点参数来表示，则为

$$a = -\frac{\mu r_k}{r_k v_k^2 - 2\mu} \tag{5.9}$$
$$b = \sqrt{\frac{v_k}{2 - v_k}} r_k \cos\theta_k$$

由式(5.9)可知，椭圆弹道的长短半轴取决于主动段关机点的 r_k、v_k 和 θ_k 这 3 个参数，其任何一个变化都会导致弹道形状的变化。

5.2.2 自由空间目标运动参数解算

在实际中，自由空间目标的发射者和监控者均十分关注目标在弹道中各时刻的运动参数和姿态参数，因此，求出以时间 t 为参变量的飞行参数具有十分重要的意义。

根据天体力学中著名的开普勒第三定律，可以得到

$$T = \frac{2\pi a^{\frac{3}{2}}}{\mu} \tag{5.10}$$

式中，T 为卫星的运动周期。

由式(5.10)可知，卫星运行周期只与其椭圆轨道的长半轴有关，而长半轴仅是主动段终点参数 r_k、V_k 的函数，因此可以得出结论：沿长半轴相同的不同椭圆运行的卫星，其运行周期相同。所以弹道导弹在自由空间与卫星的轨道方程完全相同，只不过其轨迹与地球相交，实际中仅能得到整个轨迹中的一段。

根据开普勒运动定理，当目标在自由空间弹道平面运行时，在相同时间内扫掠面积相同，得到开普勒方程为

$$M = E - e\sin E \tag{5.11}$$

式中，E 为偏近点角，M 为平近点角，表示目标从近地点开始在 $t - t_p$ 时间内以平均角速度 n 飞过的角度（t 为目标飞到弹道上某一点的时刻，t_p 为目标飞经近地点的时刻），即 $M = n(t - t_p)$。

由开普勒方程，若获得偏近点角 E，便可求平近点角 M，进而求得飞行时间。但在实际

中，往往遇到的是已知 M 求解 E 的问题，这就需要反解多普勒方程。由于多普勒方程为一超越方程，难于求得解析解，在实际中常采用的方法是用迭代法获得其近似解。该方法首先初步估算出 E 的一个初始值 E_0，由 E_0 通过开普勒方程解算出对应的初始值 M_0，表达式为

$$M_0 = E_0 - e\sin E_0 \tag{5.12}$$

M_0 与给定的 M 之间的误差为 ΔM，用 ΔM 去修正初值 E_0，根据开普勒方程，可以得到

$$M = E_0 + \Delta E - e\sin(E_0 + \Delta E) \tag{5.13}$$

将式(5.13)中的正弦函数展开，由于 ΔM 一般较小，可以近似 $\sin\Delta E \approx \Delta E$，得到

$$\Delta E = \frac{\Delta M}{1 - e\cos E_0} \tag{5.14}$$

利用 ΔE 改正初值 E_0，可求出 E 的第一次近似值

$$E_1 = E_0 + \Delta E \tag{5.15}$$

若 E_1 不满足精度要求，则用 E_1 代替 E_0，重复以上计算方法，直到所求得的近似值满足精度要求。通过以上解算，能获得 E 与时间的关系，但还没能获得极角 f 与时间的关系，而椭圆弹道方程是以 f 为参变量的，因此，还需要进一步寻找 f 与 E 的关系。

借助于辅助圆的方法，不难得知 f 与 E 之间的关系：

$$
\begin{aligned}
\sin E &= \frac{\sqrt{1-e^2}\sin f}{1+e\cos f} \\
\cos E &= \frac{e+\cos f}{1+e\cos f}
\end{aligned}
\tag{5.16}
$$

另一方面，对式(5.16)进行微分，可求得目标的径向速度 v_r 和周向速度 v_f，分别为

$$
\begin{aligned}
v_r &= \sqrt{\frac{\mu}{p}}\, e\sin f \\
v_f &= \sqrt{\frac{\mu}{p}}\,(1+e\cos f)
\end{aligned}
\tag{5.17}
$$

由式(5.17)得到目标的总速度 v 及弹道倾角 θ：

$$
\begin{cases}
v = \sqrt{v_r^2 + v_f^2} = \sqrt{\dfrac{\mu}{p}(1+2e\cos f + e^2)} \\[2mm]
\theta = \arctan\dfrac{v_r}{v_f} = \arctan\dfrac{e\sin f}{1+e\cos f}
\end{cases}
\tag{5.18}
$$

由式(5.17)和式(5.18)可得目标飞行轨迹中任一点的运动参数与偏近点角 E 的函数关系式：

$$
\begin{cases}
v_r = \sqrt{\dfrac{\mu}{a}}\,\dfrac{e\sin E}{1-e\cos E} \\[3mm]
v_f = \sqrt{\dfrac{\mu}{a}}\,\dfrac{\sqrt{1-e^2}}{1-e\cos E} \\[3mm]
v = \sqrt{\dfrac{\mu}{a}}\,\dfrac{\sqrt{1-e^2\cos^2 E}}{1-e\cos E} \\[3mm]
\theta = \arctan\left(\dfrac{e\sin E}{\sqrt{1-e^2}}\right)
\end{cases}
\tag{5.19}
$$

总结以上几个步骤，得到自由空间飞行目标运动参数解算的基本流程：

（1）根据主动段参数 r_k、v_k、θ_k，计算椭圆弹道参数 a、b、P、e 及偏近点角 E_k；

（2）将 E_k、t_k 代入开普勒方程求出目标飞经近地点的时间 t_p。

（3）根据给定的 t 及算出的 e、t_p，反解开普勒方程，得到对应时刻的偏近点角 $E(t)$；

（4）应用式(5.19)，算出 t 时刻的运动参数。

5.2.3 自由空间目标运动特性实例

通过以上解算，可得到弹道上任一点目标的运动参数。根据以上方法，设定关机参数为 $v_k = 5000\mathrm{m/s}$，$r_k = 6471\mathrm{km}$（关机高度 100km），在最小能量弹道下，得到的运动参数如图 5-2 所示。

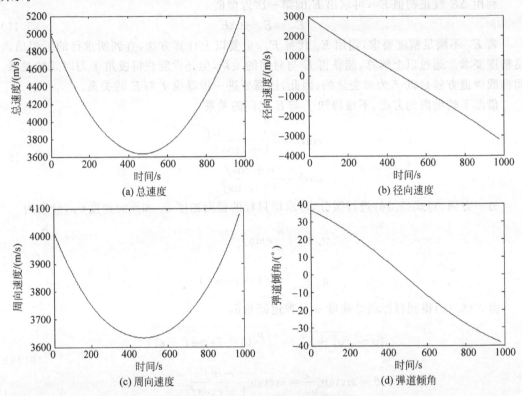

图 5-2　自由空间目标运动参数解算

由图 5-2 可看出，在不受外力作用时，自由空间目标运动参数的变化趋势较为缓慢。在达到最高点之前，目标的径向速度不断减小，在弹道最高点之后其朝地心的速度又逐渐增大；在弹道最高点，目标总速度和周向速度最小；在弹道终点目标总速度和周向速度都达到最大值。另外，在飞行过程中弹道倾角的变化也不剧烈，弹道倾角在一定程度上反映了目标的姿态信息，因此目标的姿态是慢变化的。

主动关机点的弹道倾角（θ_k）是弹道设计的重要参数，根据弹道倾角的不同，弹道可分为高弹道、最小能量弹道及低弹道。在设定相同参数的情况下，3 种弹道分别如图 5-3～图 5-5 所示（为便于观察，将关机点前的弹道作了相应延伸）。

由图 5-3～图 5-5 可以看出，设定相同的关机高度和关机速度，不同弹道倾角下导弹具有不同的射程和飞行时间。最小能量弹道具有最远的射程，高弹道具有较长的飞行时间，低

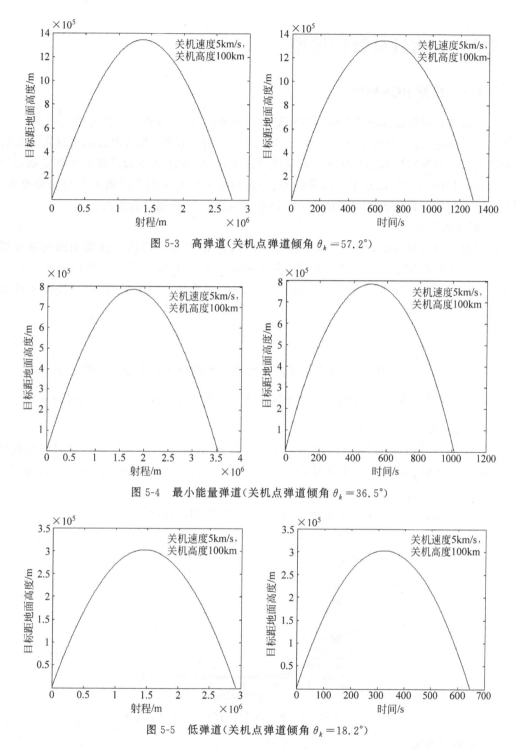

图 5-3 高弹道(关机点弹道倾角 $\theta_k = 57.2°$)

图 5-4 最小能量弹道(关机点弹道倾角 $\theta_k = 36.5°$)

图 5-5 低弹道(关机点弹道倾角 $\theta_k = 18.2°$)

弹道具有较低的飞行高度。在实际应用中,它们各有所长:在推力系统威力相同的情况下最小能量弹道具有最远的射程;高弹道在再入时的速度更快,能减少大气层内拦截器的拦截时间;在弹道导弹突防中,低弹道能有效降低防御雷达的探测距离,减少防御系统探测与识别时间。关于弹道设计研究非本书讨论的问题,不再赘述。

5.3　雷达目标特性模型

5.3.1　目标 RCS 模型

目标的雷达散射截面积（RCS）对目标姿态十分敏感，微弱的姿态变化可能引起 RCS 的剧烈起伏。因此，仿真中通常把目标 RCS 用一随机过程来模拟，并约束该随机过程满足特定的概率密度分布特性和相关特性。对于低分辨雷达，常用的 RCS 起伏模型主要是斯威林（Swerling）Ⅰ型～Ⅳ型，而对于较高分辨力雷达，目前采用的模型有对数正态分布模型等。下面分别介绍斯威林起伏模型和对数正态分布模型的 RCS 数据仿真方法。

1. 斯威林Ⅰ型

斯威林Ⅰ型为慢起伏，瑞利分布。慢起伏即认为 RCS 在一次波束驻留期间内变化缓慢，而在不同驻留期间变化。具体而言，仿真中同一个相干脉冲序列回波信号使用同一个 RCS 值，不同相干脉冲序列使用不同的 RCS 值。斯威林Ⅰ型为指数分布，概率密度函数为

$$f(\sigma) = \frac{1}{\bar{\sigma}} e^{-\frac{\sigma}{\bar{\sigma}}} \tag{5.20}$$

式中，$\bar{\sigma}$ 表示 RCS 的平均值。用逆变换法产生瑞利分布随机数：①分布函数为 $F(\sigma) = 1 - \exp\left(-\frac{\sigma}{\bar{\sigma}}\right)$；②设 r 为 $[0,1]$ 区间均匀分布随机数；③令 $F(\sigma) = r$，得 $\sigma = -\bar{\sigma}\ln(1-r)$。

2. 斯威林Ⅱ型

斯威林Ⅱ型为快起伏，瑞利分布。快起伏即认为 RCS 在一次波束驻留期间内变化较快，仿真中一个相干脉冲序列中各脉冲回波使用不同的 RCS 值。RCS 数据的分布与斯威林Ⅰ型相同，不再赘述。

图 5-6 为仿真得到的斯威林Ⅰ型、斯威林Ⅱ型 RCS 随机数统计分布。

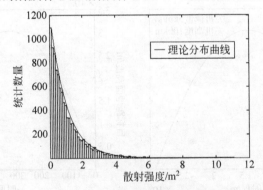

图 5-6　斯威林Ⅰ型、斯威林Ⅱ型 RCS 随机数统计分布

3. 斯威林Ⅲ型

斯威林Ⅲ型为慢起伏类型，其 RCS 的概率密度函数为

$$f(\sigma) = \frac{4\sigma}{\bar{\sigma}^2} \exp\left(-\frac{2\sigma}{\bar{\sigma}}\right) \tag{5.21}$$

仍然用逆变换法产生该分布随机数：①首先推得分布函数为 $F(\sigma)=\left(-1-\dfrac{2\sigma}{\bar{\sigma}}\right)\exp\left(-\dfrac{2\sigma}{\bar{\sigma}}\right)+1$；
②设 r 为 $[0,1]$ 区间均匀分布随机数；③令 $F(\sigma)=r$，得 $\ln(1-r)=\ln\left(1+\dfrac{2\sigma}{\bar{\sigma}}\right)-\dfrac{2\sigma}{\bar{\sigma}}$。

该式为 σ 与 r 之间的隐性关系式，不能直接产生 σ，但可以通过插值方法求得，由上式可得 $r=1-\left(1+\dfrac{2\sigma}{\bar{\sigma}}\right)\exp\left(-\dfrac{2\sigma}{\bar{\sigma}}\right)$。当 $r=0$ 时，$\sigma=0$；$r=1$ 时，$\sigma=-\dfrac{\bar{\sigma}}{2}$。对函数 $r=1-\left(1+\dfrac{2\sigma}{\bar{\sigma}}\right)\exp\left(-\dfrac{2\sigma}{\bar{\sigma}}\right)$，在 $\left[-\dfrac{\bar{\sigma}}{2},0\right]$ 区间内取若干个 σ，计算对应的 r 值，可得一组 $\sigma\text{-}r$ 曲线，通过插值求得任意 r 对应的 σ。

4. 斯威林Ⅳ型

斯威林Ⅳ型为快起伏，与斯威林Ⅱ型类似，仿真中一个相干脉冲序列中各脉冲回波使用不同的 RCS 值，而 RCS 数据的分布与斯威林Ⅲ型相同，不再赘述。

图 5-7 为仿真得到的斯威林Ⅲ型、斯威林Ⅳ型 RCS 随机数统计分布。

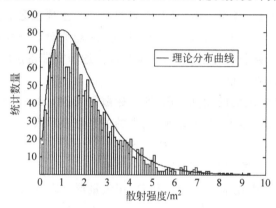

图 5-7　斯威林Ⅲ型、斯威林Ⅳ型 RCS 随机数统计分布

5. 对数正态分布模型

产生对数正态分布 RCS 序列的过程，如图 5-8 所示。$w\sim N(\ln\mu_c,\sigma_c^2)$ 经非线性设备 $\exp(w)$，得到的 σ 服从双参数对数正态分布：

$$f(\sigma)=\frac{1}{\sqrt{2\pi}\,\sigma_c z}\exp\left[\frac{-1}{2\sigma_c^2}\ln^2\left(\frac{z}{\mu_c}\right)\right]\quad z>0,\sigma_c>0,\mu_c>0 \qquad (5.22)$$

式中，σ 为产生的 RCS 序列，μ_c 为输入的 RCS 均值，σ_c 为 $\ln(z/\mu_c)$ 的标准偏差。其产生过程如图 5-8 所示。

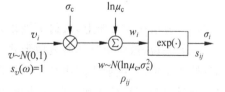

图 5-8　对数正态分布序列产生框图

6. 小目标起伏模型

对于小目标，如弹头类目标，还有一种 RCS 模型，其 RCS 值可表示为 $\sigma=\bar{\sigma}[1+\sin(2\pi r)V]$，其中 r 是 $[0,1]$ 区间均匀分布随机数，V 为目标摆动幅度。

7. 小角度窗口模型

上述几种 RCS 模型都是统计模型，而这里的"小角度窗口模型"是基于实测 RCS 数据和实测目标姿态数据的模型,具有更好的逼真度。

小角度窗口模型的建模思想为:根据弹头的弹道特性,预先估算弹头目标姿态可能的起伏角度窗口范围。首先,假设方位角起伏窗口为$[\alpha_{\min},\alpha_{\max}]$,俯仰角起伏窗口为$[\beta_{\min},\beta_{\max}]$,分别以合适的$\Delta\alpha$和$\Delta\beta$为间隔进行插值,得到一组弹头姿态$(\alpha_i,\beta_j)$,其中$i=1,2,\cdots,N,j=1,2,\cdots,M$;其次对于每种姿态$(\alpha_i,\beta_j)$,解算出电波入射角$\psi_k,k=1,2,\cdots,NM$,对每一个$\psi_k$,读取实测RCS数据文件,查表得到对应的RCS值为σ_k,计算这一组RCS值的最大值、最小值和均值分别为$\sigma_{\max},\sigma_{\min},\sigma_{av}$;最后,根据这3个数据按下式计算得到当前瞬时RCS值:

$$\sigma=\sigma_{av}\left[1+\frac{\sigma_{\max}-\sigma_{\min}}{\sigma_{av}}(2x-1)\right] \tag{5.23}$$

式中,x为服从$[0,1]$均匀分布的随机数。

5.3.2 极化特性模型

极化信息与幅度、相位、频率一样,是电磁波的又一个重要信息。许多新型雷达都具备了多极化的发射和接收能力,对极化信息的利用也越来越充分。下面阐述目标回波与极化散射矩阵以及雷达发射、接收极化的关系,并按窄带雷达和宽带雷达两种情况分别说明。

1. 窄带雷达极化回波模型

作为对入射波和目标之间的相互作用(即目标散射特性)的一般性描述,极化散射矩阵$\boldsymbol{S}$将散射电场$\boldsymbol{E}^s$与入射电场$\boldsymbol{E}^i$联系起来,两者的关系可表示为

$$\boldsymbol{E}^s=\boldsymbol{S}\boldsymbol{E}^i \tag{5.24}$$

式中,散射场和入射场定义在目标沿雷达之间的视线方向。

在水平(h)、垂直(v)极化基下,将$\boldsymbol{E}^s$和$\boldsymbol{E}^i$用矢量形式表示为

$$\boldsymbol{E}^s=\begin{bmatrix}E_h^s\\E_v^s\end{bmatrix},\quad \boldsymbol{E}^i=\begin{bmatrix}E_h^i\\E_v^i\end{bmatrix} \tag{5.25}$$

极化散射矩阵可以写为

$$\boldsymbol{S}=\begin{bmatrix}S_{hh}&S_{hv}\\S_{vh}&S_{vv}\end{bmatrix} \tag{5.26}$$

式中,散射矩阵元素与雷达散射截面积(RCS)间的关系式为

$$\sigma_{ij}=|S_{ij}|^2 \tag{5.27}$$

式中,σ_{ij}表示在该方向上,入射j极化并以i极化接收时,对应的目标散射截面积。

一般来说,散射矩阵具有复数形式,它随工作频率与目标姿态而变化,对于给定的频率和目标姿态取向,散射矩阵表征了目标散射特性的全部信息。

假设发射天线极化和接收天线极化在(h,v)极化基下的琼斯(Jones)矢量相位描述子为$\boldsymbol{h}_t=[\cos\gamma_t,\sin\gamma_t e^{j\varphi_t}]^T$和$\boldsymbol{h}_r=[\cos\gamma_r,\sin\gamma_r e^{j\varphi_r}]^T$,那么目标回波的复幅度系数可表示为

$$Y=Ae^{j\varphi} \tag{5.28}$$

式中,

$$A = \sqrt{\frac{2P_t G_t G_r \lambda}{(4\pi)^3 R^4 L} \mid \boldsymbol{h}_r^{\mathrm{T}} \boldsymbol{S} \boldsymbol{h}_t \mid^2}, \quad \varphi = \Phi[\boldsymbol{h}_r^{\mathrm{T}} \boldsymbol{S} \boldsymbol{h}_t] \tag{5.29}$$

式中, $\Phi[\cdot]$ 表示取复数的相位; $P_t, G_t, G_r, R, L, \lambda, \boldsymbol{S}$ 分别表示雷达发射功率,发射、接收天线增益,斜距,综合损耗以及工作波长和目标极化散射矩阵。

设发射信号为 $s(t)$,目标时延为 τ,多普勒频移为 f_d,则回波信号可表示为

$$s_r(t) = Y s(t-\tau) \mathrm{e}^{\mathrm{j}2\pi f_d(t-\tau)} = A s(t-\tau) \mathrm{e}^{\mathrm{j}(2\pi f_d(t-\tau)+\varphi)} \tag{5.30}$$

2. 宽带雷达极化回波模型

目标的散射特性与入射电磁波的波长有关,其极化散射矩阵是雷达载频 f 的函数,因此,宽带条件下的回波仿真不能仅使用一个固定的极化散射矩阵,而应该根据入射波的频率变化选择一组极化散射矩阵。宽带条件下,目标散射场与入射场之间的频域关系为

$$\boldsymbol{E}^s(\omega) = \boldsymbol{S}(\omega) \boldsymbol{E}^i(\omega) \tag{5.31}$$

式中,散射场和入射场定义在目标沿雷达的视线方向。将 $\boldsymbol{E}^s(\omega)$ 和 $\boldsymbol{E}^i(\omega)$ 用矢量形式表示为

$$\boldsymbol{E}^s(\omega) = \begin{bmatrix} E_h^s(\omega) \\ E_v^s(\omega) \end{bmatrix}, \quad \boldsymbol{E}^i(\omega) = \begin{bmatrix} E_h^i(\omega) \\ E_v^i(\omega) \end{bmatrix} \tag{5.32}$$

则极化散射矩阵为

$$\boldsymbol{S}(\omega) = \begin{bmatrix} S_{hh}(\omega) & S_{hv}(\omega) \\ S_{vh}(\omega) & S_{vv}(\omega) \end{bmatrix} \tag{5.33}$$

图 5-9 是开缝锥球在方位角 15°、俯仰角 0°下各极化通道 RCS 和相位随频率变化的曲线。

以上讨论了宽带条件下,目标极化散射矩阵随频率的变化特性。然而,从目标回波仿真的角度来看,把这种特性建模成随时间变化的幅度调制函数更为直观和方便。因此,下面介绍由目标频域极化散射矩阵序列得到目标时域调制函数的方法。

设发射信号为线性调频信号,信号的瞬时频率可表示为 $f = f_0 + kt$,其中, f_0 为起始频率, k 为调频斜率, t 为时间,假设发射天线极化和接收天线极化在 (h, v) 极化基下的琼斯矢量用相位描述子表示为 $\boldsymbol{h}_t = [\cos\gamma_t, \sin\gamma_t \mathrm{e}^{\mathrm{j}\varphi_t}]^{\mathrm{T}}$ 和 $\boldsymbol{h}_r = [\cos\gamma_r, \sin\gamma_r \mathrm{e}^{\mathrm{j}\varphi_{rt}}]^{\mathrm{T}}$,那么,目标回波的散射幅度系数可表示为时间的函数,即

$$Y(f_0 + kt) = A(f_0 + kt) \mathrm{e}^{\mathrm{j}\varphi(f_0+kt)} \tag{5.34}$$

式中, $A(f_0+kt) = \sqrt{\frac{2P_t G_t G_r \lambda(f_0+kt)}{(4\pi)^3 R^4 L} \mid \boldsymbol{h}_r^{\mathrm{T}} \boldsymbol{S}(f_0+kt) \boldsymbol{h}_t \mid^2}$, $\varphi(f_0+kt) = \Phi[\boldsymbol{h}_r^{\mathrm{T}} \boldsymbol{S}(f_0 + kt) \boldsymbol{h}_t]$, $\Phi[\cdot]$ 表示取复数的相位, P_t 为雷达发射功率, G_t 、 G_r 为发射、接收天线增益, R 为径向距离, L 为整合损耗, $\lambda(f_0+kt)$ 当前时刻对应的工作波长, $\boldsymbol{S}(f_0+kt)$ 为当前时刻的极化散射矩阵。

这样, $Y(f_0+kt)$ 就表示目标对发射信号的时域幅度调制函数,则目标回波信号可表示为

$$s_r(t) = Y[f_0 + k(t-\tau)] s(t-\tau) \mathrm{e}^{\mathrm{j}2\pi f_d(t-\tau)} \tag{5.35}$$

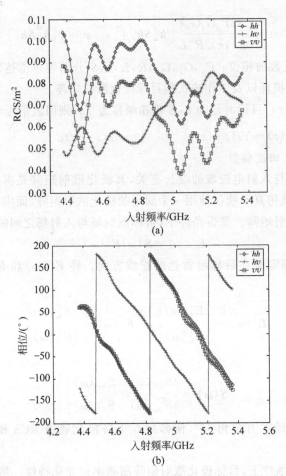

图 5-9　开缝锥球在方位角15°、俯仰角 0°下各极化通道 RCS 和相位随频率变化的曲线

5.3.3　目标角闪烁模型

在雷达目标回波仿真中,角闪烁和雷达截面积是同等重要的两种物理量。角闪烁是雷达目标的固有特性,是造成雷达目标角度测量误差和角度跟踪误差的主要来源之一。

产生角闪烁的根本原因是当目标不能被看作点目标时,仍然按照点目标的测角方法进行测角,从而造成角度测量误差。另外,该角度测量误差对目标相对于雷达的姿态非常敏感,在实际的雷达观测中,必然存在着目标相对于雷达的姿态变化,从而引起角度测量值的快速跳跃变化,这就是角闪烁现象。

角闪烁的影响随着雷达与目标之间的距离减小而增大,此外,角闪烁还有以下几个特点:概率密度服从二自由度学生氏 t 分布;目标 RCS 和角闪烁相关;角闪烁和幅度起伏在时间上具有强负相关性。下面从功率流方向的偏离和相位波前的畸变两个角度来定义和描述角闪烁。

1. 用坡印廷矢量描述

复杂目标的角闪烁是坡印廷矢量对径向的偏向角,即是功率流方向的偏离。在以目标中心为原点的球坐标系中,坡印廷矢量可表示为

$$S = S_r \boldsymbol{r} + S_\theta \boldsymbol{\theta} + S_\varphi \boldsymbol{\varphi} \tag{5.36}$$

定义目标角闪烁 θ 方向和 φ 方向的偏差量为 g_θ 和 g_φ，则有

$$\begin{cases} g_\theta = \dfrac{rS_\theta}{S_r} \\ g_\varphi = \dfrac{rS_\varphi}{S_r} \end{cases} \tag{5.37}$$

式中，r 为雷达与目标之间的距离。

2. 用波前相位梯度描述

复杂目标的角闪烁也可以看作是目标回波信号相位波前畸变而导致波阵面的倾斜，定义目标角闪烁 θ 方向和 φ 方向的偏差量为 g_θ 和 g_φ，则有

$$\begin{cases} g_\theta = \dfrac{1}{k} \dfrac{\partial \phi}{\partial \theta} \\ g_\varphi = \dfrac{1}{k} \dfrac{\partial \phi}{\partial \varphi} \end{cases} \tag{5.38}$$

式中，ϕ 为目标回波的相位，波数 $k = \dfrac{2\pi}{\lambda}$，$\lambda$ 为雷达的工作波长。

上述两种描述角闪烁的方法，应用领域有所不同，坡印廷矢量常用于理论计算，而波前相位梯度多用于实际工程测量。但理论上可以证明，在各向同性介质中，当满足几何光学近似时，两种描述是统一的。

下面探讨角闪烁的建模与仿真方法。建立一个扩展的目标模型，可以方便地将其扩展为一个方位、俯仰和距离上都复杂的实体目标。目标模型由位于一条直线上的 N 个散射中心所组成，如图 5-10 所示。

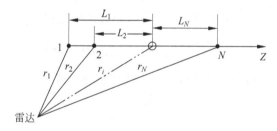

图 5-10　一种简单角闪烁模型示意图

根据电磁场理论，图 5-10 表示的雷达目标后向散射场为

$$E = \sum_{i=1}^{N} A_i \exp(\mathrm{j}\phi_i) = \sum_{i=1}^{N} A_i \cos\phi_i + \mathrm{j}\sum_{i=1}^{N} A_i \sin\phi_i \tag{5.39}$$

式中，$\phi_i = 2kr_i + \delta_i$，$A_i$ 为第 i 个散射体的散射场幅度，r_i 为观察点到第 i 个散射中心的路径长度，δ_i 为第 i 个散射中心的固有相位。

相应地，目标回波的相位为

$$\phi = \arctan\left(\dfrac{\displaystyle\sum_{i=1}^{N} A_i \sin\phi_i}{\displaystyle\sum_{i=1}^{N} A_i \cos\phi_i} \right) \tag{5.40}$$

根据角闪烁的定义可得到角闪烁参数为

$$
\begin{cases}
kg_\theta = \dfrac{\mathrm{d}\phi}{\mathrm{d}\theta} = \dfrac{\sum\limits_{i=1}^{N}\sum\limits_{r=1}^{N} A_i A_r 2k(\mathrm{d}r_i/\mathrm{d}\theta)\cos(\phi_i - \phi_r)}{\sum\limits_{i=1}^{N}\sum\limits_{r=1}^{N} A_i A_r \cos(\phi_i - \phi_r)} \\[4mm]
kg_\theta = 0
\end{cases}
\tag{5.41}
$$

由上式可以看出,分母恰好是回波信号幅度的平方,正比于雷达目标的 RCS,这表明角闪烁与 RCS 存在一定的负相关性。

此外,式(5.41)中还要确定每个散射中心的 $\dfrac{\mathrm{d}r_i}{\mathrm{d}\theta}$,下面给出两种求解途径。

3. 几何关系途径求解 $\dfrac{\mathrm{d}r_i}{\mathrm{d}\theta}$

假设图 5-10 中第 i 个散射中心到目标几何中心的距离为 L_i,有

$$
\begin{cases}
r_i = R - L_i \cos\theta \\
\dfrac{\mathrm{d}r_i}{\mathrm{d}\theta} = L_i \sin\theta
\end{cases}
\tag{5.42}
$$

4. 目标旋转途径求解 $\dfrac{\mathrm{d}r_i}{\mathrm{d}\theta}$

假设图 5-10 中目标沿直线中心在平面内旋转,绕中心旋转速度为 $\Omega(t)$,第 i 个散射中心到目标中心的距离为 L_i,那么

$$
r_i = R - L_i\cos\theta(t) = R - L_i\cos\left(\int_0^t \Omega(\tau)\mathrm{d}\tau\right)
\tag{5.43}
$$

从图 5-10 几何关系,可以求出第 i 个散射中心的径向速度:

$$
v_i = \frac{\mathrm{d}r_i}{\mathrm{d}t} = L_i\Omega(t)\sin\left(\int_0^t \Omega(\tau)\mathrm{d}\tau\right)
\tag{5.44}
$$

根据多普勒频移定义得到第 i 个散射中心的多普勒频移:

$$
\omega_{di} = \frac{\mathrm{d}\phi_i}{\mathrm{d}t} = 2kv_i
\tag{5.45}
$$

从上两式可以得到

$$
2kL_i = \frac{\omega_{di}}{\Omega(t)\sin\int_0^t \Omega(\tau)\mathrm{d}\tau}
\tag{5.46}
$$

用式(5.46)对观察角求导,并应用式(5.45),可得

$$
2k\frac{\mathrm{d}r_i}{\mathrm{d}\theta} = 2kL_i\sin\left[\int_0^t \Omega(\tau)\mathrm{d}\tau\right] = \frac{\omega_{di}}{\Omega(t)}
\tag{5.47}
$$

因此把式(5.42)、式(5.47)代入式(5.41),可得到角闪烁的线偏差量。

5.3.4 目标高分辨模型

在宽带条件下,雷达发射的信号为大带宽信号,其距离分辨率将小于目标尺寸,此时,雷达目标将连续占据多个距离分辨单元,因此,建立目标高分辨回波模型是十分必要的。建立

高分辨模型离不开目标多散射中心,作为目标在高频区电磁散射的基本特征之一,目标散射中心是高分辨一维、二维成像以及散射时频分析的基础,实现这些宽带雷达特征信号预测的最终目的是提取复杂目标的散射中心的分布位置和强度,以描述目标的各种散射机理,以便深入研究目标特征提取和识别方法研究,或者应用于目标隐身技术研究等。理论计算和实验测量均表明,在高频区,目标总的电磁散射可以认为是某些局部位置上的电磁散射相干合成,这些局部性的散射源称作等效散射中心,或简称散射中心。根据电磁场理论,每个散射中心相当于 Stratton-Chu 积分中的数字不连续处。从几何观点来分析,就是一些曲率不连续处与表面不连续处,但仅此还不足以全面地分析计算总的电磁场,还必须考虑镜面反射、蠕动波与行波效应引起的散射。为了分析的方便,人们把这些散射也等效为某种散射中心引起的散射。这样,散射中心的概念就被扩大了。根据目标电磁散射的特点,目标散射中心主要可分为以下几种类型:镜面散射中心,边缘(棱线)散射中心,尖顶散射中心,凹腔体等多次反射型散射中心,行波与蠕动波类散射中心,天线型散射中心。这些类型的散射中心并不一定是一个点,如开口的腔体等,在实际应用中,通常把它们作为一个散射中心来处理,而事实上它们本身又可能包含多个散射中心。

当采用宽带信号时,可以获得目标散射中心在径向距离上的分布信息,这就是径向距离像;如果利用目标运动产生的多普勒频率信息,则可获得散射中心在横向距离上的分布,采用成像算法处理后,可以获得目标散射中心在二维平面上的分布情况。散射中心的客观存在是采用 N 点散射模型进行目标高分辨率回波仿真的理论基础。

目标的宽带特性测量需要耗费较多的人力和物力,对测量条件的要求也颇为严格,直接测量获取宽带特性是相对困难的。在实测数据难于获取的情况下,将目标等效为多个散射中心的合成是一种相对简单可行的方法。

目标散射中心的强弱及其空间位置分布主要依赖于所要模拟的目标散射中心特性。图 5-11 是一个弹头类目标的几个典型散射中心。

图 5-11 弹头类目标的多个散射中心模型

由图 5-11 可看出,该目标由多个散射中心构成,将该目标的散射中心空间位置和强度提取出来,就可采用散射点模型来模拟该目标的回波散射特性。

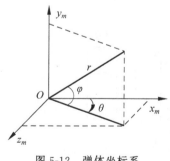

图 5-12 弹体坐标系

以弹头目标为例,采用弹体球坐标系,坐标原点选在弹体质心,以弹体纵轴为坐标系的横轴,每一散射点位置用极坐标参数 (r, θ, φ) 表示,如图 5-12 所示。

根据弹头的实际电磁散射特性,建立了两种模型——线模型和面模型。线模型如图 5-13 所示,每个散射点的位置可以用与弹头顶点之间的相对距离表示;面模型如图 5-14 所示,每个散射点的位置可以用该点与弹头顶点的距离 r 以及该点与弹头顶点的连线和导弹纵轴的夹角 θ 表示。

不妨设雷达发射的为宽带线性调频信号,在 t 时刻,第 i 个散射中心的回波为

$$s_i(t) = \text{rect}\left(\frac{t - \tau_i}{T}\right) \exp\left\{2\mathrm{j}\pi\left[f_0(t - \tau_i) + \frac{1}{2}k(t - \tau_i)^2\right]\right\} \qquad (5.48)$$

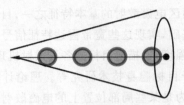
图 5-13　线模型示意图

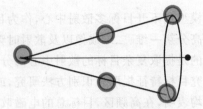
图 5-14　面模型示意图

式中，rect(·)为矩形包络，f_0 为起始频率，T 为脉冲宽度，k 为调频斜率，τ_i 为该散射中心的回波延时。设该散射中心的散射系数为 $\rho(x_i, y_i, z_i)$，x_i、y_i、z_i 为该点在雷达坐标系中的坐标。若目标由 N 个散射中心构成，目标散射回波由 N 个散射中心散射回波的相干叠加，表示为

$$s(t) = \sum_{i=1}^{N} \rho(x_i, y_i, z_i) s_i(t) \tag{5.49}$$

目标 N 个散射中心的空间分布及强度可通过理论模型来构造。对于结构相对简单的目标，也可通过理论计算获取其散射中心模型。若目标为复杂结构体，此时通过计算获得目标散射的 N 点结构模型较为困难，应通过实际测量获得。

值得一提的是，目标的 N 点散射结构与其姿态有关。当雷达布站不同或目标的姿态变化时，目标散射中心的数目和强度都会变化。尤其当目标存在翻滚、转动等三维运动时，各个散射中心相对雷达的运动是各不相同的。因此，在进行理论计算或静态测量时，应当获得目标在所有可能姿态下的散射结构。在获得目标所有姿态下的宽带回波后，按特定战情来计算目标和雷达在各个观测时刻的相对姿态，用计算或静态测量数据得到该时刻的目标宽带回波，完成目标运动状态时的宽带回波模拟，建模过程如图 5-15 所示。

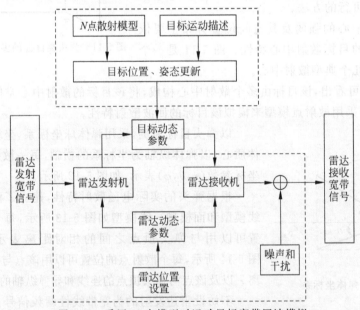
图 5-15　采用 N 点模型时运动目标宽带回波模拟

以上的宽带回波模拟没有考虑目标多普勒调制效益，下面介绍目标多普勒调制的建模方法。不考虑目标运动时，设雷达发射信号为线性调频信号，当目标回波延时为 t_r 时，单散

射点的目标宽带回波为

$$s_r(t) = \text{rect}\left(\frac{t-\tau_r}{T}\right)\exp\left\{2j\pi\left[f_0(t-\tau_r)+\frac{1}{2}k(t-\tau_r)^2\right]\right\} \tag{5.50}$$

下面通过理论推导来讨论运动目标回波的特点。设目标与雷达站的相对速度为 v_r，目标与雷达间的初始距离为 R_0，该 t 时刻收到的目标回波是在 $t-\tau_r$ 时刻发射信号的散射回波，而发射信号照射到目标的时间是 $t'=t-\frac{1}{2}\tau_r$，这样，发射信号照射到目标时的目标距离为

$$R(t') = R_0 - v_r t' \tag{5.51}$$

$R(t')$ 距离所引起的双程回波延时为 τ_r，即有

$$\tau_r = \frac{2R(t')}{c} \tag{5.52}$$

式中，$c = 3\times 10^8 \text{m/s}$ 是光速。

可以解出

$$\tau_r = \frac{1}{c-v_r}(2R_0 - 2v_r t) \tag{5.53}$$

将 τ_r 代入式(5.50)，并整理有

$$s_r(t) = \text{rect}\left(\frac{t-\tau_r}{T}\right)\exp\left\{2j\pi\left[\frac{1}{2}k\frac{(c+v_r)^2}{(c-v_r)^2}t^2 + t\left(\frac{c+v_r}{c-v_r}f_0 - \frac{2kR_0(c+v_r)}{(c-v_r)^2}\right)+\right.\right.$$
$$\left.\left.\frac{2kR_0^2}{(c-v_r)^2}-\frac{2R_0 f_0}{c-v_r}\right]\right\} \tag{5.54}$$

对比式(5.50)和式(5.54)可以看出，目标运动对回波的调制作用主要体现为三项：二次相位项、一次相位项及固定相位项。由于目标运动速度远小于光速，由式(5.54)可以看出，目标运动对固定相位项的影响很小，对一次相位项的影响也不大；另外，在雷达宽带信号的去斜率混频处理后，一次相位项的影响主要体现在距离像的整体搬移，后续的包络对齐处理可消除其影响。因此，多普勒调制影响主要体现在二次相位项上。对式(5.54)化简，得到

$$s_r(t) = \text{rect}\left(\frac{t-\tau_r}{T}\right)\exp\left\{2j\pi\left[\frac{1}{2}kt^2 + k\frac{2v_r}{c}t^2 + t\left(f_0 - \frac{2kR_0}{c}\right)+\frac{2kR_0^2}{c^2}-\frac{2R_0 f_0}{c}\right]\right\}$$
$$\tag{5.55}$$

比较式(5.50)与式(5.55)，在考虑多普勒信息后，回波的主要差别在于前者增加了一项 $k\frac{2v_r}{c}t^2$。在进行宽带回波模拟时，根据目标运动速度 v_r，可由式(5.55)进行多普勒调制。

以上是针对单散射点目标进行分析，对于由 N 个散射点构成的复杂目标，对每一散射点都进行类似处理，然后将所有的散射点回波相干叠加，就可仿真得到目标总回波。

5.3.5 雷达目标特性仿真实例

下面以空间目标为例，仿真其雷达目标特性。空间目标的形体一般较为简单，诸如锥体、圆柱体、椭球体等，可视作金属球/平板、二面角和螺旋线等的简单组合。下面给出不同正交极化基下金属球/平板、二面角以及螺旋线等典型简单形体目标的极化散射矩阵，具体如表 5-1 所示。

表 5-1 典型空间目标的极化散射矩阵

雷达目标类型	极化散射矩阵		
	水平、垂直极化基$(\hat{h},\hat{v})$	左、右旋圆极化基$(\hat{l},\hat{r})$	45°、135°线极化基$(\hat{m},\hat{n})$
球或平板	$S_{\text{Sph}}=a\begin{bmatrix}1 & 0\\ 0 & 1\end{bmatrix}$	$S_{\text{Sph}}=a\begin{bmatrix}0 & 1\\ 1 & 0\end{bmatrix}$	$S_{\text{Sph}}=a\begin{bmatrix}1 & 0\\ 0 & 1\end{bmatrix}$
二面角	$S_{\text{Diplane}}=$ $a\begin{bmatrix}\cos2\psi & \sin2\psi\\ \sin2\psi & -\cos2\psi\end{bmatrix}$	$S_{\text{Diplane}}=$ $a\begin{bmatrix}2e^{j2\psi} & 0\\ 0 & 2e^{-j2\psi}\end{bmatrix}$	$S_{\text{Diplane}}=$ $a\begin{bmatrix}\sin2\psi & -\cos2\psi\\ -\cos2\psi & -\sin2\psi\end{bmatrix}$
左螺旋线	$S_{\text{Left\_H}}=$ $\frac{1}{2}ae^{-j2\psi}\begin{bmatrix}1 & j\\ j & -1\end{bmatrix}$	$S_{\text{Left\_H}}=$ $ae^{-j2\psi}\begin{bmatrix}0 & 0\\ 0 & 1\end{bmatrix}$	$S_{\text{Left\_H}}=$ $\frac{1}{2}ae^{-j2\psi}\begin{bmatrix}j & -1\\ -1 & -j\end{bmatrix}$
三面角反射器	$S_{\text{Tri}}=a\begin{bmatrix}-1 & 0\\ 0 & -1\end{bmatrix}$	$S_{\text{Tri}}=a\begin{bmatrix}0 & -1\\ -1 & 0\end{bmatrix}$	$S_{\text{Tri}}=a\begin{bmatrix}-1 & 0\\ 0 & -1\end{bmatrix}$

对于复杂雷达目标而言,其高频后向散射可以认为是由一组数目有限散射中心的独立散射合成,这些散射通常取决于散射中心周围一小块区域的形状和导电性质,它们主要由目标体的镜面反射点以及曲率不连续处(如尖端、拐角、破口段等)等产生。由雷达目标的极化分解理论可知,复杂雷达目标的散射可以看作金属球/平板、二面角和螺旋线等几种简单形体目标散射的线性组合,因而也应具有与简单目标类似的性质。下面给出在10GHz的水平、垂直极化电磁波激励下半锥角锥球体极化散射的仿真计算数据,其中半锥角锥球体的示意图如图5-16所示。图5-17(a)～图5-17(c)分别给出了HH、HV和VV分量的散射截面积随锥球方位角的变化曲线,其中目标方位角定义为入射波与x轴负向的夹角。

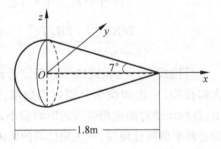

图 5-16 7°半锥角锥球体的示意图

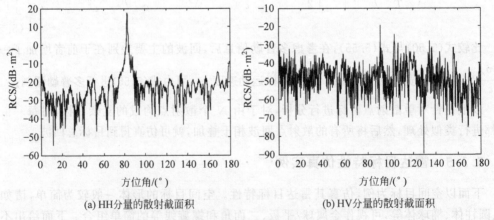

(a) HH分量的散射截面积   (b) HV分量的散射截面积

图 5-17 半锥角锥球体的极化散射仿真数据

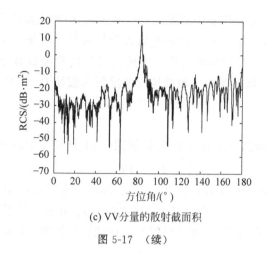

(c) VV分量的散射截面积

图 5-17　（续）

5.4　多径传输特性建模

5.4.1　多径效应

多径效应是由地面（或海面）对雷达电磁波的反射引起的，即雷达发射的电磁波在地（海）面和目标之间经过若干次反射和散射后，恰好有一部分最终进入了雷达天线波束内。因此，与最简单的雷达-目标路径相比，到达时间和到达方向均有可能不同，所以不仅会造成虚警，更主要的是对雷达测角带来十分不利的影响。

图 5-18 是多径效应的示意图，图中只画出了一次镜像。目标在 P 点，雷达天线中心在 B 点，由图可见，雷达接收到的目标回波路径不止一条，不仅包括直接路径 $BP—PB$，还包括经地（海）面反射的路径，如经地（海）面一次反射的 $BP—PO—OB$ 和 $BO—OP—PB$，以及更为复杂的地（海）面多次反射路径。由于多次反射路径的影响相对较小，并且与具体地形密切相关，因此这里只分析一次反射的情况。

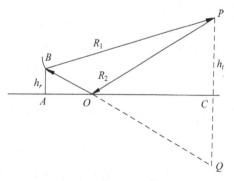

图 5-18　多径效应示意图

粗糙地面的反射由镜反射分量和散漫反射分量组成。镜反射与平坦地面的反射十分类似，镜反射分量的相位随着相对位置的变化而变化，因此是相干成分。漫散射方向性小，散射分量的相位随机变化，因此是非相干成分。漫散射波的振幅比直达波的小很多，二者形成的多径效应导致振幅和相位起伏变化，但这只是叠加在直达波上的小起伏。针对这一类小起伏引起的各种误差，通过进行平滑处理就能够很容易消除。多径干涉效应改变了直接目标回波的振幅、相位和方向，对雷达测量性能产生了影响，主要有两个方面：

（1）引起波瓣分裂，使单个波瓣变成多个波瓣，改变场强的空间分布，影响雷达的探测性能；

(2) 对雷达的仰角、方位角及距离等参数都有影响,但影响最严重的是仰角。

反射系数(用 R 表示)定义为反射的电场矢量与入射的电场矢量之比,是一个复数,它的幅度一般认为在 0～1。粗糙地面的反射由镜反射分量和漫散射分量组成,分别用 R_s 和 R_d 表示镜反射系数和漫散射系数。粗糙地面的反射系数是 R_s 和 R_d 之和,即

$$R = R_s + R_d \tag{5.56}$$

1. 镜反射系数

镜反射系数 R_s 由菲涅耳反射系数 Γ、扩散因子 D、镜面反射因子 r_s 的乘积组成,即

$$R_s = \Gamma D r_s \tag{5.57}$$

式中,Γ 是光滑表面的菲涅耳反射系数,由光滑表面的电磁特性决定,可以通过菲涅耳方程获得,与雷达发射波长、极化方式和入射余角(掠射角) ψ 有关。扩散因子 D 是考虑地球曲率影响的结果。镜面反射因子 r_s 表征反射面的粗糙造成的镜面反射幅度的衰减。

2. 漫散射系数

漫散射是由于粗糙表面大量的小散射元产生的。漫散射系数为

$$R_d = \Gamma r_d \tag{5.58}$$

式中,Γ 是光滑表面的菲涅耳反射系数;r_d 为漫散射因子,是入射余角 ψ、地面高度的均方偏差和波长的函数。

5.4.2　多径效应对测角的影响

由于雷达天线波束宽度有限,多径效应主要是在跟踪低仰角目标时对测角有较大影响,因此有时称为低角度误差。如图 5-18 所示,目标在 P 点,而其对地平面的镜像 Q 点,构成了两个回波源。

这两个回波源的路程差实际上是很小的,如对于目标距离雷达 70km,雷达天线高度为 5m,目标飞行高度为 500m 的情况,按照式(5.58),路程差仅为 7cm。并且该路程差的变化是十分缓慢的,当目标距离 60km 时,路程差约为 8cm,仅相当于 C 波段雷达的波长,即在 10km 的距离范围内,相对相位仅变化了约一个周期。从这个意义上来说,可以把这两个回波源看作是相参的,这样,镜像源引起的角度误差很容易被角度跟踪系统跟踪,从而使得角度的跟踪误差呈现稳定而有规律的变化,如图 5-19 所示。

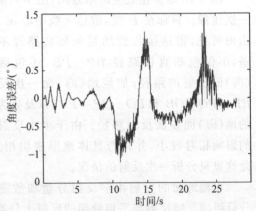

图 5-19　低仰角目标的俯仰角跟踪误差

可以把多径效应角误差影响分为三个区间加以讨论:远距离、中间区和近距离。在远距离(镜像出现在半功率点波瓣宽度之内),镜像进入天线主波瓣,误差主要是两电源的角闪烁误差,近似计算公式为

$$e = 2h \frac{\rho^2 + \rho\cos\varphi}{1 + \rho^2 + 2\rho\cos\varphi} \tag{5.59}$$

式中,e 为误差,单位与 h 相同,为相对于目标的距离误差;ρ 为表面反射系数;h 为目标高

度；φ 为直接和反射路径差决定的相对相位。由该式能求出良好的误差预测值。

在近距离区(其镜像出现在副瓣中)，当雷达主波束位于镜像之上，使得镜像是由差方向图的副瓣接收时，多路径角误差是周期性的，接近于正弦，其均方根值可由下式来预测：

$$\sigma = \frac{\rho \theta_B}{\sqrt{8 G_{SC}}} \tag{5.60}$$

式中，σ 为仰角多路径误差的均方根值；θ_B 为单程天线波瓣宽度；G_{SC} 为在镜像信号到达的角方向上，跟踪天线方向图峰值与差方向图峰值副瓣电平的功率比。周期变化的速率为

$$f = \frac{2hE}{\lambda} \tag{5.61}$$

式中，λ 为波长；E 为被雷达所测到的目标仰角变化率，单位为 rad/s。

中间区是指近距离区和远距离区之间的范围，这个区域很难计算误差，因为它处在天线方向图的非线性误差敏感部分，但是还是有一些统计分析的结果。当目标高度位于约 0.3 倍波瓣宽度处时，误差上升到一个峰值，这个峰值依赖于几个因素，包括表面粗糙度、伺服带宽以及在这个区域内的天线特性。

5.4.3 多径几何关系求解

由于是针对低仰角目标情况，所以地球曲面的影响必须考虑，图 5-20 是地球表面多径几何示意图。

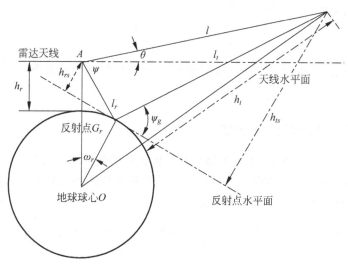

图 5-20 地球表面多径几何示意图

1. 可视距离

由于雷达不能发现地平线以下的目标，因此，当限定了雷达天线和目标飞行高度后，可以计算出雷达探测到该目标的最远距离：限制雷达到目标视线为雷达到地平面的切线，此时，地(海)面反射点到天线的距离 l_r 和目标到反射点的距离 l_t 分别简化为

$$\begin{cases} l_r = \sqrt{(a+h_r)^2 - a^2} \\ l_t = \sqrt{(a+h_t)^2 - a^2} \end{cases} \tag{5.62}$$

式中，a 为地球半径，h_t 和 h_r 分别为目标和雷达天线中心的高度。

雷达发现该目标的最远距离为

$$R_{\max} = \sqrt{(a+h_r)^2 - a^2} + \sqrt{(a+h_t)^2 - a^2} \qquad (5.63)$$

例如,天线中心高度为 5m,目标高度 500m 情况下,可视距离约为 87km。

2. 目标仰角和反射角

分析可知,目标对雷达天线的仰角 θ 为

$$\theta = \arcsin \frac{h_t^2 - h_r^2 + 2a(h_t - h_r) - l^2}{2l(a+h_r)} \qquad (5.64)$$

镜像目标对雷达天线的仰角 ψ 为

$$\psi = \theta - \arccos \frac{l^2 + l_r^2 - l_t^2}{2ll_r} \qquad (5.65)$$

式中,l 为雷达到目标的距离。

3. 平面地球模型近似

当雷达天线高度和目标高度都较低时,由上面分析可知,可视距离很短,此时允许做工程简化,即将图 5-20 简化为平面地球模型,如图 5-18 所示。此时,目标对雷达天线的仰角 θ 为

$$\theta = \arcsin \frac{h_t - h_r}{R_1} \qquad (5.66)$$

镜像目标对雷达天线的仰角 ψ 为

$$\psi = \arcsin \frac{h_t + h_r}{R_1} \qquad (5.67)$$

如图 5-18 所示,易得到在平面近似情况下,一次反射的路径长度为

$$l_r + l_t = \sqrt{l^2 + 4h_t h_r} \qquad (5.68)$$

5.4.4 多径效应的回波模型

在对镜像回波进行仿真时,需要根据多径几何关系来计算的参数包括时延(路径长度)、到达方向以及多普勒速度。前面已经得到了近似的路径长度和反射角(镜像回波到达方向的俯仰角),下面分析镜像回波的多普勒速度。

设目标径向速度为 v_r,显然 $v_r = 2\frac{\partial l}{\partial t}$。则根据多普勒速度的定义,镜像目标多普勒速度为

$$v'_r = \frac{\partial(l + l_t + l_r)}{\partial t} = \frac{v_r}{2} + \frac{\partial(l_t + l_r)}{\partial t} \qquad (5.69)$$

将式(5.68)代入式(5.69),可得

$$v'_r = \frac{v_r}{2}\left(1 + \frac{l}{\sqrt{l^2 + 4h_t h_r}}\right) \qquad (5.70)$$

以上已经解决了镜像目标回波时延、多普勒速度和到达方向的计算问题,仿照真实目标的仿真方法,并将回波信号乘以镜面反射复系数,就可以得到镜像目标的回波。

5.4.5　多径效应仿真实例

下面建立具体场景,以雷达导引头目标回波信号为例,仿真多径带来的影响。雷达导引头发射简单脉冲串信号,发射峰值功率为 20kW,波长为 3cm,脉冲重复频率为 2kHz,脉宽为 1μs,天线最大增益为 33dB,半功率波束宽度为 2°,雷达导引头综合损耗为 3dB,雷达导引头在距离目标 50km 处开机,并以恒定高度朝目标方向飞行,雷达导引头高度为 100m,速度为 300m/s,海面目标高度为 10m,目标固定不动。雷达导引头接收到的目标回波信号如图 5-21 所示。

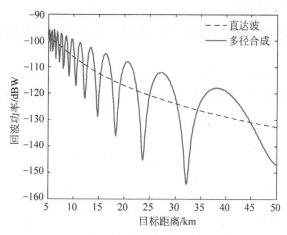

图 5-21　镜反射下雷达导引头接收信号

由图 5-21 可以看出,镜反射回波功率强,导致雷达导引头接收信号起伏较大,随着雷达导引头与目标间距离的变化,接收信号规律性地呈现出被衰减和被增强交替出现的现象,雷达导引头接收信号被增强的距离段长度是被衰减的距离段长度的两倍。接收信号功率增强最高可达 10dB,衰减最大可达 27dB。可见,低空下的镜反射效应对雷达导引头接收的目标信号影响十分明显。

5.5　大气衰减特性建模

大气传输损耗的主要影响是大气折射、吸收和产生热噪声。地球大气层有两个主要部分对电磁波传播有重要影响,分别是对流层和电离层。在讨论雷达电磁波的传输影响时,对流层最为重要,对流层是从地面起一直到 15km 左右的高空非电离区域。本节主要关注对流层对电磁波的折射、吸收及云雨雾的损耗建模与仿真。

5.5.1　对流层折射模型

对流层中,电磁波折射指数随高度增加而减小,根据斯涅耳(Snell)定律,电磁波波前在大气中水平前进时,其波前逐渐向下倾斜,这就意味着电磁波传输射线呈向下弯曲的曲线,而不是直线。下面讨论中我们假设对流层中折射指数是地面高度的平滑而单调减小的函数,这就是通常所说的"正常大气"。

大气透镜效应损耗示意图如图 5-22 所示。两相邻射线间夹角为 δ(rad),那么在 R 处

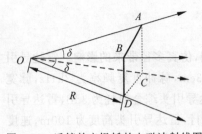

图 5-22　透镜效应损耗的电磁波射线图

的正方形电磁波波前的面积是 $\delta^2 R^2$。在大气中,电磁波传输由于折射的影响,射线沿曲线传输,OC、OD 略比 OA、OB 多一些,波前面积略大于 $\delta^2 R^2$,于是该波前内包含的功率密度略小于真空中的密度,这项额外的"扩展损失"就是透镜效应损失。用电磁波在大气中传输距离 R 上的波前面积 S' 与同一组射线在真空中同一距离上应当对应的波前面积 $S = \delta^2 R^2$ 之比 $L_{Len} = \dfrac{S'}{S}$ 计算大气透镜效应损耗。

仿真计算为提高运算效率一般利用多项式拟合公式,这里采用五阶多项式拟合,表达式为

$$L_{len} = c_5 \mathrm{rcal}^5 + c_4 \mathrm{rcal}^4 + c_3 \mathrm{rcal}^3 + c_2 \mathrm{rcal}^2 + c_1 \mathrm{rcal} + c_0 \text{(dB)} \tag{5.71}$$

式中,$\mathrm{rcal} = \lg(R)$,R 为斜距(海里),$30\text{n mile} \leqslant R \leqslant 3000\text{n mile}$。仰角为 $0°,2°,4°$ 时的拟合结果如图 5-23 所示。

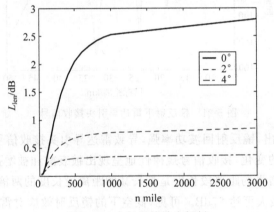

图 5-23　大气透镜效应损耗

5.5.2　对流层吸收模型

对流层对电磁波的吸收作用主要是由于氧和水蒸气吸收引起的,根据分子吸收理论,与吸收有关的大气参数是压力 P 和温度 T,对于水蒸气吸收还有水蒸气的密度函数 ρ。给定这些参数就可计算指定频率的吸收系数 ξ,进而计算出电磁波在大气中从位置 R_1 传输到位置 R_2 的吸收损耗。

在实际仿真计算时,首先利用上述数学模型计算出雷达电磁波在各个雷达天线仰角 θ 和不同距离 R 的吸收损耗值,然后利用最小二乘法拟合一个多项式(一般取 3~5 阶多项式)以利于仿真计算。

本书利用五次多项式拟合计算吸收损耗(双程损耗),表达式为

$$L_{ab} = c_5 R^5 + c_4 R^4 + c_3 R^3 + c_2 R^2 + c_1 R + c_0 \text{(dB)} \tag{5.72}$$

图 5-24 为 UHF 波段,仰角为 $0°,2°,10°$ 时的拟合结果,$0 \leqslant R \leqslant 300\text{n mile}$。

图 5-25 为 X 波段,仰角为 $0°,2°,10°$ 时的拟合结果,$0 \leqslant R \leqslant 350\text{n mile}$。

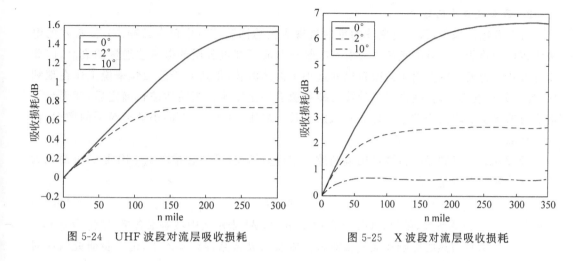

图 5-24 UHF 波段对流层吸收损耗 　　　图 5-25 X 波段对流层吸收损耗

5.5.3 云

5.5.3.1 云的物理特性

云覆盖了整个地球的 60% 以上,云特性包括云宏观特性,如云底高度、云层厚度、云量和云的范围等;还包括云的微观物理特性,如云微粒大小、浓度、冰晶和液态水含量等。按云底高度不同可把云分为低层云、中层云、高层云 3 种。低层云包括层积云、层云、雨层云、积云、积雨云 5 类,云底高度一般在 2000m 以下;中层云包括高层云和高积云两类,云底高度通常为 2000~6000m;高层云包括卷云、卷层云、卷积云 3 类,云底高度通常在 6000m 以上。由于各种云的含水量、云滴谱的有效半径等云层物理特性存在较大差异,因此不同云对电磁波吸收、后向散射及透过性能差别较大。云体一般可分为浓密云体、中等浓密云体、较稀薄云体及卷云 4 类,其中浓密云体对电磁波吸收最强、透过性能最差,而卷云对电磁波吸收最弱、透过性能最好。云是由云微粒构成的,云微粒包括水粒和冰粒,因此,又可将云分为水云和冰云两种,一般来讲,低层云和中层云属于水云,高层云属于冰云。

理论分析中,需要首先建立云模型。把云微粒看作半径小于 0.01cm 的水粒或冰粒,雷达多数工作在 S、C、X 波段,其波长大于 0.5cm,这时云对电磁波的影响就不受云微粒大小分布的影响。

5.5.3.2 云衰减模型

1. 云层影响雷达跟踪测量目标的几种情况

制导雷达、目标、云层三者间的空间关系可分为以下几种情况:

(1) 云层在目标之后,作为空间背景充满整个雷达视场;

(2) 云层在目标之后占据雷达部分视场;

(3) 在目标与雷达之间占据整个雷达视场;

(4) 云层在目标与雷达之间占据部分雷达视场;

(5) 目标处于云层之中。

前两种情况云仅作为背景杂波参与了对电磁波的反射和吸收,其结果是雷达接收到了云噪声,而未对目标回波造成衰减;而后三种情况都产生了云遮挡,云不仅作为背景杂波参与了对电磁波的反射和吸收,而且还对目标进行了遮挡,造成目标回波的衰减。

2. 云衰减模型的建立

对于云遮挡来说,云对电磁波的反射表现为雷达回波信号中包含云噪声;云吸收的电磁波转化为热能。云对电磁波的反射和吸收都造成了穿过云层的电磁波能量的衰减,因此二者可归结为云衰减。由于云微粒尺寸远小于雷达波长,雷达对于云微粒来说工作在瑞利区,且云的密度不均匀,使得精确计算衰减量值有一定困难。当雷达波长确定后,球形粒子的散射情况主要取决于粒子半径 r 和入射波长 λ 之比,对于 $r \ll \lambda$ 的小球形粒子的散射,称为瑞利散射。

云微粒的散射和吸收特性可用瑞利散射来近似描述,云的衰减率 γ_c(dB/km)可简化为用单位体积云含水量表示

$$\gamma_c = K_l M \tag{5.73}$$

式中,K_l 表示衰减系数,单位为(dB/km)/(g/m^3);M 表示云中液态水含量,单位为 g/m^3。

分析云层对雷达的影响还应从云衰减率以及云衰减路程计算入手,进一步研究云层对雷达探测威力的影响。

5.5.4 雨、雪

电磁波在对流层传输过程中,不仅会受到大气不均匀介质的影响而产生折射弯曲,还会受到各种大气微粒的影响而产生衰减,主要包括气体分子的吸收效应以及大气沉降物对电磁波的散射和吸收效应。以降雨为代表的大气沉降物粒子尺寸与电磁波波长相当,会对电磁波产生严重的散射和吸收,使得电磁波传输变得复杂。雨衰减会减弱雷达回波信号,雨滴体散射造成杂波干扰,降雨的辐射还将增加接收天线的噪声温度,降低信噪比,这些对雷达探测、参数估计等性能产生严重影响。

降雨对制导雷达效能的影响是一定的。结合传统的气象雷达及降雨衰减模型基础,分析降雨对雷达电波传播的衰减特性,以及不同频率、降雨率条件下电波衰减及体杂波特性,构建降雨衰减、雨体杂波、降雨辐射等综合因素影响下的雷达探测距离具有重要意义。

当雷达工作区域内有降雨时,雷达信号检测必须考虑降雨引起的信噪比变化和雨杂波的干扰。降雨对制导雷达探测性能影响主要体现在:降雨衰减造成目标回波信号电平下降;雨滴散射产生的体杂波降低目标信号信噪比;雨介质辐射增加了天线噪声温度。

5.5.4.1 降雨影响因素

1. 降雨衰减

电波降雨衰减与降雨衰减率和雨区路径长度有关,任意频率的雨衰减率 γ_R(dB/km)可通过雨强 M(mm/h)的幂函数关系求得

$$\gamma_R = k M^\beta \tag{5.74}$$

对于任意线性极化和圆极化波,可分别求得不同的参数 k 和 α。

由于降雨区为非均匀媒介,其间未必全程降雨,而部分降雨区间的降雨强度可能低于计算值;因此,利用"等效路径长度"模式,将地空降雨的不均匀性用等效均匀介质代替,雨区的范围为实际雨区与距离修正因子 r 的乘积,则雨衰减的计算公式为

$$A_R = \int_0^{d_s} r \gamma_R \, \mathrm{d}L \tag{5.75}$$

式中,d_s 为地空电路通过降雨层的实际长度,地空电路仰角大于 5°时可直接利用几何关系

求解,但当电路仰角小于5°时,就必须考虑大气折射效应的影响,可利用经验公式求得。

雷达波束具有一定宽度,在降水区域内传播时未必填充完全,定义充塞系数 κ 描述雷达波束内降水区域的充塞情况,当雷达波束完全处于降水或云的上下边界内时,可认为 $\kappa=1$。

$$\kappa = \kappa_v \kappa_h \tag{5.76}$$

式中,κ_v 为垂直充塞系数,κ_h 为波束内降水或云的水平尺度,则雨衰减公式修正为

$$A = \int_0^{d_s} r \gamma_R \kappa(L) dL \tag{5.77}$$

2. 雨体杂波

雨区是由大量水滴粒子填充而成的,当目标位于雨区范围之内时,与目标相同距离门内雨滴后向散射会对雷达接收机造成杂波干扰。

3. 降雨辐射噪声

当雷达工作的区域内有雨、雪、云雾等自然气象状况存在时就必须考虑因气象条件而引起的信噪比变化。

5.5.4.2 降雨条件下制导雷达探测距离模型

当雷达工作区域内有降雨时,应分两种情况讨论:

(1)目标位于降雨区之外(目标在一个雷达距离波门内没有降雨),此时仅考虑降雨衰减和降雨天线噪声对雷达接收信噪比的影响;

(2)目标位于降雨区之内(目标在一个雷达距离波门内有降雨),此时应考虑降雨衰减、降雨天线噪声和雨杂波综合因素的影响。

5.5.4.3 降雪对制导雷达的影响

当大地被雪覆盖时,散射主要来自雪面而不是地面。雪既是一个空间散对体,也是衰减介质。干雪的散射体积大,而潮湿雪地的散射体积由于衰减而非常小。因而当阳光融化地表雪层时,σ^0 衰减很快。

5.5.5 雾

雾是一种复杂的大气过程,既是气象和大气科学研究的重要课题,也是影响雷达、制导系统性能的重要因素。

1. 雾衰减特性

雾是由微小水滴或冰晶悬浮在接近地面的大气中,使大气水平能见度小于1km的一种天气现象。其形成时由于降温或增湿使空气达到饱和或接近饱状态而形成的水滴或冰晶悬浮在空气中,会导致照射在其上的电磁波被吸收、散射或折射而造成衰减。观测表明,雾滴半径通常为 $1\sim60\mu m$,在厘米、毫米波波段满足 $2\pi r \leqslant \lambda$(r 表示雾滴半径,λ 为雷达电波波长),故可利用瑞利近似计算雾水滴子对电波的散射影响。根据形成雾的地域和机理,可将雾分成两大类:平流雾和辐射雾。平流雾是暖空气移到冷空气的下垫面时形成的雾,海雾通常为平流雾。辐射雾主要是由于地面辐射冷却造成的,内陆雾通常为辐射雾。辐射雾的雾滴直径通常小于 $20\mu m$,而平流雾的直径具有 $20\mu m$ 量级。

2. 雾衰减下的雷达探测距离模型

当雷达工作区域有雾存在时,需考虑雾衰减与散射对雷达接收信噪比的影响,雾衰减将减小接收信号电平,雾散射将增加天线辐射噪声温度,增大接收机噪声。

雾衰减条件下的雷达方程为

$$P_a = \frac{P_t G^2 \lambda^2 \delta}{(4\pi)^3 R^4 L_s} 10^{-0.2A} \tag{5.78}$$

式中，P_t 为雷达发射功率，G 为天线增益，R 为目标距离，L_s 为天线方向图函数，δ 为雷达反射截面积，A 为雾衰减，物理意义和计算方法与式(5.77)相同。云雾增加的天线噪声温度为

$$\Delta T_a = T_m (1 - 10^{-A/10}) \tag{5.79}$$

式中，T_m 为有云雾时大气介质的有效温度。

雷达系统噪声温度

$$T_s = T_a + T_e = T_a + (T_0 + T_m)(F_n - 1) \tag{5.80}$$

雾引起的雷达接收端噪声功率为

$$P_s = k(T_s + \Delta T_a) B F_n \tag{5.81}$$

式中，k 为玻耳兹曼常数(1.38×10^{-23} W·s/K)，B 为接收机带宽，T_a 为天线噪声温度($40 \sim 50$K)，T_e 为有效输入噪声温度，T_0 为标准参考温度 290K，F_n 为接收机噪声系数。

则考虑雾衰减和天线噪声温度的综合影响，接收机信噪比计算公式为

$$\mathrm{SNR} = \frac{P_a}{P_s} = \frac{P_t G^2 \lambda^2 \delta 10^{-0.2A}}{(4\pi)^3 R^4 k(T_s + \Delta T_a) B F_n L_s} \tag{5.82}$$

当 $(\mathrm{SNR})_0$ 为接收机最小可检测信噪比 $(S_0/R_0)_{\min}$ 时，雷达最大作用距离的计算公式为

$$r_{\max} = \left[\frac{P_t G^2 \lambda^2 \delta 10^{-0.2A}}{(4\pi)^3 R^4 k(T_s + \Delta T_a) B F_n L_s (S_0/R_0)_{\min}} \right]^{1/4} \tag{5.83}$$

5.6　地海杂波特性建模

5.6.1　概述

对于杂波环境下的雷达检测，最重要的杂波特性是杂波幅度分布函数及其相关特性，在充分掌握杂波特性的基础上，方能有针对性地采用相应方法对目标进行检测。雷达杂波特性可以从统计学角度加以描述，关于这个问题迄今已从两个方面作了大量的研究工作：①从大量的实验数据中研究各种环境下杂波的概率分布特性和相关特性，进而得出各种特定背景下杂波的统计数学模型；②对给定的雷达杂波数学模型，研究模拟雷达杂波的方法。

杂波特性可以从时域幅度统计特性和相关特性两方面同时进行描述，即把杂波模型简化为具有某种幅度分布的相关随机过程。最为流行和最早被采用的模型是瑞利分布，这一模型适用于低分辨雷达以较大的入射角对成片的沙漠、戈壁等均匀地表和低海情海面进行观测时的情形。当分辨单元尺寸和擦地角都很小时，杂波将偏离瑞利分布，拖尾现象较为严重。对数正态分布是较早提出的一类非瑞利杂波模型，它具有两个调制参数，相对于瑞利分布，其能够更好地拟合测量数据，但是有时会出现拖尾过拟合的现象。威布尔分布函数是具有两个控制参数的杂波模型，它可以拟合处于瑞利和对数正态分布之间的杂波测量数据，已被用于地杂波、海杂波的建模。K分布模型是高分辨雷达杂波建模中应用较为广泛的一类模型，它能够较好地拟合测量得到雷达杂波数据，更多地被用于海杂波建模。对于海杂波，

K 分布模型可以表示为一个快速变化的瑞利分布分量被一个慢速变化的 Gamma 分量调制的形式。对于杂波幅度分布特性,国内外学者结合加拿大 MacMaster 大学的 IPIX 雷达、澳大利亚国防部 DSTO 的某雷达以及我国某雷达测得的海杂波数据进行了大量分析工作。这些工作分别从海杂波幅度分布特性、时域相关性、调制分量分布特性等方面对海地杂波数据进行分析。

雷达信号照射到地面或海面时会向各个方向散射,向后返回到雷达接收机的信号,通常称为雷达回波。这种回波信号的物理尺寸比雷达分辨单元要大得多,能够污染目标信号甚至遮蔽所需目标回波,从而限制雷达的性能,因此也称为雷达杂波。其中,海表面产生的杂波称为海杂波。

5.6.2 海杂波

5.6.2.1 海杂波概述

来自海洋或陆地的杂波是一种面杂波,面杂波回波幅度与照射的面积成比例,为了度量与照射面积无关的杂波回波,通常用单位面积的杂波横截面积来描述面杂波:

$$\sigma^0 = \frac{\sigma_c}{A_c} \tag{5.84}$$

式中,σ_c 是面积 A_c 上杂波的雷达横截面积,σ^0 可称为散射系数、微分散射横截面积、归一化的雷达反射率和后向散射系数,它是一个无量纲的数,常用 dB 来表示。

5.6.2.2 海面状态描述

海面由大尺度并近似周期性的波浪以及叠加其上的波纹、泡沫和浪花所组成,海水具有相对稳定和均匀的电特性。海杂波与海面的几何形状、粗糙度、物理特性、海波运动方向和雷达波束的相对方位等有关。

大尺度波浪具有大尺度结构,由风浪和涌浪来描述。风浪是由本地风产生、发展和传播的海浪,迎风面波面平缓,背风面波面较陡,波浪波长较短;涌浪则由持续时间较长的远地风形成,波浪波长较长且近似于正弦波形,波面平滑、规则;小尺度波纹是叠加在大尺度波浪上的,由接近海面的阵风产生;泡沫和浪花通常由各种波浪的相互干涉引起。因此,在实际环境中和复杂条件下,海面可能呈现极不规则的状态。

描述海面状态的主要参量有波浪波高、波浪波长、波浪周期及与之相关的风速、波浪的方向等。相邻的波峰与波谷间的垂直高度差称为波高。波浪传播方向相邻的两个波峰间的水平距离称为波浪波长;波浪周期是指在观测点上相继通过两个波峰所需的时间。波浪的方向(波向)指波浪的来向,在波浪观测中以地理正北为 $0°$,按顺时针方向用 16 个方位来划分。由于风向通常与波向相同,因此,在杂波观测中,通常以顺风、逆风和侧风来描述波束与波向的关系。

关于海况的定性描述可参考蒲氏风级表和道氏波级表。世界气象组织的海况标准见表 5-2。

海杂波的理论分析需要给出海浪的定量描述。长期以来,研究海浪的主要途径是将海浪视为平稳随机过程并用海浪谱来描述。随着非线性动力学理论的发展,部分研究人员将海面视为混沌过程和分形表面并应用于杂波研究,取得了一定的成果。

表 5-2　世界气象组织给出的海况标准

海况等级	浪高		描述
	英尺	m	
0	0	0	镜面
1	0~1/3	0~0.1	涟漪
2	1/3~5/3	0.1~0.5	微波
3	2~4	0.6~1.2	小浪
4	4~8	1.2~2.4	中浪
5	8~13	2.4~4.0	大浪
6	13~20	4.0~6.0	强浪
7	20~30	6.0~9.0	巨浪
8	30~45	9.0~14	狂浪
9	大于45	大于14	飓浪

5.6.2.3　海面杂波的散射系数

由于海面在时间上的运动和空间上具有统计均匀性和平稳性，海杂波的时间变化比地杂波大，但空间变化小。因此，散射强度与海面的风速、风向关系很大。

由于海面具有一定的准周期性变化，对应于海面频谱的特定分量，海面散射特性可用布拉格谐振现象来解释。若雷达波长为 λ，入射角为 θ，由弱张力波和短重力波产生的表面波波长为 Λ，则布拉格谐振条件表示为

$$2\Lambda\sin\theta/\lambda = n\pi, \quad n=0,1,2,\cdots \tag{5.85}$$

海杂波散射系数随掠射角（入射角的余角）的变化趋势如图 5-26 所示。在高掠射角的情况下，海面接近镜面条件的小面单元具有强的后向散射方向性，根据准镜面反射机理可产生很强的回波。随着风速和波高的增大，起伏的海表面粗糙度变大，入射能量被散射到其他方向上，因此后向散射将逐渐减弱。随着掠射角的减小，谐振波长变小，杂波频谱将对应于

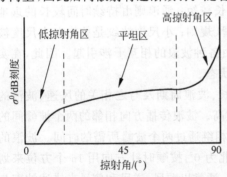

图 5-26　海杂波散射系数随掠射角的变化趋势

较大波数的海面谱密度值，实际观测和理论分析均表明，由于谱密度值随波数下降很快，因此海面的后向散射随角度变化下降较快。在近擦地角入射区域，除了风速的因素外，散射特性还会受到遮蔽和多径效应的影响。小掠射角条件下，雷达波与被照射的海面之间将有部分波浪被前面的波浪所遮挡；海面直射波与反射波之间将产生干涉。这两种现象引起散射系数在小擦地角时急剧下降，且散射系数随角度的变化比仅考虑布拉格散射还要大。图 5-26 中的曲线同样也描述了海杂波的一般特性，其中在高掠射角和低掠射角中间的部分称作平坦区。

海杂波与极化的关系在不同海况、频段和入射角时会有所不同。一般来说，在平静海面，垂直极化散射系数往往大于水平极化；风浪较大时，垂直极化和水平极化条件下的散射系数接近相同；某些情况下，如以小掠射角投射到极粗糙海面时，水平极化散射系数可能会大于垂直极化。

雷达波长对海杂波散射系数的影响很难统一描述,现有散射系数的测量值与雷达波长之间还缺乏明显的相关性。但观测表明,垂直极化散射系数与水平极化的比值随着波长的增大而增大,当微波波段风浪较大时,垂直极化散射系数可能基本与波长无关,水平极化散射系数则随波长的增大而减小。在平坦区,散射系数与波长的关系将介于 $\lambda^{-1}\sim\lambda$ 之间。

海杂波与风速、风向、频率及入射角的关系可用下述模型来描述。

1. 常数 r 模型

一般情况下,常数 r 模型可用于对海杂波平均强度的估计,常数 r 为风速和波长的函数,表示为

$$r = 6K_B - 10\lg\lambda - 64\,(\mathrm{dB}) \tag{5.86}$$

式中,K_B 为毕氏(Beaufort)风级数。式(5.86)未体现极化和波向的关系,只是一种平均的效果。风速稳定的状态下,K_B 与表面均方根偏差 σ 的近似关系为 $\sigma \approx K_B^3/300$。

2. 平坦区中等入射角的散射系数

在平坦区的中等入射角区域,海面杂波的散射系数与入射角关系可用指数函数来拟合,表示为

$$\sigma^0(\theta) = \begin{cases} \sigma^0(0)\mathrm{e}^{-\theta/\theta_1}, & \theta \leqslant 12° \\ \sigma^0(0)\mathrm{e}^{-\theta/\theta_2}, & 12° \leqslant \theta \leqslant 60° \end{cases} \tag{5.87}$$

式中,θ_1、θ_2 为与风速有关的参数。

在一定的入射角和风速条件下,散射系数与风向的关系式为

$$\sigma^0(u,\theta,\varphi) = A + B\cos\varphi + C\cos(2\varphi) \tag{5.88}$$

式中,u 为风速(m/s);θ 为入射角;φ 为雷达波入射方向与风矢量的方向夹角,$\varphi=0°$ 对应逆风,散射最强;$\varphi=180°$ 对应顺风,散射较弱;$\varphi=90°$ 或 $270°$ 对应正侧风,散射最小。系数 A、B、C 与入射角、风速和极化有关,可通过以下方法获得:

逆风、顺风和正侧风三种特定条件下,对应的散射系数可表示为

$$\begin{cases} \sigma_u^0(\theta) = s_u(\theta)u^{r_u(\theta)}, & 逆风 \\ \sigma_d^0(\theta) = s_d(\theta)u^{r_d(\theta)}, & 顺风 \\ \sigma_c^0(\theta) = s_c(\theta)u^{r_c(\theta)}, & 正侧风 \end{cases} \tag{5.89}$$

在不同频率情况时,能够得到不同极化、入射角和风向条件下的散射系数。于是,根据三个方向上的散射系数,可求出一定风速和入射角下的 A、B 和 C。

$$A = \frac{\sigma_u^0 + 2\sigma_c^0 + \sigma_d^0}{4}, \quad B = \frac{\sigma_u^0 - \sigma_d^0}{4}, \quad C = \frac{\sigma_u^0 - 2\sigma_c^0 + \sigma_d^0}{4} \tag{5.90}$$

再由已知系数和方程,获得其他方向上的散射系数。

3. 低掠射角的杂波 GIT 模型

低掠射角为 $1°\sim10°$,杂波计算可参考由 Nrad 修正的 GIT 模型,修正后的模型可扩展应用于蒸发波导条件下视距外低掠射角的情形。

水平极化时,

$$\sigma_H^0 = 10\ln(3.9\,10^{-6}\lambda\psi^{0.4}A_iA_uA_w) \tag{5.91}$$

垂直极化时,

$$\sigma_V^0 = \sigma_H^0 - 1.05\ln(h_{avg}+0.02) + 1.09\ln\lambda + 1.27\ln(\psi+10^{-4}) + 9.7, \quad f \leqslant 3\text{GHz} \quad (5.92)$$

$$\sigma_V^0 = \sigma_H^0 - 1.73\ln(h_{avg}+0.02) + 3.76\ln\lambda + 2.46\ln(\psi+10^{-4}) + 22.2, \quad f > 3\text{GHz} \quad (5.93)$$

式中，ψ 为擦地角，h_{avg} 为平均波高；A_w 为风速因子；A_i 为干涉项；A_u 为风向因子。

平均波高为

$$h_{avg} = \left(\frac{w_s}{8.67}\right)^{2.5} \quad (5.94)$$

式中，w_s 为风速（m/s）。

风速因子为

$$A_w = \left[\frac{1.9425w_s}{1+\dfrac{w_s}{15}}\right]^{1.1(\lambda+0.02)^{-0.4}} \quad (5.95)$$

干涉项为

$$A_i = \frac{\sigma_\varphi^4}{1+\sigma_\varphi^4} \quad (5.96)$$

式中，σ_φ 为粗糙度因子，其表达式为

$$\sigma_\varphi = \frac{(14.4\lambda+5.5)\psi_{avg}}{\lambda+0.02} \quad (5.97)$$

风向因子为

$$A_u = e^{\left[0.2\cos\varphi(1-2.8\psi)(\lambda+0.02)^{-0.4}\right]} \quad (5.98)$$

式中，φ 为雷达天线轴线和逆风向之间的夹角（0°～180°）。

5.6.2.4 海杂波统计模型

对海杂波反射率的研究迄今已有 50 多年，但其试验数据和理论远不能令人满意，还不可能对海杂波的电平（作为雷达参数和海面状态参数的函数）作出高度准确的预测。对雷达波来说海面是极其复杂的反射体，关键问题是建立一个描述海浪-回波依从关系的数学模型。海杂波可以看成是广义平稳随机过程，因此有必要对它的统计特性进行研究。

海面雷达回波是各散射体后向散射强度平均的效果。当入射余角较大、雷达的波束较宽时，每个分辨单元里包含的散射体数目较多。根据中心极限定理，海杂波的回波可以看作由大量自由随机运动散射元（幅度和相位都是高斯分布）所组成的总体回波，幅度为瑞利分布而相位为均匀分布，许多试验都证明了这一点。

在低入射余角下、雷达的波束较窄时，照射区面积减小，每个分辨单元包含的散射体数目较少，中心极限定理不再成立。此外，这时会出现明显的遮挡效应。于是，回波中出现明显尖峰回波的趋势就随着增加；对水平极化波来说，尖峰海杂波的幅度分布与瑞利分布相比，有明显的偏移和较长的拖尾，即高振幅回波出现的概率变大，运用统计模型可以表征表面杂波单位横截面积或 σ° 的起伏。早期采用 Rayleigh 幅度分布来表达均匀地形地物产生的杂波起伏，而对于不同种类或非均匀表面的空间采样数据分析表明，雷达杂波的变化经常是非 Rayleigh 型的。其主要特征表现在：一是在高概率区域有一个较长的拖尾，二是有一个较大的标准偏差与平均值的比值。目前，用来解释和描述非 Rayleigh 杂波的概率分布函数主要有 Log-normal 分布、Weibull 分布和 K 分布等。Log-normal 分布和 Weibull 分布在

很多场合下得到了与实验数据相吻合的结果,但是在散射条件和两种杂波分布的参数之间还没有找到明显的关系。K 分布模型所研究的非均匀海面杂波将海面看作局部均匀面元的合成,它假设散射分量的相位随机、散射单元在空间上为 Poisson 分布,具有较好的物理意义。

1. 高斯分布

雷达采用复信号表示:

$$z(t) = x(t) + \mathrm{j}y(t) \tag{5.99}$$

式中,实部和虚部分别为独立同分布的高斯随机过程。即任意给定时刻 t,$x(t)$、$y(t)$ 为一正态分布的随机变量。以实部 $x(t)$ 为例,其分布密度函数为

$$f(x) = \frac{1}{\sqrt{2\pi}\,\sigma} \exp\left[-\frac{(x-\mu)^2}{2\sigma^2}\right] \tag{5.100}$$

式中,μ 为均值,σ^2 为方差。一般认为杂波具有零均值,即 $\mu = 0$。

2. 瑞利分布

当杂波服从上述高斯分布时,可以证明,杂波幅度的分布为瑞利(Rayleigh)分布。Rayleigh 分布的概率密度函数为

$$f(x \mid b) = \frac{x}{b^2} \exp\left(-\frac{x^2}{2b^2}\right) u(x) \tag{5.101}$$

式中,$u(x)$ 为阶跃函数,b 为瑞利参数。瑞利分布的均值和方差分别为

$$E(x) = b\sqrt{\pi/2} \tag{5.102}$$

$$\mathrm{var}(x) = \frac{4-\pi}{2}b^2 \tag{5.103}$$

对概率密度函数积分,可得瑞利分布的分布函数

$$F(x \mid b) = \int_0^\infty \frac{x}{b^2} \exp\left(-\frac{x^2}{2b^2}\right) \mathrm{d}x = 1 - \exp\left(-\frac{x^2}{2b^2}\right) \tag{5.104}$$

图 5-27 给出了不同的瑞利参数条件下,瑞利分布的概率密度曲线。

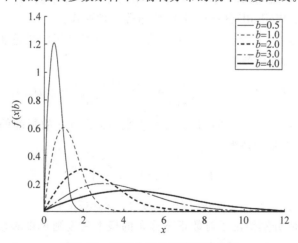

图 5-27 瑞利分布的概率密度曲线

3. 指数分布

可以进一步证明,当杂波服从上述复高斯分布时,杂波的功率服从指数分布。指数分布的概率密度函数可表示为

$$f(x) = \frac{1}{\mu} \exp\left(-\frac{x}{\mu}\right) I_{(0,\infty)}(x) \tag{5.105}$$

式中,$I_{(0,\infty)}(x) = \begin{cases} 1, & x > 0 \\ 0, & \text{其他} \end{cases}$,该指数分布的均值为 μ,方差为 μ^2。图 5-28 给出了不同均值条件下,指数分布的概率密度曲线。

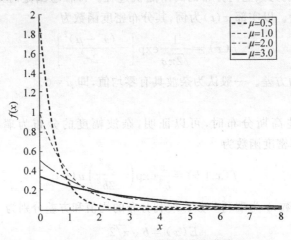

图 5-28　指数分布的概率密度曲线

4. 对数正态分布

随着现代高分辨雷达的出现,由于相邻散射单元的回波在时间性和空间上均存在一定的相关性,杂波满足高斯分布的假设已不成立。许多实测数据也已经证实,在低仰角或高分辨率雷达情况下,杂波分布的统计特性明显偏离高斯分布特性。用非高斯分布模型来模拟能更精确地描述实际雷达回波的统计特性。常用的非高斯分布模型主要有对数正态(Lognormal)分布、威伯尔(Weibull)分布以及 K 分布等三种形式。

对数正态分布是 S. F. George 在 1968 年提出的,它是常用的描述非瑞利包络杂波的一种统计模型。其概率密度函数为

$$f(x \mid \mu, \sigma) = \frac{1}{\sqrt{2\pi}\sigma x} \exp\left[-\frac{(\ln x - \mu)^2}{2\sigma^2}\right] u(x) \tag{5.106}$$

式中,$u(x)$ 为阶跃函数,μ 为 $\ln x$ 的均值(尺度参数),σ 为 $\ln x$ 的标准偏差(形状参数)。对数正态分布的均值和方差分别为

$$E(x) = \exp\left(\mu + \frac{\sigma^2}{2}\right) \tag{5.107}$$

$$\text{var}(x) = \exp(2\mu + 2\sigma^2) - \exp(2\mu + \sigma^2) \tag{5.108}$$

图 5-29 和图 5-30 分别给出了对数正态分布的概率密度随尺度参数 μ 以及形状参数 σ 变化关系曲线。

5. 威布尔分布

与对数正态分布模型一样,威布尔分布模型也是描述非瑞利包络杂波的一种常用的统

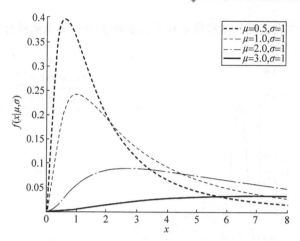

图 5-29　对数正态分布的概率密度随尺度参数 μ 变化关系曲线

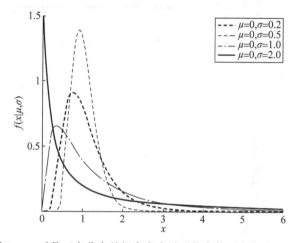

图 5-30　对数正态分布的概率密度随形状参数 σ 变化关系曲线

计模型。与瑞利分布和对数正态分布相比，威布尔分布模型能在很宽的条件下很好地与实验数据相匹配。威布尔分布的概率密度表示为

$$f(x) = \begin{cases} \dfrac{p}{q}\left(\dfrac{x}{q}\right)^{p-1}\exp\left[-\left(\dfrac{x}{q}\right)^{p}\right], & x \geqslant 0 \\ 0, & x < 0 \end{cases} \tag{5.109}$$

式中，$q > 0$ 为尺度参数，$p > 0$ 为形状参数，$p = 1, 2$ 时，威布尔分布分别退化为指数分布和瑞利分布。威布尔分布也常常表示成如下形式：

$$f(x \mid a, b) = abx^{b-1}\exp(-ax^2)u(x) \tag{5.110}$$

对应的均值和方差分别为

$$E(x) = a^{-\frac{1}{b}}\Gamma(1 + b^{-1}) \tag{5.111}$$

$$\mathrm{var}(x) = a^{-\frac{2}{b}}\left[\Gamma(1 + 2b^{-1}) - \Gamma(1 + b^{-1})\right] \tag{5.112}$$

易得

$$a = q^{-p}, \quad b = p$$
$$q = a^{-\frac{1}{b}}, \quad p = b \tag{5.113}$$

威布尔分布的概率密度随尺度参数 q 和形状参数 p 变化关系曲线分别如图 5-31、图 5-32 所示。

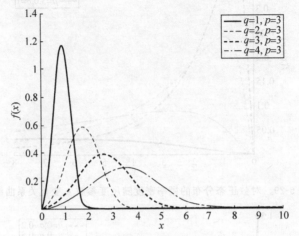

图 5-31 威布尔分布的概率密度随尺度参数 q 变化关系曲线

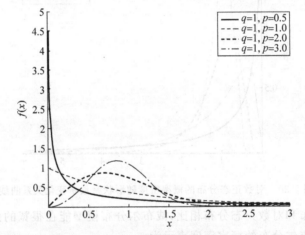

图 5-32 威布尔分布的概率密度随形状参数 p 变化关系曲线

6. K 分布

对高分辨雷达在低视角工作时获得的海杂波回波包络模型的研究表明,用 K 分布不仅可以在很宽的范围内很好地与观测杂波数据的幅度分布匹配,而且还可以正确地模拟杂波回波脉冲间的相关特性,这一性能对于精确预测回波脉冲累积后的目标检测性能是很重要的。K 分布的概率分布密度函数为

$$f(x) = \frac{2}{a\,\Gamma(v+1)}\left(\frac{x}{2a}\right)^{v+1} K_v\left(\frac{x}{a}\right), \quad x>0, v>-1, a>0 \quad (5.114)$$

式中,$K_v\left(\dfrac{x}{a}\right)$ 为第二类修正 Bessel 函数;a 为尺度参数,仅与杂波的平均值有关;v 为形状参数,控制分布尾部的形状。对于大多数杂波,形状参数 v 的取值范围一般是 $[0.1, +\infty)$。当 $v \to 0.1$ 时,K 分布的右拖尾较长,可描述尖峰状杂波;而当 $v \to \infty$ 时,K 分布接近瑞利分布。有试验证明,对于高分辨低入射余角的地杂波,形状参数 v 的取值范围一般是 $[0.1, 3]$。

K 分布的各阶矩介于瑞利分布和对数正态分布的各阶矩之间,一般用来模拟拖尾介于瑞利分布和对数正态分布之间的杂波幅度统计特性。

K 分布对应的均值和方差分别为

$$E(x) = \frac{2a\,\Gamma\left(v + \frac{3}{2}\right)\Gamma\left(\frac{3}{2}\right)}{\Gamma(v+1)} \tag{5.115}$$

$$\mathrm{var}(x) = 4a^2\left[v + 1 - \frac{\Gamma^2\left(v + \frac{3}{2}\right)\Gamma^2\left(\frac{3}{2}\right)}{\Gamma^2(v+1)}\right] \tag{5.116}$$

对概率密度函数求积分,可得 K 分布的分布函数近似为

$$F(x) = 1 - \frac{2}{\Gamma(v+1)}\left(\frac{x}{2a}\right)^{v+1} K_{v+1}\left(\frac{x}{a}\right) \tag{5.117}$$

K 分布的概率密度随尺度参数 a 和形状参数 v 变化关系曲线分别如图 5-33、图 5-34 所示。

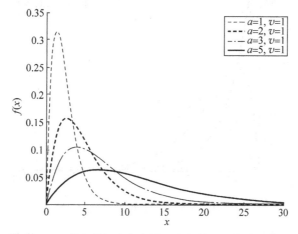

图 5-33　K 分布的概率密度随尺度参数 a 变化关系曲线

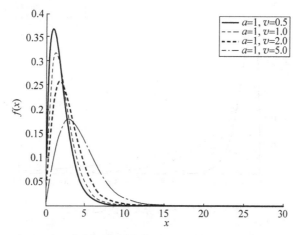

图 5-34　K 分布的概率密度随形状参数 v 变化关系曲线

7. Gamma 分布

一般情况下 K 分布能很好地与杂波模型相匹配,但当参数很大时(例如 $v > 200$),K 分

布就不太适合了,这时一般可用 Gamma 分布替代 K 分布。Gamma 分布的概率密度函数为

$$f(x \mid v,b) = \frac{\beta^v}{\Gamma(v)} x^{v-1} \mathrm{e}^{-\beta x}, \quad x > 0 \tag{5.118}$$

式中,v 为形状参数,β 为尺度参数。对应的均值和方差分布为

$$E(x) = \frac{v}{\beta} \tag{5.119}$$

$$\mathrm{var}(x) = \frac{v}{\beta^2} \tag{5.120}$$

Gamma 分布的概率密度随尺度参数 a 和形状参数 v 变化关系曲线分别如图 5-35、图 5-36 所示。

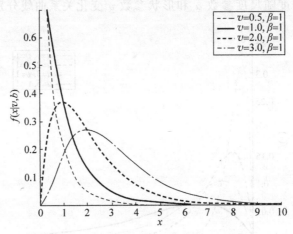

图 5-35　Gamma 分布曲线图($\beta=1$)

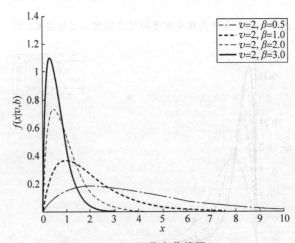

图 5-36　Gamma 分布曲线图($v=2$)

5.6.3　地杂波

5.6.3.1　地杂波概述

雷达信号照射到地面或海面时会向各个方向散射,向后返回到雷达接收机的信号,通常

称为雷达地杂波。这种回波信号的物理尺寸比雷达分辨单元要大得多,能够污染目标信号甚至遮蔽所需目标回波,从而限制雷达的性能。其中,陆地表面产生的杂波称作地杂波。

5.6.3.2　地杂波的统计特性

由于雷达波束的空间变化或波束内地面散射体随时间的变化,陆地雷达杂波信号是分辨单元内大量随机散射中心后向散射电磁场矢量之和,杂波幅度在空间和时间上都发生变化。因此,对杂波特性的描述需要采用统计方法。

1. 地杂波的幅度分布

雷达分辨率较低和掠射角较大时,杂波幅度一般用 Rayleigh 分布表示,它描述在雷达分辨单元内存在大量大小基本相等、相位在 $[0,2\pi]$ 内均匀分布散射体的合成回波,其 I、Q 同相和正交分量呈高斯分布。当单元内有一个散射体起主要作用时,其回波比其他散射体都大得多,此时幅度为 Ricean 分布。在高分辨率和小掠射角情况下,地杂波表现为较长的"拖尾",即有较强杂波对应于较小百分位值,从而增大雷达检测的虚警率。在这种情况下,可采用对数正态分布、威布尔分布或 K 分布,以便更好地拟合小概率分布范围的较大杂波变化趋势。

通过对部分实测数据进行分析表明,杂波特性与具体地形地物的相关性较大,宏观上基本一致的地区,在散射特性上可能具有较大的差异。但地形地物特征明显不同的区域一般也具有明显不同的杂波特征,如山区和城市散射系数较大且存在较强的起伏,与入射角的变化关系在较窄的角度范围内不明显,这说明由于自然地形和人造物体的影响,回波具有更大的随机性。由于受测试条件和设备所限,数据往往是在不同时间、不同地点和不同雷达参数下测得的,因此,对典型地面、较宽入射角范围、不同频段和不同极化杂波特性的认识还有待深入。

2. 地面杂波谱

像描述其他随机起伏信号一样,杂波的频谱可用功率谱密度 $P(f)$ 或自相关函数 $R(\tau)$ 来表示,二者互为傅里叶变换关系,即

$$P(f)=\int_{-\infty}^{\infty}R(\tau)e^{j2\pi f\tau}d\tau \tag{5.121}$$

来自雷达照射单元内大量随机运动及取向的散射体回波谱较早使用了高斯模型,即

$$P(f)=P_0 e^{-\alpha(f/f_0)} \tag{5.122}$$

式中,P_0 表示功率密度平均值;f_0 为雷达频率;参数 α 与杂波类型有关。

经过大量研究测试表明,幂函数形式的频谱更适合杂波的描述,具体为

$$P(f)=\frac{P_0}{1+(f/f_c)^n} \tag{5.123}$$

式中,f_c 表示杂波频谱的半功率点频率值;n 为正实数。

此外,罗贤云等对植被的后向散射功率谱也进行了研究,得到的结果与幂函数谱很接近,形式为

$$P(f)=\frac{C}{4\pi f_d}\frac{P_0}{[1+(f/f_d)^2]^{3/2}} \tag{5.124}$$

式中,f_d 与植被叶茎摆动速率、相对风向、雷达频率及入射角有关;C 为常数。

5.6.4 地海杂波仿真实例

下面举一个实现机载雷达相干杂波的仿真实例,输入参数包括常用参数、雷达发射信号参数、载机参数、机载雷达天线参数、地面散射系数参数和用户设置的其他参数等。

常用参数包括光速、研究电波传播问题时采用的地球半径。雷达发射信号参数包括雷达发射功率、收发综合损耗、脉冲重复频率、脉冲重复周期、雷达工作波长、雷达收发转换时间、发射信号波形(矩形脉冲、调频脉冲、调相脉冲)。载机参数包括载机高度、载机速度大小、载机偏航角、载机倾斜角、载机滚动角;天线方向图模型采用辛格函数,参数包括天线最大电压增益、零功率点波束宽度、天线偏航角、天线倾斜角。地面散射系数模型参数包括 σ_{od}、σ_{os} 和 ϕ_0。用户设置的其他参数主要包括接收脉冲周期数、信号采样率、天线坐标系下的目标视线方位角和俯仰角范围限制。

仿真输出的是接收机接收期间的时间(接收脉冲周期数)和距离二维的I、Q通道数据。对纵向数据进行FFT,并求其幅度,得到距离-多普勒频率二维杂波图。

仿真主要参数设定:

主要参数:雷达发射功率:1000W;雷达工作波长:0.03m;雷达收发转换时间:1ns;发射信号形式:矩形脉冲信号;发射信号脉冲宽度:1μs;载机高度:3000m;载机速度:400m/s;载机偏航角:10°;载机倾斜角:−60°,载机滚动角:10°;天线最大电压增益:60;零功率点波束宽度:5°;地面散射系数参数:$\sigma_{od}=0.01$,$\sigma_{os}=1$,$\phi_0=5°$;天线偏航角:0°;天线倾斜角:0°;视线方位角范围:−30°～30°;视线俯仰角范围:−30°～30°。

仿真 1

脉冲重复频率:10kHz,信号长度:16个脉冲重复周期(PRI),仿真产生的距离-多普勒频率二维杂波谱见图5-37(a)。

仿真 2

脉冲重复频率:20kHz,信号长度:32个PRI,仿真产生的距离-多普勒频率二维杂波谱见图5-37(b)。

仿真 3

脉冲重复频率:40kHz,信号长度:64个PRI,仿真产生的距离-多普勒频率二维杂波谱见图5-37(c)。

仿真 4

脉冲重复频率:80kHz,信号长度:128个PRI,仿真产生的距离-多普勒频率二维杂波谱见图5-37(d)。

仿真 5

脉冲重复频率:160kHz,信号长度:256个PRI,仿真产生的距离-多普勒频率二维杂波谱见图5-37(e)。

仿真 6

脉冲重复频率:250kHz,信号长度:512个PRI,仿真产生的距离-多普勒频率二维杂波谱见图5-37(f)。

仿真结果分析:

根据仿真参数设定可知:天线轴指向方向对应的多普勒频率为26.7kHz,雷达在天线

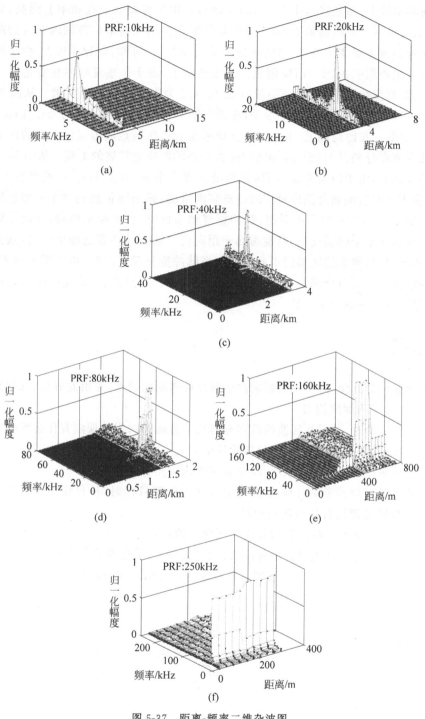

图 5-37 距离-频率二维杂波图

轴指向方向到地面的距离为 3.464km，且天线主瓣覆盖的多普勒频率和距离范围都很小。仿真 1、2 中，该多普勒频率对脉冲重复频率取模为 6.7kHz。仿真 4 中，由于距离模糊，该距离对最大不模糊距离取模后为 1.589km；仿真 5 中，该距离对最大不模糊距离取模后为 652m；仿真 6 中，该距离对最大不模糊距离取模后为 182m；且从图 5-37(a)、图 5-37(b)可以看出,在频率轴上,强杂波集中在 6.7kHz 附近。由于旁瓣杂波在频率上混叠,导致其他频率处的杂波很强。在距离轴上,由于该重复频率在雷达照射地面范围内对应的距离重叠不多,因此强杂波主要集中在 3.464km 处。从图 5-37(c)可知,在频率轴上,由于没有频率混叠,强杂波主要集中在 26.7kHz 附近。在距离轴上,由于该重复频率在雷达照射地面范围内对应的距离重叠增加,因此强杂波以 3.464km 为中心在距离上扩展。从图 5-37(d)、图 5-37(e)可以看出,由于没有频率混叠,在频率轴上,强杂波主要集中在 26.7kHz 附近,旁瓣杂波幅度更低。在距离轴上,由于该重复频率在雷达照射地面范围内对应的距离重叠更多,因此强杂波在分别以 1.589km 和 652m 为中心的距离上扩展的更宽。从图 5-37(f)可以看出,在频率轴上,由于没有频率混叠,强杂波主要集中在 26.7kHz。在距离轴上,由于该重复频率在雷达照射地面范围内对应的距离高度重叠,强杂波扩展到整个不模糊距离。总之,从图 5-37(a)～图 5-37(f)可看出,脉冲重复频率低时,由于频率模糊,杂波在频率上重叠,强杂波覆盖几乎全部速度门,只覆盖部分距离门。随着脉冲重复频率增高,强杂波覆盖的速度门不断减少,覆盖的距离门不断增加。当脉冲重复频率高时,由于距离模糊,杂波在距离上重叠,强杂波覆盖全部距离门,只覆盖部分速度门。总之,无论是频率维上还是距离维上仿真结果都与理论分析一致。

思考题

1. 请根据雷达方程,简要说明影响雷达对目标探测的因素,并由此分析,如何提高复杂环境下雷达对目标的探测能力。

2. 当目标运动时,对雷达回波的调制有哪几个方面?对雷达探测有什么影响?

3. 请简述雷达的目标特性建模包括哪几个方面。

4. 请简述多径效率产生的原理,以及其对雷达探测有何影响。

5. 当采用 P 波段预警雷达和 X 波段制导雷达探测目标时,从目标特性建模仿真的角度,两者的目标特性建模有什么区别和联系?

6. 请简述地海杂波的特点和对其建模所包含的要素。

7. 请以机载雷达探测地(海)面移动目标和地(海)基雷达探测空中目标为例,分别分析影响雷达探测目标的关键要素,以及如何提高雷达对目标的探测能力。

第6章

雷达侦察与干扰系统建模

6.1 雷达侦察系统简介

1. 雷达侦察系统基本概念

雷达侦察系统是进行侦测、截获和测量敌方各种雷达电磁辐射信号的特征参数和技术参数,通过记录、分析、识别和辐射源测向定位,掌握敌方雷达的类型、功能、特性、用途、部署地点以及相关武器或平台的属性与威胁程度的一种电子侦察设备和器材。雷达侦察系统的作用主要有:

(1) 作为雷达干扰、雷达抗干扰的基础,是夺取电磁优势的前提。

(2) 通过对雷达信号的探测、分选、分析以及辐射源识别,实现对信号的截获、雷达载体的定位及识别,判断雷达的能力、技术水平及用途。

(3) 实现电子情报收集、电子战支援、威胁告警等。

2. 雷达侦察系统主要功能

现代雷达侦察系统的主要功能一般是根据它的用途决定的,而且随着电子技术的发展,信号环境不断恶化,对雷达侦察系统的要求越来越苛刻。一个先进的现代雷达侦察系统对信号环境应有很强的适应能力,特别是对各种新体制雷达信号的适应能力。按照现代战场上所使用的军用雷达类型和用途,雷达侦察系统的主要作战对象包括预警雷达、目标监视雷达、导弹制导雷达和火控雷达等。现代雷达侦察系统的主要功能如下。

(1) 截获信号:侦察系统对在其侦察频段内出现的各种信号应能快速地截获。

(2) 测向定位:利用信号的宏观参数(信号的方位、强度和扫描周期等)对信号源(亦称辐射源)进行测向定位,包括比幅测向、相位干涉法测向、时差测向等方法。

(3) 分选识别:信号的微观参数,通常包括信号的种类、信号的载频、脉冲信号的脉宽、脉冲信号的重复频率、信号的结构等。利用信号的微观参数对辐射源分选和识别,通常是由计算机将信号参数与存储的辐射源型号数据库进行对比,找出此辐射源的型号及其工作状态。

(4) 雷达侦察系统兼有告警功能,尤其机载雷达侦察系统更是如此。

雷达侦察系统的组成框图如图 6-1 所示。

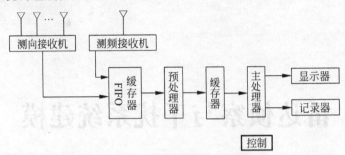

图 6-1　雷达侦察系统组成框图

3. 雷达侦察接收机

雷达侦察接收机是雷达侦察系统的核心,若按测量信号参数的性质划分,可分为测频接收机、测向接收机和脉冲调制参数分析接收机(图 6-2)。

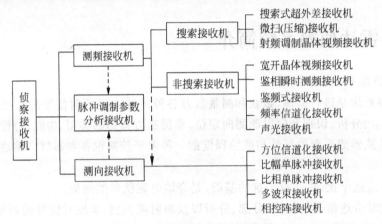

图 6-2　雷达侦察接收机的类型

(1) 测频接收机:它是用来测量信号频率的。按测频方式不同又可分为搜索接收机和非搜索接收机。搜索接收机也称为频率截获接收机,其中包括搜索式超外差接收机和射频调谐接收机。这一类接收机的共同特点是检波前的带宽(射频和中频部分)与检波后的带宽之比值较小,通常等于 2 或稍大一些,故称这类接收机为窄带接收机。非搜索接收机都具有瞬时截获信号的能力,故又称为瞬时测频接收机,其中包括宽开晶体视频接收机、鉴相器瞬时测频接收机、鉴频器瞬时测频接收机、频率信道化接收机(指中频多路复用)以及声光接收机等。在这一类接收机中,除频率信道化接收机和声光接收机以外,其检波前带宽与检波后带宽比值很大,通常在 20 以上,故称宽带接收机。

(2) 测向接收机:它是用来测量信号到达方向的,并可由测频接收机兼任,与方向性天线共同完成测向任务。为了提高测向精度和减小方位截获时间可采用专门测向接收机。比幅法是最常用的一种测向方法,其中有方位信道化接收机和振幅单脉冲接收机。在这两种接收机中,只有保持相邻信道的振幅平衡,才能减小测向误差。若采用相位单脉冲接收机可以得到更高的测向精度。由于这种接收机应用相位比较原理,故亦称相位干涉仪。若用相控阵测向接收机可以减小方位截获时间,不过其造价较高。近年来出现了一种多波束测向接收机,它不仅方位截获时间短,测向精度较高,而且造价便宜,受到人们的广泛注意。

（3）脉冲调制参数分析接收机：它是用来测量信号的脉冲参数的。为了准确测量脉冲宽度，接收机的波形失真和最小脉冲宽度不宜过大。在实际的侦察系统中，脉冲调制参数分析接收机通常由测频接收机或测向接收机兼任。

4. 雷达侦察系统的技战术指标

雷达侦察系统的主要技术指标包括：

（1）系统灵敏度。它是一个信号电平，当侦察系统接收到的信号达到这个信号强度时，就可以侦察出雷达性能参数。

（2）系统动态范围。指的是侦察系统能正常工作并产生预期输出时，接收到的信号强度允许变化的范围。

（3）信号调制参数。包括脉冲宽度、脉冲重复间隔、线性/非线性调频信号的调频斜率和频率宽度、相位编码信号的结构与位数等。

（4）波形失真和最小脉冲宽度。

（5）对雷达天线特性的分析能力，包括极化、主波束宽度、扫描特性等。

雷达侦察系统的主要战术参数包括：

（1）侦察作用距离；

（2）信号截获概率、截获时间；

（3）测角范围、瞬时视野、测角精度及角度分辨力；

（4）侦察频段、瞬时带宽、测频精度及频率分辨力；

（5）虚警概率、虚警时间等。

6.2 雷达侦察系统建模与仿真

现代雷达对抗电磁环境的特点是信号密集交错，波形复杂多变，工作频段宽且互相重叠，不能用简单的分布函数形式来描述。计算机仿真可用于雷达侦察系统的设计、调试、试验及使用阶段。利用计算机仿真技术对雷达侦察系统工作过程进行仿真可以得到与实际信号环境相适应的最佳系统设计方案，为硬件实现提供理论依据，从而节省大量的人力、物力和财力。雷达侦察系统仿真可划分为功能仿真和信号仿真两大类。

6.2.1 雷达侦察系统功能级建模与仿真

雷达侦察系统功能级仿真又称作系统截获信号能力仿真、系统方案仿真，主要用于雷达侦察系统总体方案设计阶段，以寻找最佳侦察系统方案为目的。作为系统总体设计的辅助手段，系统方案仿真仅关心所选择的系统在信号的探测、截获、存储等方面能否与实际的输入信号密度相匹配，而不涉及各分系统的具体构成及具体的处理步骤。这类仿真并不要求详细了解每个信号经过接收机各级后的幅度特性、频率特性以及有关的其他特性，感兴趣的仅仅是给定条件下的系统对各辐射源的截获概率。因此，系统建模工作可大为简化。系统方案仿真直接在系统总体构成原理图的基础上建模，将系统对信号的各种处理过程简化为对应发生的事件，输入信号以脉冲描述字符表示。

计算机仿真根据被研究系统的特征分为连续系统仿真和离散事件系统仿真两大类。对于雷达侦察系统总体来说，由各辐射源信号构成的输入信号流在离散时间点上随机地到达系统输入端,系统对其进行相应的处理,系统状态由"未处理信号"(闲)变成"正在处理信号"(忙),即由"闲"→"忙"。在处理信号期间系统状态保持"忙"不变,直到信号处理完毕,系统状态才再次发生变化由"忙"→"闲",等待接收下一个信号。可见,系统状态的变化也是离散的,而且只有在信号到达或信号处理完毕等事件的驱动下它才发生变化。所以,雷达侦察系统属于离散事件系统,雷达侦察系统方案仿真为离散事件系统仿真。

计算机仿真是在计算机上对系统的数学模型进行试验。因此,仿真的第一步就是研究系统的数学模型。雷达侦察系统功能仿真对应的数学模型为离散事件模型。离散事件模型一般很难用数学方程来描述,通常是用流程图或网络图来描述。下面介绍由雷达侦察系统框图得到描述该系统数学模型(流程图)的思路。

现代雷达侦察系统的组成框图如图 6-1 所示,分析其工作原理,可知该系统应属于离散事件系统中常见的排队系统,并且还是多级服务系统。其中输入信号是"顾客",而系统中的信号处理器则是"服务台(服务员)"。由测向、测频接收机构成的射频信号处理器是多级服务系统的第一级,预处理器是第二级,主处理器则是第三级。前两级服务台的台数与系统总体方案选定的接收机的体制、预处理器的结构及工作方式有关。在方位上或频率上非宽开的搜索式接收机对应单一服务台。

凡能够处理同时到达信号,且能保证输入信号频率和到达角正确配对的射频信号处理器(即接收机体制),对应非单一服务台,称为准多服务台,其服务台的台数近似等于接收机的方位-频率分辨单元数;当有同时到达信号出现时,服务台数则由接收机能够正确处理的同时到达信号的个数决定。如果预处理器采用并行结构,它也对应多服务台,其服务台数与并行结构数近似相等。主处理器一般都是一台计算机,当然只能算作单一服务台。另外,为了使预处理器与射频信号处理器的处理速度、主处理器与预处理器的处理速度相匹配,实际系统中往往要在预处理器前和主处理器前分别配置一定容量的 FIFO 缓冲器。这些缓冲器的容量和处理器的处理时间一样都会影响系统的信号处理能力,所以系统建模时必须考虑它们。缓存器对应排队系统的队列。预处理器前的队列数等于射频信号处理器对应的服务台数的上限(≥1),而主处理器前的队列数等于预处理器的分辨单元数(>1)。后者是因为输入的交叠脉冲流,在预处理器的作用下,被分离成多列稀释了的脉冲列。值得一提的是,确定各级服务台的台数及队列数是系统建模的一项重要工作,它直接影响到仿真结果是否有效。

综上所述,雷达侦察系统功能仿真,即雷达侦察系统处理信号能力仿真是一个多级多台系统仿真的问题,由于目前排队论对这类 GI/G/S 系统的研究理论上主要限于 M/M/S 系统,而对一般情形则难于得到解析结果,因此仿真往往是估计这类系统性能的唯一途径。另外需要说明的是,雷达侦察系统的实体(顾客)到达模式即信号到达时间间隔的分布不能直接假设为泊松分布。这是因为在高密度信号环境中,信号之间在时域上的交叠,可能不再满足泊松分布的条件。前两级处理器对信号的处理时间基本是确定性的,而第三级的主处理器对信号的处理时间与信号形式的复杂程度、相应的处理算法等密切相关,一般不是确定的。可以采用预先测试的方法获取主处理器的服务时间分布,各级处理器皆按 FIFO 规则服务。当某一级有多个服务台或多个队列时,各队列之间不允许换队,排队规则仍是FIFO。描述雷达侦察系统功能仿真的数学模型(流程图)如图 6-3 所示。

系统数学模型建立之后的下一步工作是确定仿真算法。仿真算法(或称为仿真策略)决

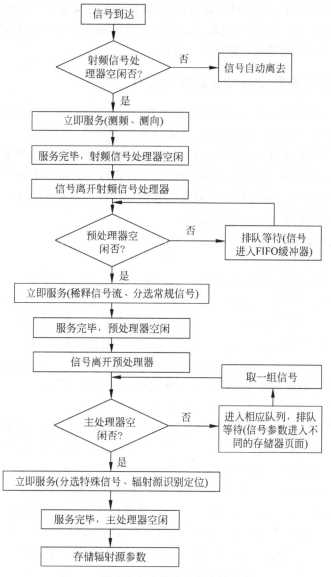

图 6-3　雷达侦察系统功能仿真数学模型

定仿真模型的结构,即使是同一系统,在不同算法下仿真模型的形式也是不相同的。在目前比较成熟的三种仿真策略中,事件调度法易于理解,机理简单,建模灵活,适合于非专业仿真人员自行编制仿真软件;其缺点主要是建模工作量大。进程交互法是面向问题的算法,是建模最为直观的策略,其模型表示接近实际系统,建模工作量小,但因其流程控制复杂,而使得仿真软件编制较难。另外,其建模灵活性不如事件调度法。事实上,选择何种策略进行仿真建模,既取决于被研究的系统的特点,还取决于仿真人员所掌握的仿真语言。

　　雷达侦察系统功能仿真的目的:①根据给定的信号环境信息(包括信号密度、辐射源参数、各类辐射源的配置情况或分布模型)、所选定的接收机体制、工作方式、各分系统的处理时间、各级 FIFO 缓存器及存储器的容量、截获辐射源所需最少脉冲数等总体设计指标,估计所设计系统处理信号的能力,用系统对信号环境中每个开机工作的辐射源的截获概率指标来度量；②根据系统所要求达到的截获概率，通过不断地调整系统总体结构及指标，估计系统的最佳构成及工作方式，同时实现各分系统之间指标的合理分配，即使各处理器的处理时间，FIFO 缓存器及存储器的容量等趋于合理。

6.2.2　雷达侦察系统信号级建模与仿真

雷达侦察系统的信号级仿真以复现系统的真实工作过程为目的，适用于系统性能的分析、评估、各分系统和系统整机的调试，以及雷达电子战仿真、试验与训练。因此，要求建模要尽可能地反映实际系统各部分的真实特性，如信号环境中存在并有可能被侦察接收机截获到的各种雷达信号（包括其波形、载频及频谱、功率强度等）、雷达天线方向图函数、信号的分选，识别及定位算法等。雷达侦察系统的信号仿真具有十分重要的开发和应用价值，但从系统建模到仿真试验难度及工作量都巨大。

6.2.2.1　雷达信号分选

1. 雷达信号分选参数

现代雷达侦察系统工作在日益密集的信号环境中。因此，对被截获的大量混杂信号必须以有效的方法做出某种分选，这样才能得到信号的相关序列，即一定程度上再现原始的信号。然而把某个信号从特定辐射源信号中分离出来的任务可能是难以完成的，因为不同信号间的参数界限可能重叠，而且测量误差等因素也可能使所测得的信号特性变得不精确。信号分选是利用信号参数的相关性来实现的，表征雷达辐射源的特征参数包括：

(1) 频域参数：载频频率、频谱、频率变化规律及变化范围等；

(2) 空域参数：信号的到达方向（方位角、仰角）；

(3) 时域参数：脉冲到达时间、脉冲宽度、脉冲重复周期及其变化规律、变化范围；

(4) 脉冲的幅度参数：雷达天线调制参数、天线扫描周期及扫描规律等参数。

通常用于信号参数分选的参数有以下几个。

(1) 到达角（DOA）：包括方位角和俯仰角。雷达有可能逐个地改变其他参数，但要逐个脉冲地改变到达角，必须使其搭载平台以很高的速度移动才能实现，而这一点现在是无法实现的。也就是说，不论辐射源的参数如何变化，在短时间内（例如 1s 内），其到达角是基本不变的。然而由于辐射源的分布密集和侦察机的测角精度的影响，采用到达角单一参数去交错并不能把所有交叠脉冲分离成各个雷达的脉冲列。

(2) 射频频率（RF）：射频频率也是用于信号分选的一个重要参数。根据雷达在频域上的分布特点，目前固定载频的雷达仍占大多数，因此利用 RF 来分选还是非常有效的。提高测频精度是可靠分选的保证。当今瞬时频率测量技术（IFM）已经达到了相当高的水平，测频精度可达到 1MHz，甚至 0.1MHz。但是随着声表面波技术的进步，越来越多的射频捷变雷达投入使用，使得传统的信号分选方法出现了许多的困难，这有待于信号处理水平的进一步提高。

(3) 到达时间（TOA）：这是一个很重要的分选参数。随着环境中信号密度的不断增加以及重频抖动、滑变和参差等形式的雷达信号的出现，光靠 TOA 来进行处理已经不能适应作战要求了。到达时间的测量一般是接收机系统以某一脉冲为时间基准，测量后续脉冲相对于此脉冲的时间间隔值。从到达时间可以推导出雷达的重频间隔，从而可知道雷达的脉冲重复频率，一般雷达信号的 PRF 的大致范围为几百赫兹到几百千赫兹。

(4) 脉冲宽度(PW)：由于多径效应可能使脉冲包络严重失真，而且很多雷达的脉宽相同或相近，致使脉宽这一参数被认为是一个不可靠的分选参数。近年来，在脉宽的测量方面采取了一些新的技术，如在检波后直接比较出脉冲宽度(PW)就可以避免视放的失真，采用浮动电平测量脉宽避免了幅度的影响，使脉宽测量的精度得到提高，因此在分选某些特殊信号时，采用脉宽作为辅助分选参数也有一定的价值。通常雷达信号的脉宽(PW)取值为 0.1～500μs，测量精度可以达到纳秒级。

(5) 脉冲幅度(PA)：这里所说的脉冲幅度是指到达信号的功率电平，根据脉幅可以估计辐射源的远近。脉幅在某些侦察接收机中可用作扫描分析，因为有些雷达其脉冲重频、载频和脉宽等参数都相同，但它们的扫描方式不一样，要分选这些雷达信号必须做扫描分析。

2. 雷达信号分选模型

信号分选是利用信号参数的相关性来实现的。由于用作信号分选的常用参数有 5 个，因此，可根据对侦察系统的不同要求选择由这几个特征参数的不同组成来进行信号分选，具体的分选模式有以下几种：

(1) PRI 时域单参数分选；

(2) PRI 加 PW 时域多参数分选；

(3) PRI、PW 加 RF 多参数综合分选；

(4) PRI、PW 加 DOA 多参数综合分选；

(5) PRI、PW 加 DOA、RF 多参数综合分选。

在各种信号分选模式中，PRI 分选是各种分选方法中都需要具有的分选程序，因此，其他参数的分选都可以看作预分选，PRI 分选是最终的分选。随着信号环境密集复杂度的增加，简单的参数分选已经不再适应需要。根据复杂电磁环境试验需求，我们应选择尽可能多的参数来对信号进行分选，在仿真中选择了 PRI、PW 加 DOA、RF 四个参数来进行信号的分选。

具体的分选是这样实现的：首先由预处理机对接收到的雷达信号进行载频(RF)、到达方向(DOA)和脉冲宽度(PW)的预分选，即将 PW、RF 和 DOA 相近的各脉冲存储到一个信号单元，使信号流稀释到主处理机可以处理的地步。在进行预分选的过程中，需要对由 PW、RF 和 DOA 这三个参数张成的空间制定出一种合理的预处理子空间划分。由于实际的雷达信号参数在频率和脉宽域内的分布并不是均匀的，因此我们采用非均匀划分。通常雷达信号的载频集中分布在 P、L、S、C、X、Ku、Ka 等几个主要频段，脉宽集中分布在 0.1～500μs；同时，载频的绝对变化范围与其所在频段有关，低频段绝对变化范围小，高频段绝对变化范围大。因此，我们采用的非均匀划分准则是：对参数分布集中的区间采用密集划分，对参数分布分散的区间采用稀疏划分；在频率低段采用相对密集划分，在频率高段采用相对稀疏划分。这种非均匀划分方法显然更合理。但由于 PW 参数易受多径效应的影响而不太可靠，在预分选中我们一般将 PW 的分选间隔选得稍宽一些。

信号经过预处理后被稀释，然后主处理机对各信号单元内的脉冲列采用脉冲重复间隔(PRI)这个参数进行精分选，然后对所有分选完成后的信号再进行特殊信号(如频率捷变等)的分选。

3. PRI 变换的类型

对于常规雷达信号而言，脉冲重复间隔(PRI)是信号分选与识别的一个重要参数。因为它是最能体现雷达特征的参数,即使是相同型号的雷达,其重频也存在细微的差别。

随着信号环境的密集化及信号形式的多样化,环境中的各种辐射源的脉冲相互交叠在一起,在接收机输出端构成了在时间轴上交错的随机信号流,用简单的方法已不能对 PRI 进行分析。常用的 PRI 类型有以下几种。

(1) 固定的 PRI:如果雷达 PRI 的最大变化量不大于其平均值的 1%,就认为它具有恒定的 PRI 值。

(2) 跳变的 PRI:这里指人为的随机跳变或有规律的调制,是一种雷达电子抗干扰措施(ECCM)。PRI 跳变用于给侦察系统造成分析 PRI 的困难或降低某些干扰类型的效果。这种类型的 PRI 变化值较大,可高达平均 PRI 的 30%。

(3) 转换并驻留的 PRI:一些雷达中选用几个或多个不同的 PRI 值,并快速地在这些 PRI 值之间转换,其目的主要在于分辨距离或速度上的模糊,或者用来消除雷达的距离盲区或速度盲区。

(4) 参差 PRI:PRI 的参差是一部雷达发射的脉冲序列中选用了两个或多个 PRI 值。这种脉冲列的重复周期称为帧周期。帧周期之内的各个小间隔可以称为子周期。参差脉冲列要用参差的重数以及各子周期的数值来描述。

(5) 滑变 PRI:滑变 PRI 用于探测高度不变而雷达使用仰角扫描方式跟踪目标的系统。大仰角时探测距离近,使用短 PRI;小仰角时探测距离远,使用长 PRI,这样做可以消除雷达的距离模糊。

(6) 排定 PRI:排定 PRI 在计算机控制的电子扫描雷达中使用。这种雷达通常是三坐标雷达,即在三维空间交替执行扫描和跟踪功能,PRI 的变化由控制程序确定。排定的 PRI 变化有许多模式,用以适应目标的情况。

(7) 周期变化的 PRI:PRI 的周期调制是一种比滑变 PRI 的变化范围更窄的近似正弦调制的 PRI。它可以用来避免雷达目标盲区或用于分辨距离模糊。

4. PRI 分选的方法

PRI 分选的方法主要有常规的 PRI 分选方法(序列搜索法)、改进的序列搜索法、统计直方图法、累计差直方图法(CDIF)、序列差直方图法(SDIF)、基于 PRI 变换的脉冲重复间隔估计法、平面变换技术(可视化分选技术)、重复周期变换技术(可视化分选技术)。

常规的重频分选法(即序列搜索法)简单易行,对于辐射源较少和信号不太复杂(固定重频和参差重频的信号)的情况,具有分选效果好和分选速度快的优点。但是当辐射源数目增多,信号形式变得复杂(如 PRI 抖动增大),该算法的分选效果大大下降,分选时间变长。由于该算法是以原始脉冲序列中的两个脉冲的 TOA 差值作为假想的固定 PRI 而进行窗口预置的,事先无法预知该间隔能否分选成功,这样不断地预置下去将浪费大量的时间。而且,对于 PRI 抖动较大的信号而言,即使选择的这两个脉冲是同一部 PRI 抖动雷达的相邻两个脉冲,假想的 PRI 值也有可能偏离真值很多,造成虚假的搜索。可见,常规的重频分选法在多信号环境和复杂信号环境下,不论在分选时间还是分选效果上都不令人满意。

改进的重频分选法在原有重频分选法以原始脉冲序列中两个脉冲的 TOA 差值作为假想的固定 PRI 而进行窗口预置的基础上又融合了 SDIF 中对重频抖动的检测和子谐波的分析,虽然在时间开销上有所增加,但在分选效果上却得到了大大的改进,能够适应多信号环境和复杂信号环境。

　　由于CDIF算法是利用对脉冲重复间隔的统计值来鉴别出可能的PRI值,所以它较常规重频分选方法具有对干扰脉冲和脉冲丢失不敏感的特点。但它的最大缺点是需要数量很多的差值级数,即使是很简单的情况也是如此。而且在有大量脉冲丢失的情况下,在CDIF中检测到的是谐波,造成虚假辐射源。

　　SDIF算法是在CDIF的基础上改进完善形成的,它加入了对谐波的检测,对重频的抖动也进行了分析处理,在运算速度和防止虚假目标方面做了较大改进,是复杂信号分选处理器较常采用的算法。

　　平面变换技术和重复周期变换技术是两种可视化分选技术,将密集射频脉冲信号分段截取并逐行在平面上显示,通过平面显示宽度的变换,得到表征信号特征的调制曲线。其最终结果是图形化的PRI规律,将一维的到达时间序列转变为二维的可视化图形信息,具有直观、快速而有效的优点,克服了多种信号混合在一起的脉冲重叠和漏脉冲的影响,可以用来对复杂体制的雷达进行信号分选。但由于它们属于可视化分选技术,需要人的参与,因此实时性难以保证,故只能应用于ELINT系统中。

6.2.2.2　雷达信号识别

　　信号识别就是将分选所得的信源技术参数与存储在辐射源参数文件中的事先通过电子情报侦察获得的各种雷达的特征参数进行容差比较所形成的判决,从而确定雷达的型号并能进一步得到更详细的战术技术参数,同时还可以给出威胁告警及识别可信度。其识别方法主要有以下几种。

1. 模板匹配法

　　在模式识别中一个最原始、最基本的方法就是模板匹配法。它基本上是一种统计识别方法。最简单和直观的分类方法是直接以各类训练样本点的集合所构成的区域表示各类决策区,并以点间距离作为样本相似性量度的主要依据,即认为空间中两点距离越近,表示实际上两样本越相似。

　　关于距离,已经定义了很多种,这里列举出若干种满足以上距离条件的函数。

(1) Minkowsky距离:

$$d(X,Y) = \left[\sum_{i=1}^{n} | x_i - y_i |^{\lambda} \right]^{1/\lambda} \tag{6.1}$$

(2) Hattan距离:

$$d(X,Y) = \sum_{i=1}^{n} | x_i - y_i | \tag{6.2}$$

(3) City Block距离:

$$d(X,Y) = \sum_{i=1}^{n} w_i | x_i - y_i | \tag{6.3}$$

将归一化和计算距离这两种计算步骤结合起来,即修正的City Block距离:

$$d(X,Y) = \sum_{i=1}^{n} w_i \frac{| x_i - y_i |}{x_i} \tag{6.4}$$

式中,$d(X,Y)$为待匹配测量模板数据与样本模板数据之间的距离;x_i为传感器测量得到的测量模板数据;y_i为知识库中的样本模板数据;w_i为第i个特征参数在识别整体中所占的权值。对于知识库的样本模板数据中的参数不止一个的情况,将测得的数据与每一个可能都进行匹配,选取其中最小的距离作为该参数的距离。

2. 模糊匹配方法

模糊模式识别的理论可以用于雷达信号的识别。其识别的方法大致分为两类:直接方法和间接方法。直接方法按最大隶属度原则归类:设 $A_1,A_2,\cdots,A_n$ 是论域 U 上的几个模糊子集,u_0 是 U 的一个固定元素,若 $\mu_{A_i}(u_0)=\max[\mu_{A_1}(u_0),\mu_{A_2}(u_0),\cdots,\mu_{A_n}(u_0)]$,其中 $\mu_{A_i}(u_0)$ 为隶属函数,则认为 u_0 相对隶属于模糊子集 A_i。

间接方法则按择近原则归类:设 $A_1,A_2,\cdots,A_n,\cdots,A_j$ 是论域 U 上的几个模糊子集,B 也是论域 U 上的一个模糊子集,若 B 与 A_j 的距离最小或贴近度最大,则认为 B 相对属于 A_j。

1) 隶属函数的确定

对于射频调制方式、重频调制方式、信号调制方式、频率变化方式这些数字离散型变量,其隶属函数的定义如下:

$$d_{ij}=\begin{cases}1, & \text{调制方式匹配时}\\ 0, & \text{调制方式不匹配时}\end{cases} \tag{6.5}$$

而对于工作频率、重复频率、脉冲宽度、信号调制度这类连续模拟型参数,则由于各部具体雷达的特征参量的值总是在各自对应的某一平均值附近摆动,使得雷达在实现上存在偏差,出现模糊性,在接收侦察雷达信号时,必然存在着测量误差,使得雷达参量的值没有明确的边界,其特征函数可以在[0,1]区间上连续取值,所以有几种隶属函数的取值法(以载频为例)。

(1) 梯形曲线隶属函数:

$$\mu(u)=\begin{cases}(f_{\max}+16\sigma-u)/15\sigma, & f_{\max}+\sigma<u<f_{\max}+16\sigma\\ 1, & f_{\min}-\sigma<u<f_{\max}+\sigma\\ (u-(f_{\min}-16\sigma))/15\sigma, & f_{\min}-16\sigma<u<f_{\min}-\sigma\\ 0, & \text{其他}\end{cases} \tag{6.6}$$

(2) 高斯型隶属函数:

$$\mu(u)=\begin{cases}\exp\left[-\dfrac{(u-f_{\max})^2}{2\sigma^2}\right], & u>f_{\max}\\ 1, & f_{\min}<u<f_{\max}\\ \exp\left[-\dfrac{(u-f_{\min})^2}{2\sigma^2}\right], & u<f_{\min}\end{cases} \tag{6.7}$$

(3) 柯西型隶属函数:

$$\mu(u)=\begin{cases}1/[1+(u-f_{\max})^2/\sigma^2], & u>f_{\max}\\ 1, & f_{\min}<u<f_{\max}\\ 1/[1+(u-f_{\min})^2/\sigma^2], & u<f_{\min}\end{cases} \tag{6.8}$$

式中,σ 为传感器对频率的测量误差的均方值,$f_{\min}$、$f_{\max}$ 分别为某类雷达的工作频率的低端和高端。

2) 最大隶属度法

辐射源数据的隶属度是在获得其内部各个参数的隶属函数的基础上,利用对象雷达探

测精度上各参数所表现出的不同权重,通过下式进行计算

$$d = \sum w_i \mu(u_i) \tag{6.9}$$

式中,w_i 为权重且 $\sum_{i=1}^{k} w_i = 1$。

比较待识别雷达对所有已知雷达的隶属度,取最大值。对于待识别雷达是已知雷达还是未知雷达的判断依据是将隶属度最大值与给定门限进行比较,高于门限即认为属于已知雷达;反之则认为是新型雷达。

3) 格贴近度法

贴近度常用来表征两个模糊集的近似程度。贴近度越大,两模糊集越接近。格贴近度定义:设 A,B 是论域 U 上两个模糊集,以 $A \cdot B$、$A \otimes B$、(A,B) 分别表示 A 和 B 的内积、外积和格贴近度,则

$$\begin{cases} A \cdot B = \bigvee (\mu_A(x) \wedge \mu_B(x)) \\ A \otimes B = \bigwedge (\mu_A(x) \vee \mu_B(x)) \\ (A,B) = (A \cdot B) \wedge (1 - A \otimes B) \end{cases} \tag{6.10}$$

式中,$\vee$、$\wedge$ 分别表示取最大、取最小。根据隶属函数的不同,当选取高斯型隶属函数时,

$$(A,B)(u) = \begin{cases} \exp\left[-\dfrac{1}{2}\left(\dfrac{u - f_{\max}}{\sigma_A + \sigma_B}\right)^2\right], & u > f_{\max} \\ 1, & f_{\min} < u < f_{\max} \\ \exp\left[-\dfrac{1}{2}\left(\dfrac{u - f_{\min}}{\sigma_A + \sigma_B}\right)^2\right], & u < f_{\min} \end{cases} \tag{6.11}$$

当选取柯西型隶属函数时,有

$$(A,B)(u) = \begin{cases} \dfrac{(\sigma_A + \sigma_B)^2}{(\sigma_A + \sigma_B)^2 + (u - f_{\max})^2}, & u > f_{\max} \\ 1, & f_{\min} < u < f_{\max} \\ \dfrac{(\sigma_A + \sigma_B)^2}{(\sigma_A + \sigma_B)^2 + (u - f_{\min})^2}, & u < f_{\min} \end{cases} \tag{6.12}$$

同样,利用各参数在对象雷达、探测精度上表现出的不同权重,辐射源数据单元的贴近度可以通过下式进行计算:

$$d = \sum w_i (A,B)(u_i) \tag{6.13}$$

式中,w_i 为权重且 $\sum_{i=1}^{k} w_i = 1$。

比较待识别雷达对所有已知雷达的贴近度,取最大值。与最大隶属法类似,将贴近度的最大值与给定门限的大小关系作为判断待识别雷达属于已知雷达还是未知雷达的准则。

3. 信号识别的仿真

在信号识别的仿真分析中,对模板匹配法我们选取了修正的"City Block"距离作为待匹配测量模板数据与样本模板数据之间的距离。同时选取了载频、重频、脉宽作为比较的参数。而由于这三个参量在表征雷达和测量方法等方面都不相同,所以所选取的权重也不同。载频决定雷达的用途,重频决定雷达的作用距离,它们都在很大程度上反映了雷达的信息。

脉宽虽然也反映雷达的发射功率,但由于电波传播存在多径效应,测量的数值相对误差较大。因此在信号识别过程中载频和重频所起的作用要相对大于脉宽的作用。所以我们给载频、重频、脉宽分别取权值 0.4、0.4、0.2。利用加权数求出待识别雷达对所有已知雷达的距离值,比较后取最小值。如果最小值小于给定门限值,即认为待识别雷达同与最小值对应的已知雷达同属一类,否则就判为新型雷达。在识别中还有一个置信度确定的问题,由于计算中我们取的是待识别雷达对所有已知雷达的距离的最小值,如果能够识别出来,这个距离值是趋近于 0 的。为此我们选取置信度为 CON＝1−D,其中 CON 为置信度,D 为待识别雷达对所有已知雷达的距离的最小值,这同置信度在[0,1]闭区间上取值的要求吻合。

在模糊匹配法中我们选取柯西型隶属函数来分别计算待识别对已知雷达的隶属度,同样选取了载频、重频、脉宽三个参数和 0.4、0.4、0.2 的权值来计算隶属度。利用加权数求出待识别雷达对所有已知雷达的隶属度,比较后取最大值。若最大值大于给定门限值,即认为待识别雷达同与最大值对应的已知雷达同属一类,否则就判为新型雷达。对识别出的雷达同样有置信度的选取问题,由于我们选择的是待识别雷达对所有已知雷达隶属度的最大值,这个值是趋近于 1 的。为此我们选取置信度为 CON＝D,其中 CON 为置信度,D 为待识别雷达对所有已知雷达的隶属度的最大值。

6.3　雷达干扰系统简介

1. 雷达干扰系统基本概念

雷达干扰是一切破坏和扰乱敌方雷达检测或利用我方目标信息的战术、技术措施的统称,其主要方式包括两个方面:一是遮盖真目标,二是制造假目标。对雷达来说,除了感兴趣的目标回波以外,其他进入雷达接收机的信号都可以看作是干扰信号。为了有效地进行干扰,雷达干扰系统应满足以下要求:

(1) 具有一定的频率覆盖范围;
(2) 具有较大的干扰功率;
(3) 选择有效的干扰样式;
(4) 系统的响应时间要短;
(5) 干扰时机选择恰当。

2. 雷达干扰系统的组成及功能

雷达干扰系统的基本组成如图 6-4 所示。

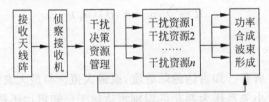

图 6-4　雷达干扰系统的基本原理图

具体而言,雷达干扰系统制定有效的干扰资源分配管理方案;确定干扰样式;实施有效干扰。

3. 雷达干扰系统分类

雷达干扰的分类方法很多,图 6-5 所示是其中一种分类。

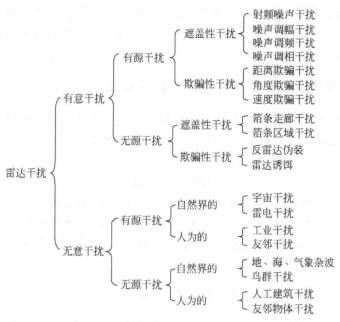

图 6-5　雷达干扰的分类

本书论述的雷达干扰系统主要指的是有源雷达干扰系统。有源雷达干扰按照工作体制分两种：遮盖性干扰和欺骗性干扰。

按照雷达、目标及干扰机的空间位置关系分类，雷达干扰又可以分为近距离干扰（SFJ）、随队干扰（ESJ）、自卫式干扰（SSJ）、远距离干扰（SOJ）。

4. 雷达干扰系统主要技战术参数

雷达干扰系统的主要技战术参数有：

（1）频率范围。工作频率范围是指干扰系统对雷达实施有效干扰最低频率和最高频率之间的频域。

（2）接收机灵敏度。它是干扰系统正常工作时所需要的最小接收信号功率。

（3）发射功率。是指在发射机的发射输出端口上测得的射频干扰信号功率。

（4）有效辐射功率。是指发射机发射功率减去线缆衰减后与天线增益的乘积。

（5）干扰空域。是指干扰系统能实施有效干扰的空间范围。

（6）同时干扰目标数。是指在特定时间内雷达干扰系统能同时有效干扰的雷达部数。

（7）信号环境密度。是指干扰系统在单位时间内能正确测量分析雷达脉冲信号的最大脉冲个数，它表征了干扰系统适应密集信号环境的能力。

（8）系统反应时间。是指干扰系统从接收到第一个雷达脉冲到对雷达施放出干扰之间的最小时间。

6.4　雷达干扰系统建模与仿真

雷达干扰系统的仿真数学模型描述了在威胁雷达环境下，干扰系统破坏或扰乱敌方雷达所进行的试验目的和模型约束。通过数学仿真的方法仿真干扰机在不断变化的威胁雷达环境中,对整个威胁雷达环境的干扰效果。根据干扰机的干扰信号作用原理主要分为以下几类仿真数学模型:遮盖性干扰功能仿真数学模型、遮盖性干扰信号仿真数学模型和欺骗性干扰信号仿真数学模型。

6.4.1 有源遮盖性干扰功能级仿真数学模型

由于遮盖性噪声干扰是宽带的,雷达接收机接收干扰信号的过程可以看作一个白噪声通过窄带系统的过程。由干扰方程,到达雷达接收机前端的干扰功率为

$$P_{rj} = \frac{P_j G_j G_1 \lambda^2}{(4\pi R_j)^2 L_j L_r L_{\text{Pol}} L_{\text{Atm}}} \tag{6.14}$$

式中,P_j 为干扰机发射功率;G_j 为干扰机天线对雷达方向的增益;G_1 为雷达天线在干扰机方向上的增益;λ 为雷达工作波长;R_j 为雷达与干扰机之间的距离;L_j 为干扰机发射综合损耗;L_{Pol} 为干扰信号对雷达天线的极化损耗;L_r 为雷达接收综合损耗;L_{Atm} 为干扰机到雷达距离上的信号大气损耗。

6.4.2 有源遮盖性干扰信号级仿真数学模型

遮盖性干扰是利用噪声或类似噪声的干扰信号遮盖或淹没有用信号,阻止雷达检测目标信息。任何一部雷达都有外部噪声和内部噪声,雷达对目标的检测是在这些噪声中进行的,其检测是基于一定的概率准则。一般来说,如果目标信号功率 S 与噪声功率 N 相比(信噪比 SNR)超过检测门限 D,则可以保证在一定的虚警概率 P_{fa} 条件下达到一定的检测概率 P_d,简称为可以发现目标,否则便认为不可发现目标。遮盖性干扰正是使强干扰功率进入雷达接收机,尽可能降低信噪比,造成雷达对目标检测的困难。

有源遮盖性干扰按照干扰信号中心频率 f_j、谱宽 Δf_j 相对雷达接收机中心频率 f_s、带宽 Δf_r 的关系,又可分为瞄准式干扰、阻塞式干扰和扫频式干扰。

1. 瞄准式干扰

瞄准式干扰一般满足

$$f_j \approx f_s, \quad \Delta f_j = (2 \sim 5)\Delta f_r \tag{6.15}$$

采用瞄准式干扰必须首先测得雷达信号频率 f_s,然后把干扰机频率 f_j 调整到雷达的载频上,从而保证较窄的 Δf_j 能够覆盖 Δf_r,这就是通常所说的频率引导。瞄准式干扰的优点在于在雷达 Δf_r 内的干扰功率强,是遮盖性干扰的首选方式;但其缺点是对频率引导要求高,有时甚至难以实现。

2. 阻塞式干扰

阻塞式干扰一般满足

$$\Delta f_j > 5\Delta f_r, \quad f_j \approx f_s \in \left[f_j - \frac{\Delta f_j}{2}, f_j + \frac{\Delta f_j}{2} \right] \tag{6.16}$$

由于 Δf_j 较宽,对频率引导的精度要求降低,使得频率引导设备简单;另外,由于 Δf_j 宽,也便于同时干扰频率分集雷达、频率捷变雷达和多部不同工作频率的雷达。其缺点是在 Δf_r 内的干扰功率密度较低。

3. 扫频式干扰

扫频式干扰一般满足

$$\Delta f_j = (2 \sim 5)\Delta f_r, \quad f_j = f_s \pm kt, \quad t \in [0, T], k \text{ 为常数} \tag{6.17}$$

即干扰的中心频率为连续的、以 T 为周期的函数。扫频干扰可对雷达造成周期性间断的强干扰,扫频的范围较宽,也能够干扰频率分集雷达、频率捷变雷达和多部不同工作频率的雷达。

设噪声信号 $J(t)$ 为干扰信号,那么考虑到电磁波在空间传播的衰减,在雷达接收机输入端的干扰信号可以表示为

$$J_r(t) = \sqrt{P_j^c} g_v(\theta_J) g_J J(t) K_{RF} \tag{6.18}$$

式中,$g_v(\theta_J)$ 为雷达天线方向图在干扰方向上的电压增益;g_J 为干扰天线电压增益;K_{RF} 为射频电压放大系数;P_j^c 为雷达接收干扰机发射功率中间变量,即

$$P_j^c = \begin{cases} \dfrac{\lambda^2 P_J}{(4\pi)^2 R_J^2(t) L_J L_r} \dfrac{B_r}{B_J}, & B_r \leqslant B_J \\[4mm] \dfrac{\lambda^2 P_J}{(4\pi)^2 R_J^2(t) L_J L_r}, & B_r > B_J \end{cases} \tag{6.19}$$

式中,λ 为雷达工作波长;P_J 为干扰机发射平均功率;L_J 为干扰发射信号的综合损耗;L_r 为雷达接收综合损耗;$R_J(t)$ 为干扰机与雷达的距离;B_J 为干扰信号带宽;B_r 为雷达接收机带宽。

为下面研究方便,可以把式(6.18)进一步改写为

$$J_r(t) = P^c(t) J(t) \tag{6.20}$$

式中,$P^c(t) = \sqrt{P_j^c} g_v'(\theta_J) g_J K_{RF}$。

遮盖性干扰的主要干扰信号是噪声,它能够干扰任何形式的信号。根据信息论中熵的概念,最佳遮盖性干扰信号必然是不确定性最大的波形。理论上,高斯白噪声是最佳干扰信号,其原因是高斯白噪声对特定平均功率的任何随机波形都具有最大熵或不确定性。用高斯白噪声对高频载波进行调制的干扰信号是雷达对抗最常遇到的干扰机施放的干扰样式。根据噪声信号 $J(t)$ 的不同产生方式,可将有源遮盖性干扰分为射频噪声干扰、噪声调幅干扰、噪声调频干扰和噪声调相干扰等形式。

6.4.2.1　射频噪声干扰

用合适的滤波器对白噪声滤波,并经过放大器得到的有限频带噪声,称为射频噪声。这种噪声接近于白噪声,其信号表达形式为

$$J(t) = U_n(t) \exp(j(\omega_j t + \varphi(t))) \tag{6.21}$$

这是一个窄带的高斯过程,即 $J(t)$ 服从正态分布,而其包络函数 $U_n(t)$ 服从瑞利分布,相位函数 $\varphi(t)$ 服从 $[0, 2\pi]$ 均匀分布,且与 $U_n(t)$ 相互独立,载频 ω_j 为常数,且远大于 $J(t)$ 的谱宽。由于 $J(t)$ 一般是对低功率噪声的滤波和放大,所以又称为直接放大式噪声。

实际的射频噪声的功率电平太低,难以满足大功率干扰的需要,而实现大功率、宽频带放大,在技术上和成本上都不易实现。近年来,人们虽然试图研究大功率的微波噪声产生器,但仍停留在实验室的研制阶段。因此,迄今为止的实际干扰信号都不是理想的正态白噪声,而均是用视频的正态噪声对振荡器的载波进行调制产生的。

雷达接收的干扰信号为

$$J_r(t) = P^c(t) U_n(t) \exp(j(\omega_j t + \varphi(t))) \tag{6.22}$$

信号仿真数学模型为

$$J_r(t) = P^c(t)U_n(t)\exp\{j[(\omega_j - \omega_0)t + \varphi(t)]\} \tag{6.23}$$

式中，ω_0 为雷达工作角频率。

6.4.2.2 噪声调幅干扰

如果载波振荡 $u_0(t) = U_0\cos[\omega_j t + \varphi]$ 的幅度随着调制噪声 $U_n(t)$ 的变化而变化，这种调制过程称为噪声调幅，其信号表达形式为

$$J(t) = [U_0 + U_n(t)]\exp[j(\omega_j t + \varphi)] \tag{6.24}$$

这是一个广义平稳随机过程。其中，U_0 为载波电压，调制噪声 $U_n(t)$ 是均值为 0、方差为 σ_n^2 的高斯限带白噪声，φ 为 $[0, 2\pi]$ 均匀分布且与 $U_n(t)$ 独立的随机变量。

噪声调幅干扰是窄带干扰，只适合于实施瞄准式干扰，在要求实施阻塞式干扰的情况下，噪声调幅干扰将难以胜任。另外，噪声调幅干扰的边带噪声功率等于调制噪声功率的一半，若要提高边带噪声功率，就必须产生高功率的调制噪声，这在技术上有一定的困难。为了使用带宽有限的调制噪声产生宽频带的噪声干扰，同时在不提高调制噪声功率的情况下产生高的有效干扰功率，就需要采用噪声调频干扰方式。

雷达接收的干扰信号为

$$J_r(t) = P^c(t)[U_0 + U_n(t)]\exp[j(\omega_j t + \varphi)] \tag{6.25}$$

信号仿真数学模型为

$$J_r(t) = P^c(t)[U_0 + U_n(t)]\exp[j((\omega_j - \omega_0)t + \varphi)] \tag{6.26}$$

6.4.2.3 噪声调频干扰

若载波的瞬时频率随调制电压的变化而变化，而振幅保持不变，则这种调制称为调频。当调制电压为噪声时，则称其为噪声调频。其信号表达形式为

$$J(t) = U_0\exp\left[j\left(\omega_j t + 2\pi K_{FM}\int_0^t U_n(\tau)d\tau + \varphi\right)\right] \tag{6.27}$$

这是一个广义平稳随机过程。其中，U_0 为载波电压，调制噪声 $U_n(t)$ 是均值为 0、方差为 σ_n^2 的高斯限带白噪声，φ 为 $[0, 2\pi]$ 均匀分布且与 $U_n(t)$ 独立的随机变量，K_{FM} 为比例系数，表示单位调制信号强度所引起的频率变化。噪声调频是产生宽频带干扰的主要方法，噪声调频干扰在雷达对抗中应用已经十分广泛，成为一种极其重要的干扰样式。雷达接收的干扰信号为

$$J_r(t) = P^c(t)U_0\exp\left[j\left(\omega_j t + 2\pi K_{FM}\int_0^t U_n(\tau)d\tau + \varphi\right)\right] \tag{6.28}$$

信号仿真数学模型为

$$J_r(t) = P^c(t)U_0\exp\left[j\left((\omega_j - \omega_0)t + 2\pi K_{FM}\int_0^t U_n(\tau)d\tau + \varphi\right)\right] \tag{6.29}$$

6.4.2.4 噪声调相干扰

如果载波的瞬时相位随调制电压的变化而变化，而振幅保持不变，则这种调制称为调相。当调制电压为噪声时，则称其为噪声调相。其信号表达形式为

$$J(t) = U_0\exp[j(\omega_j t + K_{PM}U_n(t) + \varphi)] \tag{6.30}$$

这是一个广义平稳随机过程。其中，U_0 为载波电压，调制噪声 $U_n(t)$ 是均值为 0、方差为 σ_n^2 的高斯限带白噪声，φ 为 $[0, 2\pi]$ 均匀分布且与 $U_n(t)$ 独立的随机变量，K_{PM} 为比例系数，表示单位调制信号强度所引起的相位变化。由于信号频率的变化和相位的变化都表现为总的

相角的变化,因此调频和调相又可以统称为调角。

雷达接收的干扰信号为

$$J_r(t) = P^c(t)U_0 \exp[j(\omega_j t + K_{\mathrm{PM}}U_n(t) + \varphi)] \tag{6.31}$$

信号仿真数学模型为

$$J_r(t) = P^c(t)U_0 \exp[j((\omega_j - \omega_o)t + K_{\mathrm{PM}}U_n(t) + \varphi)] \tag{6.32}$$

6.4.2.5 脉冲干扰

通常将雷达接收机内出现的时域离散的、非目标回波的脉冲统称为脉冲干扰。这些干扰脉冲可能来自有源干扰源,也可能来自无源干扰物。这里讨论的脉冲干扰主要是指有源干扰设备形成的脉冲干扰。脉冲干扰可以分为规则脉冲干扰和随机脉冲干扰两种。

(1) 规则脉冲干扰。指脉冲参数(幅度、宽度和重复频率)恒定的干扰信号。如果规则脉冲的出现时间与雷达的定时信号之间具有相对稳定的时间关系,则称其为同步脉冲干扰,反之则称为异步脉冲干扰。

(2) 随机脉冲干扰。指干扰脉冲的幅度、宽度和间隔等某些参数或全部参数是随机变化的。随机脉冲干扰与连续噪声调制干扰都具有一定的遮盖干扰特点,但两者的统计性质是不同的,采用两者的组合干扰将引起遮盖性干扰的非平稳性,造成雷达抗干扰的困难。

6.4.3 有源欺骗性干扰信号级仿真数学模型

欺骗性干扰的原理是采用虚假的目标和信息作用于雷达的目标检测和跟踪系统,使雷达不能正确地检测真正的目标或者不能正确地测量真正目标的参数信息,从而达到迷惑和扰乱雷达对真正目标检测和跟踪的目的。根据不同的方法可以将欺骗性干扰分为不同的类别。

1. 根据真假目标的参数信息的差别分类

一般雷达可以提供的信息包括目标的距离 R、方位角 α、俯仰角 β 和速度 v(体现为接收信号的多普勒频移 f_d)等参数,当存在有源假目标干扰时,设其相应参数分别为 R_f、α_f、β_f 和 f_{df},并考虑到雷达接收到的真实目标回波功率 P_{rs} 和虚假目标回波功率 P_{rf},可以将欺骗性干扰分为以下 5 类。

(1) 距离欺骗干扰:是指假目标的距离不同于真目标,能量往往强于真目标,而其余参数则近似等于真实目标的参数,即 $R_f \neq R$,$\alpha_f \approx \alpha$,$\beta_f \approx \beta$,$f_{df} \approx f_d$,$P_{rf} > P_{rs}$。

(2) 角度欺骗干扰:是指假目标的方位角或俯仰角不同于真目标,能量强于真目标,而其余参数则近似等于真实目标的参数,即 $\alpha_f \neq \alpha$ 或 $\beta_f \neq \beta$,$R_f \approx R$,$f_{df} \approx f_d$,$P_{rf} > P_{rs}$。

(3) 速度欺骗干扰:是指假目标的多普勒频移不同于真目标,能量强于真目标,而其余参数则近似等于真实目标的参数,即 $f_{df} \neq f_d$,$R_f \approx R$,$\alpha_f \approx \alpha$,$\beta_f \approx \beta$,$P_{rf} > P_{rs}$。

(4) AGC欺骗干扰:是指假目标的回波信号功率不同于真目标,其余参数覆盖或近似等于真实目标的参数,即 $R_f \approx R$,$\alpha_f \approx \alpha$,$\beta_f \approx \beta$,$f_{df} \approx f_d$,$P_{rf} \neq P_{rs}$。

(5) 联合欺骗干扰:是指假目标有两个或两个以上参数不同于真目标,以便进一步改善欺骗干扰的效果。经常用于同其他干扰配合使用的 AGC 欺骗干扰,此外还有距离-速度同步欺骗干扰等。

2. 根据真假目标在雷达空间分辨单元的不同分类

(1) 质心干扰:真、假目标的参数差别小于雷达的空间分辨力,雷达不能区分这些不同的目标,而是将它们作为同一个目标来检测和跟踪。由于在很多情况下雷达对此的最终检测、跟踪结果往往是真、假目标参数的能量加权质心(或称重心),因此称为质心干扰。

(2) 假目标干扰:真、假目标的参数差别大于雷达的空间分辨力,雷达能够区分这些不同的目标,但可能将假目标作为真目标检测和跟踪,从而造成虚警,也可能没有发现真目标而造成漏报。大量的虚警还可能造成雷达检测、跟踪和其他信号处理电路的过载。

(3) 拖引干扰:是一种周期性地从质心干扰到假目标干扰的连续变化过程。

6.4.3.1 距离欺骗干扰

1. 距离波门拖引干扰

自动距离跟踪系统是跟踪雷达(炮瞄雷达、制导雷达、截击瞄准雷达等)必须具备的系统,它用来自动地获取距离数据和进行目标选择,以保证自动方向跟踪系统的正常工作。自动距离跟踪系统是一个视频工作系统,它用一对以发射脉冲为参考时间的距离波门在时间鉴别器上与来自接收机的目标回波脉冲进行比较,当距离波门与回波脉冲对准时,时间鉴别器没有误差信号输出;当距离波门与回波重合但没有对准时,有误差信号输出,再通过控制元件产生一个调整电压,使距离波门朝着减少误差的方向移动,从而实现了对目标回波的自动跟踪。

对自动距离跟踪系统的主要欺骗干扰技术是距离波门拖引。根据目标回波模型,为简化下面的讨论过程,暂不考虑雷达载频捷变和线性调频等因素,于是在雷达接收机输入端的目标回波信号可以写为

$$S_{RF}(t) = A_R \exp\left[j(\omega_c + \omega_d)\left(t - \frac{2R(t)}{c}\right)\right] \tag{6.33}$$

那么在实施距离拖引干扰时,就要求此处的干扰信号为

$$J_r(t) = A_J \exp\left[j(\omega_c + \omega_d)\left(t - \frac{2R(t)}{c} - \Delta t\right)\right] \tag{6.34}$$

式中,A_J 为干扰信号的幅度,且 $A_J > A_R$;Δt 为距离拖引信号相对于目标的正常回波信号的延迟时间。信号仿真数学模型为

$$J_r(t) = A_J \exp\left[j\omega_d\left(t - \frac{2R(t)}{c} - \Delta t\right)\right] \tag{6.35}$$

对自动距离系统所实施的距离拖引的方法如下:①干扰脉冲捕获距离波门;②拖引距离波门;③干扰机关机。

经过一段时间之后,距离波门搜索到目标回波并再次转入自动跟踪状态。待距离波门跟踪上目标以后,再重复以上三个步骤的距离波门拖引程序。

距离波门拖引干扰和角度欺骗干扰综合使用时,常常可以增大角度欺骗干扰的效果。方法是先将距离波门从目标回波上拖开,拖离到最大值后,立即接通角度欺骗干扰。这时,距离波门没有信号,干扰与信号之比为无穷大,从而角度欺骗可达到最佳效果。

2. 距离假目标欺骗

距离假目标干扰也称为同步脉冲干扰。对于上述的干扰信号,若选择一个合适的 Δt 使得 $c\Delta t/2$(即产生的假目标与真实目标之间的距离)大于雷达的距离分辨单元,则形成距离假目标。

一般情况下,由于干扰机与雷达之间的距离是未知的,所以为选择合适的 Δt 就要求干

扰机和被保护目标之间具有良好的空间配合关系,以将假目标的距离设置在适当的位置,避免发生假目标与真目标距离重合的问题。因此,假目标干扰多用于目标的自卫干扰,以便于同自身相配合。

6.4.3.2　速度欺骗干扰

1. 速度波门拖引

速度跟踪的基本原理是跟踪目标的多普勒频率。在雷达中接收的是目标回波,相对于雷达的发射信号,目标回波的多普勒频移为

$$f_{\mathrm{d}} = \frac{2v_r}{\lambda} = \frac{2v_r}{c} f_c \tag{6.36}$$

式中,v_r 为目标相对于雷达的径向速度。由于雷达的工作频率 f_c 已知,故根据测得的多普勒频移 f_{d} 即可算出目标的径向速度。

使用在频率上覆盖多普勒频率的干扰,原理上能够阻碍雷达获得目标的多普勒频移。但是由于雷达的多普勒滤波器的带宽很窄,因此如果实施频率瞄准式干扰,其频率引导精度必须很高;而若实施阻塞式干扰,进入速度波门的干扰功率又将很低,所以这两种干扰方法并不常用。对于速度跟踪系统来讲,常用的干扰方法是欺骗性干扰,即速度波门拖引干扰。根据雷达回波信号模型,干扰信号需要一个多普勒频率的偏移量,即

$$S_J(t) = A_J \exp\left[\mathrm{j}(\omega_c + \omega_{\mathrm{d}} + \Delta\omega)\left(t - \frac{2R(t)}{c}\right)\right] \tag{6.37}$$

速度波门拖引干扰在原理上和距离波门拖引干扰是相同的,其过程包括干扰捕获速度波门、拖引、关机三个阶段,此处不再详述。

2. 虚假多普勒频率干扰

根据接收到的雷达信号,同时转发与目标回波多普勒频率 ω_{d} 不同的若干个干扰信号(即附加多个不同的 $\Delta\omega$),以使雷达的速度跟踪电路可同时检测到多个多普勒频率的存在,并且造成其检测、跟踪的错误。

3. 多普勒频率闪烁干扰

多普勒频率闪烁干扰即在雷达速度跟踪电路的跟踪带宽 Δf_T 以内,以 T 为周期交替产生 $\omega_{\mathrm{d}} + \Delta\omega_1$、$\omega_{\mathrm{d}} + \Delta\omega_2$ 两个不同频移的干扰信号,造成雷达速度跟踪波门在两个干扰频率上摆动,始终不能正确、稳定地捕获目标速度。由于速度跟踪系统的响应时间约为其跟踪带宽的倒数,所以对交替周期 T 的要求为

$$T \geqslant \frac{1}{2\Delta f_T} \tag{6.38}$$

6.4.3.3　距离速度同步干扰

目标的径向速度 v_r 是距离 $R(t)$ 对时间的导数,也是多普勒频移的函数

$$v_r = \frac{\partial R(t)}{\partial t} = \frac{\lambda f_{\mathrm{d}}}{2} \tag{6.39}$$

对于只有距离 $R(t)$ 或速度 v_r 检测、跟踪能力的雷达,单独采用上述对其距离或速度跟踪系统的欺骗干扰样式是可以奏效的。但是,对于具有距离-速度两维信息同时检测、跟踪能力的雷达,只对其某一维信息进行欺骗或者对其两维信息欺骗的参数不一致时,就很可能被雷达识别为假目标,从而达不到预期的干扰效果。

距离速度同步干扰主要用于干扰具有距离-速度两维信息同时检测、跟踪能力的雷达（如脉冲多普勒雷达），在进行距离波门拖引的同时，进行速度波门欺骗干扰，其相应参数的变化应满足式（6.39）。

6.4.3.4 角度欺骗干扰

雷达对目标角度信息的检测和跟踪主要依靠雷达收发天线对不同方向电磁波的振幅或相位的响应。常用的角度检测和跟踪方法有圆锥扫描角度跟踪、线性扫描角度跟踪和单脉冲角度跟踪等。

1. 对圆锥扫描角度跟踪系统的干扰

1）倒相干扰

对于暴露式圆锥扫描角度跟踪系统，由于其误差信号包络也表现在其发射信号中，因此比较容易被雷达侦察接收机检测和识别出来，所以对其干扰的主要样式就是倒相干扰。通常倒相干扰机就配置在目标上，这时雷达发射信号可以表示为

$$S(t) = \sum_n U_s R_{\text{ect}}(t - nT_r, \tau) \mathrm{e}^{\mathrm{j}\omega t + \varphi} \tag{6.40}$$

而接收到的目标回波信号将受到收发天线的圆锥扫描调制，如果忽略脉冲重复间隔内波束扫描的变化，则接收信号为

$$S_r(t) \approx F^2[\theta_0 - \theta\cos(\Omega_s t + \phi)]LS\left(t - \frac{2R(t)}{c}\right) \tag{6.41}$$

式中，$F(\theta)$ 为雷达的天线方向图；θ_0 为雷达天线方向图最大增益方向偏离瞄准轴（等信号轴）的角度；Ω_s 为雷达波束扫描的角频率；ϕ 为目标偏离的方向；L 为综合传输损耗。干扰发射信号为

$$J_j(t) = U_j[1 + m_j\cos(\Omega_s' t + \phi_j)]S\left(t - \frac{R(t)}{c}\right) \tag{6.42}$$

则进入雷达接收机的干扰信号也将受到雷达接收天线圆锥扫描的包络调制为

$$J_r(t) = U_j'[1 + m_j\cos(\Omega_s' t + \phi_j)]F[\theta_0 - \theta\cos(\Omega_s t + \phi)]S\left(t - \frac{2R(t)}{c}\right) \tag{6.43}$$

于是干扰信号将与目标回波信号一起经过混频、中放、脉冲包络检波和峰值检波，在忽略其中非线性交调的条件下，将天线方向图采用幂级数近似，并设 $\Omega_s' \approx \Omega_s$，于是可以得到经过选频放大和相位检波之后输出的方位角和俯仰角误差信号分别为

$$\begin{cases} u_\alpha = K_d[U_j m_j\cos((\Omega_s' - \Omega_s)t + \phi_j) + (U_j + 2U_s)\theta\mu\cos\phi] \\ u_\beta = K_d[U_j m_j\sin((\Omega_s' - \Omega_s)t + \phi_j) + (U_j + 2U_s)\theta\mu\sin\phi] \end{cases} \tag{6.44}$$

式中，$\mu = \dfrac{|F'(\theta_0)|}{F(\theta_0)}$，特别当采用高斯天线方向图时，$\mu = \dfrac{2.8\theta_0}{\theta_{0.5}^2}$。

当圆锥扫描天线稳定跟踪时，其指向 θ 应满足二维角误差信号为 0，由此可解得

$$\theta = \frac{-\sqrt{J/S}\,m_j\cos[(\Omega_s' - \Omega_s)t + \phi_j]}{(\sqrt{J/S} + 2)\mu\cos\phi} = \frac{-\sqrt{J/S}\,m_j\sin[(\Omega_s' - \Omega_s)t + \phi_j]}{(\sqrt{J/S} + 2)\mu\sin\phi} \tag{6.45}$$

式中，$\sqrt{J/S} = U_j/U_s$ 为雷达接收机输入端干扰信号与目标回波信号的电压比。

2）随机方波干扰

当雷达采用隐蔽圆锥扫描方式工作时，侦察接收机将无法确定其当前的锥扫频率 Ω_s

和相位 ϕ，于是干扰机只能对该雷达可能使用的锥扫角频率范围 $[\Omega_{s\min},\Omega_{s\max}]$ 实施随机方波调幅干扰，其中方波的角基频范围与 $[\Omega_{s\min},\Omega_{s\max}]$ 一致。由于圆锥扫描雷达的锥扫调制信号的选频放大器通带 B 一般只有几弧度，因此只有当方波基频 Ω'_s 与锥扫频率十分接近时干扰信号才能通过选频放大器。当干扰方波信号的角基频率在 $[\Omega_{s\min},\Omega_{s\max}]$ 内均匀分布时，随机方波干扰相当于是对锥扫频率范围的阻塞干扰，落入雷达角度跟踪系统带内的有效干扰功率和干信比 J/S 将下降至 $1/K$。

$$K = \frac{B}{\Omega_{s\max}-\Omega_{s\min}} \tag{6.46}$$

此外，由于 $\Omega'_s \approx \Omega_s$，将使天线波束的指向 θ 受到频差的调制而不稳定。

$$\theta(t) = \frac{-\sqrt{J/S}\,m_j\cos[(\Omega'_s-\Omega_s)t+\phi_j]}{(\sqrt{J/S}+1)\mu\cos\phi}$$

$$= \frac{-\sqrt{J/S}\,m_j\sin[(\Omega'_s-\Omega_s)t+\phi_j]}{(\sqrt{J/S}+1)\mu\sin\phi} \tag{6.47}$$

$\theta(t)$ 的分布区间为 $[0,\theta_{\max}]$，其中，

$$\theta_{\max} = \frac{1.27\sqrt{J/S}\,\theta_{0.5}}{1.4(\sqrt{J/S}+1)} \tag{6.48}$$

3）扫频方波干扰

使干扰调制方波的角基频以速度 a 周期性地从 $\Omega_{s\min}$ 到 $\Omega_{s\max}$ 逐渐变化，称为扫频方波干扰。扫频周期 T 为

$$T = \frac{\Omega_{s\max}-\Omega_{s\min}}{a} \tag{6.49}$$

由于在每个周期 T 内都将形成一次近似为倒相方波干扰的条件，从而使雷达的角度跟踪出现周期性的不稳定，其最大偏差 $\theta_{\max}$ 同倒相干扰时相同，扫频周期 T 时间内造成雷达跟踪严重不稳定的时间 t_j 为

$$t_j \approx \frac{B}{a}, \quad \frac{t_j}{T} \approx \frac{B}{\Omega_{s\max}-\Omega_{s\min}} \tag{6.50}$$

扫频速度 a 的选择依据主要是根据隐蔽锥扫雷达角度跟踪系统的带宽 B，扫频干扰方波基频扫过带宽 B 的时间应略大于角度跟踪系统的响应时间 $t_s(t_s \approx 1/B)$，$a < B/t_s$。

2. 对线性扫描角度跟踪系统的干扰

一维线性扫描角度跟踪系统的天线波束指向以 T 为周期、Ω_s 为角速度在区间 $[\theta_{\min},\theta_{\max}]$ 内匀速扫描。若以每次扫描的起始时刻为基准，则接收信号将受到天线一维线性扫描的调制。

$$S_r(t) \approx F^2[\theta-(\theta_{\min}+\Omega_s t)]LS\left(t-\frac{2R(t)}{c}\right), \quad t \in [0,T) \tag{6.51}$$

$S_r(t)$ 经混频、中放、包络检波和峰值检波后的输出信号为

$$S_e(t) = \frac{KF^2[\theta-(\theta_{\min}+\Omega_s t)]}{F^2(0)} \tag{6.52}$$

当在 t_1 时刻首次由 $S_e(t)$ 检测到目标回波时，角度跟踪电路开始工作，记下此 t_1 时刻，

并在 t' 时刻前后形成一对时间宽度均为 τ 的前后跟踪波门。通常在首次进入跟踪状态时 $t'=t_1+\tau_c$。在角度跟踪过程中,通过前、后跟踪波门选通、积分电路,分别对前、后跟踪波门内收到的目标回波扫描包络信号能量进行积分

$$\begin{cases} 前波门能量: E_F = \int_{t'-\tau_c}^{t'} s_e(\tau)\mathrm{d}\tau \\ 后波门能量: E_A = \int_{t'}^{t'+\tau_c} s_e(\tau)\mathrm{d}\tau \end{cases} \tag{6.53}$$

并以积分电平差 E_F-E_A 作为角误差信号,控制前、后波门中心 t' 对准目标回波信号的能量中心时刻 t(目标所在角度 θ 与 t 的关系为:$\theta=\theta_{\max}+\Omega t$)。

若雷达的发射天线不作扫描(即 $F(\theta)$ 不随时间改变),而只有其接收天线进行线性扫描,则称为隐蔽线性扫描,此时的接收信号可近似为

$$s_r(t) \approx F[\theta-(\theta_{\min}+\Omega_s t)]F(\theta)LS\left(t-\frac{2R(t)}{c}\right) \tag{6.54}$$

经混频、中放、包络检波和峰值检波后的输出信号为

$$s_e(t) = \frac{KF[\theta-(\theta_{\min}+\Omega_s t)]F(\theta)}{F^2(0)} \tag{6.55}$$

1) 角度波门挖空干扰

由于暴露式线性扫描角度跟踪系统天线扫描调制的包络也表现在其发射信号中,比较容易被雷达侦察系统检测和识别出来,所以对其干扰的主要样式为角度波门挖空干扰。根据雷达天线扫描调制取出其包络信号并经限幅、整形形成干扰方波,其有效时间 T 取决于接收信号的功率和整形电平,若以半功率波束宽度为近似,则有

$$T = \frac{\theta'}{\Omega_s} \approx \frac{\theta_{0.5}}{\Omega_s} \tag{6.56}$$

干扰方波经过干扰控制电路产生挖空干扰方波,挖空干扰方波就是在干扰方波的有效时间 T 内(高电平)产生一个时间宽度为 τ 的空缺(低电平),$\tau \approx T/5 \sim T/4$,该空缺的位置和变化将影响波门对目标回波角度包络跟踪时的能量重心。设空缺的时间中心与 T 方波中心的时间差为 δt,角度波门挖空干扰时,δt 以周期 T_j 变化的函数表达式(挖空拖引函数)为

$$\delta t(t) = \begin{cases} 0, & 0 \leqslant t < t_1,停拖期 \\ a(t-t_1), & t_1 \leqslant t < t_2,拖引期 \\ 干扰关闭, & t_2 \leqslant t < T_j,关闭期 \end{cases} \tag{6.57}$$

式中,a 的正负对应于拖引的方向,a 的绝对值对应于拖引的速度。

$$v_\theta = \frac{a}{\Omega_s} \tag{6.58}$$

拖引期结束时,空缺 t 恰好移出 T 的边缘,即

$$|\delta t(t_2)| = |a(t_2-t_1)| = \frac{T+\tau}{2} \tag{6.59}$$

由此可求得拖引期的时间

$$t_2-t_1 = \left|\frac{T+\tau}{2a}\right| \tag{6.60}$$

角度波门挖空干扰引起线性扫描雷达的最大跟踪角误差为

$$\Delta\theta_{\max} = \frac{|T+\tau|}{2\Omega_s} \approx \frac{\theta_{0.5}}{2} \tag{6.61}$$

停拖期和关闭期的时间主要对应于线性扫描雷达从搜索转为跟踪和从跟踪转为搜索所需要的时间,也包括其中接收机增益控制电路的响应时间,通常为 $0.5\sim2\text{s}$。

2) 角度波门拖引干扰

对暴露式线性扫描角度跟踪系统的角度波门拖引干扰方式与角度波门挖空干扰是类似的,只是加给末级功放的干扰信号调制波形不同。在挖空干扰的选通方波中产生一个宽度为 τ 的干扰时间段作为末级功放的通断调制,并且以该时间段在 T 内的位置和变化来改变雷达角度跟踪波门的中心。若设该时间段中心与 T 方波中心的时间差为 δt,则角度波门拖引干扰时 δt 的表达式与角度波门挖空干扰时是一样的,而且其他干扰参数也是一致的。

3) 随机方波与扫频方波干扰

当雷达采用隐蔽线性扫描时,由于无法保证干扰的欺骗调制与雷达接收天线的线性扫描同步,就难以采用角度波门挖空干扰或角度波门拖引干扰,此时随机方波干扰或扫频方波干扰就是一种常用的干扰样式。针对线性扫描雷达多为边扫描边跟踪的工作特点,方波周期的下限 $T_{\min}$ 和上限 $T_{\max}$ 分别取为

$$T_{\min} = \frac{2\theta_{0.5}}{\Omega_s}, \quad T_{\max} = \frac{\theta_{\max}-\theta_{\min}}{2\Omega_s} \tag{6.62}$$

随机方波干扰与扫频方波干扰对隐蔽线性扫描雷达的干扰为角度误差信息的杂乱方波扰动,其效果是造成雷达跟踪系统工作状态的不稳定和跟踪误差的随机起伏。

3. 对单脉冲角度跟踪系统的干扰

根据所用幅相信息的不同,常用的单脉冲角度跟踪系统主要为振幅和差、相位和差两种形式。设单平面振幅和差单脉冲雷达的两波束最大增益方向与等信号方向的夹角为 θ_0,目标回波方向与等信号方向的张角为 θ,则两天线接收到的目标回波信号分别为

$$\begin{cases} E_1 = [F(\theta_0-\theta)+F(\theta_0+\theta)]F(\theta_0-\theta)LS\left(t-\dfrac{2R(t)}{c}\right) \\ E_2 = [F(\theta_0-\theta)+F(\theta_0+\theta)]F(\theta_0+\theta)LS\left(t-\dfrac{2R(t)}{c}\right) \end{cases} \tag{6.63}$$

经过波束形成网络,得到 E_1、E_2 的和差信号 E_Σ、E_Δ

$$\begin{cases} E_\Sigma = E_1+E_2 = [F(\theta_0-\theta)+F(\theta_0+\theta)]^2 LS\left(t-\dfrac{2R(t)}{c}\right) \\ E_\Delta = E_1-E_2 = [F(\theta_0-\theta)-F(\theta_0+\theta)]^2 LS\left(t-\dfrac{2R(t)}{c}\right) \end{cases} \tag{6.64}$$

E_Σ、E_Δ 分别经过混频、中放、相位检波后的输出信号 $S_e(t)$ 为

$$S_e(t) = \frac{K[F^2(\theta_0-\theta)-F^2(\theta_0+\theta)]}{F^2(\theta_0)} \tag{6.65}$$

将天线方向图在 θ_0 方向展开成幂级数,并取一阶近似,则输出信号 $S_e(t)$ 可近似为

$$S_e(t) \approx \frac{4K\theta\,|F'(\theta_0)|}{F(\theta_0)} \tag{6.66}$$

误差信号经过积分、放大,驱动天线向误差角 θ 减小的方向运动,直到将天线的等信号

方向对准目标。

1）非相干干扰

单脉冲角度跟踪系统具有良好的抗单点源干扰的能力。非相干干扰是在单脉冲雷达的角分辨单元内设置两个或两个以上的干扰源，它们到达雷达接收天线口面的信号没有稳定的相对相位关系（即非相干）。在单平面内实施非相干干扰时，雷达的两个接收天线收到两个干扰源 J_1、J_2 的信号分别为

$$\begin{cases} E_{J1} = A_{J1} F\left(\theta_0 - \dfrac{\Delta\theta}{2} - \theta\right) e^{j\omega_1 t + \varphi_1} + A_{J2} F\left(\theta_0 + \dfrac{\Delta\theta}{2} - \theta\right) e^{j\omega_2 t + \varphi_2} \\ E_{J2} = A_{J1} F\left(\theta_0 + \dfrac{\Delta\theta}{2} + \theta\right) e^{j\omega_1 t + \varphi_1} + A_{J2} F\left(\theta_0 - \dfrac{\Delta\theta}{2} + \theta\right) e^{j\omega_2 t + \varphi_2} \end{cases} \tag{6.67}$$

式中，A_{J1}、A_{J2} 分别是 J_1、J_2 的幅度。经过波束形成网络，得到 E_{J1}、E_{J2} 的和差信号 $E_{J\Sigma}$、$E_{J\Delta}$ 为

$$\begin{cases} \begin{aligned} E_{J\Sigma} &= E_{J1} + E_{J2} \\ &= A_{J1} \left[F\left(\theta_0 - \dfrac{\Delta\theta}{2} - \theta\right) + F\left(\theta_0 + \dfrac{\Delta\theta}{2} + \theta\right) \right] e^{j\omega_1 t + \varphi_1} + \\ &\quad A_{J2} \left[F\left(\theta_0 + \dfrac{\Delta\theta}{2} - \theta\right) + F\left(\theta_0 - \dfrac{\Delta\theta}{2} + \theta\right) \right] e^{j\omega_2 t + \varphi_2} \\ E_{J\Delta} &= E_{J1} - E_{J2} \\ &= A_{J1} \left[F\left(\theta_0 - \dfrac{\Delta\theta}{2} - \theta\right) - F\left(\theta_0 + \dfrac{\Delta\theta}{2} + \theta\right) \right] e^{j\omega_1 t + \varphi_1} + \\ &\quad A_{J2} \left[F\left(\theta_0 + \dfrac{\Delta\theta}{2} - \theta\right) - F\left(\theta_0 - \dfrac{\Delta\theta}{2} + \theta\right) \right] e^{j\omega_2 t + \varphi_2} \end{aligned} \end{cases} \tag{6.68}$$

$E_{J\Sigma}$、$E_{J\Delta}$ 分别经混频、中放、相位检波、低通滤波后的输出信号 $S_{je}(t)$ 为

$$\begin{aligned} S_{je}(t) = & K A_{J1}^2 \left[F^2\left(\theta_0 - \dfrac{\Delta\theta}{2} - \theta\right) - F^2\left(\theta_0 + \dfrac{\Delta\theta}{2} + \theta\right) \right] + \\ & K A_{J2}^2 \left[F^2\left(\theta_0 + \dfrac{\Delta\theta}{2} - \theta\right) - F^2\left(\theta_0 - \dfrac{\Delta\theta}{2} + \theta\right) \right] \end{aligned} \tag{6.69}$$

式中，$K \propto \dfrac{K_d}{F^2(\theta_0)(A_{J1}^2 + A_{J2}^2)}$，对天线方向图近似之后，则有

$$S_{je}(t) \approx \dfrac{4 K_d \, |F'(\theta_0)|}{F(\theta_0)(A_{J1}^2 + A_{J2}^2)} \left[A_{J1}^2 \left(\theta + \dfrac{\Delta\theta}{2}\right) + A_{J2}^2 \left(\theta - \dfrac{\Delta\theta}{2}\right) \right] \tag{6.70}$$

设 J_1、J_2 的功率比为 $b^2 = A_{J1}^2 / A_{J2}^2$，当误差信号 $S_{je}(t) = 0$ 时，跟踪天线的指向角 θ 为

$$\theta = \dfrac{\Delta\theta}{2} \dfrac{b^2 - 1}{b^2 + 1} \tag{6.71}$$

即在非相干干扰的情况下，单脉冲跟踪雷达的天线指向位于干扰源之间的能量质心处。

2）相干干扰

在前面所述的情况下，若 J_1、J_2 到达雷达天线口面的信号具有稳定的相位关系（即相位相干），则称为相干干扰。设 ϕ 为 J_1、J_2 在雷达天线处信号的相位差，雷达接收天线收到 J_1、J_2 两干扰源的信号分别为

$$\begin{cases} E_{J1} = \left[A_{J1} F\left(\theta_0 - \dfrac{\Delta\theta}{2} - \theta\right) + A_{J2} F\left(\theta_0 + \dfrac{\Delta\theta}{2} - \theta\right) e^{j\phi} \right] e^{j\omega t} \\ E_{J2} = \left[A_{J1} F\left(\theta_0 + \dfrac{\Delta\theta}{2} + \theta\right) + A_{J2} F\left(\theta_0 - \dfrac{\Delta\theta}{2} + \theta\right) e^{j\phi} \right] e^{j\omega t} \end{cases} \tag{6.72}$$

经过波束形成网络,得到 E_{J1}、E_{J2} 的和差信号 $E_{J\Sigma}$、$E_{J\Delta}$ 为

$$\begin{cases} E_{J\Sigma} = A_{J1} \left[F\left(\theta_0 - \dfrac{\Delta\theta}{2} - \theta\right) + F\left(\theta_0 + \dfrac{\Delta\theta}{2} + \theta\right) \right] e^{j\omega t} + \\ \qquad A_{J2} \left[F\left(\theta_0 + \dfrac{\Delta\theta}{2} - \theta\right) + F\left(\theta_0 - \dfrac{\Delta\theta}{2} + \theta\right) \right] e^{j\omega t + \phi} \\ E_{J\Delta} = A_{J1} \left[F\left(\theta_0 - \dfrac{\Delta\theta}{2} - \theta\right) - F\left(\theta_0 + \dfrac{\Delta\theta}{2} + \theta\right) \right] e^{j\omega t} + \\ \qquad A_{J2} \left[F\left(\theta_0 + \dfrac{\Delta\theta}{2} - \theta\right) - F\left(\theta_0 - \dfrac{\Delta\theta}{2} + \theta\right) \right] e^{j\omega t + \phi} \end{cases} \tag{6.73}$$

$E_{J\Sigma}$、$E_{J\Delta}$ 分别经混频、中放、相位检波、低通滤波后的输出信号 $S_{je}(t)$ 为

$$S_{je}(t) = K\{ A_{J1}^2 [F^2(\theta_0 - \theta_1) - F^2(\theta_0 + \theta_1)] +$$

$$A_{J2}^2 [F^2(\theta_0 + \theta_2) - F^2(\theta_0 - \theta_2)] +$$

$$2A_{J1}A_{J2}\cos\phi [F(\theta_0 - \theta_1)F(\theta_0 + \theta_2) - F(\theta_0 + \theta_1)F(\theta_0 - \theta_2)] \} \tag{6.74}$$

式中,$\theta_1 = \dfrac{\Delta\theta}{2} + \theta$,$\theta_2 = \dfrac{\Delta\theta}{2} - \theta$。对天线方向图近似之后,并设 $b^2 = A_{J1}^2 / A_{J2}^2$,则

$$S_{je}(t) \approx \frac{4K_d \mid F'(\theta_0) \mid}{F(\theta_0)(A_{J1}^2 + A_{J2}^2)} \left[\left(\theta + \frac{\Delta\theta}{2}\right) + b^2 \left(\theta - \frac{\Delta\theta}{2}\right) + 2b\theta\cos\phi \right] \tag{6.75}$$

当误差信号 $S_{je}(t) = 0$ 时,跟踪天线的指向角 θ 为

$$\theta = \frac{\Delta\theta}{2} \frac{b^2 - 1}{b^2 + 1 + 2b\cos\phi} \tag{6.76}$$

当 $\phi = \pi$,$b \approx 1$ 时,则 $\theta \to \infty$,这时又称为交叉眼干扰。

3) 交叉极化干扰

设 γ 为雷达天线的主极化方向,其等信号方向与雷达的跟踪方向一致;$\gamma + \pi/2$ 为其交叉极化方向,其交叉极化天线方向图的等信号方向与跟踪方向之间存在着 $\delta\theta$ 的偏差。在相同入射场强时,天线对主极化电场的输出功率 P_M 与对交叉极化电场的输出功率 P_C 之比称为天线的极化抑制比 A,交叉极化干扰正是利用雷达天线对交叉极化信号固有的跟踪偏差 $\delta\theta$,发射交叉极化的干扰信号到达雷达天线,造成雷达天线的跟踪误差。设 A_t、A_j 分别为雷达天线处的目标回波信号振幅和干扰信号振幅,β 为干扰极化与主极化方向的夹角,且干扰源与目标位于相同的方向,则雷达在主极化与交叉极化方向收到的信号功率 P_M、P_C 分别为

$$\begin{cases} P_M = A_t^2 + A_j^2 \cos^2\beta \\ P_C = \dfrac{A_j^2 \sin^2\beta}{A} \end{cases} \tag{6.77}$$

雷达天线跟踪的方向 θ 近似为主极化与交叉极化两个等信号方向的能量质心

$$\theta = \delta\theta \frac{P_C}{P_C + P_M} = \frac{\delta\theta}{A} \frac{b^2 \sin^2\beta}{1 + b^2 \cos^2\beta}, \quad b^2 = \frac{A_j^2}{A_t^2} \tag{6.78}$$

由于雷达天线的极化抑制比 A 通常都在 30dB 以上,因此在交叉极化干扰时不仅要求 β 尽可能严格地保持正交 $\pi/2$,而且一定要有很强的干扰功率。

6.4.3.5 对跟踪雷达 AGC 电路的干扰

1. 通断调制干扰

通断调制干扰即以已知的雷达 AGC 电路的响应时间 T 周期性地通、断干扰发射机,使雷达接收机的 AGC 控制系统在强、弱信号之间不断地发生控制转换,造成雷达接收机工作状态和输出信号的不稳、检测跟踪中断或性能下降。根据 AGC 电路的工作原理,在干扰机发射期间进入雷达接收机输入端的干扰功率 P_{rj} 与目标回波功率 P_{rs}(即干扰机关闭期间的剩余功率)之比(即干信比)应大于输出动态范围才能使通断干扰后的雷达接收机暂态输出超出原定的输出动态范围,且干信比越大,则超出的范围越大、时间越长、效果越好。通断工作比 τ/T 对 AGC 电路的性能也有一定的影响,一般选为 $0.3 \sim 0.5$。

2. 工作比递减转发干扰

工作比递减转发干扰就是在通断调制周期 T 内逐渐改变干扰发射工作时间 τ 的宽度,改变的方式通常有均匀变化和减速变化两种。

(1) 均匀变化:

$$1 + \frac{P_{rj}}{P_{rs}} > \frac{P_{o\max}}{P_{o\min}} \tag{6.79}$$

$$V_D = \frac{D_{o\max} - D_{o\min}}{T_D} \tag{6.80}$$

式中,$D_{o\max}$ 为最大工作比;T_D 为变化周期;V_D 需根据最小工作比 $D_{o\min}$ 确定。

(2) 减速变化:

$$\frac{\tau}{T} = D_{o\max} - \ln(at + 1), \quad t \in [0, T_D) \tag{6.81}$$

式中,a 根据最小工作比 $D_{o\min}$ 确定:

$$a = \frac{1}{T_D} \left[\exp(D_{o\max} - D_{o\min}) - 1 \right] \tag{6.82}$$

常用的工作比递减范围为

$$[D_{o\min}, D_{o\max}] = [0.2, 0.8] \tag{6.83}$$

思考题

1. 按照需要侦察的雷达信号参数的性质来分,雷达侦察接收机分为哪几种?
2. 简述雷达侦察接收机的主要技术、战术指标。
3. 简述常用的雷达信号参数分选的参数。
4. 简述有意释放的有源干扰类型。
5. 按照干扰信号的产生方式,可将有源遮盖性干扰分为哪几种?
6. 按照真假目标的参数信息的差别,有源欺骗性干扰可以分为哪几种?

组网雷达对抗建模与仿真

7.1　概述

雷达组网是将不同体制、不同频段、不同极化方式的多部雷达部署在不同地域,使得雷达网扩展其对责任区域在空间和频域上的覆盖,将雷达网内各雷达探测信息进行融合处理,提高覆盖区域的综合探测能力以及雷达网自身的存活能力,持续在战场上给己方提供战场信息,形成全方位、立体化的防御体系。

近年来,组网雷达系统得到了长足的发展,越来越多的装备升级改造加入了组网功能,越来越多的组网雷达系统开始部署。组网雷达系统作战效能若采用实地试验的方式来进行评估,不仅需要消耗大量的人力和物力资源,而且试验的环境还会受到各种外界因素的干扰,得不到准确的试验结果。而采用建模与仿真技术搭建仿真平台来进行组网效能的评估,不但能节省资源的消耗,还能重复进行试验。因此,采用建模与仿真技术搭建仿真平台的方式来研究雷达网性能成为必然选择。

7.2　组网雷达系统基本概念

7.2.1　基本概念

随着综合电子干扰技术的发展,单部雷达已经很难与电子对抗系统全面抗衡,新的威胁促使雷达向网络化方向发展。组网雷达充分利用单部雷达资源和信息融合优势,把多部不同体制、不同频段、不同工作模式、不同极化方式的雷达进行优化布站,借助于通信手段联网,由中心站统一调配,从而使得在探测、定位、跟踪、识别、抗干扰、反隐身等方面的雷达整体性能得以大幅改善。

雷达组网对网内各部雷达的信息形成"网"状收集与传递,并由中心站综合处理、控制和管理,从而形成一个统一的有机整体。网内各雷达的信息汇集至中心站综合处理,得出雷达网覆盖范围内的情报信息、战略态势。然而雷达组网系统与情报综合具有本质的不同,情报综合指的是将各部雷达站的航迹信息发送至情报中心进行处理,中心将主站航迹当作系统航迹,进而对威胁进行评估,拟定并实施作战方案。雷达组网系统将信息数据融合作为关键技术,将各部雷达站的送入信息进行融合,由此可得出许多单部雷达得不到的信息;网内具有信息反馈与控制功能,这样就具备了网的重组能力,以灵活多变的工作方式极大地提高了整个网的"四抗"能力,确保有效的数据、情报上报。雷达组网系统的性能优势是任何单一雷达或以往那种以单纯的情报收集为目的雷达网所不可比拟的。而且,与后者相比,它除了要增加一套专用数据融合设备和相应的高级软件系统外,其他设施的增加很有限,但由此带来的效果是无法估计的。雷达组网的意义体现在下面几个方面:

(1)雷达组网大大提高了探测区域的覆盖面积,可以提供整个战场的态势;同时,在探测重叠区域,目标的检测概率得到了很大的提高,使其在反隐身方面具有很大优势;

(2)雷达组网将不同雷达的信息进行融合,提高了对目标的跟踪精度;

(3)雷达组网可以从不同的角度对目标进行探测,这在对抗隐身目标和低空、超低空目标中具有重要意义;

(4)不同体制、不同频段、不同极化方式的雷达组网,可以提高系统的电子对抗能力。

7.2.2 雷达组网的几种模式

归纳常见的雷达组网融合方法,主要有以下几种:集中式、分布式、混合式、多级式、双/多基地、无源定位、引导交接班等。理论上,多部雷达之间只要存在指令或数据的交互就可以称为雷达组网。雷达组网模式种类较多,需要具体问题具体分析。每种模式下又有一些改进或变种,例如集中式和分布式可同时处理构成混合式融合;每种组网模式下面还可以分层处理,拥有一级或多级局部融合节点。下面归纳几种常见组网方式的基本原理、优缺点和适用条件。

1. 集中式组网模式

集中式组网雷达系统中,分雷达系统一般只进行搜索处理,并将探测到的原始点迹信息全部上传至融合中心,在融合中心集中进行数据对准、航迹起始、航迹预测、点迹关联和跟踪滤波等处理,并形成统一全局航迹。因此,除数据对准外,融合中心的处理流程和单部雷达的数据处理流程基本一致。集中式处理系统中,融合中心一般需要进行实时反馈,以便引导分雷达进行重点区域照射处理。

集中式组网的优点是信息损失最小,适用于微弱目标的探测,数据率高,具备航迹合成功能;缺点是通信量较大,融合中心计算负担较重,系统生存能力较差(依赖于反馈链路,链路被切断时分雷达系统可能无法正常工作;一旦某部雷达受到干扰,产生虚假点迹也会影响整个系统的融合效果)。集中式组网雷达系统一般适合于局部探测区域,例如同一平台或同一区域的传感器采用集中式融合模式较佳。

2. 分布式组网模式

分布式组网雷达系统中,分雷达系统是具有跟踪能力的独立自主雷达系统。分雷达系统首先独自完成多目标跟踪与状态估计,并将目标航迹信息传至融合中心,在融合中心完成数据对准、航迹关联、航迹融合、剔除虚假航迹并形成全局航迹。由于分雷达是完整的雷达系统,因此分布式组网融合结构可以较低的费用获得较高的可靠性和可用性。

分布式组网的优点是通信量较小(只传递航迹信息),稳定性和生存能力较强(中心可以反馈也可不反馈,单部雷达失效一般不会影响整个系统的工作),具备较强的抗干扰能力(通过航迹融合和同源检验,能够有效剔除虚假航迹);缺点为不是最佳融合方法,因为单部雷达上传的航迹可能带有自身处理偏差,另外不易获得持续时间较长的航迹,因为并不是每部雷达都能同时观测到同一空间航迹。分布式组网雷达系统通常适用于欺骗干扰场景和多目标场景,雷达一般是相近体制雷达,探测精度相当,多为警戒雷达之间组网。

3. 双/多基地模式

双/多基地雷达处理系统中,发射站发射雷达信号,各接收站接收雷达信号,获取原始量测信息(一般为距离或距离和、方位、俯仰、速度等)。探测的原始数据全部上传给处理中心,通过定位算法定出目标点迹后再进行跟踪滤波处理,处理结果要实时传递给各分系统进行调度,一般为PRF级别的实时调度。各站之间还要通过同步数据链实现相位同步、空间同步和时间同步。双/多基地雷达处理系统的优点是具有极强的抗干扰能力和反隐身能力,并且可防止反辐射攻击;缺点是系统实现复杂,需要进行各种同步处理,数据率较低(帧间交互),生存能力较差,数据链破坏后性能下降,另外对处理中心的要求也较高,容易定位出较多虚假点迹。双/多基地雷达处理系统一般适用于同类型雷达之间的处理,最好是机动平台,使其布站具有一定的灵活性;如果不需要同步技术,该模式即退化为无源定位模式。

4. 无源定位模式

无源定位雷达处理系统中,一般无发射站发射信号,接收站只接收目标的主动信号或反射信号。接收站之间一般也不需要进行同步处理,只需测量目标的角度、幅度或多普勒等信息,并且可以进行独立的角度或多普勒跟踪处理。分雷达系统探测的原始量测信息或独立维跟踪信息全部上传给处理中心,融合中心根据一定的准则合成目标的全局点迹和全局航迹,该模式一般不需要进行反馈处理。无源定位雷达处理系统的优点是反隐身和抗干扰能力极强,可以对干扰机进行定位,可抗反辐射攻击,不需要同步链路,系统实现简单;缺点是一般只用于跟踪主动有源干扰机,不能探测静默目标,且只有角度数据,一般没有测距数据,因此估计精度稍差些。无源定位模式一般适用于干扰源的无源交叉定位,可和其他组网模式混合使用,如果多个接收站同时检测到 AGC 电压突然持续增高(有可能存在高功率干扰机),无法准确测距,则可转入无源定位模式。

5. 引导交接班模式

引导交接班组网雷达系统中,一般用于预警雷达直接向制导雷达指示或者由指控中心中转向制导雷达交接。该模式是一种特殊的雷达组网方式,一般用于精度较低的雷达向精度较高的雷达进行交接(高精度雷达搜索全空域的时间较长,必须要进行引导),或者各雷达由于视距限制不能探测全程必须要引导交接。传递的信息一般为目标粗略预测位置、属性或威胁等级等。引导交接班组网雷达系统的优点是利用信息共享,可避免高精度雷达全空域盲目搜索,实现快速准确捕获感兴趣目标;缺点是由于没有重叠区域,易受干扰,因此要求引导雷达的探测信息必须足够准确(如红外预警系统的指示信息较为准确,热辐射是目标的基本属性)。引导交接班模式一般适用于精度较低的预警雷达向制导雷达交接,或者各雷达由于视距限制不能探测全程必须要引导交接。在实际工程中,原始信息通常要传递到指控中心进行初步分选、融合和鉴别,识别出威胁等级较高的目标后再直接传递给后面的高精度雷达。

7.2.3 雷达组网的典型实例

雷达组网系统在当今防空反导和空间监视系统中都扮演着重要角色。例如,俄罗斯部署在莫斯科周围的"橡皮套鞋"反导系统是典型的单基地雷达组网的例子；美国的 MD 导弹防御系统也是典型的多层次雷达组网系统。

7.2.3.1 美军弹道导弹防御系统

美国弹道导弹防御系统的建设主要集中在三个领域：战区导弹防御、国家导弹防御和先进的弹道导弹防御技术发展。目前美国已经部署的战区级导弹防御系统有"爱国者"系统、"宙斯盾"系统、"战区高空区域防御"系统，国家级导弹防御系统有"陆基中段防御系统"。

1. "爱国者"系统

"爱国者"防空导弹系统是 1964 年美国国防部开始建设的一个陆军战区机动防空系统，从 1988 年开始升级为能够防御战术弹道导弹的"爱国者 1"型，主要拦截处于飞行末端的弹道导弹，对战区 100km 范围内提供防御。虽然"爱国者"系统技术成熟、部署数量较多，但其防御范围较小。"爱国者 3"导弹的射程和射高都只有 15km，只能对战区提供小范围的末端导弹防御。目前美国陆军在本土、日本冲绳、德国、韩国至少部署了 14 个"爱国者"导弹营。

2. "宙斯盾"弹道导弹防御系统

1995 年起美国海军对舰载"宙斯盾"防空系统进行改进，使其具有弹道导弹防御功能，该系统对弹道导弹的拦截高度为 70～500km，拦截距离为 1200km。系统由装备有"宙斯盾"系统的巡洋舰或驱逐舰及其携带的"标准-3"型导弹组成。"宙斯盾"系统探测的目标信息也可以与陆基中段防御系统共享。2004 年，美海军开始部署第一艘装有弹道导弹防御系统的改进型"宙斯盾"驱逐舰。目前该系统只能在大气层外对飞行中段的弹道导弹实施拦截，不能对再入大气层的导弹进行拦截。

3. 战区高空区域防御系统(萨德)

鉴于"爱国者"系统防御的范围较小，美国陆军于 1992 年开始研制"战区高空区域防御系统"。该系统可以为战区部队提供大范围区域的导弹防御。它的最大拦截距离为 200km，拦截高度为 40～150km。系统于 2009 年开始部署第一个火力单元，到 2014 年部署 4 个火力单元。每个火力单元由雷达、指控与通信系统和 24 枚拦截导弹组成。目前该系统已经进行了至少 13 次拦截试验，11 次拦截成功。其拦截高度上限为 150km，可对中程弹道导弹的飞行中端和洲际弹道导弹的飞行末端进行拦截。

7.2.3.2 俄罗斯"橡皮套鞋"导弹防御系统

俄罗斯在莫斯科周围部署了"橡皮套鞋"反弹道导弹系统，它采用单基地雷达组网形式。该系统由 7 部"鸡笼"远程警戒雷达、6 部"狗窝"远程目标精确跟踪/识别雷达和 13 部导弹阵地雷达组成。其中，7 部"鸡笼"雷达分别与 2 部或 3 部"狗窝"雷达联网；6 部"狗窝"雷达又各与 4 部导弹阵地雷达联网。"鸡笼"雷达作用距离比较远，最大作用距离可达 5930km，而"狗窝"雷达最大作用距离约为 2800km。所以，"鸡笼"雷达可远程预警，对空中目标进行远距离搜索探测，并将目标信息(包括距离、方位和高度信息)送给"狗窝"雷达；而"狗窝"雷达平时保持寂静，在组网雷达系统送来的目标信息的参考下，只有当目标进入导弹射击范围时才开始工作，对目标进行精确跟踪和识别；导弹阵地雷达只是在发射导弹时才开机工作。

7.2.3.3 法国的 CETAC 防空指挥中心

法国的 CETAC 防空指挥中心主要用于对近程防空系统和超近程防空系统的战术控制。CETAC 防空指挥中心具有警戒、战术控制和指挥等功能，它将"虎-G"远程警戒雷达与

"霍克""罗兰特"和"响尾蛇"导弹连的制导雷达以及高炮连的火控雷达联网,实现空情预警、目标探测与跟踪、航迹校准、威胁评估、统一指挥和火力分配等功能。该系统还可接收当地雷达、STRIDA 网络、观测器和航空基地控制塔以及其他防空武器系统提供的信息,同时还具有抗电磁干扰的能力。CETAC 有车载型、空运型和地下掩体型,一般由 3 名工作人员操作使用。CETAC 在设计中也使用了很多先进的电子设备和软件,包括高清彩色显示器、触摸灵敏性屏幕、结构计算机、高级软件语言和跳频收发机等。

7.3 分布式组网雷达建模与仿真

7.3.1 分布式组网雷达的基本原理

分布式组网雷达系统是最常见的一种雷达数据融合系统,已成为实际系统优先选用的方案,在空中交通管制系统、海上监视系统、地基防空系统、天基预警系统和其他一些多平台融合系统中有广泛的应用前景。

本质上,雷达组网仍属于多传感器融合或多源信息融合的范畴。按照国内通用的描述方法,信息融合的级别可以分为五层,即检测级融合、位置级融合、属性级融合、态势级融合和威胁级融合(注意五级融合层次并不是绝对的,相互之间可能有部分重叠和交叉)。分布式融合属于五级信息融合层次的第二级,即位置级融合,是数据级的融合。分布式融合是一种自然、合理和经济的融合方式,主要功能包括数据预处理、航迹互联(关联)、目标位置和运动学参数估计,以及属性参数估计等,其结果为更高级别的融合过程提供辅助决策信息。值得说明的是,本书讲述的分布式融合都仅指数据级的融合,这和目前雷达界流行的分布式相参(MIMO)、分布式检测等侧重于信号级处理不同,本书更关注于后端数据处理涉及的跟踪与识别等处理过程。

7.3.1.1 体系架构

分布式组网这种结构中,每部传感器都有自己的处理器,进行一些预处理,然后把中间结果送到融合中心,进行融合处理。由于各个传感器都具有自己的局部处理器,能够形成局部航迹,在融合中心也主要对局部航迹进行融合,所以这种融合方法通常也称为航迹融合。这种结构因为对通信信道容量要求低,系统生命力强,在工程上又易于改造实现,因此成为信息融合研究的重点,在早期低分辨雷达数据融合中占有非常重要的地位。

分布式组网雷达根据其通信方式的不同又可以分为:

(1) 无反馈的融合结构[图 7-1(a)]。各传感器节点把各自的局部估计通过一级或多级融合,最终传到融合中心形成全局航迹估计,这是工程中最常见的分布式融合结构。其优点是全部为单向传输,结构简单,即使某个传感器不工作,对整体影响也不大,因此系统生存能力强。

(2) 有反馈的融合结构[图 7-1(b)]。在这种结构中,融合中心的全局估计还可以反馈到各局部节点,指导局部节点修正探测结果,因此它具有容错的特点。当检测出某个局部节点的估计结果很差时,也不必把它完全排斥于系统之外,而是可以利用全局结果来修正局部节点的状态。该结构的优点是反馈带来一定的自我修正功能,例如局部传感器可以根据融合中心的反馈结果只需搜索和关注重点区域即可,极大地提高了传感器资源的利用率;缺点是系统实现稍显复杂,对局部传感器的资源调度流程将会产生一定影响,因为局部传感器既要维持自身的例行探测,也要响应融合中心的反馈信息。

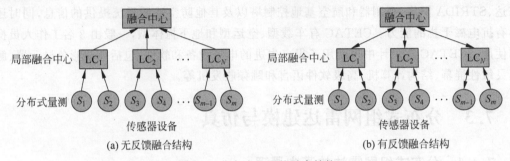

图 7-1　分布式组网的融合结构

分布式组网雷达的工作过程为:各雷达首先独自完成多目标跟踪与状态估计;各雷达站把获得的目标航迹信息送入融合中心,在融合中心完成坐标转换、时间校正或对准;然后基于预处理之后的目标航迹数据进行航迹关联处理;最后对来自同一目标的航迹估计进行航迹融合,并剔除虚假航迹,合并来自同一目标的航迹。根据实际需要,融合中心可以进行反馈也可以不反馈。分布式组网雷达的处理流程如图 7-2 所示,其中航迹关联检验和航迹融合是比较重要的实现步骤。实际上,分布式雷达组网需要解决的主要问题有两个:一是航迹与航迹的关联,即确定不同雷达的航迹中哪些来自于同一目标;二是航迹融合,即将源自同一目标的不同航迹进行融合,以得到更优的目标位置估计。这两块内容涉及较多的数学模型,种类繁多,性能各异,也是当前学术界研究的热点。分布式组网雷达系统在实际中应用较为普遍,每个系统均是独立自主的,因此它不仅具有局部独立跟踪能力,还具有全局监视和评估能力。

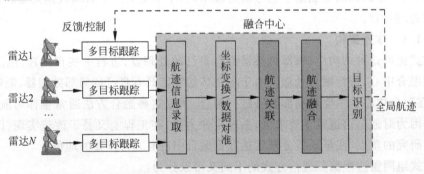

图 7-2　分布式组网雷达的处理流程

7.3.1.2　基本特点

分布式组网雷达系统主要有以下特点:

工作原理:分雷达是完整的雷达系统,各雷达独立进行多目标跟踪,数据处理器产生的局部航迹数据传至融合中心,中心根据各雷达节点的航迹数据完成航迹关联和航迹融合,合并同一目标的航迹并剔除虚假航迹,最终形成全局航迹。

拓扑结构:树状结构,一个全局处理中心,可能有多个局部处理中心,多个局部航迹数据获取节点。

通信内容:分雷达上传的信息一般为原始探测航迹(时间、局部航迹号、局部信噪比、局部滤波位置、局部滤波速度、局部滤波误差、雷达位置等）；普通的分布式融合系统一般不需要融合中心进行反馈，较高级的系统是可以反馈的。

优点：①系统实现简单，一般不需要对单部雷达进行改造；②通常只传输确认后的航迹信息，通信量较少；③由于时空信息冗余，融合中心具备对常见电假目标航迹鉴别能力；④具备独立跟踪能力，即使局部节点被破坏，融合中心仍能够工作，因此系统生存能力较强。

缺点：①单部雷达上传的是局部航迹信息，不可避免地可能出现关联错误，在融合中心可能会进一步被放大，因此不是理论上最佳的融合方法；②对微弱或隐身目标而言，由于单部雷达未形成连续稳定航迹，自然融合中心也难以形成稳定航迹，因此整体而言，分布式航迹处理架构对隐身目标的探测能力稍微弱些；③并不是每部雷达都能观测到同一时间同一空间航迹，因此融合航迹并非目标完整时间段的航迹。

适用条件：①一般适用于欺骗干扰场景和多目标跟踪场景，这是因为只有单部雷达形成多个稳定航迹后，融合中心才能根据信息冗余合并真目标航迹并剔除虚假航迹；②雷达一般是相近体制雷达，探测精度相当，如果精度相差太大，航迹融合时权重分配不均，往往导致顾此失彼，不能起到协同探测的目的。

注意，常见的分布式组网雷达系统是不需要融合中心进行反馈的，这样有助于维护单部雷达的独立性和自主性。但实际应用时，根据需求，融合中心进行低数据率的适当反馈有助于提高单部雷达的跟踪效率。融合中心向单雷达传递的反馈信息一般为重点关注区域、关注航迹号、预测时间、预测目标位置和速度、识别威胁等级等。例如，融合中心根据其他探测信息进行综合识别，如果已经准确识别出某条航迹是虚假航迹，此时单部雷达再利用高数据率维持该航迹的跟踪就显得浪费雷达资源了。反馈机制对于相控阵雷达体制特别有用，因为单部雷达可以根据融合中心的调度信息自适应改变探测空域和探测数据率；对于传统机扫体制的雷达也有一定的指导作用，如可在重点扇区保持静默模式以抗有源干扰等。

实际应用时，有一些值得注意的地方。分布式组网融合出目标航迹后，为了获得更长时间段的目标航迹，往往还需进行航迹拼接等非核心处理。实际中多部雷达同时看到同一空域目标的情况并不多见，所以多部雷达中一般认为有两部雷达的航迹关联上了，即可认为该航迹极有可能源于真目标航迹。另外，分布式组网还可以和集中式组网（下一章内容）共同处理，以提高效率，即融合中心既进行航迹处理也进行点迹处理（单雷达需要同时上传跟踪航迹对应的原始点迹）。此时，融合中心兼具两者共有的优点。还有可能分系统既上传所有点迹数据又上传航迹数据，在局部节点也可进行多次融合，此即为混合式融合和多级式融合，其本质上都是集中式和分布式组网的相互交叠或变种，但在通信和计算上要付出较大代价，所以并不常用，在这里不再赘述。

7.3.2　分布式组网雷达的关键模型

前面介绍了分布式组网雷达的基本原理，同时对其主要性能进行了分析，下面介绍一些比较典型的分布式组网处理模型。需要说明的是，分布式航迹关联和航迹融合模型是当前学术界研究的重点，种类繁多，涉及较多的数学理论，已经有不少公开资料。本书面向工程实践，刻意避免陷入烦琐的数学推导中，但对于一些基本的、必要的、非常适用于工程实现的算法还是适当阐述来龙去脉。

7.3.2.1 分布式组网雷达航迹预处理模型

航迹预处理过程中涉及时间对准、空间对准、无序处理等技术。本节重点介绍空间对准和时间对准的实现方法。无序处理可以根据需要选用重新滤波法、数据缓存法、丢弃延迟量测法或直接更新法，并非本书核心内容，这里不作介绍。

1. 空间配准算法

空间配准主要指坐标变换。分布式组网情况下各雷达单元在局部坐标系下进行多目标跟踪，将滤波状态实时传送给融合中心，中心进行航迹关联和融合处理。在融合中心进行处理时，首先需要把各个雷达的滤波矢量，包括滤波状态矢量和滤波协方差矩阵转换到融合中心统一坐标系下。

对于雷达目标跟踪而言，其涉及的坐标系较多，主要有大地坐标系、地心惯性坐标系、地心坐标系、发射坐标系、发射惯性坐标系、弹上惯性坐标系、弹体坐标系、雷达站直角坐标系、雷达站球坐标系、阵面直角坐标系、阵面球坐标系、修正球坐标系、正弦空间坐标系、阵面方位坐标系、指向坐标系等。本节主要介绍目标跟踪涉及的一些典型坐标系(所有直角坐标系均为右手系)及转换方法。当然这些坐标转换方法对于其他一些组网模式也是适用的。

2. 时间配准算法

分布式组网融合系统中需要进行航迹关联和航迹融合，其基本思想是对同一时刻来自不同雷达单元、不同航迹进行融合，这就要求各雷达单元的数据录取时刻相同。但在实际过程中，由于各雷达单元各自独立工作，点迹录取时刻不可能相同，另外考虑到网络数据传输延时和数据包丢失等因素的影响，在进行航迹关联之前需要对航迹进行时间配准。时间配准流程如下：

(1) 根据各雷达单元的采样周期，确定融合中心的公共时间间隔，据此得到配准时间点；

(2) 利用公共时间点对航迹进行划分，把每个区间中的点迹利用插值、拟合或预测外推方法，对齐到邻近的公共时刻。

前面介绍了时间配准的方法主要有插值、拟合或预测外推等方法。插值的方法有拉格朗日插值、分段线性插值、三次样条插值等；拟合的方法有多项式拟合、样条拟合、正交函数基拟合等；预测法是指利用卡尔曼滤波之类的方法对目标航迹按照融合中心时间点进行预测或外推，常见的运动学预测模型有匀速(CV)模型、匀加速(CA)模型、当前统计模型、加加速度(Jerk)模型、扩展卡尔曼滤波模型(EKF)等。由于篇幅限制，本节仅介绍计算简便同时性能也较好的分段线性插值方法。

设在时间区间$[a,b]$上，给定了$n+1$个插值节点

$$a = t_0 < t_1 < t_2 < \cdots < t_n = b \tag{7.1}$$

和对应的函数值$y_0, y_1, \cdots, y_n$(代表分雷达上传的任何一维时间序列、位置、速度或协方差等)，插值函数$\varphi(t)$具有如下性质：

(1) $\varphi(t_j) = y_j, j = 0, 1, 2, \cdots, n$；

(2) $\varphi(t)$在每个小区间$[t_j, t_{j+1}]$上是线性函数。

插值函数$\varphi(t)$称为区间$[a,b]$上对数据$[t_i, y_i]$($i = 0, 1, \cdots, n$)的分段线性插值函数。分段线性插值基函数的特点是在对应的插值节点上函数值取为1，在其他的插值节点上取为0，而且在某个小区间上是线性函数。

显然,下面的函数满足要求:

$$l_0(t) = \begin{cases} \dfrac{t - t_1}{t_0 - t_1}, & t_0 \leqslant t \leqslant t_1 \\ 0, & t_1 \leqslant t \leqslant t_n \end{cases} \tag{7.2}$$

$$l_j(t) = \begin{cases} \dfrac{t - t_{j-1}}{t_j - t_{j-1}}, & t_{j-1} \leqslant t \leqslant t_j \\ \dfrac{t - t_{j+1}}{t_j - t_{j+1}}, & t_j < t \leqslant t_{j+1} \\ 0, & a \leqslant t < t_{j-1} \text{ 或 } t_{j+1} < t \leqslant b \end{cases} \qquad j = 1, 2, \cdots, n-1 \tag{7.3}$$

$$l_n(t) = \begin{cases} \dfrac{t - t_{n-1}}{t_n - t_{n-1}}, & t_{n-1} \leqslant t \leqslant t_n \\ 0, & t_0 \leqslant t < t_{n-1} \end{cases} \tag{7.4}$$

有了这些分段线性插值基函数之后,就可以直接写出分段线性插值函数的表达式

$$\varphi(x) = \sum_{j=0}^{n} y_j l_j(x) \tag{7.5}$$

分段线性插值函数的光滑性虽然差一些,但从整体来看,逼近效果较好。

7.3.2.2 分布式组网雷达航迹关联模型

前面介绍了三大类航迹关联算法:基于统计的航迹关联方法、基于模糊数学的航迹关联方法和基于参数表征的航迹关联方法。这里介绍两种比较典型的关联方法,即最近邻关联和参数空间关联。

1. 最近邻航迹关联算法

用 $\boldsymbol{X}^i$ 和 $\boldsymbol{X}^j$ 分别表示雷达 i 和 j 中的目标的真实状态,$\hat{\boldsymbol{X}}^i$ 和 $\hat{\boldsymbol{X}}^j$ 表示估计值。则 k 时刻状态估计误差为

$$\widetilde{\boldsymbol{X}}^i(k) = \boldsymbol{X}^i(k) - \hat{\boldsymbol{X}}^i(k) \tag{7.6}$$

$$\widetilde{\boldsymbol{X}}^j(k) = \boldsymbol{X}^j(k) - \hat{\boldsymbol{X}}^j(k) \tag{7.7}$$

不考虑目标运动过程噪声,可假定两个状态误差假设是相互独立的。状态估计的差为

$$\hat{\boldsymbol{\Delta}}^{ij}(k) = \hat{\boldsymbol{X}}^i(k) - \hat{\boldsymbol{X}}^j(k) \tag{7.8}$$

真实状态的差值为

$$\boldsymbol{\Delta}^{ij}(k) = \boldsymbol{X}^i(k) - \boldsymbol{X}^j(k) \tag{7.9}$$

两个状态来自同一个目标的假设是

$$H_0 : \boldsymbol{\Delta}^{ij}(k) = 0 \tag{7.10}$$

反之,两个状态来自不同的目标的假设是

$$H_1 : \boldsymbol{\Delta}^{ij}(k) \neq 0 \tag{7.11}$$

两个估计状态差的误差:

$$\widetilde{\boldsymbol{\Delta}}^{ij}(k) = \boldsymbol{\Delta}^{ij}(k) - \hat{\boldsymbol{\Delta}}^{ij}(k) \tag{7.12}$$

它是一个均值为 0、协方差为 $\boldsymbol{T}^{ij}(k)$ 的随机矢量。其中

$$\boldsymbol{T}^{ij}(k) \cong E(\widetilde{\boldsymbol{\Delta}}^{ij}(k)\widetilde{\boldsymbol{\Delta}}^{ij}(k)') = E\{[\widetilde{\boldsymbol{X}}^i(k) - \widetilde{\boldsymbol{X}}^j(k)][\widetilde{\boldsymbol{X}}^i(k) - \widetilde{\boldsymbol{X}}^j(k)]^{\mathrm{T}}\} \tag{7.13}$$

在两个状态误差假设相互独立的条件下，有

$$\boldsymbol{T}^{ij}(k) = \boldsymbol{P}^i(k) + \boldsymbol{P}^j(k) \tag{7.14}$$

假设估计误差是高斯的，定义关联距离 $D \cong \hat{\boldsymbol{\Delta}}^{ij}(k)^{\mathrm{T}} [\boldsymbol{T}^{ij}(k)]^{-1} \hat{\boldsymbol{\Delta}}^{ij}(k)$，那么 H_0 vs H_1，也就是航迹与航迹的关联检验为

$$\begin{cases} D \leqslant D_\alpha, & \text{接受 } H_0 \\ D > D_\alpha, & \text{接受 } H_1 \end{cases} \tag{7.15}$$

式中，门限是 $P\{D > D_\alpha | H_0\} = \alpha$。在高斯假设下，门限 $D_\alpha = \chi^2_{n_z}(1-\alpha)$。

如上所述，类似的方法，依次对雷达 i 的所有航迹和雷达 j 的所有航迹两两进行关联，记录下其关联检验结果及每次关联的关联距离，最后进行统一判断。若一条航迹关联上多条航迹，则取平均关联距离小的那条。最终一条航迹要么关联上一条航迹，要么没有关联上任何航迹。能关联上其他航迹的航迹被认为是来自真目标，而没关联上任何航迹的航迹被认为是来自假目标。

2. 参数化关联算法

由于各雷达的采样速率和通信延迟不同，录取的航迹数据难以保持同步，在融合中心进行航迹关联时只能采用异步航迹关联算法。常规的航迹关联算法基本上都是将两条航迹的数据逐点比对，判断其是否满足关联门限，对于异步数据，需要通过内插或外推的方法转为同步数据。另外，传统的航迹关联算法只能将航迹两两进行比较，而不能同时处理多条航迹，当需要处理的航迹数量较多时，尤其是多部雷达融合的情况下，将带来很大的计算量。为此，这里介绍一种基于参数表征的关联方法。

参数化关联方法也有很多类型，如灰色关联方法、Hough 变换法、小波变换法、最小二乘拟合法、聚类关联法、空间拓扑结构法等。理论上只要能将航迹在变换空间进行参数化描述，即可在参数空间进行关联。

本节介绍一种最简单的基于分段多项式拟合的异步航迹关联算法。在融合中心直角坐标系下，目标航迹可看作一条空间曲线，如不存在系统偏差，则来源于同一目标的两条航迹所对应的空间曲线也应该具有相似的形状。因此，通过比较航迹曲线的相似性就可以判断两条航迹是否关联。这样，在航迹关联中就不必逐点计算航迹点之间的关联距离，只需判断航迹曲线的相似程度即可。

将目标三维航迹数据序列 (X, Y, Z) 分别投影到时间轴并进行多项式拟合，即可得到对应空间曲线的参数方程

$$\begin{cases} x = f_x(t) \\ y = f_y(t) \quad t \in [t_k, t_{k+1}] \\ z = f_z(t) \end{cases} \tag{7.16}$$

由于航迹曲线一般比较复杂，要准确描述整个航迹需要使用高阶多项式，这给计算带来了不便。考虑到对于实际目标而言，在一段较短的时间内可以近似看作是匀速或匀加速运动，因此采用一次或二次多项式进行分段拟合即可达到较为满意的效果。当然，也可以采用其他形式如三次样条、B 样条等形式进行表征，不再赘述。以二次多项式拟合为例，航迹在 $[t_k, t_{k+1}]$ 时间段内的参数方程可写为

$$
\begin{cases}
x = a_{xk}t^2 + b_{xk}t + c_{xk} \\
y = a_{yk}t^2 + b_{yk}t + c_{yk} \quad t \in [t_k, t_{k+1}] \\
z = a_{zk}t^2 + b_{zk}t + c_{zk}
\end{cases}
\tag{7.17}
$$

将上式和匀加速直线运动的运动方程相比较可知,上式中的多项式系数(a_{xk}, b_{xk}, c_{xk})分别代表了目标在X方向的加速度、速度和初始位置,Y、Z方向亦然。由此可见,多项式系数具有明确的物理意义,完全可以用来表征一条空间曲线,而度量两条空间曲线的相似性,也可以通过比较它们的多项式系数来进行。以X方向为例,将航迹1、航迹2在$[t_k, t_{k+1}]$时间段内的参数$(a_{xk}, b_{xk}, c_{xk})_1$、$(a_{xk}, b_{xk}, c_{xk})_2$分别映射为参数空间的点。如果两条航迹来自同一目标,那么它们在参数空间的点会聚在一起。这样,航迹关联问题就转化为参数空间中点的聚类问题。综合参数点在X、Y、Z方向的聚类结果,便可得到该时间段内的航迹关联结果。

算法流程如下,首先,将各雷达航迹数据转换到统一的融合中心直角坐标系,然后按下述步骤进行航迹关联:

Step 1:根据所有雷达的跟踪数据率确定合理的时间分段Δt,将k初始化为1。

Step 2:将第k个时间段$[t_k, t_{k+1}]$内的各条航迹数据进行多项式拟合,得到对应空间曲线的参数方程。

Step 3:对X、Y、Z方向的参数点分别进行聚类分析,若几条航迹在三个方向上的参数点都能形成聚类,则认为这几条航迹关联成功。

Step 4:k递加1。

Step 5:重复Step 2至Step 4,直到结束。

前面介绍了两种比较典型的航迹关联方法。最近邻关联方法简单直观,是首选的关联方法,但在多部雷达多条航迹的情况下(尤其是多部雷达的影响更大),频繁的两两关联以及时间对准可能带来较大的计算量。参数化关联方法的好处是可以避免时间对准处理,如果只提取航迹的形态学特征参数进行关联,还可以避免空间配准处理,在局部节点就可以完成参数特征的提取;另外,参数化关联方法节约了数据维数,用少数几个参数即可表征一条航迹,可以在空间维度(多部雷达的情况)和时间维度(分段处理)上进行参数关联或聚类,非常适用于传感器较多的密集分布式探测平台的融合。当然,设计合理的参数空间关联算法和聚类准则是这类算法的难点和关键点,也会带来一定的附加计算量和不确定性。

7.3.2.3　分布式组网雷达航迹融合模型

不管采用何种关联方法,在航迹关联处理后,没有对应上关联航迹的航迹可以认为来自假目标,在融合处理前要舍弃这些航迹,仅对通过关联检验的航迹进行融合处理。融合中心完成航迹关联后,将关联成功的航迹进行航迹融合,以提高同一目标的精度。航迹状态信息由状态估计向量和对应的协方差矩阵表征。因此,航迹融合实际上是对状态估计的融合,从而求得全局状态估计。

航迹融合的方法有经验加权、简单协方差加权、最大似然加权等。

1. 简单协方差加权法

协方差加权算法是最早提出的航迹融合算法,由于实现简单,被广泛采用于各领域。在两条航迹不存在过程噪声时,这种融合算法是最佳的。

假定 k 时刻,对于同一目标,雷达 i 和雷达 j 的局部估计和相应的误差协方差矩阵分别为 $\hat{\boldsymbol{X}}_{k|k}^{m}$ 和 $\boldsymbol{P}_{k|k}^{m}$, $m=i,j$。这里假设已经通过了时间对准和航迹关联等处理。相应的状态估计误差为

$$\begin{cases} \widetilde{\boldsymbol{X}}_{k|k}^{i} = \boldsymbol{X}_{k} - \hat{\boldsymbol{X}}_{k|k}^{i} \\ \widetilde{\boldsymbol{X}}_{k|k}^{j} = \boldsymbol{X}_{k} - \hat{\boldsymbol{X}}_{k|k}^{j} \end{cases} \tag{7.18}$$

且假定二者独立。下面考虑这两个传感器之间的航迹融合问题。

根据统计信号理论,已知先验均值 $\bar{x}$ 和量测 z,则后验均值 $\hat{x}$ 的静态线性估计方程为

$$\hat{x} = \bar{x} + \boldsymbol{P}_{xz} \boldsymbol{P}_{zz}^{-1} (z - \bar{z}) \tag{7.19}$$

把来自传感器 i 的数据看成"先验"数据,把传感器 j 的数据当成"量测",即 $\bar{x} \to \hat{\boldsymbol{X}}^{i}$,$z \to \hat{\boldsymbol{X}}^{j}$,$\bar{z} \to \hat{\boldsymbol{X}}^{i}$。假设 i 和 j 的量测相互独立,则互协方差矩阵有

$$\begin{cases} \boldsymbol{P}_{xz} \to E\{[x-\bar{x}][z-\bar{z}]^{T}\} = E[\hat{\boldsymbol{X}}^{i}(\hat{\boldsymbol{X}}^{j}-\hat{\boldsymbol{X}}^{i})^{T}] = \boldsymbol{P}^{i} \\ \boldsymbol{P}_{zz} \to E\{[z-\bar{z}][z-\bar{z}]^{T}\} = E[(\hat{\boldsymbol{X}}^{i}-\hat{\boldsymbol{X}}^{j})(\hat{\boldsymbol{X}}^{i}-\hat{\boldsymbol{X}}^{j})^{T}] = \boldsymbol{P}^{i} + \boldsymbol{P}^{j} \end{cases} \tag{7.20}$$

代入静态线性估计方程得到

$$\hat{\boldsymbol{X}} = \hat{\boldsymbol{X}}^{i} + \boldsymbol{P}^{i}(\boldsymbol{P}^{i}+\boldsymbol{P}^{j})^{-1}(\hat{\boldsymbol{X}}^{j}-\hat{\boldsymbol{X}}^{i}) \tag{7.21}$$

在不考虑互协方差的情况下,状态估计矢量的对称融合式为

$$\hat{\boldsymbol{X}} = \boldsymbol{P}^{j}(\boldsymbol{P}^{i}+\boldsymbol{P}^{j})^{-1}\hat{\boldsymbol{X}}^{i} + \boldsymbol{P}^{i}(\boldsymbol{P}^{i}+\boldsymbol{P}^{j})^{-1}\hat{\boldsymbol{X}}^{j} \tag{7.22}$$

根据静态线性估计误差协方差矩阵的表达式

$$\boldsymbol{P}_{xx|z} = \boldsymbol{P}_{xx} - \boldsymbol{P}_{xz}\boldsymbol{P}_{zz}^{-1}\boldsymbol{P}_{zx} \tag{7.23}$$

可得在不考虑互协方差情况下,融合航迹估计误差的协方差矩阵为

$$\boldsymbol{P} = \boldsymbol{P}^{i} - \boldsymbol{P}^{i}(\boldsymbol{P}^{i}+\boldsymbol{P}^{j})^{-1}\boldsymbol{P}^{i} \tag{7.24}$$

整理可得其对称形式为

$$\boldsymbol{P} = \boldsymbol{P}^{i}(\boldsymbol{P}^{i}+\boldsymbol{P}^{j})^{-1}\boldsymbol{P}^{j} \tag{7.25}$$

综上,简单协方差加权融合方法的表达式为

$$\begin{cases} \hat{\boldsymbol{X}} = \boldsymbol{P}(\boldsymbol{P}^{i})^{-1}\hat{\boldsymbol{X}}^{i} + \boldsymbol{P}(\boldsymbol{P}^{j})^{-1}\hat{\boldsymbol{X}}^{j} \\ \boldsymbol{P} = \boldsymbol{P}^{i}(\boldsymbol{P}^{i}+\boldsymbol{P}^{j})^{-1}\boldsymbol{P}^{j} \end{cases} \tag{7.26}$$

可见,其实现起来是比较容易的,在传感器误差确实是不相关的情况下,该融合方法是最优融合算法;当各个传感器的局部估计误差是相关时,该方法是次优的。

2. 最大似然加权法

实际工程中的融合情况比较复杂,可能是多级式的融合。经过多次融合以后,系统中的两条航迹由于共同的过程噪声或源于共有的传感器,在进行关联时可能已经部分相关,此时再用简单协方差加权,可能影响融合精度,此时可以采取最大似然融合加权法。

假定对于同一目标,传感器 i 和 j 的航迹文件中初时的状态估计和协方差矩阵分别为 $\hat{\boldsymbol{X}}_{0|0}^{m}$ 和 $\boldsymbol{P}_{0|0}^{m}$, $m=i,j$,目标运动的状态方程为

$$X_{k+1} = \Phi_k X_{k+1} + \Gamma_k w_k \tag{7.27}$$

式中，过程噪声 w_k 是均值为零的白噪声，协方差矩阵为 Q_k，两个传感器的量测方程为

$$Z_k^m = H_k^m X_k + v_k^m, \quad m = i, j \tag{7.28}$$

式中，量测噪声 v_k^m 为零均值白噪声序列，协方差矩阵为 R_k^m，且相互独立。k 时刻只应用于来自传感器 m 的量测信息的状态估计为

$$\hat{X}_{k|k}^m = \Phi_{k-1}\hat{X}_{k-1|k-1}^m + K_k^m(Z_k^m - H_k^m \Phi_{k-1}\hat{X}_{k-1|k-1}^m) \tag{7.29}$$

式中，K_k^m 为卡尔曼滤波器的增益矩阵，$m = i, j$。那么估计的误差为

$$\widetilde{X}_{k|k}^m = X_k - \hat{X}_{k|k}^m$$
$$= \Phi_{k-1}X_{k-1} + \Gamma_{k-1}w_{k-1} - \Phi_{k-1}\hat{X}_{k-1|k-1}^m - K_k^m[H_k^m(\Phi_{k-1}X_{k-1} + \Gamma_{k-1}w_{k-1}) +$$
$$v_k^m - H_k^m \Phi_{k-1}\widetilde{X}_{k-1|k-1}^m]$$
$$= (I - K_k^m H_k^m)\Phi_{k-1}\widetilde{X}_{k-1|k-1}^m + (I - K_k^m H_k^m)\Gamma_{k-1}w_{k-1} - K_k^m v_k^m \tag{7.30}$$

则传感器 i 和 j 局部估计误差之间的互协方差矩阵为

$$P_{k|k}^{ij} \triangleq E[\widetilde{X}_{k|k}^i(\widetilde{X}_{k|k}^j)^T]$$
$$= (I - K_k^i H_k^i)(\Phi_{k-1}P_{k-1|k-1}^{ij}\Phi_{k-1}^T + \Gamma_{k-1}Q_{k-1}\Gamma_{k-1}^T(I - K_k^j H_k^j)^T)$$
$$= P_{k|k}^i(P_{k|k-1}^j)^{-1}(\Phi_{k-1}P_{k-1|k-1}^{ij}\Phi_{k-1}^T + \Gamma_{k-1}Q_{k-1}\Gamma_{k-1}^T)(P_{k|k-1}^j)^{-1}P_{k|k}^j \tag{7.31}$$

由此可见，由于共同的过程噪声和初时时刻各个传感器局部估计误差之间可能存在相关性的影响，任意两个传感器 i 和 j 的局部估计误差之间实际上是相关的，在进行数据融合时，这种相关性应充分考虑。

上面的互协方差矩阵表达式比较复杂，考虑到每一融合步骤均需要用融合结果作为输入，即有

$$\begin{cases} \hat{X}_{k-1|k-1}^m = \hat{X}_{k-1|k-1} \\ P_{k-1|k-1}^m = P_{k-1|k-1} \end{cases}, \quad m = i, j \tag{7.32}$$

代入化简为

$$P_{k|k}^{ij} = (I - K_k^i H_k^i)(\Phi_{k-1}P_{k-1|k-1}\Phi_{k-1}^T + \Gamma_{k-1}Q_{k-1}\Gamma_{k-1}^T(I - K_k^j H_k^j)^T)$$
$$= P_{k|k}^i P_{k|k-1}^{-1}(\Phi_{k-1}P_{k-1|k-1}\Phi_{k-1}^T + \Gamma_{k-1}Q_{k-1}\Gamma_{k-1}^T)P_{k|k-1}^{-1}P_{k|k}^j$$
$$= P_{k|k}^i P_{k|k-1}^{-1}P_{k|k}^j \tag{7.33}$$

根据式（7.20），可得考虑互协方差情况下的修正式为

$$\begin{cases} P_{xz} \rightarrow E[\widetilde{X}^i(\widetilde{X}^i - \widetilde{X}^j)^T] = P^i - P^{ij} \\ P_{zz} \rightarrow E[(\widetilde{X}^i - \widetilde{X}^j)(\widetilde{X}^i - \widetilde{X}^j)^T] = P^i + P^j - P^{ij} - P^{ji} \end{cases} \tag{7.34}$$

相应的融合状态矢量和误差协方差矩阵为

$$\begin{cases} \hat{X} = \hat{X}^i + (P^i - P^{ij})(P^i + P^j - P^{ij} - P^{ji})^{-1}(\hat{X}^j - \hat{X}^i) \\ P = P^i - (P^i - P^{ij})(P^i + P^j - P^{ij} - P^{ji})^{-1}(P^i - P^{ji}) \end{cases} \tag{7.35}$$

最初开发这一融合算法是考虑到共同的过程噪声引起的相关性，然而式（7.33）的结果

表明仅仅依赖于两个传感器估计误差之间的相关性,而不依赖于特定的误差源。例如,共同的先验估计就有可能导致这种相关性。这一算法的优点是考虑了各种传感器估计误差之间的相关性,缺点是为了计算各传感器估计误差之间的互协方差矩阵需要大量的信息和计算。已有文献证明,该方法是最大似然意义下的最优解。

7.3.3　分布式组网雷达仿真实例

本节内容为一个具体实例,设计了一种分布式融合处理系统,给出了典型战情仿真试验结果。该系统的设计可为电子对抗条件下的雷达组网性能评估提供仿真验证平台。

设计的雷达组网数据融合系统应初步具备以下功能:实时接收数据;实时融合数据(具备集中式融合和分布式融合两种模式);实时显示数据(二维和三维航迹显示);实时反馈调度;实时保存数据(以供评估和回放);实时沉浸式介入(区域选择、放大操作、重点航迹选择)等;参数设置(界面参数和融合参数);战场态势预览;数据回放等。

模型主要包括坐标变换模型、航迹滤波模型、航迹关联模型、航迹融合模型和航迹管理模型等。相关模型的详细实现方法请参看 7.3.2 节。对组网融合处理模型经过合理设计,以算法语言的形式被设计为众多的工作函数,供雷达融合处理软件调用。

分布式组网的融合效果如图 7-3 所示。由图 7-3 可知,每部雷达同时观测到 4 个目标,但只有一个为真目标,单雷达系统难以鉴别真假。通过分布式组网后,融合中心能够融合出真目标(图中最长的红线)。原因在于距离欺骗假目标虽然能对单部雷达形成稳定航迹,但当航迹通过坐标转换到融合中心坐标系下,就能看出具有明显的非同源特性,导致航迹关联距离偏大。所以简单的距离欺骗假目标并不能欺骗分布式雷达组网,融合中心具有较强的融合识别能力。

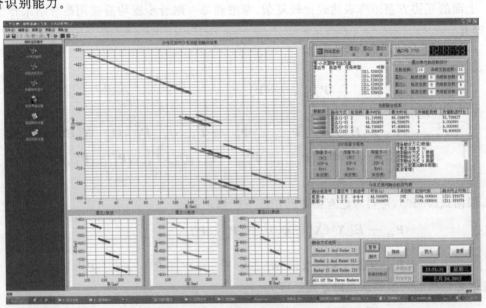

(a)界面效果

图 7-3　分布式组网融合仿真结果

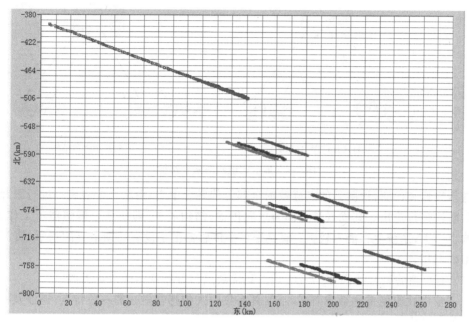

(b) 局部放大结果

图 7-3 （续）

融合中心数据融合并行处理系统跟踪数据率为 20Hz，融合中心每隔 0.5s 返回一次融合结果，战情设计为 3 部雷达，每部雷达最多同时上传 44 条航迹，其中 8 条实体目标航迹，其他为电假目标航迹。每一部雷达按照统一格式将航迹信息打包上传至融合中心，融合中心在 0.5s 时间内需要完成数据更新、坐标转换、时间对准、航迹关联、航迹融合、航迹管理和返回融合结果。

7.4 集中式组网雷达建模与仿真

7.4.1 集中式组网雷达的基本原理

所谓集中式组网融合，就是所有传感器量测数据都传送到一个中心处理器进行处理和融合，所以也称为中心式融合或量测融合。该融合方式在一些局部平台之间应用较为广泛。例如，同一艘舰船上多部相同或相近的雷达系统，或雷达与红外等异类传感器之间的融合。由于是局部探测平台，可以充分保证较宽的传输链路带宽、较高的数据可靠性和较小的反馈延时。本质上，集中式组网融合仍属于信息融合的范畴，同分布式组网一样，属于信息融合的第二级，即位置级融合。

7.4.1.1 体系架构

集中式组网的融合结构如图 7-4 所示，与分布式组网融合一样，可以分为两种构型，即不带反馈的和带反馈的融合结构，后者更为常见。另外，由于集中式组网本身比较适用于同一平台之间的不同局部传感器之间的融合，通过一级融合后即可获得目标的航迹信息，因此，图中没有局部融合中心。

（1）无反馈的融合结构[图 7-4(a)]。这种结构中，局部传感器只是数据搜集器，按预定

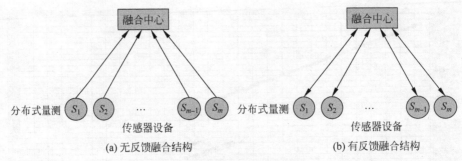

图 7-4　集中式组网的融合结构

模式进行搜索和检测,检测到的点迹数据全部上传融合中心,由融合中心统一进行跟踪滤波并建立航迹进行输出。其优点是全部为单向传输,结构简单,即使某个传感器不工作,对整体影响也不大,系统生存能力较强;缺点是单个传感器由于没有反馈信息的指示,资源没有得到很好利用。

(2) 有反馈的融合结构[图 7-4(b)]。其优缺点与分布式组网雷达类似。

对于集中式组网雷达系统而言,不仅具有集中式传感器融合的一般特点,还涉及一些更具体的处理技术。

集中式组网雷达的工作过程为:各雷达按照预定工作模式进行搜索和检测处理;各雷达站把原始检测结果送入融合中心;融合中心进行数据对准、点迹关联、航迹预测、跟踪滤波、航迹管理等操作并形成全局航迹。根据实际需要,融合中心可以进行反馈也可以不反馈,但实际中一般以反馈的居多。强实时的反馈可以保证对高威胁目标的连续精密跟踪;而弱实时的反馈可以至少保证对某重点区域的严密监视。集中式组网雷达的处理流程如图 7-5 所示,其中航迹起始、点迹关联和跟踪滤波是比较重要的实现步骤。本质上,在时间、空间配准的基础上,融合中心的数据处理算法和单部雷达的数据处理算法几乎一致。常见的一些雷达数据处理方法均可应用于集中式雷达组网。较为高级的组网系统中还初步具备一定的识别功能,可以有效剔除跟踪形成的暂态航迹和虚假航迹。

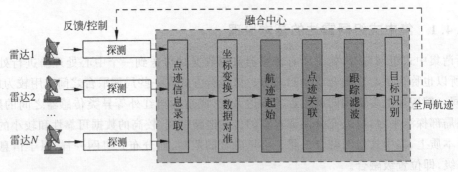

图 7-5　集中式组网雷达原理图

7.4.1.2　基本特点

集中式组网雷达系统主要有以下特点:

工作原理:各分雷达单独工作或只进行探测处理,探测的原始点迹数据全部上传给融合中心,在融合中心集中进行数据对准、点迹关联、跟踪滤波、航迹管理并形成全局统一航迹。融合中心一般需要按照一定的数据率进行实时反馈,以便引导分雷达进行资源调度。

拓扑结构：树状结构，一个全局处理中心，可能有多个局部处理中心，多个局部点迹数据获取节点。

通信内容：分雷达上传的信息一般为原始探测点迹（时间、局部信噪比或 RCS、原始距离测量值、方位测量值、俯仰测量值、径向速度测量值、测量误差、极化通道、雷达位置等）；为了提高资源利用效率，融合中心一般需要按照一定的数据率进行实时反馈。

优点：①信息损失最小，所有原始探测信息均被收集起来，有利于统一进行最优数据融合；②具备航迹合成功效，由于数据率的提升，融合航迹更加稳定，持续时间更长，非常适用于微弱目标或隐身目标的跟踪。

缺点：①由于不可避免地上传了杂波或其他虚假点迹，导致数据量较大，因此需要较大的通信带宽；②融合中心数据率高数据量大，数据关联困难，需要中心具备快速大容量的处理能力，计算负担较重；③系统生存能力较差，一旦某部雷达受到干扰，产生过多虚假点迹，将会影响整个融合系统的工作效果。另外，一旦某分系统的反馈链路被切断，该分雷达系统将无法正常工作。

适用条件：①一般适用于同平台或相距较近的雷达之间的有线链路融合，有利于保证通信链路的双向畅通；②雷达一般是相近体制雷达，探测精度相当，若精度相差太大，难以起到航迹合成（拼接）的功效（实际上若精度相差太大，则更像是引导交接之类的组网）。

纯粹的集中式组网在工程项目中已很少采用，工程上更倾向于采用实用的集中式组网模式。该模式下单部雷达仍维持自身的跟踪，同时向融合中心传递确认和跟踪点迹，融合中心进行集中式滤波后向单部雷达进行反馈，但反馈的数据率一般远低于纯集中式模式。分雷达收到反馈数据后，可以在重点区域优先照射或提高数据率维持对目标的跟踪。该方案的好处是系统生存能力较强，即使反馈链路被切断，分系统仍然能维持稳定跟踪；但缺点是可能损失部分点迹信息，且融合结果并不一定是理论意义的最优。就作者的工作经验来看，集中式组网一般是同体制或测量精度相当的雷达之间组网（雷达数量也不宜过多），一般适用于单部雷达无法形成稳定航迹的情况（例如远距离探测隐身目标或遭受压制干扰等）。为了保证系统的通信稳定性和较小的时延，各雷达布站距离不宜太远。例如，同一区域的同体制雷达或同一平台上的传感器之间最有可能形成集中式组网模式，其主要目的是提高航迹的探测精度、提高数据率和维持航迹的稳定性。

7.4.2 集中式组网雷达关键模型

下面介绍一些比较典型的集中式组网处理模型，只阐述一些基本的、必要的、非常适用于工程实现的算法。

7.4.2.1 航迹起始模型

在集中式雷达组网情况下，刚开始各雷达一般按照预先设定的工作模式进行工作，扫描得到的所有点迹全部传递到融合中心进行处理。融合中心处理后起始并跟踪目标，再传递调度信息给单部雷达。

融合中心执行航迹起始的任务非常重要，它是后面进行融合和识别的前提。需要说明的是，集中式情况下融合中心起始航迹的过程和单雷达的情况稍有不同。集中式组网模式下，融合中心有大量未关联点迹，如果所有剩余点迹均用于航迹起始将会非常耗时，此时采取适当策略对航迹起始进行管控能非常有效地提高融合系统整体的工作效率。由于融合中心得到的是各雷达通过坐标转换后的多帧点迹信息,难以针对点迹安排波位确认,所以一般采用基于量测信息的多帧航迹起始技术。

集中式情况下的航迹起始算法所占计算量与杂波密度有很大关系,单部雷达情况下航迹起始已经比较困难了,如果再集中起始,融合中心的计算负担是非常重的。

这里,根据作者工作经验介绍两种处理策略:

(1) 弱实时控制起始策略。对剩余点迹进行缓存管理,每个数据接收周期并不都进行航迹起始,以便节约宝贵的雷达资源。只有剩余点迹超过一定数量,时间跨度超过某几个连续周期才进行航迹起始。航迹起始时宜尽量采用计算简单的直观法或逻辑法。

(2) 依据单部雷达的跟踪结果进行航迹起始。这种模式只对实用的集中式模式管用,因为单部雷达已经进行了确认和跟踪处理,数据点中已经包含了宝贵的位置和速度信息,这样融合中心可以直接进行后续的预测和关联工作。但这种起始方法可能存在问题。因为多部雷达可能对同一目标航迹进行了跟踪,在融合中心可能建立多条航迹,但实际都是同一目标的航迹,为了达到较好的效果,一般还需要进行某种程度的去冗余或合并处理。

常见的航迹起始方法有直观法、逻辑法和 Hough 变换法等,性能各异,需要根据实际情况具体选择。需要说明的是,航迹起始的计算量与杂波密度、检测门限高低、累计帧长度等因素均有关系。另外,航迹起始不可避免会产生一些虚假航迹。这些虚假航迹可以继续跟踪,如果是偶然形成的(不是真实目标),则经过几个更新周期没有数据后自然降低为暂时航迹,乃至删除。因此,从这个意义上说,航迹起始必须与合适的航迹管理策略相互配合才能取得好的效果。

1. 直观法

其基本原理是存储前两个或三个周期(0.1s)内未被关联上的点,按照速度、加速度和角度的约束限制进行航迹起始,记 $r_i = (x_i, y_i, z_i)^T$ 为第 i 个区间内转换量测点迹矢量(统一坐标系);$r_{i+1} = (x_{i+1}, y_{i+1}, z_{i+1})^T$ 为第 $i+1$ 个区间内转换量测点迹矢量(统一坐标系);则判定为航迹的约束条件为

速度条件: $V_{min} \leqslant \left| \dfrac{r_i - r_{i-1}}{t_i - t_{i-1}} \right| \leqslant V_{max}$

加速度条件: $\left| \dfrac{r_{i+1} - r_i}{t_{i+1} - t_i} - \dfrac{r_i - r_{i-1}}{t_i - t_{i-1}} \right| \leqslant a_{max}(t_{i+1} - t_{i-1})$

角度条件: $|\varphi| = \left| \arccos \left| \dfrac{(r_{i+1} - r_i)(r_i - r_{i-1})}{|r_{i+1} - r_i| \, |r_i - r_{i-1}|} \right| \right| \leqslant \varphi_0$

因此,直观法的基本原理是存储两三帧数据,利用速度、加速度和角度条件进行限制,满足条件的航迹作为可行航迹。

2. Hough 变换法

Hough 变换最早用于图像中直线的检测问题。在图 7-6 中,坐标原点在图像中心,ρ 为垂直于一条直线的过原点垂线的长度,θ 为垂直轴与该垂线的夹角,则该直线可用极坐标表示为

$$x\cos\theta + y\sin\theta = \rho \tag{7.36}$$

对图像中的每个像素点 (x, y),经 Hough 变换对应 (ρ, θ) 面内的一条正弦曲线,其幅度对应像素点 (x, y) 的强度。因此对图像中的所有像素点,经 Hough 变换后,在 (ρ, θ) 面对应

一束交织在一起的正弦函数。换句话说，Hough 变换是在图像内沿直线积分，积分值赋予点 (ρ,θ)，而 ρ,θ 对应于该直线参数。因此，若在图像中的一些像素点高度集中在一条直线上，则在 (ρ,θ) 上必有一个峰值对应该直线参数。

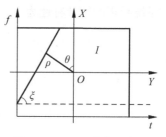

图 7-6 Hough 变换示意图

为了能够通过接收的雷达数据（多帧点迹数据）检测航迹，需要将 (ρ,θ) 平面离散地分割成为若干个小方格，通过检测 3D 直方图中的峰值点来判断公共的交点。直方图中每个小方格的中心点为

$$\begin{cases} \theta_n = (n - 1/2)\Delta\theta, & n = 1, 2, \cdots, N_\theta \\ \rho_n = (n - 1/2)\Delta\rho, & n = 1, 2, \cdots, N_\rho \end{cases} \quad (7.37)$$

式中，$\Delta\theta = \pi/N_\theta$，$N_\theta$ 为参数 θ 的分割段数，$\Delta\rho = L/N_\rho$，N_ρ 为参数，L 为雷达的测距范围。当在 $X\text{-}Y$ 平面上存在有可能连成直线的若干点时，这些点就会聚集在 (ρ,θ) 平面的某个方格内。经过多次扫描之后，对于直线运动（或近似直线运动）的目标，在某一个特定单元中点的数量就会累积。这些超过一定峰值的点即可认为是检测到的直线，可以作为初始航迹对其进行滤波确认。

在实际应用时，考虑到目标是在三维空间进行跟踪，采用 Hough 变换检测航迹可能导致大量虚假航迹，且计算量也比较大。实际实现时可将其投影到水平面进行二维直线检测。另外，考虑到目标的速度、位置在相邻帧之间不会超过某个范围，可进一步修正 Hough 检测结果，减小虚假航迹。

7.4.2.2 集中式组网雷达跟踪滤波模型

关联上的点被用于跟踪。目标跟踪任务是个比较复杂的问题，受诸多因素的影响，主要有目标动力学模型、跟踪坐标系、滤波技术、参数设计等，这些因素是相控阵雷达跟踪技术中共性、基础性因素。本节首先介绍一些基础的跟踪算法，包括卡尔曼滤波以及最近发展的一些非线性滤波技术；其次，结合飞机类目标和弹道类目标，介绍一些常用的机动目标跟踪算法；最后，分析各种因素对跟踪算法的影响。

1. 基本滤波算法

1）线性卡尔曼滤波

卡尔曼滤波是最基本的也是发展得最早的跟踪算法。在 1960 年，R. E. Kalman 和 R. S. Bucy 等运用状态空间描述法及动态系统转移的概念，首次提出了著名的线性滤波和预测的递推方法。该方法使实时滤波得以实现。

卡尔曼滤波采用的是最小均方误差估计准则，在状态模型准确，而且观测噪声服从一定规则的统计分布，卡尔曼滤波可以做出最优估计。下面从普通的卡尔曼滤波器的设计入手，来分析卡尔曼滤波器自身的性质。由于篇幅有限，卡尔曼滤波的具体推导过程请参看相关文献，本书仅给出其滤波过程。

考虑离散线性随机系统：

$$\begin{cases} \boldsymbol{X}_k = \boldsymbol{\Phi}_{k,k-1}\boldsymbol{X}_{k-1} + \boldsymbol{G}_{k-1}\boldsymbol{W}_{k-1} \\ \boldsymbol{Y}_k = \boldsymbol{H}_k\boldsymbol{X}_k + \boldsymbol{V}_k \end{cases} \quad (7.38)$$

式中，动态过程噪声 $\{\boldsymbol{W}_k\}$ 与测量噪声 $\{\boldsymbol{V}_k\}$ 是互不相关的零均值白噪声序列，即对所有的 k，

j,系统噪声的统计特性为

$$\begin{cases} E(\boldsymbol{W}_k)=0, \quad E(\boldsymbol{V}_k)=0 \\ \mathrm{COV}(\boldsymbol{W}_k,\boldsymbol{W}_j)=\boldsymbol{Q}_k\delta_{k,j} \\ \mathrm{COV}(\boldsymbol{V}_k,\boldsymbol{V}_j)=\boldsymbol{R}_k\delta_{k,j} \\ \mathrm{COV}(\boldsymbol{W}_k,\boldsymbol{V}_j)=0 \\ \delta_{k,j}=\begin{cases}0, \quad k\neq j \\ 1, \quad k=j\end{cases} \end{cases} \tag{7.39}$$

则卡尔曼滤波器的流程图如图 7-7 所示。

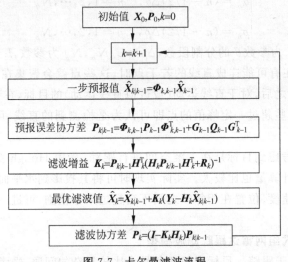

图 7-7 卡尔曼滤波流程

由图 7-7 可以看出,滤波值由两部分组成:预报值 $\hat{\boldsymbol{X}}_{k|k-1}$ 和修正值 $\boldsymbol{K}_k(\boldsymbol{Y}_k - \boldsymbol{H}_k\hat{\boldsymbol{X}}_{k|k-1})$,预报值是由前一个时刻的状态估计值通过状态转移方程获得,$\hat{\boldsymbol{X}}_{k|k-1}=\boldsymbol{\Phi}_{k,k-1}\hat{\boldsymbol{X}}_{k-1}$;修正值由当前时刻的新信息 $\boldsymbol{Y}_k - \boldsymbol{H}_k\hat{\boldsymbol{X}}_{k|k-1}$ 乘以增益系数 $\boldsymbol{K}_k$ 获得。

在滤波的初始阶段,滤波的协方差还没有得到很好的"训练",$\boldsymbol{P}_k$ 比较大,因此预报误差协方差 $\boldsymbol{P}_{k|k-1}$ 也比较大,滤波增益系数 $\boldsymbol{K}_k$ 比较大,此时的滤波值主要成分为修正值(即以量测为主),因此初始阶段滤波值会随着观测噪声剧烈振荡;随着滤波过程的进行,滤波的协方差 $\boldsymbol{P}_k$ 会通过"训练"而逐渐变小趋于稳定,滤波增益系数 $\boldsymbol{K}_k$ 也逐渐变小,此时的滤波值主要成分为预报值,因此稳定时滤波值主要由状态转移矩阵控制。因此滤波是否发散的关键是滤波的状态模型是否准确。

每个时刻的新信息构成新息序列,记为 $\{v_k\}$,新息 v_k 是通过将观测信号 $\boldsymbol{Y}_k$ 作 Wald 分解而得到的,$\boldsymbol{Y}_k$ 可分解为两部分,一部分由 $\boldsymbol{Y}_k$ 的过去值决定,另一部分包含 $\boldsymbol{Y}_k$ 的新息,$v_k=\boldsymbol{Y}_k - \boldsymbol{H}_k\hat{\boldsymbol{X}}_{k|k-1}$,在滤波的状态模型准确时,新息序列 $\{v_k\}$ 为零均值的白色序列。

2)非线性滤波算法

线性卡尔曼滤波虽然具有表达式直观、计算简单的特点,而且是最小均方误差估计。但其满足最小均方误差估计准则的前提条件是:状态方程线性;量测方程线性;初始状态 $\boldsymbol{X}_0$ 是高斯的;过程噪声和量测噪声与初始状态无关;过程噪声和量测噪声互不相关。

上述条件在实际的相控阵雷达跟踪当中是很难满足的。例如,相控阵雷达跟踪算法的状态方程一般在雷达站直角坐标中进行描述,而量测一般在阵面极坐标系中描述。量测变量与状态变量之间具有较强的非线性关系。另外,当目标产生机动时,状态方程也可能是非线性的。

对于状态模型非线性或者量测模型非线性的滤波器,其最优滤波算法是非线性滤波。EKF 是最通用的非线性滤波方法,它是利用泰勒展开取前两阶,将非线性问题转化成线性化问题。

近年来,Simon Julier 提出了一种不敏卡尔曼滤波(Unscented Kalman Filter,UKF),UKF 的计算量比 EKF 大些,但跟踪精度也比 EKF 提高一些。不敏变换不需要对非线性状态和测量模型进行线性化,而是对状态向量的 PDF 进行近似化。近似化后的 PDF 仍然是高斯的,但它表现为一系列选取好的 δ 采样点。

粒子滤波(Particle Filter,PF)是近年来兴起的一种非线性算法,它是一种基于 Monte Carlo 仿真的最优回归贝叶斯滤波算法。这种滤波方法将所关心的状态矢量表示为一组带有相关权值的随机样本,并且基于这些样本和权值可以计算出状态估值。与其他非线性滤波算法,如 EKF、UKF 相比,这种方法不受线性化误差或高斯噪声假定的限制,适应于任何环境下的状态转换或量测模型。

对于目标跟踪技术而言,UKF 和 PF 虽然避免了 EKF 线性化而带来的误差,但它们同时又引进了新的、更难以解决的问题。通常非线性目标运动状态方程是用连续系统表示的,在应用 UKF 方法时需要把连续系统离散化,而 PF 需要知道状态矢量的后验概率密度,这些问题都是非常难以解决的问题。著名美籍华裔学者、目标跟踪及信息融合领域的专家李晓榕,在 2007 年 8 月于国防科技大学的一次公开讲座中,讲到关于"一个问题的解决不应该依赖于一个更困难的待解问题"时,就以粒子滤波器应用于目标跟踪领域为典型的"引入了更困难的待解问题"的例子。另外,即便很好地解决了 UKF、PF 的上述问题,UKF、PF 算法计算量过大的问题也不可回避。因此,工程上的跟踪算法应兼顾跟踪精度和计算量之间的描述。下面介绍最常见的非线性滤波方法——扩展卡尔曼滤波。

设非线性系统的离散化状态方程为

$$\boldsymbol{X}(k+1) = f(k, \boldsymbol{X}(k)) + \boldsymbol{v}(k) \tag{7.40}$$

式中,$\boldsymbol{v}(k)$ 为高斯零均值白噪声,其方差为 $E(\boldsymbol{v}(k)\boldsymbol{v}'(k)) = \boldsymbol{Q}(k)\delta_{kj}$。

量测方程为

$$\boldsymbol{Y}(k) = h(k, \boldsymbol{X}(k)) + \boldsymbol{w}(k) \tag{7.41}$$

式中,量测噪声假定是高斯零均值白噪声,其方差为 $E(\boldsymbol{w}(k)\boldsymbol{w}'(k)) = \boldsymbol{R}(k)\delta_{kj}$。假定过程噪声和量测噪声序列彼此不相关。

为了得到预测状态 $\hat{\boldsymbol{X}}(k+1|k)$,对非线性函数在 $\hat{\boldsymbol{X}}(k|k)$ 附近泰勒展开,取其一阶项,产生一阶 EKF。定义矩阵 $\boldsymbol{F}_k$ 作为 f_k 在最近的估计值处的雅可比矩阵:

$$\boldsymbol{F}_k = \begin{bmatrix} \dfrac{\partial f_1(\boldsymbol{X})}{\partial x_1} & \cdots & \dfrac{\partial f_n(\boldsymbol{X})}{\partial x_n} \\ \vdots & \ddots & \vdots \\ \dfrac{\partial f_n(\boldsymbol{X})}{\partial x_1} & \cdots & \dfrac{\partial f_n(\boldsymbol{X})}{\partial x_n} \end{bmatrix}_{\boldsymbol{X} = \hat{\boldsymbol{X}}(k|k)} \tag{7.42}$$

式中，$x_1,x_2,\cdots,x_n$ 是 n 维状态向量 $\boldsymbol{X}(k)$ 的元素。

类似地，定义 $\boldsymbol{H}_{k+1}$ 是 h_k 在最近的预测值 $\hat{\boldsymbol{X}}_{k+1|k}$ 处的雅可比矩阵：

$$\boldsymbol{H}_{k+1}=\begin{bmatrix} \dfrac{\partial H_1(\boldsymbol{X})}{\partial x_1} & \cdots & \dfrac{\partial H_1(\boldsymbol{X})}{\partial x_n} \\ \vdots & \ddots & \vdots \\ \dfrac{\partial H_m(\boldsymbol{X})}{\partial x_1} & \cdots & \dfrac{\partial H_m(\boldsymbol{X})}{\partial x_n} \end{bmatrix}_{\boldsymbol{X}=\hat{\boldsymbol{X}}(k+1|k)} \tag{7.43}$$

式中，$h_1,h_2,\cdots,h_m$ 是 m 维量测向量 h_k 的元素，$\boldsymbol{H}_{k+1}$ 是一个 $m\times n$ 的矩阵。

一阶 EKF 滤波的公式如下：

状态预测

$$\hat{\boldsymbol{X}}(k+1\mid k)=f(k,\hat{\boldsymbol{X}}(k\mid k)) \tag{7.44}$$

协方差预测

$$\boldsymbol{P}(k+1\mid k)=\boldsymbol{F}_k\boldsymbol{P}(k\mid k)\boldsymbol{F}'_k+\boldsymbol{Q}(k) \tag{7.45}$$

预测

$$\hat{\boldsymbol{Y}}(k+1\mid k)=h(k+1,\hat{\boldsymbol{X}}(k+1\mid k)) \tag{7.46}$$

卡尔曼增益

$$\boldsymbol{K}(k+1)=\boldsymbol{P}(k+1\mid k)\boldsymbol{H}'_{k+1}[\boldsymbol{H}_{k+1}\boldsymbol{P}(k+1\mid k)\boldsymbol{H}'_{k+1}+\boldsymbol{R}(k+1)]^{-1} \tag{7.47}$$

状态更新

$$\hat{\boldsymbol{X}}(k+1\mid k+1)=\hat{\boldsymbol{X}}(k+1\mid k)+\boldsymbol{K}(k+1)[\boldsymbol{Y}(k+1)-\hat{\boldsymbol{Y}}(k+1\mid k)] \tag{7.48}$$

协方差更新

$$\boldsymbol{P}(k+1\mid k+1)=[\boldsymbol{I}-\boldsymbol{K}(k+1)\boldsymbol{H}_{k+1}]\boldsymbol{P}(k+1\mid k)[\boldsymbol{I}-\boldsymbol{K}(k+1)\boldsymbol{H}_{k+1}]'- \\ \boldsymbol{K}(k+1)\boldsymbol{R}(k+1)\boldsymbol{K}'(k+1) \tag{7.49}$$

一般来说，若状态方程或者量测方程的非线性程度不是很强，采用 EKF 即可达到比较满意的精度。

2. 滤波算法考虑因素

在实际的相控阵雷达目标跟踪中，还需考虑众多的因素，例如，坐标系的选择、滤波初始化、数据率、过程噪声等因素都会对滤波结果产生较大影响。

1) 跟踪坐标系

目标跟踪通常依赖于两种描述：一种是对目标运动的描述，也就是目标的动力学方程（也称为状态方程）；另一种是对目标量测值的描述，也就是目标的量测方程，它反映了目标量测值与目标状态矢量之间的函数关系。对动力学方程和量测方程的描述必须结合具体的坐标系进行。

雷达量测值是在传感器坐标系下描述的，传感器坐标系包括雷达站球坐标、雷达阵面 RUV 坐标系等。对于边扫边跟雷达，它的量测在球坐标下表示；而对于扫描加跟踪的相控阵雷达，其量测通常在 RUV 坐标系下表示。

对于目标动力学模型（这里特指基于非线性差分运动模型的动力学模型，以下同）来说，

第7章　组网雷达对抗建模与仿真 | 233

在笛卡儿坐标系下比较方便,而在传感器坐标系(球坐标系或者 RUV 坐标系)下推导比较困难,而且动力学模型会高度非线性,各个坐标系之间互相耦合,表达形式相对烦琐。譬如一个常速度(CV)运动模型,在笛卡儿坐标系下用两三个独立的两状态、一维 CV 模型就可以很好地描述,而同样的运动在球坐标系下则非线性程度相当强,表达形式也相当复杂。另外,在原始的笛卡儿坐标系下过程噪声可能是高斯的、坐标解耦的,那么转换到传感器坐标系下过程噪声则会变成非高斯、状态依赖的。

目标动力学模型在笛卡儿坐标系下描述最佳,而量测是在传感器坐标系下提供的。这样一来对于跟踪就有三种基本的可能:在笛卡儿坐标系下跟踪;在传感器坐标系下跟踪;在混合坐标系下跟踪。

(1) 在笛卡儿坐标系下跟踪,指在笛卡儿坐标系下描述目标状态方程,把传感器坐标系下的量测直接转化成笛卡儿坐标系下的量测,这样运动状态矢量和转化后的量测值表现为一种伪线性形式。这种转换的量测与耦合的量测相比,会使跟踪算法精度有所下降。这是由于转化后的量测是有偏的。为了消去这种偏差,各种补偿方法被提出。另一方面,转换后的量测噪声不仅是非高斯、各坐标方向上互耦的,而且还是状态依赖的,这给滤波处理又带来了新的困难。笛卡儿坐标系下跟踪的主要优点在于:如果动力学模型是线性的,那么可以直接利用线性卡尔曼滤波。然而,对于弹道目标跟踪,其动力学模型是非线性的,这个优点是不存在的。

(2) 在混合坐标系下跟踪,指在笛卡儿坐标系下描述目标状态方程,在传感器坐标系下描述量测方程。混合坐标系下的跟踪过程是:首先在笛卡儿坐标系下预测目标状态,然后将预测的状态和协方差矩阵转化到传感器坐标系中,进而完成传感器坐标系下的状态更新,最后将更新的状态和更新的误差协方差矩阵再转换回到笛卡儿坐标系。在混合坐标系下跟踪的缺点是:整个过程严重依赖坐标转换以及非线性函数的线性化方式,误差协方差的转换可能是有偏的、状态依赖的。混合坐标系下跟踪最具吸引力之处在于其目标状态方程相对简洁。目前关于弹道目标跟踪的相关文献中,在混合坐标系下进行跟踪最为普遍。

(3) 在传感器坐标系下跟踪,指目标状态方程和量测方程都在传感器坐标系下描述。在传感器坐标系下进行跟踪滤波有其特殊的优点和缺点。优点包括量测方程线性、非耦合;数据关联与融合更易进行;量测噪声服从高斯分布;量测中的多普勒信息更易直接利用;在仅有角度信息时的跟踪中可观测量和不可观测量解耦合。在传感器坐标系下跟踪最大的缺点是目标动力学方程推导比较困难,且推导出的目标动力学方程高度非线性、各状态之间的耦合相当复杂。

2) 过程噪声

过程噪声的设定具有较强的经验性,过程噪声的设定值对滤波结果有较大的影响。一般来说,过程噪声设得太小,滤波精度会提高,但滤波稳健性下降,甚至可能出现滤波发散的情况;过程噪声设得太高,滤波精度会下降,但滤波器的自适应能力有所提高。在工程上往往很难兼顾精度和稳健性的双重要求,一种策略是采用自适应过程噪声,如果检测到目标机动,可以适当增加过程噪声,以保证不丢失目标。

3）跟踪数据率

组网雷达跟踪数据率由网络内的雷达确定，可参见第 4 章的相控阵雷达数据率。

7.4.2.3　集中式组网雷达点迹关联模型

集中式组网雷达点迹关联与相控阵雷达航迹关联类似。迄今为止，已提出众多的关联算法，概括下来可分为以下两类：极大似然类关联算法、贝叶斯类关联算法。其中极大似然类关联算法是以观测序列的似然比为基础的，主要包括人工标图法、航迹分叉法、联合似然算法、0-1 整数规划法、广义相关法等；贝叶斯类关联算法是以贝叶斯准则为基础的，主要包括最近邻法（NNF）、概率数据互联法（PDAF）、联合概率数据互联法（JPDA）、最优贝叶斯算法、多假设跟踪（MHT）等。

最近邻法具有简单适用的特点，在工程上得到了广泛的应用。PDAF 是杂波环境中跟踪性能较好的关联算法，但其计算量稍微大一些，也是一种较好的备选方案，即 PDAF 的快速实现方案——多维 PDAF 方法（MPDA）。

MPDA 算法的原理是考虑相交区域内的回波对各个目标的影响，在计算公共回波的概率时，不仅考虑候选回波离关联波门中心的距离，而且考虑关联门内的候选回波数目的影响。MPDA 算法过程及原理详述如下：

（1）利用 PDA 中的关联概率计算方法，针对某条可靠航迹，不考虑其他航迹的影响，计算该航迹与所有量测回波（点迹）的关联概率。

在 PDA 算法中，$Z^t(k)$ 定义为第 k 次扫描时目标 t 的候选回波集合，假定此时目标数（可靠航迹数）为 n，总的候选回波数（点迹数）为 m，ε_j^t 定义为回波 γ_j 来源于目标 t 的事件，事件 ε_j^t 的概率 $P(\varepsilon_j^t \mid Z^t(k))$ 如下所示：

$$P(\varepsilon_j^t \mid Z^t(k)) = \begin{cases} \exp\left\{-\dfrac{1}{2}(\boldsymbol{v}_j^t(k))'(\boldsymbol{S}^t(k))^{-1}\boldsymbol{v}_j^t(k)\right\}, & j \neq 0 \\ \lambda \mid 2\pi \boldsymbol{S}^t(k) \mid^{\frac{1}{2}}(1-P_DP_G)/P_D, & j = 0 \end{cases} \tag{7.50}$$

进行归一化处理后，航迹 t 与任一回波点迹 j 的关联概率 β_j^t 为

$$\beta_j^t = \frac{P(\varepsilon_j^t \mid Z^t(k))}{\sum\limits_{j=0}^{m} P(\varepsilon_j^t \mid Z^t(k))}, \quad j=0,1,2,\cdots,m \tag{7.51}$$

（2）按照步骤（1），依次计算所有可靠航迹（目标）的点迹关联概率。构造 $(m+1,n)$ 维概率关联矩阵 $\boldsymbol{P}$。其中 n 为目标数，m 为候选回波数，$j=0$ 表示该回波是杂波。

$$t= \quad 1 \quad\ 2\ \cdots\ n(目标号)$$
$$\boldsymbol{P} = \begin{bmatrix} p_{01} & p_{02} & \cdots & p_{0n} \\ p_{11} & p_{12} & \cdots & p_{1n} \\ \vdots & \vdots & \ddots & \vdots \\ p_{m1} & p_{m2} & \cdots & p_{mn} \end{bmatrix} \begin{matrix}0\\1\\\vdots\\m\end{matrix} \} j(回波号) \tag{7.52}$$

式中，$p_{jt}=\beta_j^t$。

(3) 对 $\boldsymbol{P}$ 矩阵的每一行进行归一化,得到修正矩阵 $\boldsymbol{M}$:

$$M_{jt} = \frac{p_{jt}}{\sum\limits_{t=1}^{n} p_{jt}} \tag{7.53}$$

该步处理的意义是:因为公共回波 γ_j 可能属于多个邻近目标,所以需要对落在公共波门内的回波的概率进行加权修正。若该回波属于公共回波,则它在所属的波门内经归一化处理后相应权值有一定衰减;若该回波仅属于单个目标的波门,则归一化处理后权值不变。

(4) 对经过公共回波加权校正后的矩阵 $\boldsymbol{M}$ 的每一列进行归一化,得到最终的 MPDF 概率矩阵 $\boldsymbol{K}$:

$$K_{jt} = \frac{M_{jt}}{\sum\limits_{j=0}^{n} M_{jt}}, \quad t=1,2,\cdots,n \tag{7.54}$$

这一步处理的意义是:因为公共回波权值的改变,导致目标波门内所有回波的概率权值重新计算。若该目标没有公共回波,则归一化不改变波门内各回波的概率权值。

(5) 基于 K_{jt} 对所有候选回波进行加权以更新目标状态:

$$\hat{\boldsymbol{X}}^t(k \mid k) = \sum_{j=0}^{m} K_{jt} \hat{\boldsymbol{X}}_j^t(k \mid k) \tag{7.55}$$

式中,K_{jt} 是回波 γ_j 属于目标 t 的后验概率,$\hat{\boldsymbol{X}}_j^t(k|k)$ 是回波 γ_j 对目标 t 的卡尔曼滤波估计值,$\hat{\boldsymbol{X}}^t(k|k)$ 则是加权后的估计值。

概括而言,MPDA 算法只需对每一条航迹按照 PDA 方法计算其点迹关联概率矢量,多个航迹的点迹关联概率矢量形成一个矩阵,然后对矩阵依次进行行归一化、列归一化,即可计算出考虑了公共回波影响的多个点迹和多个可靠航迹的联合互联概率。MPDA 算法既克服了 PDA 算法对公共回波处理太简单的不足,又不需像 JPDA 那样搜索所有的可行联合事件,从而避免了对计算量呈指数趋势增长的组合问题的求解。该算法物理意义更简洁清晰,关联效果相当但计算量更小。

因为 MPDA 也是一种基于概率的关联算法,它并不直接得出航迹和点迹一一对应的关系,而为了后续的暂时航迹和自由点航迹的数据关联,我们必须知道哪些是和可靠航迹关联上的点迹。假设 n 为可靠航迹数,m 为当前量测点迹数,从 MPDA 概率矩阵 $\boldsymbol{K}$ 中取出最大值 K_{jt},则 j 是与可靠航迹 t 关联上的第一个点迹的序号。令 $a=\min(m,n)$,重复上面的步骤,直到找出 a 个点迹,则这 a 个点迹是与可靠航迹关联上的点迹。

7.4.3 集中式组网雷达仿真实例

下面以一个具体的仿真战情来验证雷达组网的性能优势。仿真战情如下:考虑某近程导弹突防场景,射程为 $760\mathrm{km}$。雷达位于弹道偏向落点的一侧,跟踪数据率为 $10\mathrm{Hz}$。利用三部 S 波段相控阵仿真雷达进行探测,探测结果输送到融合中心进行融合。假定弹上携带自卫式欺骗干扰机,在各雷达探测径向上通过延迟转发雷达信号形成 3 个距离欺骗电假目标,分别叠加 $100\mathrm{km}$、$200\mathrm{km}$、$300\mathrm{km}$ 的距离偏差(为了方便显示,距离欺骗值设置得稍微大一些)。此时在理论上,每部雷达同时可以看到 4 个目标。下面通过数据融合,分析雷达网的对抗效果。

各雷达单元的探测航迹如图 7-8(a)中三个雷达小窗口所示,可以看出每部雷达在每一时刻能够同时探测到 4 个目标。下方的融合航迹显示窗口中,可以看出通过集中式数据融合处理,能够剔除一部分干扰航迹,得到真实目标航迹(图中白色点迹所示),同时由于干扰和探测误差存在,会形成比较多的虚假航迹。另外,截取一小段真目标的航迹放大显示,如图 7-8(b)所示,可以发现左上角的航迹为雷达 1 的航迹,因数据率较低,所以比较稀疏;右下角的航迹为雷达 1 和雷达 2 交替组成。由此可知,集中式组网的确有航迹合成功效,合成的航迹数据率更高,持续时间更长,具有一定的反隐身功效。

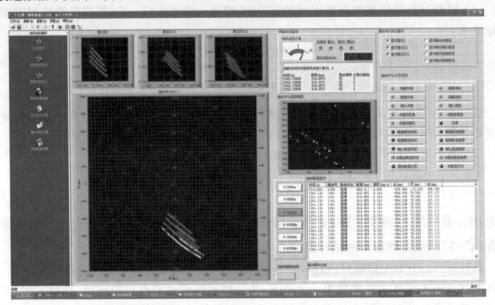

(a) 界面效果

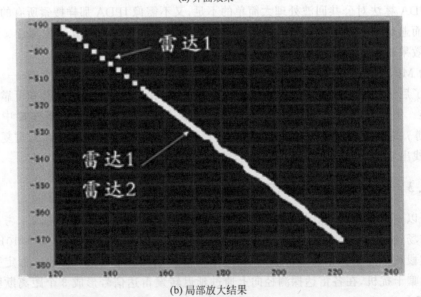

(b) 局部放大结果

图 7-8　集中式融合仿真结果

7.5 双/多基地雷达的基本原理

7.5.1 双/多基地雷达的基本原理

"双基地雷达"这一术语最早出现于 1965 年。1982 年,美国电气与电子工程师协会(IEEE)对双基地雷达的定义为:使空间上处于不同位置的雷达天线进行发射和接收工作所组成的雷达工作体制。多基地雷达是指含两个以上基地的雷达,是由一部或多部雷达发射站、一部或多部雷达接收站组成的统一雷达系统。人们最早利用电磁波进行目标探测时,由于科技发展水平的限制,采用了发射机和接收机分置的双基地体制解决收、发天线之间的隔离问题。随着 1936 年雷达双工器(天线收/发开关)的发明,尤其是 1940 年高功率脉冲磁控管被发明之后,人们开始集中精力研制收发合一的单基地雷达,遂使双基地雷达遭到冷落,处于停滞阶段。然而,现代电子战斗争愈演愈烈,目标隐身、综合电子干扰、低空超低空突防以及反辐射导弹等成为单基地雷达面临的最大挑战。由于双/多基地雷达具有解决以上挑战的潜在优势,加上电子技术的发展,进入 20 世纪 70 年代后,双/多基地雷达又引起了学者的广泛关注和研究。

双/多基地雷达可以认为是一种特殊的组网雷达工作模式,具有反隐身、抗干扰等潜在优势。对于单基地雷达,隐身弹头的后向散射很弱,导致其难以发现目标,但通过适当部署双/多基地雷达系统可充分利用目标的非后向散射特性,从而实现反隐身目的;通常情况下干扰机无法侦测到接收站的位置,只能实现副瓣干扰,因此对于双/多基地雷达中的接收站干扰效果会变差。多基地雷达联合观测,通过信息融合能获得更高的分辨率,获取更加完整的目标信息,有利于目标识别。更重要的是随着数字通信、高速运算、频率综合技术进步,双/多基地雷达的优势逐渐得以实现。

21 世纪初美国曾提出使用多基地雷达建立反导防御体系,其为海军服务的多基地测量系统(Multistatic Measurement System,MMS)可用于探测再入大气的目标,2004—2012 年,在美国国防部、海军和空军等部门的支持下,小型商用创新项目小组(Small Business Innovation Research,SBIR)立项了多个关于双/多基地雷达的创新项目,积极探索双/多基地雷达弹道目标成像与识别技术。俄罗斯的 C-400 防空导弹系统可实现双/多基地雷达工作模式,能有效拦截数百千米外的目标。乌克兰的 SkoTH-SW 双基地雷达可探测弹道导弹。另外,从美国全球部署的 SBX 雷达态势来看,可构成双/多基地雷达系统,扼守多个方向的进攻;前沿部署的多部 FBX-T 雷达,也可构成双/多基地雷达系统,并且这些 X 波段雷达均有成像能力。评估我们的突防措施的能力,需要构建相应的模拟对手,建模与仿真成为重要的手段。

7.5.2 双/多基地雷达关键模型

7.5.2.1 目标双基地散射特性建模

1. 双基地 RCS 等效模型

单基地雷达截面积主要反映目标后向散射功率的大小,根据双基地雷达双基地角的大小,双基地雷达截面积可以分成 3 个区域:准单基地区、侧向散射区和前向散射增强区。为取得良好的反隐身能力,须充分利用前向散射区的目标散射特性。

目标的双站散射模型除了与目标的姿态角有关之外,还与收发雷达的双站角有关,因此,很难通过暗室测量的方法获得其特性数据。因此,在本仿真系统中,拟通过电磁计算的方法模拟目标的双站散射特性。一种方法是类似于单站 RCS 的求解方法,通过电磁计算软件数值计算目标的双站 RCS。

另外一种方法则是根据目标单、双站 RCS 的近似关系,由目标单站 RCS 快速计算其双站 RCS。存在如下的经验公式:

$$\sigma = \sigma_0 [1 + \exp(K \mid \alpha \mid -2.4K-1)] \tag{7.56}$$

式中,σ_0 是目标的单站 RCS(以平方米为单位),K 是由目标结构和复杂程度确定的经验系数,α 是双站角(以弧度为单位),且

$$K = \frac{\ln[4\pi A^2/(\lambda^2 \sigma_0)]}{\pi - 2.4} \tag{7.57}$$

式中,A 是在垂直于雷达波束方向上投影的目标面积,λ 是雷达工作波长。

2. 双基地散射中心模型

如图 7-9 所示,坐标原点 O 位于锥体底面圆心,锥体对称轴为 Z 轴,以入射波方向与对称轴构成的平面与底面的交线为 X 轴,Y 轴与 X、Z 轴构成右手直角坐标系。其中,圆锥高度为 h,底面半径为 r;入射波矢量俯仰角为 β_T,取值范围为 $(0,\pi)$;散射波矢量方位角为 α_R,取值范围 $(0,2\pi)$;俯仰角为 β_R,取值范围为 $(0,\pi)$,对应的双基地角为 $\beta(\angle TOR)$;X 轴与底面边缘两个交点为 B、C。因此,电波入射矢量为

$$\boldsymbol{E}_i = [-\sin\beta_T, 0, -\cos\beta_T] \tag{7.58}$$

电波散射矢量为

$$\boldsymbol{E}_s = [\sin\beta_R \cos\alpha_R, \sin\beta_R \sin\alpha_R, \cos\beta_R] \tag{7.59}$$

入射矢量和散射矢量的夹角(即所谓的双基地角)平分线矢量可表示为

$$\boldsymbol{r}_b = [\sin\beta_T + \sin\beta_R \cos\alpha_R, \sin\beta_R \sin\alpha_R, \cos\beta_T + \cos\beta_R] \tag{7.60}$$

双基地角 β 满足

$$\begin{cases} \cos\beta = \sin\beta_T \sin\beta_R \cos\alpha_R + \cos\beta_T \cos\beta_R \\ \cos\left(\dfrac{\beta}{2}\right) = \sqrt{\cos^2\left(\dfrac{\beta_R - \beta_T}{2}\right) - \sin\beta_T \sin\beta_R \sin^2\left(\dfrac{\alpha_R}{2}\right)} \end{cases} \tag{7.61}$$

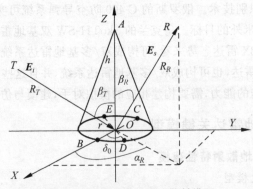

图 7-9 锥体目标双基地散射模型

双基地角平分线矢量在 XOY 平面内投影与底面边缘的交点记为 D 和 E,则 D 和 E 对应的矢量可分别表示为

$$
\begin{cases}
\boldsymbol{R}_D = \dfrac{r\left[\sin\beta_T + \sin\beta_R\cos\alpha_R\, ,\sin\beta_R\sin\alpha_R\, ,0\right]}{\sqrt{\sin^2\beta_T + 2\sin\beta_T\sin\beta_R\cos\alpha_R + \sin^2\beta_R}} \\[4mm]
\boldsymbol{R}_E = \dfrac{-r\left[\sin\beta_T + \sin\beta_R\cos\alpha_R\, ,\sin\beta_R\sin\alpha_R\, ,0\right]}{\sqrt{\sin^2\beta_T + 2\sin\beta_T\sin\beta_R\cos\alpha_R + \sin^2\beta_R}}
\end{cases}
\tag{7.62}
$$

根据几何绕射理论中的等效电磁流法计算底面边缘的双基地散射场，为

$$
\boldsymbol{E}_d = -2\boldsymbol{E}_0\boldsymbol{\psi}_0
\left[
\begin{array}{l}
(X(\delta_0)\boldsymbol{g}_1(\delta_0) + Y(\delta_0)\boldsymbol{g}_2(\delta_0))\sqrt{\dfrac{2\pi}{k_0 f''(\delta_0)}}\,\mathrm{e}^{-ik_0(\boldsymbol{E}_s - \boldsymbol{E}_i)\cdot\boldsymbol{R}_E + \mathrm{i}\frac{\pi}{4}} + (X(\delta_0 + \pi)\cdot \\[4mm]
\boldsymbol{g}_1(\delta_0) + Y(\delta_0 + \pi)\boldsymbol{g}_2(\delta_0))\sqrt{\dfrac{2\pi}{k_0 f''(\delta_0)}}\,\mathrm{e}^{-ik_0(\boldsymbol{E}_s - \boldsymbol{E}_i)\cdot\boldsymbol{R}_D - \mathrm{i}\frac{\pi}{4}}
\end{array}
\right]
$$

$$
\tag{7.63}
$$

由式(7.63)可以看出，入射角小于半锥角时，底面边缘的双基地散射场主要由 D、E 两处的散射中心确定，不再是单基地散射情况下 B、C 两处散射中心；入射波为水平极化时，散射场含有水平极化和垂直极化分量，而单基地情况下仅含水平极化分量；散射波矢量方位角为 $0°$ 时，入射波、散射波及锥轴共面，所观测的散射中心位置与入射方向单基地情况下相同；当入射场俯仰角大于半锥角时，由于遮挡效应，驻相点 $\delta_0 + \pi$ 可能不存在，此时底面边缘双基地散射场仅由 D 处散射中心贡献。总体而言，双基地散射中心的数量、位置和散射系数与入射方向和接收方向均有关，随着目标姿态变化、发射站和接收站的位置变化，双基地散射中心将在底面边缘上连续滑动。

7.5.2.2　双/多基地定位与跟踪建模

1. 双/多基地雷达目标定位模型

双/多基地雷达的目标定位算法本质是通过测量距离和、距离差以及方位角，根据雷达收/发机的位置和连线基线，解算三角形来获得目标位置信息。双基地雷达中目标几何位置关系如图 7-10 所示。

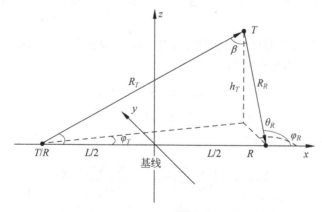

图 7-10　双基地雷达中目标几何位置关系

1) T/R-R 双基定位模型

T/R-R 三维双基雷达可测量的参数为 $R_T, \theta_T, h_T, R_S, \theta_R, R_S = R_T + R_R$ 为距离和，有效的组合方式有 10 种，但是考虑到角度测量误差对定位精度影响最大，含有两个角度的组合可以不考虑，只需考虑如下 5 种组合方式：(R_T, θ_T, h_T)，(R_T, h_T, R_S)，$(R_T, h_T,$

θ_R),(R_S,θ_R,h_T),(R_S,θ_R,r_T),通过各种组合方式可获得不同精度的定位方法。对于上述多种组合方式条件下的定位结果,我们可以选择定位精度较高的结果进行融合定位,进一步提高定位精度。

其主要步骤为:

(1) 将测量参数划分为不同的最小子集,如前所述;

(2) 分别求出各子集的定位结果和定位精度表达式;

(3) 在雷达探测区域内每一点比较各个测量子集对应的定位精度,绘出高精度测量子集分布图,从中选取几组定位精度较高的测量子集用于融合定位;

(4) 将步骤(3)中筛选出来的几组子集对应的目标位置数据进行融合处理实现定位优化。

步骤(1)～(3)可脱机进行,即可根据系统各站的观测模式,先进行测量子集筛选,以选用几组具有较高定位精度的测量子集。

定位优化算法采用加权最小二乘估计算法(SWLS)和测量子集选优法。

① 最小二乘估计算法。

设第 j 组测量子集对应的目标位置及其误差分别为 $\boldsymbol{X}_j$ 和 $\mathrm{d}\boldsymbol{X}_j(j=1,2,\cdots,m)$,则 m 个测量子集对应的目标位置矢量与误差之间的关系可表示如下:

$$\widetilde{\boldsymbol{X}} = \boldsymbol{H}\boldsymbol{X} + \boldsymbol{V} \tag{7.64}$$

其中,

$$\widetilde{\boldsymbol{X}} = [\boldsymbol{X}_1^{\mathrm{T}},\cdots,\boldsymbol{X}_m^{\mathrm{T}}]^{\mathrm{T}}$$

$$\boldsymbol{H} = [\boldsymbol{I}_1,\cdots,\boldsymbol{I}_m]^{\mathrm{T}}$$

$$\boldsymbol{V} = [\mathrm{d}\boldsymbol{X}_1^{\mathrm{T}},\cdots,\mathrm{d}\boldsymbol{X}_m^{\mathrm{T}}]^{\mathrm{T}}$$

$\boldsymbol{I}_i(i=1,2,\cdots,m)$ 为与矢量 $\boldsymbol{X}$ 同维的单位矩阵;$\boldsymbol{V}\sim N(0,\boldsymbol{B})$,$\boldsymbol{B}$ 为 $km\times km$ 矩阵,k 为目标位置矢量的维数。$\boldsymbol{B} = E[\boldsymbol{V}\boldsymbol{V}^{\mathrm{T}}] = [\boldsymbol{B}_{ij}]_{m\times m}$,$\boldsymbol{B}_{ij} = E[\mathrm{d}\boldsymbol{X}_i\mathrm{d}\boldsymbol{X}_j^{\mathrm{T}}](i,j=1,2,\cdots,m)$ 为 $k\times k$ 矩阵。

故 m 组测量子集对应的目标位置数据采用 SWLS 算法进行线性组合后,得到的目标位置估计值及其误差协方差矩阵分别为

$$\begin{cases} \hat{\boldsymbol{X}}_{\mathrm{SWLS}} = (\boldsymbol{H}^{\mathrm{T}}\boldsymbol{B}^{-1}\boldsymbol{H})^{-1}\boldsymbol{H}^{\mathrm{T}}\boldsymbol{B}^{-1}\widetilde{\boldsymbol{X}} \\ \boldsymbol{P}_{\mathrm{SWLS}} = (\boldsymbol{H}^{\mathrm{T}}\boldsymbol{B}^{-1}\boldsymbol{H})^{-1} \end{cases} \tag{7.65}$$

令 $\boldsymbol{B}^{-1} = \boldsymbol{G} = [\boldsymbol{G}_{ij}]_{m\times m}$,则

$$\begin{cases} \hat{\boldsymbol{X}}_{\mathrm{SWLS}} = \left(\sum_{i=1}^{m}\sum_{j=1}^{m}\boldsymbol{G}_{ij}\right)^{-1}\sum_{i=1}^{m}\sum_{j=1}^{m}\boldsymbol{G}_{ij}\boldsymbol{X}_j \\ \boldsymbol{P}_{\mathrm{SWLS}} = \left(\sum_{i=1}^{m}\sum_{j=1}^{m}\boldsymbol{G}_{ij}\right)^{-1} \end{cases} \tag{7.66}$$

从上述分析可以看出,SWLS 算法要涉及求各组测量子集定位误差之间的互协方差矩阵、$km\times km$ 高阶矩阵求逆及矩阵分块等复杂运算,因此应用起来相当困难。为简化运算,又确保估计精度,可对标准加权最小二乘估计算法作一定的简化处理。加权最小二乘估计及其误差协方差矩阵为

$$\begin{cases} \hat{\boldsymbol{X}}_{\text{SWLS}} = (\boldsymbol{H}^{\text{T}} \boldsymbol{W}^{-1} \boldsymbol{H})^{-1} \boldsymbol{H}^{\text{T}} \boldsymbol{W}^{-1} \widetilde{\boldsymbol{X}} \\ \boldsymbol{P}_{\text{SWLS}} = (\boldsymbol{H}^{\text{T}} \boldsymbol{W}^{-1} \boldsymbol{H})^{-1} \boldsymbol{H}^{\text{T}} \boldsymbol{W} \boldsymbol{B} \boldsymbol{W} \boldsymbol{H} (\boldsymbol{H}^{\text{T}} \boldsymbol{W}^{-1} \boldsymbol{H})^{-1} \end{cases} \quad (7.67)$$

式中，$\boldsymbol{W}$ 为加权系数矩阵，正定，通过选择适当的 $\boldsymbol{W}$，可获得简化结果。可选

$$\boldsymbol{W} = \begin{bmatrix} \boldsymbol{B}_{11}^{-1} & 0 & \cdots & 0 \\ 0 & \boldsymbol{B}_{22}^{-1} & \cdots & 0 \\ \vdots & \vdots & \ddots & \vdots \\ 0 & 0 & \cdots & \boldsymbol{B}_{mm}^{-1} \end{bmatrix} \quad (7.68)$$

则有

$$\begin{cases} \hat{\boldsymbol{X}}_{\text{SWLS}} = \left(\sum_{i=1}^{m} \boldsymbol{B}_{ii}^{-1} \right)^{-1} \sum_{i=1}^{m} \boldsymbol{B}_{ii}^{-1} \boldsymbol{X}_i \\ \hat{\boldsymbol{P}}_{\text{SWLS}} = \left\{ \boldsymbol{I} + \left(\sum_{i=1}^{m} \boldsymbol{B}_{ii}^{-1} \right)^{-1} \left(\sum_{\substack{i=1 \\ i \neq j}}^{m} \sum_{j=1}^{m} \boldsymbol{B}_{ii}^{-1} \boldsymbol{B}_{ij} \boldsymbol{B}_{jj} \right) \right\} \left(\sum_{i=1}^{m} \boldsymbol{B}_{ii}^{-1} \right)^{-1} \end{cases} \quad (7.69)$$

通过上述简化处理，在各测量子集相关性不强条件下，该算法相当实用。

② 测量子集优选法。

如上所述，在各测量子集相关性不强条件下，简化加权最小二乘算法相当实用。当相关性不容忽视时，须另行设法采用别的优化措施。根据各测量子集的定位精度差异性，对于探测区域内的某一点，目标最后的位置由定位精度最好的那组测量子集来决定。

设第 j 组测量子集对应的目标位置及其误差协方差矩阵分别为 $\boldsymbol{X}_j$ 和 $\boldsymbol{B}_j$，在探测区域内的每一点上，对变量 $\gamma_i = [\det \boldsymbol{B}_j]^{1/2}$ 进行比较并选出最小值，$\gamma^* = \min(\gamma_i, i=1,2,\cdots,m)$ 得测量子集所对应的目标定位数据。γ_i 越小，位置越精确，因此该算法可描述为

若

$$[\det \boldsymbol{B}_j]^{1/2} = \min\{[\det \boldsymbol{B}_1]^{1/2}, \cdots, [\det \boldsymbol{B}_m]^{1/2}\} \quad (7.70)$$

则

$$\begin{cases} \hat{\boldsymbol{X}}_{\text{opt}} = \boldsymbol{X}_j \\ \hat{\boldsymbol{P}}_{\text{opt}} = \boldsymbol{B}_j \end{cases} \quad (7.71)$$

2）T/R-R^2 多基定位模型

对于 T/R-R^2 三基地雷达，可视为两个 T/R-R 双基地雷达联网的结果。首先每个双基地雷达系统对反射回波进行信号处理、点迹提取、坐标对准等处理，获得与该目标有关的在统一的公共坐标系中的观测数据，然后采用上述方法分别在两个 T/R-R 双基地雷达中定位目标，得到公共坐标系中目标位置的估计值及其误差协方差矩阵；最后通过数据传输网络将各自定位结果传输到中央处理器，在统一坐标系下完成目标位置的融合定位以及后续关联和跟踪等。其基本框图如图 7-11 所示。

在中央处理器中，采用各种有效的配对算法，以判定来自各双基地系统的目标位置信息哪些属于同一目标。然后对属于同一目标的位置数据进行融合处理，从而得到质量更好的目标位置估计值。仍然采用加权最小二乘估计（SWLS）算法和测量子集选优法。还可将融合处理后的信息反馈到各个单独的双基地系统中，进行分系统校准等处理。

3）T-R^2 多基定位模型

该模型主要是考虑发射机不具有接收功能或被干扰无法给出探测信息，那么只能利用

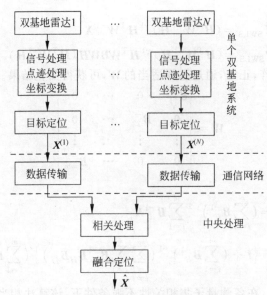

图 7-11　双/多基地定位的基本框图

其余两部接收机对目标进行定位。该条件下接收机获得的参数为 $R_{S1},\theta_{R1},R_{S2},\theta_{R2}$，典型布站条件下(三站均匀分布在一条直线上或三站构成等边三角形)，利用这些参数和雷达位置，也可实现对目标的定位。

2. 双/多基地雷达目标跟踪模型

双/多基地雷达跟踪数据处理也有两种类型：分布式和集中式。分布式跟踪时，各个接收机和单基地雷达一样对目标数据进行跟踪滤波和航迹相关，只将各接收机录取的航迹数据送到融合中心，在融合中心内再对航迹进行综合计算和加权，确认最终的目标航迹。

集中式跟踪时，各接收机测量的目标位置数据，不管是真目标还是假目标，全部送到融合中心，由融合中心完成点迹-点迹相关、点迹-航迹相关、滤波和预测外推，建立统一的目标航迹。

在双/多基地雷达系统中，集中处理基本流程：

(1) 时间对准。对各接收机送来的测量数据进行时间对准，以某一时间为基准，补偿各通道的时间漂移。

(2) 测量数据组合定位。由上述各种组合定位方法可知，根据接收机收到的测量参数可得到多种定位方法，进而获得多个定位结果，定位结果进行融合，得到最终的目标位置。(与单基地雷达网不同之处在于坐标系和坐标转换不同、目标位置估计方法不同。)

(3) 滤波跟踪，得到高质量的航迹。与单基地雷达网一样，可采用多种融合滤波算法。跟踪滤波处理方法如表 7-1 所示。

表 7-1　跟踪滤波处理方法

数据预处理	定位前交叉配对，减少点迹数量 加权最小二乘数据压缩，聚类邻近点迹
航迹起始	三帧快速逻辑法
点迹关联	最近邻关联算法
跟踪算法	(1) Alpha-Beta-Gama (2) 当前统计 (3) EKF
航迹终止算法	连续 N 秒没有数据则终止航迹

7.5.3 双/多基地雷达仿真实例

考虑某中程导弹突防场景。目标射程约为 1000km,单部雷达的作用距离约为 600km,利用三部 S 波段半实物雷达进行组网数据融合处理。三部雷达与目标轨迹的相对位置如图 7-12 所示。相控阵雷达和干扰装置的具体参数略。

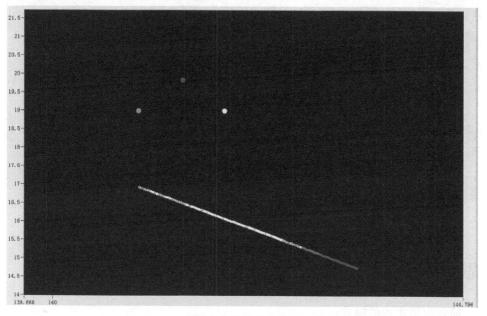

图 7-12　三部雷达与目标轨迹的相对位置关系

选择三部雷达构成双/多基地探测模式,即 T/R-R^2 模式。雷达 1 是完整的雷达收发系统,雷达 2、雷达 3 仅作为接收系统。双/多基地模式下的仿真试验结果如图 7-13 和图 7-14 所示。

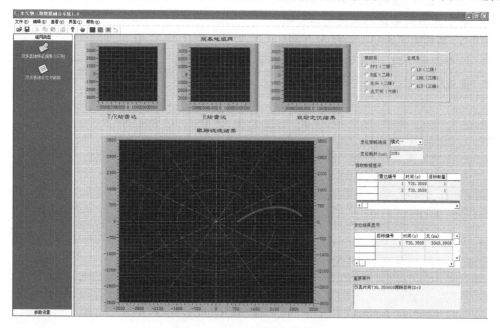

图 7-13　双基地试验评估结果

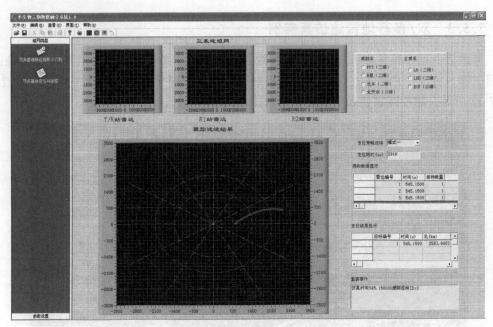

图 7-14　多基地试验评估结果

思考题

1. 简述组网雷达的模式。
2. 简述组网雷达的优势。
3. 列举典型的组网雷达系统，不少于 3 个。
4. 分布式组网雷达的关键模型有哪些？
5. 集中式组网雷达的关键模型有哪些？
6. 双/多基地雷达的关键模型有哪些？
7. 结合课程内容，查阅资料，概述组网雷达的发展趋势。
8. 简述组网雷达融合处理的层次。

第8章

雷达对抗分布式仿真技术

随着现代信息化战争逐步向着系统化、体系化的方向发展,雷达电子战系统仿真需要解决的问题越来越复杂,涵盖的领域越来越宽,如雷达探测、目标特性、电磁环境、侦察定位、人为干扰、指挥控制等,依靠单个仿真系统已无法解决,必须依靠多个仿真系统进行联合协同仿真。

与传统的单个系统仿真相比,分布协同仿真的关键问题是多个仿真系统间的互操作问题。本章首先介绍当前主流的分布式仿真体系结构——高层体系结构(HLA)的相关的知识,然后以弹道导弹攻防对抗系统仿真为例,介绍基于 HLA 的雷达对抗分布式仿真系统设计技术。

8.1 分布交互仿真的概念及特点

分布交互仿真(Distributed Interactive Simulation)是指采用协调一致的结构、标准、协议和数据库,通过局域网或广域网,将分散在各地的仿真设备互联,形成可参与的综合性仿真环境。分布交互仿真既可以是某种单一类型的仿真,也可以是几种类型的综合。与以往的仿真技术相比,它们的不同之处体现在以下几方面:

- 在体系结构上,由过去的集中式、封闭式,发展到分布式、开放式和交互式,构成可互操作、可移植、可伸缩、强交互的协同仿真体系结构。
- 在功能上,由原来的单个武器平台的性能仿真,发展到复杂环境下,以多武器平台为基础的体系与体系对抗仿真。
- 在手段上,由单一的构造仿真、真实仿真和虚拟仿真,发展成集上述多种仿真为一体的综合仿真系统。
- 在效果上,由只能从系统外部观察仿真结果或直接参与实际物理系统的测试,发展到能参与到系统中,与系统进行交互作用,并可得到身临其境的感受。

分布交互仿真是计算机技术的进步与仿真需求不断发展的结果,其主要特点如下:

(1) 分布性。

(2) 交互性。

（3）异构性。

（4）时空一致性。

（5）开放性。

8.2　分布交互仿真的发展历史

分布交互仿真思想最初产生于 20 世纪 70 年代，当时美国一名空军上尉 J. A. Thorpe 发表了一篇题为 *Future Views：Aircrew Training 1980—2000* 的文章，文中首次提出的联网仿真思想被美国国防部接受。

1983—1989 年，美国国防部高级研究计划局（Defense Advanced Research Projects，DARPA）通过制定的 SIMNET（Simulation Networking）计划，建成了一个同构型的综合仿真网络系统，该系统分布于美国和德国的 11 个基地，包括 260 个 M1A1 坦克和布雷德利等战车的仿真器、指挥控制中心和数据处理设备，能够进行营以下规模的联合兵种协同训练和战术对抗研究。

在 SIMNET 的基础上，进一步发展了异构型网络互联分布式交互仿真技术（Distributed Interactive Simulation，DIS），它是 SIMNET 技术的标准化和扩展，其核心是建立一个通用的数据交换环境，通过协议数据单元（Protocol Data Unit，PDU），支持异地分布的平台级仿真之间的操作。

与 DIS 同期发展的是美国 Mitre 公司提出的聚合级仿真协议（Aggregate Level Simulation，ALSP），它吸取了 SIMNET 技术的一些原理，同时发展了系列聚合级仿真所需的技术，旨在使现有的多个聚合级仿真应用可以通过局域网或广域网进行交互。

SIMNET、DIS 和 ALSP 的互操作性相当有限，为了满足越来越复杂的作战仿真需求，美国国防部于 1995 年发布了建模与仿真主计划（M&S Master Plan，MSMP），决定建立一个以高层体系结构（High Level Architecture，HLA）为核心的仿真技术框架。HLA 在 1996 年完成基础定义，2000 年被 IEEE 接受为标准。如今美国国防部已规定所有国防部门的仿真必须与 HLA 兼容。

8.3　高层体系架构

本章旨在讨论 HLA 在雷达电子战仿真评估系统中的应用，这里先对 HLA 的相关内容做简要介绍，关于 HLA 的详细内容，读者可以参阅文献。

8.3.1　HLA 术语

在介绍 HLA 具体内容及其在相控阵雷达仿真中应用之前，首先介绍所涉及的 HLA 所定义的术语，以便读者更好地理解后续内容。

- 联邦（Federation）：由子系统构成的用于达到某一特定仿真目的的分布式仿真系统。
- 联邦成员（Federate）：参与联邦运行的应用程序，即构成联邦的每个仿真子系统。
- 联邦执行（Federation Execution）：联邦运行的整个周期。

- 对象类(Object Class)：参与联邦交互的可持续性对象实例所属的类。
- 类属性(Class Attribute)：参与交互的对象类属性。
- 交互类(Interaction Class)：参与联邦交互的不可持续交互实例所属的类。
- 交互类参数(Parameters)：参与交互的交互类参数。
- 公布(Publish)：联邦成员向联邦表明自己有能力仿真某个对象类并能维护该对象类的属性值(公布对象类)，或者有能力初始化并发送某个交互类(公布交互类)。
- 订购(Subscribe)：联邦成员向联邦表明自己有能力利用某个对象类属性或者交互类参数。

8.3.2 HLA 的基本思想和基本架构

HLA 按照面向对象思想和方法来构建仿真系统，是在面向对象分析与设计基础上划分仿真成员，构建仿真联邦的技术。HLA 仿真系统的层次结构如图 8-1 所示。

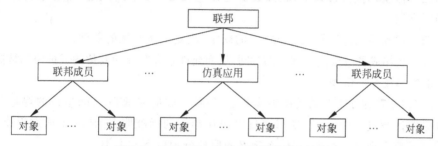

图 8-1 基于 HLA 的仿真系统的层次结构

在基于 HLA 的仿真系统中，整个分布式仿真系统称为联邦，构成联邦的相互作用的组成部分称为联邦成员。联邦成员类型多样，除了主要的模拟实体动态行为的仿真应用外，还有其他与仿真本身相关的成员，如仿真管理、态势显示、数据采集等。联邦成员由若干相互作用的对象构成，对象是联邦的基本单元。

HLA 是分布交互仿真的高层体系架构，它不考虑如何由对象构建成员，而是在已有成员的情况下考虑如何构建联邦，即如何设计联邦成员间的交互以达到仿真的目的。HLA 的基本思想就是采用面向对象的方法来设计、开发和实现仿真系统的对象模型，以获得仿真联邦的高层次的互操作和重用。

8.3.3 HLA 组成

HLA 规范主要由 HLA 规则(HLA Rules)、HLA 接口规范(Interface Specification)和 HLA 对象模型模板(Object Model Template,OMT)三部分组成。

8.3.3.1 HLA 规则

HLA 规则表达了对 HLA 兼容的联邦成员和联邦的设计目标和限制，总结了 HLA 如何应用的方式。现行的 HLA 规则共有 10 条，前 5 条是关于联邦的，后 5 条是关于联邦成员的。

1. 联邦规则

规则一 联邦应该有一个联邦对象模型(FOM)，FOM 遵循 HLA 的对象模型模板(OMT)。

规则二 在联邦中,所有与仿真有关的对象实例的描述应该在联邦成员中,而不在 RTI 中。

规则三 在联邦执行过程中,联邦成员间所有 FOM 数据的交换都应该通过 RTI 来实现。

规则四 在联邦执行过程中,联邦成员和 RTI 之间将遵循 HLA 接口规范进行交互。

规则五 在联邦执行过程的任何时刻,一个实例属性最多只能由一个联邦成员拥有。

2. 联邦成员规则

规则一 联邦成员应该有一个仿真对象模型(SOM),SOM 遵循 HLA 的对象模型模板(OMT)。

规则二 联邦成员应该能更新和/或反射其 SOM 中规定的任何属性、发送和/或接收其 SOM 中规定的交互。

规则三 在联邦执行过程中,联邦成员应该能按 SOM 中的规定,动态地转移和/或接收属性的所有权。

规则四 联邦成员应该能按 SOM 中的规定,改变更新属性的条件。

规则五 联邦成员应该能管理局部时间,从而允许它和联邦中其他的成员协调数据交换。

8.3.3.2 HLA 接口规范

HLA 接口规范是 HLA 的关键组成部分,是联邦成员和 RTI 之间接口的规范,它定义了在仿真系统运行过程中,支持联邦成员之间互操作的标准服务,RTI 则通过提供一系列调用和回调函数实现这些服务。HLA 定义的服务分为以下六大类。

1. 联邦管理服务

联邦管理是指对一个联邦执行的创建、动态控制、修改和删除等过程。HLA 的联邦管理服务共包含 20 个服务,主要用于三方面:①联邦的创建,联邦成员的加入和退出,以及撤销联邦执行等;②通过同步点操作实现联邦成员间的同步;③联邦的保存和恢复。

联邦管理服务具体如表 8-1 所示。

表 8-1 联邦管理服务

分组	服 务 名 称	功 能 简 介
第一组	CREATE FEDERATION EXECUTION	创建联邦执行
	DESTROY FEDERATION EXECUTION	撤销联邦执行
	JOIN FEDERATION EXECUTION	加入联邦执行
	RESIGN FEDERATION EXECUTION	退出联邦执行
第二组	REGISTER FEDERATION SYNCHRONIZATION POINT	注册联邦同步点
	CONFIRM SYNCHRONIZATION POINT REGISTRATION+	确认同步点注册(回调函数)
	ANNOUNCE SYNCHRONIZATION POINT+	宣布同步点(回调函数)
	SYNCHRONIZATION POINT ACHIEVED	同步点已达到
	FEDERATION SYNCHRONIZED+	联邦已同步(回调函数)
第三组	REQUEST FEDERATION SAVE	请求联邦保存
	INITIATE REDERATE SAVE+	初始化成员保存(回调函数)
	FEDERATE SAVE BEGUN	成员保存开始
	FEDERATE SAVE COMPLETE	成员保存完成
	FEDERATION SAVED+	联邦已保存(回调函数)

分组	服 务 名 称	功 能 简 介
第四组	REQUEST FEDERATION RESTORE	请求联邦恢复
	CONFIRM FEDERATION RESTORATION REQUEST+	确认联邦恢复请求(回调函数)
	FEDERATION RESTORE BEGUN+	联邦开始恢复(回调函数)
	INITIATE FEDERATE RESTORE+	初始化联邦恢复(回调函数)
	FEDERATION RESTORE COMPLETE	联邦恢复完成
	FEDERATION RESTORED+	联邦已恢复(回调函数)

2. 声明管理服务

声明管理服务是联邦成员用来声明它们产生(发布)或消费(订购)数据意图的方式。HLA 的声明管理服务共包含 12 个服务,主要用于两方面:①公布或取消公布对象类和交互类;②订购或取消订购对象类和交互类。

声明管理服务具体如表 8-2 所示。

表 8-2 声明管理服务

分组	服 务 名 称	功 能 简 介
第一组	PUBLISH OBJECT CLASS	公布对象类
	UNPUBLISH OBJECT CLASS	取消公布对象类
	PUBLISH INTERACTION CLASS	公布交互类
	UNPUBLISH INTERACTION CLASS	取消公布交互类
第二组	SUBSCRIBE OBJECT CLASS ATTRIBUTIONS	订购对象类
	UNSUBSCRIBE OBJECT CLASS	取消订购对象类
	SUBSCRIBE INTERACTION CLASS	订购交互类
	UNSUBSCRIBE INTERACTION CLASS	取消订购交互类
第三组	START REGISTRATION FOR OBJECT CLASS+	开始注册对象类(回调函数)
	STOP REGISTRATION FOR OBJECT CLASS+	停止注册对象类(回调函数)
	TURN INTERACTIONS ON+	置交互开(回调函数)
	TURN INTERACTIONS OFF+	置交互关(回调函数)

3. 对象管理服务

对象管理服务用于实现数据的实际交换,即对象实例的注册/发现、属性值的更新/发射、交互实例的发送/接收以及对象实例的删除等。HLA 的对象管理服务共包含 17 个服务,主要用于八方面:①对象实例的注册/发现;②属性值的更新/反射;③交互实例的发送/接收;④对象实例的删除/移去;⑤对象的动态管理;⑥属性和交互类传输类型的改变;⑦RTI 控制信息的传递;⑧对象实例更新开关的设置。

对象管理服务具体如表 8-3 所示。

表 8-3 对象管理服务

分组	服 务 名 称	功 能 简 介
第一组	REGISTER OBJECT INSTANCE	注册对象实例
	DISCOVER OBJECT INSTANCE+	发现对象实例(回调函数)
第二组	UPDATE ATTRIBUTE VALUES	更新属性值
	REFLECT ATTRIBUTE VALUES+	反射属性值(回调函数)

分组	服 务 名 称	功 能 简 介
第三组	SEND INTERACTION	发送交互实例
	RECEIVE INTERACTION+	接收交互实例（回调函数）
第四组	DELETE OBJECT INSTANCE	删除对象实例
	REMOVE OBJECT INSTANCE+	移去对象实例（回调函数）
	LOCAL DELETE OBJECT INSTANCE	本地删除对象实例
第五组	CHANGE ATTRIBUTE TRANPORTATION TYPE	改变属性传输类型
	CHANGE INTERACTION TRANPORTATION TYPE	改变交互类传输类型
第六组	ATTRIBUTE IN SCOPE+	属性进入范围（回调函数）
	ATTRIBUTE OUT OF SCOPE+	属性离开范围（回调函数）
第七组	REQUEST ATTRIBUTE VALUE UPDATE	请求属性值更新
	PROVIDE ATTRIBUTE VALUE UPDATE+	提供属性值更新（回调函数）
第八组	TURN UPDATES ON FOR OBJECT INSTANCE+	置对象实例更新开（回调函数）
	TURN UPDATES OFF FOR OBJECT INSTANCE+	置对象实例更新关（回调函数）

4. 时间管理服务

时间管理服务用于保证仿真系统中事件发生的顺序，即控制仿真时间的正确推进。HLA 的时间管理服务共包含 23 个服务，主要用于四方面：①联邦成员时间管理策略的设置；②联邦执行时间推进；③异步传输的设置或取消；④查询和回滚。

时间管理服务具体如表 8-4 所示。

表 8-4　时间管理服务

分组	服 务 名 称	功 能 简 介
第一组	ENABLE TIME REGULATION	打开时间控制状态
	TIME REGULATION ENABLED+	时间控制状态许可（回调函数）
	DISABLE TIME REGULATION	关闭时间控制状态
	ENABLE TIME RESTRAINED	打开时间受限状态
	TIME RESTRAINED ENABLED+	时间受限状态许可（回调函数）
	DISABLE TIME RESTRAINED	关闭时间受限状态
第二组	TIME ADVANCE REQUEST	时间推进请求
	TIME ADVANCE REQUEST AVAILABLE	即时时间推进请求
	NEXT EVENT REQUEST	下一事件请求
	NEXT EVENT REQUEST AVAILABLE	下一事件即时请求
	FLUSH QUEUE REQUEST	清空队列请求
	TIME ADVANCE GRANT+	时间推进许可（回调函数）
第三组	ENABLE ASYNCHRONOUS DELIVERY	打开异步传输方式
	DISABLE ASYNCHRONOUS DELIVERY	关闭异步传输方式
第四组	QUERY LBTS	查询 LBTS
	QUERY FEDERATE TIME	查询成员逻辑时间
	QUERY MINIMUM NEXT EVENT TIME	查询最小下一事件时间
	MODIFY LOOKAHEAD	修改时间前瞻量
	QUERY LOOKAHEAD	查询时间前瞻量
	RETRACT	回滚

续表

分组	服 务 名 称	功 能 简 介
第四组	REQUEST RETRACTION+	请求回滚（回调函数）
	CHANGE ATTRIBUTE ORDER TYPE	改变属性顺序类型
	CHANGE INTERACTION ORDER TYPE	改变交互类的顺序类型

5. 所有权管理服务

所有权关系是指联邦成员对实例属性的拥有关系，拥有某个属性的联邦成员有权更新该属性的值。所有权管理服务用来转移实例属性的所有权，并支持联邦范围内对对象实例的协同建模。HLA 的所有权管理服务共包含 16 个服务，主要用于三方面：①所有权"推"模式的转移；②所有权"拉"模式的转移；③所有权转移和接收的协助服务。

所有权管理服务具体如表 8-5 所示。

表 8-5　所有权管理服务

分组	服 务 名 称	功 能 简 介
第一组	UNCONDITIONAL ATTRIBUTE OWNERSHIP DIVESTITURE	无条件属性所有权转让
	NEGOTIATED ATTRIBUTE OWNERSHIP DIVESTITURE	协商属性所有权转让
	REQUEST ATTRIBUTE OWNERSHIP ASSUMPTION+	请求属性所有权承担（回调函数）
	ATTRIBUTE OWNERSHIP DIVESTITURE NOTIFICATION+	属性所有权转让通知（回调函数）
	ATTRIBUTE OWNERSHIP ACQUISITION NOTIFICATION+	属性所有权获取通知（回调函数）
	CANCEL NEGOTIATED ATTRIBUTE OWNERSHIP DIVESTITURE	取消协商属性所有权转让
第二组	ATTRIBUTE OWNERSHIP ACQUISITION	属性所有权获取
	ATTRIBUTE OWNERSHIP ACQUISITION IF AVAILABLE	如果有，那么获取属性所有权
	ATTRIBUTE OWNERSHIP UNAVAIABLE+	没有属性所有权（回调函数）
	REQUEST ATTRIBUTE OWNERSHIP RELEASE+	请求属性所有权释放（回调函数）
	ATTRIBUTE OWNERSHIP RELEASE RESPONSE	属性所有权释放应答
	CANCEL ATTRIBUTE OWNERSHIP ACQUISITION	取消属性所有权获取
	CONFIRM ATTRIBUTE OWNERSHIP ACQUISITION CANCELLATION+	确认属性所有权获取取消（回调函数）
第三组	QUERY ATTRIBUTE OWNERSHIP	查询属性所有权
	INFORM ATTRIBUTE OWNERSHIP+	通知属性所有权（回调函数）
	IS ATTRIBUTE OWNED BY REDERATE	属性是否被联邦成员拥有

6. 数据分发管理服务

数据分发管理服务是对声明管理服务的补充和增强，它在实例属性层次上进一步增强了联邦成员精简数据需求的能力，减少了仿真运行过程中无用数据的传输和接收。HLA 的数据分发管理服务共包含 12 个服务，主要用于两方面：①区域的创建、修改和删除；②区域和对象类属性、交互类、对象实例以及实例属性相关联。

数据分发管理服务如表 8-6 所示。

表 8-6　数据分发管理服务

分组	服 务 名 称	功 能 简 介
第一组	CREATE REGION	创建区域
	MODIFY REGION	修改区域
	DELETE REGION	删除区域

续表

分组	服务名称	功能简介
第二组	REGISTER OBJECT INSTANCE WITH REGION	带区域注册对象实例
	ASSOCIATE REGION FOR UPDATES	关联更新的区域
	UNASSOCIATE REGION FOR UPDATES	取消关联更新的区域
	REQUEST ATTRIBUTE VALUE UPDATE WITH REGION	带区域请求属性值更新
第三组	SUBSCRIBE OBJECT CLASS ATTRIBUTE WITH REGION	带区域订购对象类属性
	UNSUBSCRIBE OBJECT CLASS WITH REGION	带区域取消订购对象类
	SUBSCRIBE INTERACTION CLASS WITH REGION	带区域订购交互类
	UNSUBSCRIBE INTERACTION CLASS WITH REGION	带区域取消订购交互类
	SEND INTERACTION WITH REGION	带区域发送交互实例

8.3.3.3　HLA 对象模型模板

HLA 采用对象模型（Object Model）来描述联邦和联邦成员，从而提高仿真系统及其部件的互操作性和可重用性。对象模型模板（Object Model Template，OMT）就是一种用来规范对象模型描述的统一表格。

在 HLA OMT 中，HLA 定义了两类对象模型，一类是描述仿真联邦的联邦对象模型（Federation Object Model，FOM），具体描述在仿真运行过程中将参与联邦成员信息交换的对象类、对象类属性、交互类、交互类参数的特性；另一类是描述联邦成员的成员对象模型（Simulation Object Model，SOM），具体描述联邦成员可以对外公布或需要订购的对象类、对象类属性、交互类、交互类参数的特性。这两种对象模型的主要目的都是促进仿真系统间的互操作和仿真部件的重用。

HLA 对象模型（FOM 和 SOM）由一组相关的部件组成，HLA 要求将这些部件以表格的形式规范化。美国国防部公布的 HLA OMT 1.3 版本中 OMT 由以下九个表格组成。

- 对象模型鉴别表：记录与 HLA 对象模型相关的重要标识信息。
- 对象类结构表：记录所有联邦或联邦成员对象类的名称，并描述了类与子类的关系。
- 交互类结构表：记录联邦中所有交互类的名称，并描述了类与子类的关系。
- 属性表：记录所有对象类属性的特征。
- 参数表：记录所有交互类参数的特征。
- 枚举数据类型表：对枚举数据类型进行说明。
- 复杂数据类型表：对复杂数据类型进行说明。
- 路径空间表：指定对象类属性和交互类的路径空间。
- FOM/SOM 词典：记录上述各表中使用的所有术语的定义。

当描述一个仿真联邦或单个仿真系统（即联邦成员）的 HLA 对象模型时，必须使用上述所有表格，即 OMT 的各部件对 FOM 和 SOM 都适用。上述表格的具体内容可参见相关文献。

8.3.4　运行支撑环境

运行支撑环境（Run-Time Infrastructure，RTI）是 HLA 接口规范的具体实现，作为类似于分布式操作系统的软件系统，RTI 实现了 HLA 定义的所有服务，同时为仿真应用提供了仿真运行管理功能和底层通信传输服务,它使仿真功能与仿真运行管理、底层通信传输三者分离。

RTI 的主要作用有:

(1) 它具体实现了 HLA 的所有接口规范;

(2) 它为仿真应用提供了仿真运行管理功能;

(3) 它提供了底层通信传输服务;

(4) 它是仿真功能与仿真运行管理、底层通信传输三者分离的基础。

RTI 的运行需要两个配置文件,即联邦执行数据(Federation Execution Data,FED)文件和 RTI 初始化数据(RTI Initialization Data,RID)文件。FED 文件包含了 FOM 中的信息;RID 文件包含了控制 RTI 运行的配置参数。

8.4　基于 HLA 的雷达对抗分布式仿真系统设计

基于 HLA 的雷达对抗分布式仿真是雷达建模仿真技术与分布式仿真技术的结合,是分布式仿真技术在雷达电子战系统仿真中的具体应用。本节将以弹道导弹攻防对抗仿真系统为例,详细阐述基于 HLA 的雷达对抗分布式仿真系统的设计方法。

8.4.1　仿真场景

我们选取一个假想的弹道导弹攻防对抗系统作为组网雷达对抗场景的典型实例。该场景包括进攻方和防御方两个组成部分。进攻方为大气层外飞行的弹道导弹,在雷达探测过程中,该导弹将分解和分导成为母舱、弹头、轻诱饵、重诱饵(干扰机)、碎片等实体目标;防御方为导弹防御系统,包括天基红外系统、双/多基地体制的预警雷达(包括发射机系统和接收机系统)、组网探测跟踪制导雷达(包括传感器和融合中心)、作战管理中心、拦截弹等。

该场景的作战过程可以大致描述为:导弹发射后,天基红外系统在导弹飞行的上升段探测到目标,估计和预测导弹的发落点参数和弹道轨迹,并将处理结果上报作战管理中心;导弹关机后,开始弹头和诱饵的分导,天基红外系统无法继续探测,此时作战管理中心利用预报弹道信息引导预警雷达接管目标跟踪任务,预警雷达对目标跟踪一段时间后进行更加精确的弹道预报,并将预报结果上报作战管理中心;在作战管理中心的协调下,预警雷达将目标移交给跟踪制导雷达网,由后者对弹头等多目标实施精确跟踪和成像识别等处理,处理结果通过作战管理中心形成制导信息传输给拦截弹,引导其摧毁弹头目标。在此过程中,导弹所携带的诱饵和干扰机将对防御系统的雷达传感器进行干扰。

8.4.2　雷达对抗分布式仿真系统框架设计

8.4.2.1　联邦与联邦成员设计

按照 HLA 的思想,整个仿真系统称为联邦,仿真系统的组成部分称为联邦成员。在本例中,显然整个攻防对抗系统为仿真的联邦,联邦成员包括核心模型(仿真应用)和辅助模块(其他成员),前者由攻防双方各实体组成,后者包括仿真管理、态势显示、数据录取、在线评估等一系列实现仿真控制管理的应用程序。

HLA 对联邦成员的划分没有设置固定的准则,在工程应用中通常以实现某一独立完整功能或用途的系统或装备为基本单位,可以是一个,也可以是一类。在具体操作过程中,还应综合考虑系统复杂程度、交互数据量、系统运行效率、研制任务剖面清晰度等实际因素。

在本例中,以对抗系统中的作战装备实体为单位划分联邦成员,如表8-7所示。

表 8-7　联邦成员划分

联邦成员		实现功能
进攻方	导弹(Missile)	对导弹的母舱、弹头、干扰机和诱饵等目标的弹道、姿态、电磁等目标特性进行建模仿真
	干扰机(Jammer)	对干扰机的侦察和释放干扰的过程进行建模仿真
防御方	天基红外系统(Sky Based Infrared System,SBIRS)	对天基红外系统的轨道和探测过程进行仿真
	早期预警雷达接收机(Early Warning Radar Receptor,EWR_Receiver)	对双/多基地早期预警雷达系统单部接收机的探测、跟踪和预报过程进行仿真
	早期预警雷达融合处理与调度中心(Early Warning Radar Fusion & Schedule Center,EWR_Fusion)	对多部双/多基地早期预警雷达接收机统一调度与信息融合处理的过程进行仿真
	跟踪制导雷达(Tracking and Guidance Radar,TGRadar)	对单部跟踪制导雷达的探测、跟踪、识别过程进行仿真
	组网信息融合处理中心(Tracking and Guidance Radar Information Fusion Center,TGR_Fusion)	对跟踪制导雷达组网信息融合处理过程进行仿真
	作战管理中心(Battle Management Center,BMC)	对作战管理中心的各种处理过程进行仿真
	拦截弹(Interceptor)	对拦截弹的飞行、制导过程进行仿真
白方	仿真管理中心(Simulation Manager Center,SimManager)	对整个联邦执行进行管理控制
	战情编辑(Scene Edition)	对仿真运行的作战场景及装备参数进行编辑和设置
	态势显示(Display)	对联邦运行过程和结果进行可视化
	数据采集(Data Collection,Collection)	对联邦运行过程中感兴趣的交互数据进行采集和存储

需要说明的是,这里的EWR_Receiver和TGRadar成员是以装备实体为单位设置的,联邦中这两个成员根据实际情况都应该有相同的多个,之所以没有以种类的形式设置成一个成员中的多个实例,主要是考虑到每个实体的处理过程其数据量和运算量都很大,设置在一个成员中运行效率会低下。另外,早期预警雷达的发射机部分在成员层面并没有体现,这主要是出于降低网络数据传输量的考虑,将其作为一个模块嵌入到每一个EWR_Receiver成员中,详细见后续的系统结构部分。

8.4.2.2　仿真系统结构设计

在分布式仿真中,时间推进和数据交互是两个关键问题,在进行仿真系统结构设计时必须予以重视,否则有推倒重来的风险。时间推进与成员的划分相关,只要成员的功能独立、边界明确,与其他成员的时间协同就没有问题。数据交互通过底层通信网络实现,其性能与分布式系统的具体结构设计密切相关,在具体设计操作时要尽量减小传输数据量。

　　本例的雷达对抗过程中,雷达与干扰机之间通过电磁波实现相互作用,如果直接映射到分布式仿真系统中,则表现为雷达成员与干扰机成员之间的信号采样数据,这样的交互数据量是仿真系统难以接受的。以雷达给干扰侦察接收机的发射信号为例,假设中频频率为50MHz,采样率最低为相同的50MHz,雷达的波束驻留为50ms,则一次照射的采样点数即为2500000个,取数据类型为float型,数据量即为1.25MB,这仅仅是一部雷达对一部干扰机的一次照射,尚未考虑干扰机对雷达的干扰信号采样。考虑到本例中雷达和干扰机的数量均较多,排列组合之后的网络通信量很容易使整个仿真系统瘫痪,因此必须采取措施避免网络中直接进行信号采样的传输。

　　为了保持雷达与干扰机之间的背靠背仿真,同时实现上述交互数据量小的目的,借鉴HLA/RTI中RTI Ambassador的思想,这里采用Federate Ambassador的方式。简单地说,就是将原本属于某一成员的功能模块,嵌入与之关联的其他成员中,原属成员通过交互数据对该模块进行控制和触发,使其在目标成员本地运行并输出结果,这样的模块就像原属成员派驻目标成员的大使,因此称为原属成员的Federate Ambassador。

　　在本章实例中,需要用到的Federate Ambassador为产生各种电磁信号采样的功能模块,包括EWR发射机模块、TGR发射机模块、干扰信号产生模块和电磁环境模拟模块。需要说明的是,Federate Ambassador毕竟是将原属成员的功能模块外置,属于非常规设计,因此其数量越少越好,功能越简单越通用越好。例如上述模块中的干扰信号产生模块,就可以设计为适应所有样式和参数的通用模拟模块,具体的参数可以由原属的干扰机成员控制,这样既保证了原属成员对干扰信号释放过程和结果的模拟功能,又提高了该模块在所有雷达中的可移植性,同时又根本解决了网络中的海量数据传输问题。

　　综上所述,整个仿真系统的分布式结构如图8-2所示。

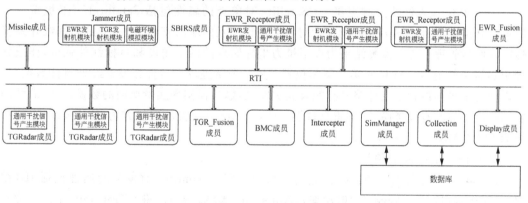

图 8-2　雷达对抗分布式仿真系统结构

8.4.3　仿真系统数据交互设计

　　在基于HLA的分布式仿真系统中,HLA提供了两个层面的数据过滤机制来最大限度地减小网络中的冗余传输,分别是类(对象类或交互类)层面和实例(属性实例或交互实例)层面,前者对应HLA中的声明管理服务,后者对应HLA中的数据分发管理服务。实际上,数据分发管理服务是在声明管理服务基础上对交互数据的进一步过滤。

　　下面对整个仿真联邦中的数据交互进行介绍。本节着重阐述与对抗双方模型相关的数据交互,其他诸如显示、评估等需要的数据这里不作介绍。

8.4.3.1 对象类设计

根据 HLA 的定义,对象类是指参与联邦交互的对象实例所属的类。与面向对象方法中的类相同的地方是,一个对象类包含若干属性(成员变量),这些属性共同描述了对象的状态;不同的是,HLA 中的对象类并未封装方法。

HLA 中的对象类往往与仿真模型中的模块类相对应,且名称相同,但是对象类通常只是对应模块类属性的子集,模块类中无须在网络中传输的属性被排斥在对象类之外。简单地说,对象类本质上是模块类中需要交互的属性的集合。

下面讨论和设计本例中所包含的对象类及其供求关系(发布与订购)。

1. 对象类属性设计

对象类包含了描述仿真实体状态的属性集,这些属性都具有持续性。本联邦中所用到的对象类包括:CTarget、CSatellite、CTransmitter、CReceiver、CTGRadar、CInterceptor。

1) CTarget 对象类

CTarget 对象类是指目标。在本例中,进攻方(红方)的所有实体,包括母舱、弹头、干扰机和诱饵等多可以看作目标。描述这些实体目标的属性包括 ID(编号)、Position(位置)、Velocity(速度)、Acceleration(加速度)、Pose(姿态)、RCS(雷达截面积)和 InfraredPower(红外强度)。之所以将 CTarget 设计为交互的对象类,是因为蓝方的雷达、红外系统等传感器在进行探测过程的仿真时,需要根据探测空域类各实体的属性进行散射回波的模拟生成。显然,该对象类的提供方为 Missile 成员,消费方为 SBIRS、EWR_Receiver、TGRadar 和 Interceptor 等有传感器功能的成员。

2) CSatellite 对象类

CSatellite 代表红外探测卫星。CSatellite 对象类的属性包括 SatelliteID(卫星编号)、Position(位置)。将 CSatellite 设计为对象类进行交互的原因有两个,一个是天基红外系统传输给作战管理中心的探测结果为以卫星为坐标原点的两个角度和目标红外强度,作战管理中心需要知道卫星自身的实时空间位置;另一个是进攻方目标在发送红外特性数据时,可以利用卫星的位置来设计路径空间及其关联区域,从而实现实例层面的数据过滤,后续的雷达等传感器亦有此考虑,不再重复说明。CSatellite 对象类的提供方为 SBIRS 成员,消费方为 BMC、Missile 等成员。

3) CTransmitter 对象类

CTransmitter 代表早期预警雷达的发射机。CTransmitter 对象类的属性包括 ID(编号)、Position(位置)、Power(发射功率)、AnteGain(天线增益)。将 CTransmitter 设计为对象类有以下几方面的考虑:首先,预警雷达接收机在生成目标回波,以及干扰机在本地生成到达的预警雷达发射波形时,都需要根据发射机位置及参数计算接收功率;其次,一般情况下,目标计算电波入射角进而模拟散射特性时需要雷达的空间位置;再次,实现实例层面的数据过滤(同上)。CTransmitter 类的提供方为 EWR_Transmitter 成员,消费方为 Missile、Jammer、EWR_Receiver 等成员。

4) CReceiver 对象类

CReceiver 代表早期预警雷达的接收机。CReceiver 对象类的属性包括 ID(编号)、Position(位置)。将 CReceiver 设计为对象类主要考虑 Missile 成员的电波入射角和 RCS 模拟需要接收机位置,EWR_Fusion 融合处理需要接收机位置,以及实现实例层面的数据过滤。CReceiver 对象类的提供方为 EWR_Receiver 成员,消费方为 Missile、Jammer、EWR_ Fusion 等成员。

5) CTGRadar 对象类

CTGRadar 代表跟踪制导雷达。CTGRadar 对象类的属性包括 ID(编号)、Position(位置)、Power(发射功率)、AnteGain(天线增益)。CTGRadar 设计为对象类的原因与 CTransmitter 对象类、CReceiver 对象类类似。CTGRadar 对象类的提供方为 TGRadar 成员,消费方为 Missile、Jammer、TGR_Fusion、BMC 等成员。

CInterceptor 代表拦截弹。CInterceptor 对象类具有双重属性:一方面是作为实体的属性,包括 ID(编号)、Position(位置)、Velocity(速度)、Acceleration(加速度)、Pose(姿态)等;另一方面是作为传感器的属性(内置导引头),包括 Power(发射功率)、AnteGain(天线增益)等。CInterceptor 对象类的提供方为 Interceptor 成员,消费方为 Missile、Jammer、BMC 等成员。

需要说明的是,以上对象类的消费方仅仅考虑了对抗双方的成员,实际上类似于数据采集和态势显示这样的辅助成员都需要接收上述对象类数据。

综上所述,联邦的对象类及其属性如表 8-8 所示。

表 8-8 对象类及其属性

对 象 类	属 性	数 据 类 型	说 明
CTarget	ID	short	目标编号
	Position	CARTCOORD	目标的空间位置
	Velocity	CARTCOORD	目标的速度
	Acceleration	CARTCOORD	目标的加速度
	Pose	POSE	目标的姿态
	RCS	float	目标的雷达截面积
	InfraredPower	float	目标的红外强度
CSatellite	ID	short	卫星编号
	Position	CARTCOORD	卫星位置
CTransmitter	ID	short	预警雷达发射机编号
	Position	CARTCOORD	预警雷达发射机位置
	Power	float	预警雷达发射机功率
	AnteGain	float	预警雷达发射机天线增益
CReceiver	ID	short	预警雷达接收机编号
	Position	CARTCOORD	预警雷达接收机位置
CTGRadar	ID	short	跟踪制导雷达编号
	Position	CARTCOORD	跟踪制导雷达位置
	Power	float	跟踪制导雷达功率
	AnteGain	float	跟踪制导雷达天线增益
CInterceptor	ID	short	拦截弹的编号
	Position	CARTCOORD	拦截弹的空间位置
	Velocity	CARTCOORD	拦截弹的速度
	Acceleration	CARTCOORD	拦截弹的加速度
	Pose	POSE	拦截弹的姿态
	Power	float	导引头功率
	AnteGain	float	导引头天线增益

其中,CARTCOORD 和 POSE 为复杂数据类型(下同)。

2. 对象类的发布与订购设计

HLA 规定,一个联邦成员可以创建对象类的实例而不需要指定与其相关联的所有属性,因此,联邦成员可以只公布与对象类关联的某些特定属性而不需要公布其所有属性。对象类的订购也是如此。

在本仿真中,对象类的发布和订购都针对对象类的所有属性,根据前面各对象类的创建与消费关系,可以将对象类的发布与订购描述如表 8-9 所示。

表 8-9　对象类发布与订购设计

对 象 类	发布成员	订购成员
CTarget	Missile	SBIRS、EWR_Receiver、TGRadar、Interceptor、Display、Collection
CSatellite	SBIRS	Missile、BMC、Display、Collection
CTransmitter	EWR_Transmitter	Missile、Jammer、EWR_Receiver、Display、Collection
CReceiver	EWR_Receiver	Missile、Jammer、EWR_Fusion、Display、Collection
CTGRadar	TGRadar	Missile、Jammer、TGR_Fusion、BMC、Display、Collection
CInterceptor	Interceptor	Missile、Jammer、BMC、Display、Collection

3. 对象类消息的传递顺序与传输方式设计

消息传递顺序主要是从 RTI 处理消息的角度考虑的,RTI 接收消息提供方发送的消息,并向消息消费方发送消息。在基于 HLA 的分布式仿真中,所有联邦成员异步协同推进,各成员产生消息的时间并不同步,加上网络通信的因素,导致 RTI 接收到的消息顺序往往与真实对象逻辑并不相符,在此情况下,RTI 将这些消息发送给接收方的方式就自然有两种:一种是按照其接收消息顺序发送,先进先出,即所谓的接收顺序;另一种是按照消息的真实逻辑顺序传递,逻辑顺序由消息附带的时戳决定,即所谓的时戳顺序。两种传递顺序各有优点,接收顺序简单明了,无须额外操作和等待,因此传输速度较快,但是因果关系不能保证;时戳顺序需要 RTI 对所接收消息按照时戳进行排序之后方能依次发送,过程相对复杂,等待时间较长,效率不高,但是因果关系能够保证。在具体应用中,联邦使用何种顺序取决于联邦对传输速度和因果关系的要求,如果对传输速度的要求高于因果关系,则选择接收顺序;反之选择时戳顺序。在本例中,为了能够在速度和精度上取得有效折中,将所有对象类及其属性区分为快变化和慢变化两种。快变化的对象类或属性,其更新消息的因果关系对对抗结果影响较大,只能采用时戳顺序传递,例如弹道目标及其属性、拦截弹及其属性等;而慢变化的对象类或属性,其消息更新的因果关系对对抗结果影响较小,可以采用接收顺序,如卫星、雷达等传感器及其属性。

消息传输方式则涉及底层通信协议的问题,HLA 的消息传输方式分为两种:可靠(Reliable)和快速(Best Effort)。从表象上看,可靠方式可以确保消息的发送成功,但是速度将受影响;快速方式则不保证消息的到达,但是这种方式更能有效地利用网络。从通信协议上看,可靠方式采用 TCP 实现,而快速方式则采用 UDP 或者 IP 多点传送实现。

在 HLA 中,属性通常是持续更新的,如果中间偶尔发生传递失败或者丢失的现象,相应属性并非没有值,而是停留在最近一次更新上,这对于慢变化的属性来说是完全可以接受的。对于快变化属性来说,当发生数据丢失时,如果其消费方有能力利用历史值进行外插预测,则产生的影响也是较小的,此时也可采用快速方式。

仿真实例中的对象类及其属性的传递顺序与传递方式设计如表 8-10 所示。

表 8-10　对象类及其属性的传递顺序与传递方式设计

对　象　类	属　　性	传　递　顺　序	传　输　方　式
CTarget	ID	接收顺序	Best effort
	Position	时戳顺序	Best effort
	Velocity	时戳顺序	Best effort
	Acceleration	时戳顺序	Best effort
	Pose	时戳顺序	Best effort
	RCS	时戳顺序	Reliable
	InfraredPower	时戳顺序	Best effort
CSatellite	ID	接收顺序	Best effort
	Position	接收顺序	Best effort
CTransmitter	ID	接收顺序	Best effort
	Position	接收顺序	Best effort
	Power	接收顺序	Best effort
	AnteGain	接收顺序	Best effort
CReceiver	ID	接收顺序	Best effort
	Position	接收顺序	Best effort
CTGRadar	ID	接收顺序	Best effort
	Position	接收顺序	Best effort
	Power	接收顺序	Best effort
	AnteGain	接收顺序	Best effort
CInterceptor	ID	接收顺序	Best effort
	Position	时戳顺序	Best effort
	Velocity	时戳顺序	Best effort
	Acceleration	时戳顺序	Best effort
	Pose	时戳顺序	Best effort
	Power	接收顺序	Best effort
	AnteGain	接收顺序	Best effort

8.4.3.2　交互类设计

交互类包含了仿真实体某一个动作的参数集,实体动作为瞬间发生的事情,具有非持续性。与对象类不同,交互类在成员中并没有相应的模块类与之相映射,它的存在只是临时的、一次性的。

1. 交互类参数设计

本例联邦所用到的交互类主要描述了对抗双方在作战过程中的瞬时动作,具体包括:

1) MissileLaunch 交互类

MissileLaunch 表示弹道导弹从阵地发射,进入飞行阶段。该交互类的设计是为了使红外预警卫星、预警雷达等传感器成员获知目标的出现,以便进行相应的探测仿真。在导弹发射之前,为了提高仿真系统效率,各传感器可以不进行探测过程的仿真。MissileLaunch 交互类由 Missile 成员创建并发送,由 SBIRS、EWR_Receiver、TGRadar 等成员消费。MissileLaunch 交互类的参数包括 MissileID(导弹编号)和 Time(发射时间)。

2) SBIRSDetecting 交互类

SBIRSDetecting 代表红外预警卫星对导弹进行探测。之所以要将卫星对导弹的探测描述为一个交互类,是因为目标需要知道卫星什么时候对其进行了探测,以便将自己的位置和红外强度进行更新,这也是为了最大限度地减小网络中的传输数据量。SBIRSDetecting 交互类由 SBIRS 成员创建并发送,由 Missile 成员消费。SBIRSDetecting 交互类的参数包括 SatelliteID(卫星编号)和 Time(探测时间)。

3) SBIRSData 交互类

SBIRSData 代表红外预警系统向地面作战管理中心发送的探测结果。预警卫星在探测到导弹的发射之后,会以一定的数据率将探测结果(包括导弹的角度和红外强度)下传给地面的指控中心。SBIRSData 交互类由 SBIRS 成员创建并发送,由 BMC 成员消费。SBIRSData 交互类的参数包括 SatelliteID(卫星编号)、Time(探测时间)、Azimuth(目标方位角)、Elevation(目标俯仰角)和 InfraredPower(目标红外强度)。

4) SBIRSFinish 交互类

SBIRSFinish 代表红外预警的探测结束。红外预警系统对导弹的尾焰进行探测,一旦导弹推进器停止工作,红外卫星就无法再进行探测,此时需通知地面管理中心,以便地面管理中心进行弹道预报并要求早期预警雷达开机接班。SBIRSFinish 交互类由 SBIRS 成员创建并发送,由 BMC 成员消费。SBIRSFinish 交互类的参数包括 SatelliteID(卫星编号)和 Time(时间)。

5) GuideInfo_EWR 交互类

GuideInfo_EWR 代表 BMC 给早期预警雷达的引导信息。当红外系统无法继续对目标进行探测和跟踪时,作战管理中心将对弹道进行估计和预测,根据预测结果生成引导信息发送给早期预警雷达,引导其对目标进行截获和跟踪,完成交接班过程。GuideInfo_EWR 交互类由 BMC 成员创建并发送,由 EWR_Fusion 成员消费。GuideInfo_EWR 交互类参数包括 Time(时间)、TargetPos(目标位置)和 PredictError(预测误差)。

6) EWREvent 交互类

EWREvent 代表早期预警雷达每次照射对应的任务事件。早期预警雷达系统是多基地体制,每次的照射和接收处理都由中心处理单元统一调度,中心处理单元根据历史处理结果和搜索策略,决定后续的处理任务,并发送给发射机和接收机触发其完成。EWREvent 交互类由 EWR_Fusion 成员创建并发送,由 EWR_Receiver 成员消费。EWREvent 交互类的参数包括 Time(时间)、BeamDirection(波束照射方向)和 SignalParam(信号参数)。

7) BeamEmit 交互类

BeamEmit 代表雷达发射波束。早期预警雷达和跟踪制导雷达均为主动探测系统,通过发射电磁波,然后接收和处理经目标发射的回波进行目标的探测。因此雷达对外界的动作就是发射雷达波束,我们便将发射波束表示为一个交互类。BeamEmit 交互类由 EWR_Receiver 成员和 TGRadar 成员创建并发送,由 Missile 成员和 Jammer 成员消费。BeamEmit 交互类的参数包括 RadarType(雷达类型)、RadarID(雷达编号)、Time(波束照射时间)、Azimuth(波束方位角)、Elevation(波束俯仰角)和 SignalParam(信号参数)。

8) Jamming 交互类

Jamming 代表干扰机释放干扰。干扰机伴随着弹头飞行,在雷达对弹头等目标进行探测和跟踪的过程中,干扰机释放干扰,破坏雷达的正常处理。因此我们将释放干扰这个动作表示为一个交互类。Jamming 交互类由 Jammer 成员创建并发送,由 EWR_Receiver 成员和 TGRadar 成员消费。Jamming 交互类的参数包括:Time(干扰发射时间)、JammingType(干扰类型)、PowerDensity(到达天线前端的功率密度)、Gain(发射增益)、Band(干扰带宽)、FalseTargets(假目标个数)、Delay(假目标时延)、FalseTargetPowerDensity(假目标到达雷达天线前端的功率密度)、Doppler(假目标多普勒频率)。其中 Delay、FalseTargetPowerDensity 和 Doppler 为长度为 MAX_FALSETARGETS 的数组,MAX_FALSETARGETS 为设置的最大假目标个数。

9) EWRData 交互类

EWRData 代表单部早期预警雷达接收机探测结果。本章中的早期预警雷达系统为多基地雷达系统,其中的每一部接收机的处理结果需要发送到处理中心进行融合。EWRData 交互类由 EWR_Receiver 成员创建并发送,由 EWR_Fusion 成员消费。EWRData 交互类的参数包括:EWRID(预警雷达编号)、Time(探测时间)、PointID(探测航迹编号)、Direction(方位)、TimeDelay(时延)。

10) EWRFusionResult 交互类

EWRFusionResult 代表早期预警雷达跟踪的航迹结果。早期预警雷达对目标建立稳定跟踪后,将滤波平滑后的目标航迹信息和初步识别结果信息上报作战管理中心。EWRFusionResult 交互类由 EWR_Fusion 成员创建并发送,由 BMC 成员消费。EWRFusionResult 交互类的参数包括 Time(输出时间)、TrajID(航迹编号)、Position(航迹位置)、Velocity(航迹速度)、IdentifyResutl(识别结果)。

11) GuideInfo_TGR 交互类

GuideInfo_TGR 代表 BMC 给跟踪制导雷达的引导信息。作战管理中心根据早期预警雷达的跟踪结果,对目标进行弹道预报,根据预报结果生成引导信息发送给跟踪制导雷达,引导其对目标进行截获和跟踪,完成交接班过程。GuideInfo_TGR 交互类由 BMC 成员创建并发送,由 TGRadar 成员消费。GuideInfo_TGR 交互类参数与 GuideInfo_EWR 类似。

12) TGRData 交互类

TGRData 代表单部跟踪制导雷达的探测结果。跟踪制导雷达系统为组网探测模式,典型的如三部雷达组网,每部跟踪制导雷达需要将探测的结果发送到融合中心,在融合中心中对多部雷达的结果进行融合处理,得到最终的探测结果。TGRData 交互类由 TGRadar 成员创建并发送,由 TGR_Fusion 成员消费。TGRData 交互类的参数包括 TGRID(TGR 编号)、Time(输出时间)、TrajID(航迹/点迹编号)、Position(航迹位置)和 Velocity(航迹速度)。

13) TGRFusionResult 交互类

TGRFusionResult 代表跟踪制导雷达网的探测融合结果。跟踪制导雷达网的探测结果将发送给作战管理中心,用于对拦截弹进行制导。TGRFusionResult 交互类由 TGR_Fusion 成员创建并发送,由 BMC 成员消费。TGRFusionResult 交互类的参数包括 Time(探测时间)、TrajID(航迹编号)、Position(航迹位置)、Velocity(航迹速度)和 IdentifyResult(识别结果)。

14) LaunchOrder 交互类

LaunchOrder 代表给拦截弹的发射指令。作战管理中心经过处理和决策之后,向拦截弹系统发送发射指令,控制其发射。LaunchOrder 交互类由 BMC 成员创建并发送,由

Interceptor 成员消费。LaunchOrder 交互类参数为 Time(引导时间)。

15) GuideOrder 交互类

GuideOrder 代表制导指令。拦截弹在末端导引头开始制导之前,主要是指令制导,即由作战管理中心向其发送制导指令和数据,控制其向攻击目标飞行。GuideOrder 交互类由 BMC 成员创建并发送,由 Interceptor 成员消费。GuideOrder 交互类参数包括 Time(制导时间)、Position(制导目标位置)和 Velocity(制导目标速度)。

综上所述,联邦中的交互类如表 8-11 所示。

表 8-11　交互类参数设计

交 互 类	参 数	数据类型	说 明
MissileLaunch	MissileID	short	导弹编号
	Time	float	发射时间
SBIRSDetecting	SatelliteID	short	卫星编号
	Time	float	探测时间
SBIRSData	SatelliteID	short	卫星编号
	Time	float	探测时间
	Azimuth	float	目标方位角
	Elevation	float	目标俯仰角
	InfraredPower	float	目标红外强度
SBIRSFinish	SatelliteID	short	卫星编号
	Time	float	时间
GuideInfo_EWR	Time	float	时间
	TargetPos	CARTCOORD	目标位置
	PredictError	float	误差半径
EWREvent	Time	float	时间
	BeamDirection	DIRECTION	波束照射方向
	SignalParam	SIGNALPARAM	信号参数
BeamEmit	RadarType	short	雷达类型
	RadarID	short	雷达编号
	Time	float	波束照射时间
	Azimuth	float	波束方位角
	Elevation	float	波束俯仰角
	SignalParam	SIGNALPARAM	信号参数
EWRData	EWRID	short	预警雷达编号
	Time	float	探测时间
	PointID	short	探测点迹编号
	Direction	float	方位
	TimeDelay	float	时延
EWRFusionResult	Time	float	输出时间
	TrajID	short	航迹编号
	Position	CARTCOORD	航迹位置
	Velocity	CARTCOORD	航迹速度
	IdentifyResult	float	识别结果

续表

交 互 类	参 数	数据类型	说 明
GuideInfo_TGR	Time	float	时间
	TargetPos	CARTCOORD	目标位置
	PredictError	float	误差半径
TGRData	TGRID	short	跟踪制导雷达编号
	Time	float	输出时间
	TrajID	short	航迹-点迹编号
	Position	CARTCOORD	航迹位置
	Velocity	CARTCOORD	航迹速度
TGRFusionResult	Time	float	探测时间
	TrajID	short	航迹编号
	Position	CARTCOORD	航迹位置
	Velocity	CARTCOORD	航迹速度
	IdentifyResult	float	识别结果
Jamming	Time	float	干扰发射时间
	JammingType	short	干扰类型
	PowerDensity	float	到达雷达天线前端的功率密度
	Gain	float	发射增益
	Band	float	干扰带宽
	FalseTargets	short	假目标个数
	Delay	float	假目标时延
	FalseTargetPowerDensity	float	假目标到达雷达天线前端的功率密度
	Doppler	float	假目标多普勒频率
LaunchOrder	Time	float	引导时间
GuideOrder	Time	float	制导时间
	Position	CARTCOORD	制导目标位置
	Velocity	CARTCOORD	制导目标速度

2. 交互类的发布与订购设计

与对象类的发布和订购不同的是,交互类的参数要么全部被发布/订购,要么全部不发布/订购。根据前面各交互类的创建与消费关系,可以将本仿真联邦的交互类的发布与订购描述如表 8-12 所示。

表 8-12　交互类的发布与订购设计

交 互 类	发 布 成 员	订 购 成 员
MissileLaunch	Missile	SBIRS、EWR_Receiver、TGRadar
SBIRSDetecting	SBIRS	Missile
SBIRSData	SBIRS	BMC
SBIRSFinish	SBIRS	BMC
GuideInfo_EWR	BMC	EWR_Fusion
EWREvent	EWR_Fusion	EWR_Receiver
BeamEmit	EWR_Receiver、TGRadar	Missile、Jammer
Jamming	Jammer	EWR_Receiver、TGRadar
EWRData	EWR_Receiver	EWR_Fusion

交 互 类	发 布 成 员	订 购 成 员
EWRFusionResult	EWR_Fusion	BMC
GuideInfo_TGR	BMC	TGRadar
TGRData	TGRadar	TGR_Fusion
TGRFusionResult	TGR_Fusion	BMC
LaunchOrder	BMC	Interceptor
GuideOrder	BMC	Interceptor

3. 交互类消息的传递顺序与传输方式设计

在设计交互类消息的传递顺序和传输方式时,需要考虑其与对象类及其属性消息的不同。首先,对象类消息的传递顺序与传输方式是在属性层面设计的,而交互类是在类层面设计的;其次,对象类具有延续性,其属性的历史值被保存,而交互类消息是临时的,不存在历史值。总结起来,交互类消息一旦丢失,没有补救的可能。因此,在本例中,所有与模型运算相关的交互类必须保证因果关系和可靠传输,如此方能保证运行结果的正确。其他的诸如显示等相关交互类消息则视具体情况而定,通常非一次性的事件可以允许丢失,一次性的事件则必须传递到位。

综上所述,本例中的交互类消息传递顺序与传输方式设计如表 8-13 所示。

表 8-13 交互类消息传递顺序与传输方式设计

交 互 类	传 递 顺 序	传 输 方 式
SBIRSDetecting	时戳顺序	Reliable
SBIRSData	时戳顺序	Reliable
SBIRSFinish	时戳顺序	Reliable
GuideInfo_EWR	时戳顺序	Reliable
EWREvent	时戳顺序	Reliable
BeamEmit	时戳顺序	Reliable
Jamming	时戳顺序	Reliable
EWRData	时戳顺序	Reliable
EWRFusionResult	时戳顺序	Reliable
GuideInfo_TGR	时戳顺序	Reliable
TGRData	时戳顺序	Reliable
TGRFusionResult	时戳顺序	Reliable
LaunchOrder	时戳顺序	Reliable
GuideOrder	时戳顺序	Reliable

8.4.3.3 数据分发管理设计

在大多数分布式仿真系统设计中,对象类和交互类以及它们的发布订购设计完成之后,仿真系统的数据交互基本可以实现。但是在一些特定场合(有时还比较频繁),仅仅在类层面实现数据过滤是不够的,这一方面会带来网络中大量的冗余数据传输,从而导致整个仿真系统运行效率受损;另一方面,接收数据的成员会因为接收到同类但是不同对象的数据而导致模型计算错误。

1. 类层面数据过滤机制的局限性

在例中,CTarget 对象类的 RCS 属性被 3 个 EWR_Receiver 成员、3 个 TGRadar 成员、

1 个 Interceptor 成员等 10 个传感器成员订购。在某一个循环周期内，Missile 成员的某个 CTarget 对象类实例就可能被 10 个传感器照射。按照正确的逻辑，Missile 成员将为每个传感器提供 1 次对应照射下该实例 RCS 属性的更新，也就是说网络上需要 10 次 RCS 属性更新交互即可。但是，如果系统只是类层面的数据过滤，这就意味着每次 RCS 属性的更新交互将被所有 10 个传感器成员接收，上述情况下网络中实际发生的 RCS 属性更新交互为 $10 \times 10 = 100$ 次，显然，其中的 $10 \times (10-1) = 90$ 次交互是冗余的，这将是对网络资源的巨大浪费。与此同时，对于任意一个传感器成员来说，原本希望接收到自身照射所对应的目标 RCS，结果因为在类层面上订购了 RCS 属性，导致其他传感器照射对应的 RCS 属性值也被接收且覆盖有用的值，这必然导致传感器处理结果的错误。同样的问题也会发生在 Jamming 交互类上。

为了保证模型正确性，并更加有效地利用网络资源，提高系统运行效率，必须避免上述无用数据的传输，这就要求每个对 Target 类感兴趣的成员只接收到自己需要的属性更新。由于 RTI 只负责数据的传输而不关心数据的具体内容，因此无法通过具体的属性值的区分实现上述目的。只能利用 HLA 的数据分发管理服务，通过对象类属性实例层次上的订购实现。

本例中，需要通过数据分发管理进行交互的包括 CTarget 对象类属性和 Jamming 交互类。

2. 路径空间与区域设计

数据分发管理是在实例属性层次上为联邦成员提供了表达发送和接收信息意图的机制。这种实例属性层次上的过滤机制是通过为数据绑定路径空间（Routing Space）来实现的。

路径空间的实质是一个多维坐标系统，维是在 FED 文件中声明的坐标轴，因此路径空间也可以简单地理解为一个具有多个坐标轴的坐标系。该坐标系统中的有限范围称为区域（Region）。发布对象类和交互类的联邦成员会为每个对象类属性和交互类绑定一个路径空间，并且在注册对象类实例和发送交互实例时关联上所绑定路径空间中的一个区域；同时其他成员在订购对象类属性和交互类时也关联同一路径空间的另一块区域。当发送方和接收方的关联区域发生交叠时，数据才会被发送，以此实现数据过滤。

在本例中，我们使用数据分发管理服务的目的是保证每次 CTarget 对象类属性的更新和 Jamming 交互类的发送都只会被当时照射到该目标的传感器成员所接收，这里需要能够唯一标识探测器的参数组。我们知道，空间分布的探测器两两不重合，因此这里选择探测器的空间位置来构建路径空间，并选择地心坐标系作为探测器位置的统一坐标系。

构建的路径空间取名为"DetectorSpace"，它包括三维：探测器 X 方向位置（XPosition）、Y 方向位置（YPosition）和 Z 方向位置（ZPosition），数据类型均为浮点数类型。三维的区间范围均为 $[-\mathrm{MaxValue}, \mathrm{MaxValue}]$，其中 MaxValue 表示探测器位置最大可能的坐标轴投影长度。

3. 关联区域的选择

在上面的讨论中，我们建立了一个"DetectorSpace"空间，并说明了该空间每一维及其取值的含义。HLA 数据分发管理通过路径空间区域的交叠实现实例层次数据过滤，因此关联区域的设计成为数据分发管理的关键。根据"DetectorSpace"路径空间的三个维的定义可知,该空间与实际的物理空间完全对应,这就带来了区域选择上的简便。对于任意一个探测器来说,以其实际空间位置为中心,三个维分别上下各取 ΔL 构成空间一个正方体区域作为关联区域。ΔL 值选取一个较小的值,保证没有其他探测器落入该区域。

4. 探测器位置的获取与更新

HLA 数据分发管理服务规定,消息发送方(Missile 成员)与消息接收方(SBIRS、EWR 和 XBR 成员)只有在"DetectorSpace"路径空间中关联了的区域产生交叠,相应的消息才能在它们之间实现传输。显然为了实现所需要的点对点的传输,消息发送方和消息接收方的关联区域必须满足两个条件:①收发双方的关联区域必须有交叠的部分;②发送方关联区域不与其他接收方成员在该空间的关联区域有交叠。为了满足上述两个条件,收发双方必须对关联区域的位置和大小达成共识,已形成相同的关联区域。更进一步讲,Missile 成员需要获取探测器成员实时的空间位置。这一点通过 RTI 提供的服务不难做到。

仿真过程中,目标成员的每次属性刷新都由某一探测器成员的一次处理需求触发,探测器成员表达处理需求的方式是向目标成员发送相应的交互类对象(如波束照射)。显然,只要此类交互类中包含了表示探测器位置的参数,则目标成员可以通过接收该交互类实例获取探测器成员的位置,计算出需要关联的区域。另外,这种方式也实现了目标成员获取探测器位置的实时更新,消除了由于探测器位置的动态变化带来的影响。

5. 数据分发管理实现流程

根据数据分发管理的原理,数据发送方和接收方都要调用相应的服务来实现数据传输的过滤,这里分别讨论。

1) 数据发送方

这里的数据发送方就是 Missile 成员。Missile 成员根据仿真战情注册相应数目的 Target 类实例并在需要的时候创建 Jamming 交互类实例。对于每个实例或实例属性来说,关联不同的区域意味着将被发送到不同的接收成员。Missile 成员为此需要为每个接收方创建一个"DetectorSpace"路径空间中的一个独立的区域。当 RTI 调用回调函数 DiscoverObjectInstance 告知 Missile 成员发现一个注册的探测器实例时,Missile 成员便获知联邦中增加了一个探测器成员。Missile 成员 Target 对象类属性值的更新以及 Jamming 类的发送是由探测器成员的交互类事件触发的(SBIRS 成员的 SBIRSDetecting 交互类、EWR 和 XBR 成员的 BeamEmit 交互类)。在每个仿真推进循环中,Missile 成员根据接收到的探测器成员发送的上述交互类事件中的位置参数选择对应的"DetectorSpace"路径空间区域进行 Target 类实例属性更新以及 Jamming 交互类的发送。

2) 数据接收方

数据接收方为探测器类成员(SBIRS、EWR 和 XBR)。当上述成员调用 RTI 的 JoinFederationExecution 加入联邦后,调用 RTI 的 subscribeObjectClassAttributeWithRegion 服务进行实例层次上的订购,关联的区域为当前位置为中心的立方体区域。仿真循环过程中,每次向 Missile 成员发送交互时为交互类中位置参数赋上当前的值,如果本成员的位置是变化的,则在此之前需要将订购关联的区域进行更新。

8.4.4 仿真系统时间管理设计

基于 HLA/RTI 的分布式仿真系统中,各个联邦成员运行在不同的计算机上,为了使它们能够协调一致地在时间轴上推进,保证整体运行逻辑的正确性,必须设计有效的时间推进机制,HLA 提供了相应的服务,那就是时间管理。

由于时间管理在 HLA 中的核心地位,这里首先介绍时间管理相关的概念和内涵,然后阐述每个成员相关的时间管理设计。

8.4.4.1　时间管理策略设计

1. HLA 的时间管理策略

时间管理策略描述了联邦成员的逻辑时钟推进与其他联邦成员的逻辑时钟推进的关系,在 HLA 中,联邦成员的时间管理策略分为两种:时间控制(Time Regulating)和时间受限(Time Constrained)。时间控制说明联邦成员的时间推进影响其他联邦成员的时间推进;时间受限表示联邦成员的时间推进受其他联邦成员时间推进的影响。对于每种时间管理策略,联邦成员都可以选择"是"或"否",因此穷举之,可以得到联邦成员时间按管理可能的四种状态:

(1) 既"时间控制"又"时间受限":联邦成员的时间推进既影响其他联邦成员,同时也受其他联邦成员的影响;

(2) 既不"时间控制"又不"时间受限":联邦成员的时间推进既不影响其他联邦成员,同时也不受其他联邦成员的影响;

(3) "时间控制":联邦成员的时间推进影响其他联邦成员但是不受其他联邦成员的影响;

(4) "时间受限":联邦成员的时间推进受其他联邦成员的影响但是不影响其他联邦成员。

2. 成员的时间管理策略设计

1) SimManager 成员

SimManager 成员并不是对抗双方的实体成员,仅仅是为了管理仿真系统而存在,其主要功能是负责联邦的创建、销毁以及同步点管理等,时间对其来讲并无实际意义。因此,SimManager 成员的时间管理策略为既不"时间控制"又不"时间受限"。

2) Missile 成员

Missile 成员的功能主要是模拟导弹及其携带物(母舱、弹头、诱饵、干扰机、碎片)的运动、电磁散射和红外特性,这些特性需要提供给相应的传感器成员作为输入,触发产生传感器处理需要的电磁或者光学回波。

Missile 成员产生的特性信息是传感器成员产生回波所必需的,也就是说 Missile 成员的仿真推进会影响其他成员的仿真推进。另一方面,虽然运动特性和红外特性属于 Missile 成员所含目标实体的本身特性,与传感器照射探测与否无关,但是电磁散射特性则与雷达类成员的照射角度、信号波长、带宽等直接相关,因此 Missile 成员的时间推进会受到其他成员时间推进的影响。据此,Missile 成员的时间推进策略应为既"时间控制"又"时间受限"。

3) Jammer 成员

Jammer 成员的主要功能是模拟干扰信号对应的表征参数,用于触发嵌入雷达类成员的干扰信号生成模块,产生干扰信号采样叠加到目标回波信号中,供雷达系统接收处理。

一方面,Jammer 成员的输出结果是雷达类成员处理的必要输入,直接影响其处理结果,因此 Jammer 成员的时间推进会影响其他成员的时间推进;另一方面,干扰机产生的干扰信号的特性与雷达辐射信号的特性密切相关,不可能完全脱离雷达而单独生成,因此Jammer 成员的时间推进又受到其他成员推进的影响。据此,Jammer 成员的时间推进策略应为既"时间控制"又"时间受限"。

4) SBIRS 成员

SBIRS 成员的仿真执行是对目标进行红外探测处理,并将结果传送给作战管理中心。与 SBIRS 成员进行交互的成员是 Missile 成员和 BMC 成员。根据上述对 Missile 成员的叙述可知,SBIRS 成员的时间推进影响 Missile 成员的时间推进,同时也受 Missile 成员时间推进的影响。因此,SBIRS 成员的时间管理策略为既"时间控制"又"时间受限"。

5) EWR_Receiver 成员

EWR_Receiver 成员的主要功能是模拟双/多基地早期预警雷达系统单部接收机的探测、跟踪和预报过程。与 EWR_Receiver 成员交互的是 Missile 成员、Jammer 成员和 EWR_Fusion 成员。具体地,目标和干扰机要在早期预警雷达照射时进行回波相关的响应,因此,EWR_Receiver 成员的波束信息会影响 Missile 成员和 Jammer 成员的推进;单部早期预警雷达的探测结果是融合中心进行融合处理的必要输入,因此,EWR_Receiver 探测结果信息会影响 EWR_Fusion 成员的时间推进。另外,目标回波和干扰信号是早期预警雷达进行探测处理的关键输入,而融合中心的控制信息也会决定早期预警雷达的工作模式、探测空域等,因此,EWR_Receiver 成员的时间推进又受到上述三个成员的时间推进的影响。因此,EWR_Receiver 成员的时间管理策略为既"时间控制"又"时间受限"。

6) EWR_Fusion 成员

EWR_Fusion 成员作为双/多基地早期预警雷达系统的核心模块,担负着对所有收发系统进行统一协调,对多个接收机处理结果进行融合处理,以及跟作战管理系统进行交互等关键任务。

与 EWR_Fusion 成员进行交互的成员主要有 EWR_Receiver 成员和 BMC 成员。在前面的 EWR_Receiver 成员部分,已经说明 EWR_Fusion 成员与 EWR_Receiver 成员之间时间推进的相互制约关系,仅仅依据这一点,EWR_Fusion 成员的时间管理策略就应该设置为既"时间控制"又"时间受限"。

7) TGRadar 成员

TGRadar 成员负责模拟跟踪制导雷达对目标的探测处理过程。在反导防御系统中,跟踪制导雷达一般不会自行搜索去发现目标,而是在引导信息的支撑下,在弹道预报所指示的目标必经之路上设置小窗口来截获目标,即完成预警雷达与跟踪制导雷达之间的交接;同时,为了提高探测精度以及抑制干扰,跟踪制导雷达通常会选择多部雷达组网的工作模式。综上所述,与 TGRadar 成员交互的成员主要包括 Missile 成员、Jammer 成员、BMC 成员和 TGR_Fusion 成员。

作为雷达系统,TGRadar 成员与 EWR_Receiver 成员一样,其时间推进与 Missile 成员、Jammer 成员之间存在制约关系,因此,TGRadar 成员的时间管理策略就应该设置为既"时间控制"又"时间受限"。

8) TGR_Fusion 成员

TGR_Fusion 成员负责模拟跟踪制导雷达组网融合中心的处理过程。对内与 TGRadar 成员交互,接收各跟踪制导雷达上传的探测点迹或航迹信息;对外与 BMC 成员交互,输出融合处理之后的航迹结果信息。由此可见，TGR_Fusion 成员的处理受 TGRadar 成员约束，而其输出则约束 BMC 成员的处理，因此其时间管理策略就应该设置为既"时间控制"又"时间受限"。

9）BMC 成员

BMC 成员负责对整个防御系统的中枢——作战管理中心进行模拟，具体地，负责对防御系统其他所有成员的指挥、控制、协调、数据交互等。由于其角色的特殊性，BMC 成员几乎与防御系统其他所有成员都存在交互，为了保证整个防御系统仿真逻辑的正确性，BMC 成员的时间管理策略设置为既"时间控制"又"时间受限"是必要的。

10）Interceptor 成员

Interceptor 成员负责对拦截弹在制导信息下的飞行过程、末制导过程以及作战过程进行仿真。

制导飞行过程中，拦截弹接收作战管理中心提供的制导信息，控制其飞行方向和飞行姿态；末制导过程中，拦截弹的导引头对目标和干扰机进行照射处理。由此可见，与 Interceptor 成员交互的成员包括 BMC 成员、Missile 成员、Jammer 成员。而且 Interceptor 成员的时间推进受 BMC 成员、Missile 成员、Jammer 成员输出消息的影响，同时其时间推进又会影响 Missile 成员、Jammer 成员的时间推进，因此其时间管理策略为既"时间控制"又"时间受限"。

11）Display 成员和 Collection 成员

Display 成员和 Collection 成员不属于导弹攻防作战系统中的功能模型成员，仅仅是仿真系统的配套应用程序，从很大程度上来说，仿真系统推进时间对于这两个成员并没有实际的意义。因此，它们的时间管理策略为既不"时间控制"又不"时间受限"。

8.4.4.2 时间推进方式设计

1. HLA 的时间推进方式

HLA 时间管理中的时间推进方式分为两大类：独立的时间推进和协商的时间推进，其中后者又可以分为步进的时间推进（时间驱动）、基于事件的时间推进（事件驱动）和乐观机制下的时间推进三种。

（1）独立时间推进的联邦成员在时间上与其他联邦成员没有关系，一般情况下，该联邦成员的时间管理策略为既不"时间控制"又不"时间受限"。

（2）步进时间推进也称为时间驱动，采用步进时间推进的联邦成员以一定的仿真时间间隔（步长）推进时间，该类联邦成员发送消息的时间只由内部事件决定。时间驱动的联邦成员在申请时间推进时调用 RTI 的 Time Advance Request 服务。

（3）基于事件的时间推进也称为事件驱动，采用事件驱动的联邦成员处理内部事务和由其他成员所产生的"时戳"顺序事件。该类联邦成员发送消息的时间不仅仅由内部事件决定，同时也受到外部事件的影响。事件驱动的联邦成员在申请时间推进时调用 RTI 的 Next Event Request 服务。

2. 成员的时间推进方式设计

1）SimManager 成员

由于 SimManager 成员并不参与模型的数据交互，本身也没有任何计算模型，因此显然采用步进时间推进，而推进的时间步长则是整个对抗作战的时间长度。换句话说，从仿真一开始,SimManager 成员就可以直接申请推进到仿真结束时间。

2) Missile 成员

在 Missile 成员的时间推进方式方面,从不同的初衷考虑,可以有不同的设计结果。在设计目标类成员的时间推进方式方面,通常主要考虑效率和精度两方面的矛盾。

如果重视效率,应采用步进时间推进方式,因为该方式相对简单,RTI 的计算负担小,而基于事件的时间推进会给 RTI 带来相对较大的计算量。但是这种方式下,目标类成员只会按照自身的步进周期离散地计算刷新各种特性,完全无视传感器的照射时间点,这就人为造成了离散误差,而对于高速运动的弹道目标来说,时间上的小偏差往往会导致特性上的大变化,所谓差之毫厘,谬以千里。理论上说,解决这一问题的方法有两种,一种方法是减小 Missile 成员步进推进的时间间隔,从而尽量减小离散偏差,但是这会带来效率下降,抵消了步进时间推进方式的优势,在工程实践中并不可行;另一种方法就是消费目标特性的传感器类成员具备特性内插或者外推能力,这在工程实践中证实是可行的,但是需要注意两点:①传感器成员需要人为添加目标对象类属性刷新值的记录功能,以供后续内插操作;②如果目标散射特性起伏非常剧烈,其内插结果的精度是否满足要求需要根据实际情况分析确定。

3) Jammer 成员

Jammer 成员的时间推进方式需分两个阶段分别考虑。第一个阶段是从仿真开始时刻至干扰机从母舱分导时刻,这一阶段干扰机等同于不存在,不进行任何动作,时间推进采用步进时间推进方式。第二阶段为干扰机从母舱分导出来开始,从雷达等传感器的角度来看,干扰机与目标同样是其接收回波的主要来源,因此从仿真逻辑上来说,Jammer 成员与 Missile 成员的时间推进方式和推进机制应该相同。但实际上是存在差别的,这个差别在于目标的运动、散射、红外等特性都可以根据一定数据率的离散取值进行内插获得,而干扰参数则不行,因此 Jammer 成员时间推进的最佳方式应该是基于事件的推进方式,即针对雷达的每次照射事件都及时回馈干扰参数,从而保证处理结果的正确性。

4) SBIRS 成员

SBIRS 成员的时间推进方式也分为两个阶段。第一阶段从仿真开始时刻到导弹发射之前,该阶段卫星探测没有仿真的必要,因此可以以事件驱动推进方式推进到导弹发射(接收目标消息);第二阶段为探测阶段,实际作战系统中,预警卫星通常是按照一定的周期对目标进行重复探测,这一行为一般不会受到外界输入的影响,因此 SBIRS 成员的时间推进方式应该采用步进时间推进方式。

5) EWR_Receiver 成员

双/多基地早期预警雷达系统中的每部接收机,其探测由融合中心统一调度,包括照射时间、照射方位及所使用的波形参数等。因此,EWR_Receiver 成员的时间推进方式要考虑两方面的因素,一方面它的探测事件由 EWR_Fusion 成员决定,另一方面要以它为主进行单一事件的照射处理。基于以上因素,同时兼顾仿真的效率,EWR_Receiver 成员的时间推进方式采用步进时间推进方式。步长的设计分两个阶段进行,第一阶段为接收到 EWR_Fusion 成员的 EWREvent 交互之前,该阶段的步长可以设计为调度间隔的时长;第二阶段为接收到 EWREvent 交互之后,该阶段的步长设置为当前需要处理的波束驻留时间。

6) EWR_Fusion 成员

EWR_Fusion 成员的时间推进方式分两个阶段。第一个阶段为仿真开始时刻到接收到导弹发射消息之前,该阶段雷达不用进行探测的仿真,采用基于事件驱动的时间推进方式;第二阶段为弹道发射之后的探测阶段,在双/多基地早期预警雷达系统中,EWR_Fusion 成员的角色类似于单基地相控阵雷达系统中的资源调度模块。我们知道,相控阵雷达系统中的资源调度是根据初始设定参数,以及雷达自身的实时处理结果,按照特定周期进行雷达事件的调度安排,属于典型的固定步长或者变步长时间推进方式。因此,作为与资源调度模块相类似的 EWR_Fusion 成员,其时间推进方式自然也是步进时间推进方式,时间步长设置为其数据率对应的时间间隔。

7) TGRadar 成员

在时间推进方式设计上,TGRadar 成员具有特殊性,表现在不同阶段采用不同的推进方式。在仿真系统中,跟踪制导雷达工作的全过程可以分为两个阶段,即待命阶段和探测阶段。在第一阶段,跟踪制导雷达尚未接收到引导信息,雷达并不进行探测处理,这一状态由接收到的引导信息改变,雷达响应该信息开始转入探测阶段;在探测阶段,雷达按照自身调度模块的安排周期性地进行照射处理。因此,TGRadar 成员初始的时间推进方式为基于事件的推进方式;一旦 TGRadar 成员接收到 GuideInfo_TGR 交互消息被允许推进后,其时间推进方式随之改为步进时间推进方式,步长为一个调度周期或者当前波束驻留。

8) TGR_Fusion 成员

组网融合中心通常按照一定的数据率向外(作战管理系统)输出结果,TGR_Fusion 成员只要按照相应的时间间隔推进处理即可,因此其时间推进方式显然为步进时间推进方式,推进步长为输出数据率所对应的时间间隔。

9) BMC 成员

BMC 成员由于其任务的多样性,在时间推进方式和时间步长设计上都需特别谨慎。首先说时间推进方式,作战管理中心承担着作战单元之间的信息传递任务,同时也需要随时根据上报的探测信息进行决策和指挥,下达控制指令。当这些操作都需要实时完成时,BMC 成员的时间推进方式应该设计为基于事件的推进方式,从而保证信息传递和指令下达的零滞后;反之,当这些操作允许适当滞后,不影响仿真结果时,为了推进效率的考虑,应该选择步进时间推进方式。无论选择哪种推进方式,BMC 成员时间步长的选择都是必需的。根据 HLA 关于时间推进机制的相关理论,基于事件推进的联邦成员,其时间步长应该设置为下一个内部事件时间点与当前点的间隔;如果没有内部事件,则步长设置为仿真结束时间与当前点的时间间隔。据此,BMC 成员的时间步长分两个阶段分别设置不同的取值。第一阶段为初始阶段,定义为跟踪制导雷达尚未接收到引导信息之前,这个阶段中,BMC 成员尚未承担制导信息提供任务,其时间间隔可以取初始设置的各个内部事件节点与当前点的时间间隔;第二个阶段为制导阶段,定义为跟踪制导雷达接收到引导信息之后,此时 BMC 成员的一个重要任务是进行拦截弹制导,因此该阶段的时间步长后端,应该取初始设置的下一个内部事件时间节点,与下一次制导信息时间节点的最小值。

10) Interceptor 成员

在中制导飞行阶段,拦截弹按照既定的数据率接收地面作战管理中心上传的制导信息,完成飞行姿态的控制;在末制导阶段,拦截弹自身的导引头按照一定的数据率对目标进行照射处理,根据处理结果调整自身姿态。可以看出,在整个作战过程中,拦截弹都是按照特定的时间间隔在处理,因此 Interceptor 成员的时间推进方式为步进时间推进方式,时间步长分别设置为制导数据率对应的间隔和导引头处理间隔。

11) Display 成员和 Collection 成员

Display 成员和 Collection 成员实际上不存在时间推进。仿真开始后,这两个成员可以直接调用 RTI 服务,声明到达"仿真结束"同步点,在其他成员仿真结束之前,Display 成员和 Collection 成员订购的所有消息均可被接收到。

8.4.4.3 时间前瞻量设计

1. HLA 的时间推进机制与时间前瞻量

HLA 的时间推进机制是根据并行离散事件仿真(Parallel Discrete Event Simulation, PDES)的时间算法发展而来的,共分为两类:保守的时间推进机制和乐观的时间推进机制。由于后者需要进行用户自行完成的回滚操作,增加了用户的建模负担和复杂性,因此通常情况下采取保守的时间推进机制,本书例程也采取该机制。关于乐观时间推进机制的内容及其应用,有兴趣的读者可以参阅相关文献。

对于采用保守的时间推进机制的仿真联邦来说,开发过程中需要关心的问题就集中在时间前瞻量上,下面重点对该参数的设置进行讨论。

时间前瞻量常用"Lookahead"表示,它是对未来"Lookahead"时间内属性实例更新和交互实例发送的预测,即该成员向 RTI 保证:在未来的"Lookahead"时间内不会产生和发送新的事件。时间前瞻量的选择与联邦成员仿真模型的细节密切相关。

对选择时间前瞻量的建议为

(1)仿真模型对外部事件的反应速度。如某个坦克仿真器对操作者的命令反应时间为 Δt,那么该坦克成员的时间前瞻量即为 Δt。

(2)仿真模型影响到另一模型的速度。假设用不同的联邦成员模拟计算机对数据包的传递和对该数据包的处理,一台计算机发送数据包,另一台计算机接收并处理。数据包通过网络有一个最小的时间延迟,这个最小的时间延迟就可以作为模拟接收处理计算机的时间前瞻量。

(3)仿真推进的时间间隔的变化与否。在时间驱动的仿真中,仿真模型在当前时间步长内不可能安排事件,只能对下一步长(或是更后的步长)内的事件进行安排,所以前瞻量常常就是时间步长值。

2. 成员的时间前瞻量设计

结合上述各成员的时间推进方式特点以及关于时间前瞻量的建议,本例中各成员的时间前瞻量设计结果如表 8-14 所示。

表 8-14　成员的时间前瞻量设计

联 邦 成 员	时间前瞻量
SimManager	任意大于零的值
Missile	步进时间推进方式:时间步长的一半 基于事件的推进方式:雷达最小驻留的一半
Jammer	雷达最小驻留的一半
SBIRS	探测周期的一半
EWR_Receiver	最小事件处理间隔的一半
EWR_Fusion	最小推进周期的一半

联 邦 成 员	时间前瞻量
TGRadar	基于事件的推进方式：实际雷达响应引导信息的时间 步进时间推进方式：最小波束驻留的一半
TGR_Fusion	时间步长的一半
BMC	作战管理中心处理时延与制导数据率对应间隔的最小值
Interceptor	时间步长的一半
Display	任意大于零的值
Collection	任意大于零的值

8.4.5　仿真系统的同步设计

联邦同步严格意义上说应该属于联邦管理服务的范畴,但是鉴于其对于整个仿真系统可控性的重要程度,这里特别将其作单独介绍。

8.4.5.1　仿真执行阶段的划分

为了保证联邦能够顺利的执行,尤其是保证联邦成员之间的相互协调,联邦成员应该以下列顺序进行初始化和仿真推进。

（1）创建/加入联邦;

（2）设置"时间受限";

（3）设置"时间控制";

（4）发布与订购;

（5）注册对象实例;

（6）仿真循环;

（7）仿真结束;

（8）退出/删除联邦。

为了保证所有的联邦成员不会错过感兴趣的对象类属性的初值,在第（4）步之前需要一个同步点,该同步点能够保证联邦成员开始注册对象类实例和更新初值之前,所有的联邦成员都已经加入并完成了发布和订购工作,因而订购方联邦成员不会错过任何初始的属性值更新;同样,为了保证联邦成员之间的协调和时间同步,在第（5）步之前也需要一个同步点,该同步点能够使所有的联邦成员从同一时间开始循环推进,保证仿真结果的正确性,同时也保证了多次蒙特卡洛仿真结果的一致性;另外,为了数据采集、显示等非时间受限成员能够顺利接收数据,需要在仿真结束时设置一个同步点,该同步点能够保证所有成员在仿真结束前,没有一个成员会退出联邦。

根据上述讨论,联邦执行的全过程可以划分为如下几个阶段。

（1）准备阶段：联邦成员加入联邦,设置时间管理策略,进行发布与订购;

（2）繁殖阶段：联邦成员注册对象类实例并更新初值;

（3）运行阶段：联邦成员进行仿真循环推进;

（4）后处理阶段：联邦成员停止仿真循环,并进行退出前的处理;

（5）退出阶段：联邦成员退出联邦执行,删除联邦。

8.4.5.2 同步点简介

这里只对同步点的使用流程做简单的介绍,关于同步点的具体描述请参阅相关文献。联邦执行中使用同步点的步骤及其调用的 RTI 服务如下。

(1) 一个联邦成员通过调用 Register Federation Synchronization Point 服务注册同步点,并提供同步点标识符(字符串),还可以提供需要同步的联邦成员的集合(默认为全部联邦成员)。

(2) RTI 向申请注册同步点的联邦成员回调 Confirm Synchronization Point Registration 服务告知该联邦成员同步点注册是否成功。

(3) RTI 通过回调服务 Announce Synchronization Point 向需要同步的所有联邦成员(包括注册同步点的联邦成员)宣布新注册的同步点,此时同步点等待同步。

(4) 每个需要同步的联邦成员运行到同步点所规定的状态,调用 RTI 的 Synchronization Point Achieved 服务通知 RTI 自己到达同步点。

(5) 当所有需要同步的联邦成员都到达同步点时,RTI 通过回调 Federation Synchronized 服务通知联邦成员同步点已经到达,联邦成员继续推进仿真循环。RTI 从同步点注册表中删除该同步点。

8.4.5.3 联邦同步点设计

根据前面的叙述,我们的仿真系统至少需要设置 3 个同步点,将同步点标识符分别定义为"ReadyToRegister""ReadyToRun""ReadyToEnd"。

通常情况下,所有同步点在联邦成员加入联邦的最初阶段便全部被注册,而且所有同步点的注册都会由一个固定的联邦成员负责,这一角色由管理者联邦成员 SimManager 担任最为合适。SimManager 成员首先加入联邦并连续注册上述三个同步点,同时连续向 RTI 通知自己到达这些同步点。这样做的原因是 SimManager 成员是一个仿真管理者的角色,其他成员若到达同步点,整个联邦应该实现同步,与 SimManager 成员本身应该没有关系。任意一个成员加入联邦后,都会被告知这三个注册的同步点。

首先看"ReadyToRegister"同步点。任何一个联邦成员到达该同步点意味着该联邦成员已经加入联邦,并完成时间管理策略设置以及发布订购,可以进行对象类实例的注册。当联邦成员运行到上述状态时,通知 RTI 自己到达同步点"ReadyToRegister"。当所有的联邦成员都到达该同步点时,RTI 向每个联邦成员宣布联邦在"ReadyToRegister"同步点实现同步。

其次看"ReadyToRun"同步点。到达该同步点意味着联邦成员完成了对象类实例的注册以及初值的更新,可以进入正常的仿真循环。联邦成员得知联邦在"ReadyToRegister"同步点实现同步后,便开始进行对象类实例的注册工作。当注册完成后,通知 RTI 到达"ReadyToRun"同步点。当所有成员都通知 RTI 到达"ReadyToRun"同步点后,联邦成员收到联邦在同步点"ReadyToRun"实现同步的通知,可以开始进行仿真推进。

最后看"ReadyToEnd"同步点。到达该同步点意味着联邦成员完成了所有的仿真循环,可以退出联邦。联邦成员得知联邦在"ReadyToRun"同步点实现同步后,可以开始仿真的循环推进。当模型运行完毕,时间推进结束后,通知 RTI 到达"ReadyToEnd"同步点。当所有成员都通知 RTI 到达"ReadyToEnd"同步点后,联邦在"ReadyToEnd"同步点实现同步,RTI 通知所有成员同步信息。此时,各联邦成员可以进行最后的退出和删除工作。

8.4.5.4　MOM 的使用

设计 SimManager 成员的一个主要目的是负责联邦中所有同步点的注册。该联邦成员的功能是管理联邦的运行,自身并不属于系统功能的一部分,因此该联邦成员只要确定所有预期的联邦成员都已加入联邦,便可以到达同步点"ReadyToRegister"。为了让 SimManager 成员知道其他联邦成员何时已经加入联邦,HLA 专门设计了 MOM 机制(对象管理模型)。

MOM 是 HLA 接口规范的一部分,其基本思想是,让 RTI 像携带仿真数据那样携带联邦的管理信息。与 FOM 描述联邦执行中所有仿真实体和交互相对应,MOM 中描述的是与联邦管理相关的实体和交互。MOM 包含在 FOM 中,对应于 FED 文件中的 Manager 对象类和 Manager 交互类,分别为 MOM 层次结构中对象类的根类和交互类的根类。MOM 中所有对象类和交互类的发布、对象类实例的注册和属性的更新由 RTI 完成,由联邦成员订购。

MOM 定义了一个 Federate 对象类,该类的一个实例对应联邦中加入的一个联邦成员,其属性描述了联邦成员的相关信息。每当一个联邦成员加入联邦时,RTI 会自动为其注册一个 Federate 对象类实例并进行属性更新。SimManager 成员只要订购了 Federate 对象类的相关属性,就可以实时地知道联邦中已经加入的联邦成员,因为每个联邦成员加入时,SimManager 成员就能发现一个新的 Federate 对象实例。

8.4.5.5　联邦成员同步点操作

为了正确地实现联邦同步点功能,需要每一个联邦成员完成相应的操作,这里分 SimManager 成员和其他成员分别讨论。

1. Manager 成员操作

Manager 联邦成员的操作如下。

(1) Manager 联邦成员加入联邦,立即注册同步点"ReadyToRegister""ReadyToRun""ReadyToEnd",注册成功后设置时间管理策略。

(2) Manager 联邦成员通过订购的 Federate 类对象判断已经加入联邦的联邦成员数量,当加入的联邦成员达到预期的数量时,Manager 联邦成员通知 RTI 达到同步点"ReadyToRegister",等待联邦达到该同步点。

(3) Manager 联邦成员得知联邦达到同步点"ReadyToRegister"后,不做其他任何事情,直接通知 RTI 已经到达同步点"ReadyToRun"。

(4) Manager 联邦成员得知联邦达到同步点"ReadyToRun"后,进入仿真运行阶段。

(5) 仿真运行结束后,通知 RTI 已经到达同步点"ReadyToEnd"。

(6) Manager 联邦成员得知联邦达到同步点"ReadyToEnd"后,退出联邦。

(7) Manager 联邦成员发现联邦中其他成员都已经退出联邦之后,删除联邦。

2. 其他成员操作

其他联邦成员具体操作如下。

(1) 联邦成员加入联邦,设置时间管理策略,进行订购和发布。之后等待同步点"ReadyToRegister"的申明,得知该同步点申明被注册之后,通知 RTI 到达同步点"ReadyToRegister",等待联邦在此同步点实现同步。

(2) 联邦在"ReadyToRegister"同步点实现同步后,联邦成员开始注册对象类实例并更新实例属性的初值,然后通知 RTI 到达同步点"ReadyToRun",并等待联邦在此同步点实现同步。

(3) 联邦在"ReadyToRun"同步点实现同步后,联邦成员进入仿真循环。

(4) 仿真结束后,通知 RTI 到达同步点"ReadyToEnd",等待联邦在此同步点实现同步。

(5) 联邦在"ReadyToEnd"同步点实现同步后,退出仿真联邦。

思考题

1．查阅相关文献,进一步了解 HLA 的标准规范。

2．在分布式仿真系统设计中如何划分不同的成员?

3．HLA 的协商推进方式分为哪几种?简述其内涵。

4．如何实现各个仿真联邦成员的时间同步?

5．如何提高分布式仿真系统的运行效率?

第9章

雷达电子战系统仿真模型校验

    雷达电子战是电子战中的一个重要领域,它是以雷达及由雷达组成的系统为作战目标,以雷达干扰机、雷达侦察机等为主要作战装备,以电磁波的发射、吸收、反射、传输、接收、处理等形式展开,是侦察、压制敌方电磁频谱的使用并增强我方电磁频谱使用有效性的作战行为。雷达电子战系统主要包括雷达系统、雷达侦察干扰系统、雷达抗干扰措施三方面。由于现代雷达信号特征复杂,雷达体制和组成多样,雷达面临的作战环境复杂多变,加上雷达电子战的软杀伤特点,使得在雷达和雷达电子战系统研制和使用过程中对其性能和效能进行预估变得非常困难。单纯依靠解析分析的方法和经典的概率统计理论以及随机过程理论已经不能满足对这样一个大型复杂系统的测试和评估要求,而依靠实物进行外场试验又有代价高昂而且不够灵活、保密性差等缺点,所以必须依靠仿真技术手段才能更方便、更准确地研究系统的动态行为,提供较为全面逼真的分析结果。而无论仿真的对象是何种功能或仿真有何种目的,都必须先建立仿真模型,在仿真模型的基础上建立仿真平台,进而进行相关试验,获得研究系统行为产生的效果。因此,系统模型是仿真的基础。要想获得逼真的仿真效果,必须要在分析研究系统性能的基础上,建立准确的系统模型;在此基础上,建立相应的仿真系统。

9.1　VV&A 技术基本概念及方法

    在数学仿真中,所研究的模型和构造的仿真系统能否代表真实系统,是决定仿真成败的关键,也是系统开发人员和用户最终关心的问题。在利用仿真方法进行系统分析、预测和辅助决策时,必须保证仿真系统能够根据特定目标准确地反映实际系统并正确运行。因此,必须对仿真模型的有效性和仿真系统的可信性进行评估。建模与仿真(Modeling and Simulation,M&S)的校核、验证及确认(Verification,Validation,Accreditation,VV&A)正是为解决这一问题而提出的。

9.1.1　基本概念

VV&A 包括三个既相互联系又相互区别的部分:校核、验证和确认。

校核(Verification):校核是确定仿真系统准确地代表了开发者的概念描述和设计的过程。校核通常是一个迭代的过程,评估联邦的结构完整性以及它反映概念描述和规范的好坏。校核要解决"是否正确地建立了联邦?"的问题。

验证(Validation)：验证是从仿真系统应用目的出发,确定仿真系统代表真实世界的正确程度的过程。验证要解决"正确的联邦是否被建立?"的问题。

确认(Accreditation)：正式地接受联邦为特定应用目的服务的过程。

校核(Verification)与验证(Validation)从字面上理解的意义非常接近,但在仿真系统的VV&A中,它们的含义要有一定的区别。校核关心的是"是否正确地建立了仿真系统"的问题,更详细地说,校核关心的是设计人员是否按照仿真系统应用目标和功能需求的要求正确地设计出仿真系统的模型,仿真软件开发人员是否按照设计人员提供的仿真模型正确地实现了模型;而验证关心的是"是否建立了正确的仿真系统",更详细地说,验证关心的是仿真系统在具体的应用中多大程度地反映了真实世界的情况。仿真系统的验证是在校核验证的基础上,由仿真系统的主管部门和用户组成的验证小组,对仿真系统的可接受性和有效性做出正式的确认。校核、验证与确认之间有着十分密切的联系,可以用图 9-1 表示。校核工作为验证系统的各项功能提供了依据,验证工作为系统有效性评估提供了依据,而系统性能的好坏可能是校核与验证都关心的问题。VV&A 的核心问题就是仿真系统的可信度评估,即建模与仿真的发起者(Proponent)和用户对应用仿真系统解决具体的问题的信心。

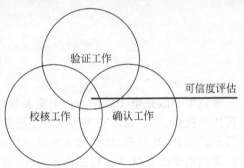

图 9-1 校核、验证与确认(VV&A)之间的概念关系

9.1.2 一般方法

在确定了 VV&A 过程后,每个阶段的 VV&A 工作如何进行,需要研究 VV&A 的方法,来实现各阶段目的。Osman Balci 等分析了软件测试技术、系统技术、统计技术的有关方法应用于仿真可信度研究的可行性,DMSO 的 VV&A RPG 列举了可用于仿真系统校核与验证的 76 种软件测试和系统评估方法及 18 种统计技术。这些方法分为正式、非正式、静态、动态四大类。使用 HLA 的分布系统对于一致的、严格的、有效的 VV 技术要求迅速增加。S. LaTreva Pounds(1999)讨论了使用一些面向对象软件测试方法在 HLA 的 VV&A 中应用的可能性。HLA 的 VV&A 方法研究,要针对 HLA 特点,研究如面向对象测试方法、模糊数学方法、传统测试方法的改进研究等。

仿真模型校验的方法有很多,目前主要有以下几种实用性和操作性较好的方法。

(1)专家判断法。由熟悉实际过程的专家对实际过程和仿真输出进行比较,如果他们无法区别两类输出,则认为仿真结果是有效的;否则,需要研究他们是如何能区分的,差异在哪里,为修正仿真模型提供有价值的反馈信息,不断完善模型,直至专家"感觉良好"为止。或者是确认使他们进行区分的因素对仿真用途而言没有影响,从而认为模型对该用途而言是有效的。

(2)图表法。一个具体仿真系统模型的输出变量都有物理意义,用图形来描述它们不但直观生动,而且更容易看出其周期性和分布类型等。比如,可将仿真数据与真实数据采用一一对应的形式列成数表或绘制均值、标准偏差等特性曲线图,观察它们的变化趋势,比较其数值的大小和范围,观察是否存在显著差异。图形功能对于模型校验起着很大的辅助作用。

(3)客观分析法。以上提到的专家判断法和图表法比较简单直观,但带有一定的主观性,为了做出更有效的判断,必须进行客观的分析。在客观分析法中亦有定性和定量之分。定性方法通过计算某个性能指标值(如 TIC 不等式系数、灰色关联系数等)来考核仿真输出与实际系统输出之间的一致性,只能给出定性结论。定量方法往往具有严格的理论基础做保障,有定量标准,一般来说,所做出的判断应该更具有有效性和说服力,但是定量分析的各种方法都具有其自身的适用性和局限性,在具体应用时对采样数据的性质有严格要求,比如平稳性、独立性、样本容量大小、先验信息表达的准确性等,如果所研究问题的行为特性超出验模方法的适用域,分析结果便会产生偏差。而且需要的实验数据量大,计算复杂,实现难度较大。

因此,实践中应当注意各种方法的适用性和局限性,根据实际情况综合运用各种方法,从不同的角度对仿真模型进行验证,减少错误判断的概率。对于被"专家判断法"和"图表法"立即否定的系统,我们应从总体和各子模块中找出原因,不断修正,直到主观上"感觉良好",再用定量方法进行比较评定,直至仿真系统达到要求的逼真度为止。图 9-2 列出了模型校验的常用方法。

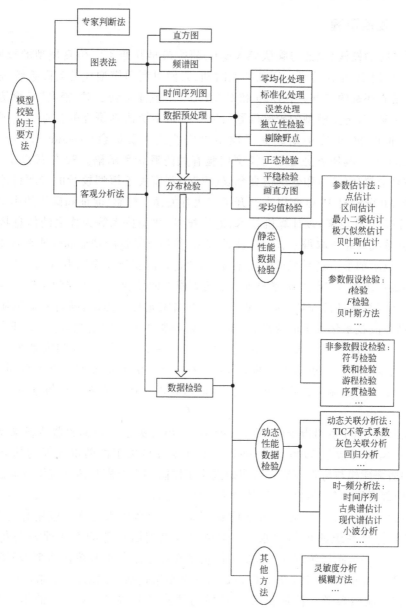

图 9-2　模型校验常用的主要方法

9.2　仿真系统 VV&A 过程

仿真系统是利用仿真模型代替被研究的对象在计算机或其他仿真设备组成的环境中进行实验的系统。仿真模型是否精确,计算机软硬件是否可靠,其他仿真设备的性能是否满足需要,仿真系统的实验结果正确性是否能满足决策和分析的需要,这些都是仿真系统开发者和用户所关心的问题。这些问题可以归结到仿真系统可信度评估的研究范畴。仿真系统 VV&A 是可信度评估工作的基础。它通过仿真系统生命周期中的有关活动,对各阶段工作及其成果的正确性、有效性进行全面的评估,从而保证仿真系统达到足够高的可信度水平以满足应用目标的需要。

9.2.1　发展历程

对仿真系统的校核、验证与确认(VV&A)研究最早开始于对仿真模型的校验研究,可以追溯到 20 世纪 60 年代仿真应用的初始时期,人们对利用模型代替实际系统进行仿真实验的可信度是有怀疑的,1962 年 Bigg 和 Cawthore 等就注意到了对"警犬"导弹仿真的全面评估。几十年来,对仿真模型的校验问题研究一直是系统仿真研究的重点。美国计算机仿真学会于 20 世纪 90 年代中期成立了模型可信性技术委员会(Technical Committee on Model Credibility),其任务是建立与模型校验有关的概念和术语。80 年代以来,每年的夏季计算机仿真会议(SCSC)和冬季仿真会议(WSC)都有关于模型校验的专题讨论。美国军事运筹学会(MORS)自 1989 年以来召开了多次有关模型校验、验证和确认的小型讨论会。

20 世纪 90 年代以来,以计算机技术、通信技术、智能技术等为代表的信息技术迅猛发展,并在仿真系统研究中取得了日益广泛的应用,使仿真系统的功能和性能都获得了巨大的提高,但同时也增加了仿真系统校验的难度,因此迫切需要建立全面有效的 VV&A 过程和方法。对仿真系统的 VV&A 研究的重点从仿真模型的校验方法研究为主转向如何更加全面系统地对仿真系统进行 VV&A 上来。在西方国家尤其是美国,随着武器系统规模的日益庞大、部队作战技术化水平的提高、武器系统采购费用的急剧增加,与军事开支不断缩减的实际情况产生了巨大的矛盾,使美国国防部对仿真系统应用的需求和依赖性大大增加,对仿真系统的可信度提出了更高的要求;同时,更加强调仿真系统的交互性和重用性,这使 VV&A 在仿真系统研制中的作用更加突出,迫切需要建立规范来指导仿真系统的 VV&A 工作。

美国国防部 5000 系列指令(DoD Directive)提出了关于国防部武器装备采购的新规范和要求,其中国防部指令 5000.59(1994 年 1 月 4 日)《关于国防部建模与仿真的管理》,5000.61《国防部建模与仿真 VV&A》明确规定了国防部在建模与仿真应用方面的一系列政策,要求国防部所属的各军兵种制订其建模与仿真主计划(Modeling and Simulation Master Plan)和仿真系统的 VV&A 规范,并在仿真系统开发过程中大力推行应用有关 VV&A 的活动,以提高仿真系统的可信度水平。1996 年,美国国防部的军用建模与仿真办公室(DMSO)建立了一个军用仿真 VV&A 工作技术支持小组负责起草国防部 VV&A 建议规范(VV&A Recommended Practice Guides),这个小组包括了国防部、军事部门、学术团体、工业界的代表,他们参考了国防部关于建模与仿真及其 VV&A 方面的指令规范、各种

VV&A 工作情况总结以及大量的学术文章和讨论会的纪要,1996 年 11 月完成了这一建议规范的第 1 版,这是目前关于仿真系统的 VV&A 最为全面的工具书。随后又历经 4 年,通过对第 1 版的修改和完善,于 2000 年完成了 VV&A 建议规范的第 2 版(VV&A RPG BUILD 2)。当前正在进行的版本是 BUILD 2.5。IEEE 也于 1997 年通过了关于分布交互仿真系统 VV&A 的建议标准(IEEE1278-4:Practice for Distributed Interactive Simulation-Verification,Validation,and Accreditation),这是关于大型复杂仿真系统 VV&A 的一个比较全面的指导。

讨论 VV&A 的原则可以深化对仿真系统 VV&A 的概念的理解,对仿真系统的VV&A 理论研究和实践都有重要的指导作用。

美国国防部发表的 VV&A 建议指导规范归纳总结了普遍适用的 12 条 VV&A 基本原则,用于指导仿真系统 VV&A 的管理者和工作人员去管理和操作有关的 VV&A 活动。Osman Balci 等在总结有关研究资料的基础上提出了仿真模型校核、验证与测试(Verification,Validation and Testing,VV&T)的 15 条原则,可以作为仿真系统 VV&A 的重要参考。综合以上有关研究资料,对仿真系统 VV&A 应遵循的主要原则包括:

- 相对正确原则:没有绝对正确的仿真系统,仿真系统的正确性是相对于其应用目的而言的,一个仿真系统对一个应用目的而言完全正确,而对另一个应用目的可能是完全不正确。
- 全生命周期原则:VV&A 是贯穿仿真系统生命周期的一项工作,仿真系统生命周期中每个阶段都应该根据其研究内容和对实现应用目标的影响安排适合的 VV&A 活动,以发现可能存在的问题和影响,仿真系统 VV&A 不能等到仿真系统开发工作基本完成之后再进行,那样很难真正发挥 VV&A 应有的作用。
- 有限目标原则:仿真系统 VV&A 的目标应紧紧围绕仿真系统的应用目标和功能需求,对于应用目标无关的项目,可以不进行 VV&A 活动,以减少 VV&A 的开支。
- 必要不充分原则:仿真系统的验证不能保证仿真系统应用结果的正确性和可接受性,即 VV&A 是必要的但不是充分的,要尽力避免三类错误,第一类错误是仿真系统是正确的,但却没有被接受;第二类错误是仿真系统是不正确的,但却被接受;第三类错误是解决了错误的问题。
- 全局性原则:对仿真系统的组成部分的校核与验证不能保证整个仿真系统的正确性,整个仿真系统的正确性必须从系统整体出发进行校核与验证。
- 程度性原则:对仿真系统的确认得到的不是简单地接受或拒绝的二值逻辑问题,而是相对仿真系统的应用目标其可接受的程度如何。
- 创造性原则:对仿真系统的 VV&A 需要评估人员具有足够的洞察力和创造力,因为仿真本身就是一门创造性很强的科学技术,对其进行评价更需要足够的创造力,VV&A 既是一门科学又是一门艺术。
- 良好计划和记录原则:仿真系统的校核与验证必须做好计划和记录工作,良好的计划应选择对提高仿真系统的正确性和仿真结果的可信度最有贡献的活动,并优化安排其实施过程,以最大限度地发现问题,提高仿真系统质量;对每项工作结果都要做认真的记录,为系统 VV&A 的下一步工作和确认提供必要的信息。
- 分析性原则:仿真系统 VV&A 不仅要利用系统测试所获得的数据,更重要的是要充分利用系统分析人员的知识和经验,对有关问题尤其是无法通过测试来检验的问题,进行细致深入的分析。

- 相对独立性原则:仿真系统的 VV&A 要保证评估工作的一定的独立性,以避免开发者对 VV&A 结果的影响,但 VV&A 要与开发人员相互配合,加深对系统的理解,以利于做好仿真系统的 VV&A 工作。
- 数据正确性原则:VV&A 所需要的数据/数据库必须是经过校核、验证与确认,证明其正确性和充分性的。

9.2.2　仿真系统的 VV&A 过程模型与优化

9.2.2.1　VV&A 过程模型

仿真系统的 VV&A 是仿真系统生命周期中的一项重要活动,VV&A 工作必须做好计划和文档记录工作,这是仿真系统 VV&A 的一条重要的基本原则。Osman Balci 等将仿真生命周期概括为 10 个阶段和 13 个 VV&A 过程的模型;美国国防部 VV&A 建议指导规范把仿真系统生命周期中的 VV&A 工作划分为确定 VV&A 需求、VV&A 计划设计、概念模型校验、系统设计校验、系统实现校验、系统应用校验、系统确认 7 个主要阶段。Simone Youngblood 等提出了分布交互仿真 VV&A 的 9 步参考模型。对仿真系统 VV&A 过程研究还有 Paul Muessig 等进行的 SMART(Susceptibility Model Assessment and Range Test)项目研究;Ernest H. Page 等进行的采用 ALSP 协议的联合作战同盟系统的 VV&A 过程研究,Dale K. Pacedeng 进行的美国海军建模与仿真 VV&A 过程研究等。在国内,哈尔滨工业大学仿真技术研究中心进行了分布交互仿真系统的可信度评估方案研究。

下面以分布交互仿真系统 VV&A 的 9 步参考模型为例,对仿真系统 VV&A 过程作简要的介绍。分布交互仿真系统 VV&A 的 9 步参考模型:

第 1 步,设计 VV&A 计划草案:仿真系统 VV&A 计划的设计应在分布交互仿真系统开发计划设计和需求分析阶段开始的时候就进行。在这一阶段,仿真系统 VV&A 计划和测试计划应概念化并提出草案,VV&A 方案的设计应一直持续到第 2 步和第 3 步。

第 2 步,DIS 标准兼容性测试:对将要参加分布交互仿真系统的各分系统(或重要部件)进行标准兼容性测试,确认它们可以充分利用分布交互仿真协议数据单元(Protocol Data Unit,PDU)进行通信,与分布交互仿真标准(IEEE1278)兼容保证了各分系统(或重要部件)中的实体可以用"共同语言"进行交互。

第 3 步,验证系统概念模型:分布交互仿真系统的概念模型为系统功能提供了一个高层次的表述,这种表述必须要根据实际的应用需求进行验证,保证概念模型与系统应用需求之间保持可追溯性。

第 4 步,校核系统结构(概要)设计:分布交互仿真系统的结构(概要)设计完成将各分系统(或重要部件)的功能与概念模型的功能要求一一对应起来。分布交互仿真资源库中关于参加该分布交互仿真系统的分系统(或重要部件)的校核验证与确认的历史、精度情况等可以帮助设计者做出决定。系统的结构(概要)设计的结果要根据概念模型加以校核,以确定所需的功能均已分配给各分系统(或重要部件)。

第 5 步,校核系统详细设计:在详细设计阶段,结构(概要)设计被扩展到更加详细的水平,将参加的分系统中的仿真实体与功能需求的详细说明一一对应起来。这阶段的校核工作保证系统详细设计是正确和完全的,并与需求的详细说明保持可追溯性。

第6步,校核软件系统功能:这一阶段,分布交互仿真系统的仿真实体的功能同详细设计的要求相比较,以确定所需的功能正确实现。

第7步,验证系统试验结果:这一阶段的主要目的是确认分布交互仿真系统在多大程度上反映了真实作战系统的实际功能、性能、行为,并具有足够的精度和交互能力以满足应用目标的需要。

第8步,确认系统:负责系统确认的机构(用户或发起人)要审核分布交互仿真系统校核验证工作的结果,并对系统的可接受性问题做出确认决定。

第9步,准备有关文档:VV&A 报告要详细记录分布交互仿真系统 VV&A 工作的各项成果,VV&A 报告应保存在分布交互仿真资源库中,作为对有关系统 VV&A 工作的证明和未来应用的参考。

9.2.2.2　VV&A 过程的优化

由于仿真系统 VV&A 本身并不直接增加仿真系统的功能和性能,因此对 VV&A 的可行性问题经常产生怀疑,认为 VV&A 是对开发经费和时间的浪费。事实上,仿真系统 VV&A 的真正价值在于可以使仿真系统最大限度地避免开发中发生各种错误和由此造成的损失,其包括的经济利益是巨大的。但仿真系统 VV&A 的过程应该进行优化,用尽可能小的预算发现尽可能多的错误和风险,这就要求对仿真系统 VV&A 过程进行充分的酝酿编排,根据仿真系统的实际情况制定最有效的 VV&A 方案。William Jordan 等对仿真系统 VV&A 过程优化问题进行了有效的研究,提出了一套解决的方案。Paul R. Muessig 等回答了对仿真系统的校验应做到什么程度以满足确认的需要的问题。对仿真系统 VV&A 过程的优化,要避免两个极端:

(1) 要避免过分追求 VV&A 过程的全面性:仿真系统的 VV&A 工作的全面性是针对具体的仿真系统的实际情况而言,不能不顾仿真系统的实际情况而一味套用有关的 VV&A 规范,这会造成时间和经费的浪费,同时增加了 VV&A 工作的难度。

(2) 要避免过分压缩 VV&A 的工作:对仿真系统进行 VV&A 要有一定的深度和广度,以真正发现系统中存在的问题,走马观花、蜻蜓点水的工作方式做不好 VV&A 工作。

9.2.3　仿真系统校核与验证方法和 VV&A 的自动化

9.2.3.1　仿真系统的校核与验证方法

仿真系统的校核与验证方法是在仿真系统 VV&A 过程中为完成 VV&A 工作各阶段目的而采用的各种技术、工具、策略等的总称。仿真系统是融合了建模技术、系统科学、软件工程和其他有关专门领域知识的复杂系统,因此仿真系统的 VV&A 应该充分吸收有关领域成功的测试与评估方法。

美国国防部公布的 VV&A 建议规范中归纳总结了 76 种校核与验证方法,分为非正规方法、静态方法、动态方法和正规方法四大类,其中动态方法中包括了 11 种统计技术,为这方面的研究提供了全面的指导(表 9-1)。Osman Balci 介绍了 45 种模型校核与验证方法和它们的应用。Yilmaz 等讨论了面向对象建模与仿真与面向过程的仿真的校核与验证方法的区别与联系。随着信息领域的各种新技术在仿真系统中的不断应用,包括面向对象技术、人工智能技术、模糊技术、计算机网络技术、虚拟现实/环境技术等,这些新技术的应用大大增强了仿真系统的功能和性能,同时,也对仿真系统的校核与验证提出了更高的要求,因此有必要研究仿真系统校核与验证的新方法和新技术,以满足仿真系统 VV&A 的需要。

表 9-1　校核与验证方法总结

非正规方法	静态方法	动态方法			正规方法
过程审查	原因-效果图	接受测试	场地测试	不正确输入测试	归纳法
桌面检查	控制分析	Alpha 测试	功能测试	实时输入测试	推导法
检查法	调用结构分析	断言检验	图形比较	自驱动输入测试	逻辑推论
回顾法	并行过程分析	Beta 测试	接口/界面测试	强度测试	归纳断言
图灵测试	控制流分析	自底向上测试	数据接口测试	路径驱动输入测试	Lambda 微积分
走查法	状态转移分析	比较测试	模型接口测试	统计技术	谓词微积分
面对面验证	故障分析	兼容性测试	用户接口测试	结构测试	谓词变换
	数据分析	授权测试	对象流测试	分支测试	正确性证明
	数据依赖性分析	性能测试	分支测试	条件测试	
	数据流分析	安全性测试区间测试	预测性验证	数据流测试	
	接口分析	标准测试	产品测试	循环测试	
	模型接口分析	调试	回归测试	路径测试	
	用户界面分析	运行测试	灵敏性测试	说明测试	
	语义分析	运行监视测试	特殊输入测试	子模型/模块测试	
	结构分析	运行剖面测试	边界值输入测试	符号调试	
	符号评估	运行跟踪测试	等效区间输入测试	自顶向下测试	
	语法分析	缺陷/错误插入测试	机值输入测试	可视化动画	
	追溯性评价				

9.2.3.2　仿真系统校核、验证与确认的计算机辅助工具

仿真系统的 VV&A 工作需要审阅和分析大量的文档、统计分析大量的数据、管理协调复杂的操作过程、记录完整的工作结果,对于比较简单的仿真系统,这些工作可以通过人工完成;而对于像分布交互仿真和高层体系仿真结构等大型复杂仿真系统,其 VV&A 工作必须由计算机工具辅助 VV&A 工作人员来完成。

为提高 VV&A 的效率和准确度,Robert O. Lewis 研究了一个 VV&A 快速计划工具,可以辅助 VV&A 计划人员进行 VV&A 工作的选择、过程模型的定义等工作。M. Graffagnini 研究了 VV&A 文档模板,为快速生成 VV&A 计划和有关报告提供了工具。Robert O. Lewis 等研究了综合 VV&A 管理者辅助工具,可以提供 VV&A 投资预算、计划编排、时间安排、风险管理、有关指标计算等功能。综合上述 VV&A 工具的功能和特点,完整的仿真系统 VV&A 的计算机辅助工具的功能应包括:

- VV&A 过程的设计与管理:能够帮助设计人员完成 VV&A 计划的设计工作,辅助 VV&A 的管理人员进行各阶段工作的管理;

- VV&A 文档生成：包括 VV&A 计划、VV&A 阶段报告、VV&A 报告等自动生成，以减轻人员撰写有关文档的负担；
- VV&A 数据的采集和分析：能够根据需要自动收集和处理 VV&A 有关的数据，并提供 VV&A 所需的分析工具；
- VV&A 配置管理：对系统更改和升级活动的 VV&A 工作进行管理；
- 仿真结果可信度评估：支持仿真用户和管理者对仿真系统的结果进行可信度评估；
- VV&A 方法选择：提供 VV&A 方法的选择指导，帮助 VV&A 人员快速进行有关工作的操作。

对仿真系统进行全面有效的校核、验证与确认已成为仿真系统开发工作的大势所趋，大型复杂仿真系统的出现和应用使 VV&A 工作变得更加必要，因此，要对 VV&A 的概念、原则、方法、过程和自动化问题进行深入的研究。随着仿真系统的规模日益扩大和复杂程度的增加，使仿真系统 VV&A 的难度和要求不断提高，因此对大型复杂仿真系统的 VV&A 和可信度评估的研究应成为今后仿真系统 VV&A 研究的重点，提高 VV&A 的有效性和计算机辅助工具的水平是解决大型复杂仿真系统 VV&A 和可信度评估的关键，在这些方面也应进行更加深入的探索。

9.3　相控阵雷达系统的模型校验

相控阵雷达是一种具有多功能、高可靠性和自适应能力的探测系统，尤其是相控阵天线所具有的波束快速扫描能力和波束形状快速变化能力等优点，使得相控阵雷达得到了越来越广泛的应用。随着相控阵雷达性能要求越来越高及其工作环境的不断恶化，使得相控阵雷达系统构成日益复杂，研制周期变长，生产成本上升，技术风险加大。因此迫切需要计算机仿真技术介入其预研、试验和性能评估等各个环节。

9.3.1　相控阵雷达系统校模概述

9.3.1.1　影响模型有效性的主要因素

模型是用来描述系统全局或局部状况的，建立模型的首要宗旨就是力争使模型能全面而恰如其分地表达所要研究的系统。但是，绝大多数模型并不是对原系统完全准确的表述，模型与现实系统之间总是存在着一定的差距，这种差距极有可能影响模型的有效性。影响模型有效性的主要因素有：

（1）建模的原理和方法不准确，或原理方法正确但建模时的假设条件、模型参数选取或模型简化方法不准确。例如在相控阵雷达仿真系统中，目标的 RCS 模型、地杂波、气象杂波模型及模型参数的选取等。

（2）建模过程中忽略了部分次要因素。一些因素由于对所研究的系统影响较小或与研究目标不相关而被忽略了，如在相控阵雷达仿真系统中，有的因素对系统的影响比较复杂，甚至是非线性的，常用一个损耗因子来代替和表示；接收机混频因素没有被考虑等。这些因子通常是基于经验确定的，带有一定的主观性；例如大气损耗的求解比较复杂，因此仿真中常用一个固定的损耗因子来表示，这与实际情况存在一定的差别，会给仿真系统带来模型误差。

（3）随机变量的概率分布类型确定或参数选取有误。仿真模型中一般都含有或多或少的随机变量,能否正确确定这些随机变量的概率分布直接影响模型的质量。一般地,只要有足够的样本数据,并严格按照统计方法进行分析,所确定的概率分布是可以接受的。但是在很多时候对数据的搜集比较困难。

9.3.1.2 相控阵雷达系统模型校验概述

采取系统级校模和子系统校模相结合的方法对相控阵雷达相干视频信号仿真系统进行检测。各个子模块的有效性是整个系统有效的必要条件。图 9-3 为相控阵雷达仿真系统校模简要步骤示意图。

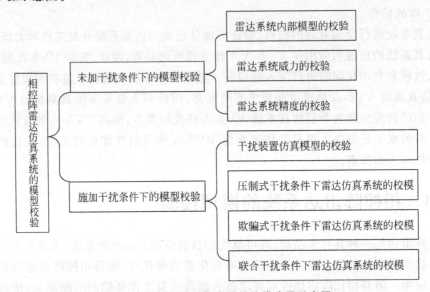

图 9-3　相控阵雷达仿真系统校模步骤示意图

在相控阵雷达相干视频仿真模型的校验工作中,首先在无干扰条件下进行校模,具体包括雷达系统内部模型的校验、雷达系统威力的校验以及雷达系统精度的校验,在校模的过程中不断完善模型,使得在无干扰条件下的仿真系统与实际雷达系统的性能基本达到一致。在此基础上,进行施加干扰条件下的模型校验工作,其校模的内容和方法与未加干扰时类似,分析各种典型战情下雷达系统的仿真精度、探测能力和欺骗成功率等性能指标是否合乎要求。如果未满足要求,应对仿真系统中的不确定参数进行调整,直至仿真系统与实际雷达系统的性能基本达到一致。

对于一个相控阵雷达仿真系统,如果在未加干扰、注入压制式干扰、注入欺骗性干扰和联合干扰的各种情况下,均进行了雷达系统内部模型的校验、雷达系统威力能力的校验和雷达系统精度的校验,仿真系统的各分系统和总系统均符合仿真开发者所提出的性能、参数和精度要求,则可对整个仿真系统的有效性下结论,"认定"此相控阵雷达仿真系统是有效的。可以看出,这实际上是一个不断完善、不断修正的循环过程。

9.3.2 相控阵雷达系统模型校验的主要方法

除了专家判断法和图表法以外,用客观法对仿真数据和真实数据进行定性和定量的分析是整个校模工作中至关重要的环节。相控阵雷达仿真系统威力校模和精度校模的实质就是客观分析仿真数据的可信度,考查仿真结果与真实数据的逼近程度是否符合仿真开发者的要求,仿真结果能否"接受"。相控阵雷达系统的仿真结果中既包含某一时刻或某一时间段的数据样本(或称"静态数据"),也包含时间序列数据(或称"动态数据"),针对不同的数据特点有不同的评定仿真数据与真实数据一致性的方法,下面详细讨论几种相控阵雷达仿真系统校模工作中的主要方法,并结合实例将其运用于威力校模和精度校模。

9.3.2.1 静态数据的检验方法

相控阵雷达的某些性能指标,例如雷达威力、针对同一仿真时刻多次蒙特卡洛仿真的雷达测角、测距精度等均可看作是一个随机变量,每次蒙特卡洛仿真的仿真结果,都可视为该随机变量的一次实现。于是模型静态性能验证问题就转换为检验两个随机变量是否一致的问题(例如对于雷达威力来说,就是检验真实威力和仿真威力的一致性)。对这类问题可以采用点估计、区间估计、假设检验等方法。在实际中,经常先用 k-s 法检验仿真数据与真实数据是否服从同一概率分布,然后计算某些检验统计量,求取置信区间估计,在此基础上作出判断。

1. 检验仿真结果与真实数据是否服从同一分布

对于检验静态仿真结果和真实结果一致性,首先应该检验这两种试验数据是否属于同一概率分布,在此基础上进行统计量和置信区间的检验。设 x,y 分别表示仿真和真实实验相应的静态性能随机变量,其总体分布函数分别为 $F(x)$ 和 $G(x)$,则静态性能验证问题可转化为如下统计假设问题:

$$原假设 \ H_0: F(x) = G(x)$$

$$备选假设 \ H_1: F(x) \neq G(x) \tag{9.1}$$

若已知 $F(x)$ 和 $G(x)$ 是同一随机变量的分布函数,则问题变为两个总体参数已知的分布参数的假设检验问题,可用 U 检验、t 检验、χ^2 检验、F 检验等方法。若已知 $F(x)$ 和 $G(x)$ 中的一个,则问题属于分布拟合优度检验,可用 χ^2-拟合优度检验、k-s 检验等方法;而若 $F(x)$ 和 $G(x)$ 都是未知的,则属于分布特性未知的两总体是否相等的非参数检验问题,可采用符号检验、秩和检验、游程检验等方法。

在相控阵雷达仿真系统的校模工作中,对一组仿真数据 $\{X_i\}$ 和真实数据 $\{Y_i\}$ 进行检验时,有两种主要的方法,一是用符号检验法来验证两样本是否来自同一总体,二是用 k-s 检验法分别验证仿真数据和真实数据是否服从某种预先假定的统计分布,也可以将两种检验方法结合起来使用。下面结合实例具体说明。

某相控阵雷达相干视频仿真实验中,在某一战情下对某一航迹进行了 10 次蒙特卡洛仿真,取出在某一仿真时刻,各次蒙特卡洛仿真对应的真实目标俯仰角、探测目标俯仰角以及仿真误差如表 9-2 所示。本例即通过上述两种方法检验。

表 9-2 某相控阵雷达仿真系统仿真和真实数据(单位:度)

仿真次数序列号	1	2	3	4	5
仿真俯仰角 X_i	25.0067	25.0228	25.0142	25.0136	25.0142
真实俯仰角 Y_i	25.0096	25.0211	25.0153	25.0153	25.0096
误差 $Z_i = X_i - Y_i$	−0.0029	0.0017	−0.0011	−0.0017	0.0046
仿真次数序列号	6	7	8	9	10
仿真俯仰角 X_i	24.9913	25.0182	25.0257	25.0789	25.0509
真实俯仰角 Y_i	24.9523	25.0211	25.0268	25.0841	25.0726
误差 $Z_i = X_i - Y_i$	0.0390	−0.0029	0.0011	0.0052	0.0217

1) 符号检验

设 n^+ 和 n^- 分别表示 $Z_i > 0$ 和 $Z_i < 0$ 的个数,统计量 $n^* = \min(n^+, n^-)$,对于给定的显著水平 α 和样本容量 n,由下式可以解出临界值 $n_\alpha^k = k$:

$$p(n^* \leqslant k) = \left(\frac{1}{2}\right)^{n-1} \sum_{j=0}^{k} C_N^j \leqslant \alpha \tag{9.2}$$

根据表 9-2 中的数据可以得到 $n^+ = 6, n^- = 4, n^* = 4, n = 10$,对选定的显著水平 $\alpha = 0.05$ 可算出临界值 $n_\alpha^k = 1$,显然有 $n^* > n_\alpha^*$,于是可认为表 9-2 中的两样本是来自同一总体的。

2) k-s 检验

k-s 检验方法的实现可按以下步骤实施:

(1) 作出阶梯形经验分布函数 $F_{N(x)}$。

将给定样本数据按由小到大的顺序排列,有 $x_1 < x_2 <, \cdots, < x_N$。按下式作出阶梯形经验分布函数 $F_{N(x)}$。

$$F_{N(x)} = \begin{cases} 0, & x < x_1 \\ \dfrac{i}{k}, & x_i \leqslant x \leqslant x_{i+1}, i = 1, 2, \cdots, N \\ 1, & x \geqslant x_N \end{cases} \tag{9.3}$$

计算理论分布函数 $F(x)$

(2) 计算最大偏差 D_N。将 $F_{N(x)}$ 与所要拟合的理论分布函数 $F(x)$ 作比较,按下式计算最大偏差 D_N:

$$D_N = \max(D_N^+, D_N^-)$$

式中,

$$D_N^+ = \max_{1 \leqslant i \leqslant N} \left[\frac{i}{N} - F(x_i) \right], \quad D_N^- = \max_{1 \leqslant i \leqslant N} \left[F(x_i) - \frac{i-1}{N} \right] \tag{9.4}$$

按下式求出 k-s 检验统计量。根据给定的显著水平 α,查 k-s 检验临界值表,得到临界值 d_N:

$$\left(\sqrt{N} - 0.01 + \frac{0.85}{\sqrt{N}} \right) D_N \tag{9.5}$$

若 k-s 检验统计量小于临界值 d_N,则在置信度 $(1-\alpha)$ 下接受其服从所假设的理论分布的原假设,否则拒绝原假设。

仍然取表 9-2 中的仿真实例,对仿真样本和真实样本所服从的分布进行分析。仿真样本序列 $\{X_i\}$ 和真实样本序列 $\{Y_i\}$ 分别为

$\{X_i\}$:{24.9913, 25.0067, 25.0136, 25.0142, 25.0142, 25.0182, 25.0228, 25.0257, 25.0509, 25.0789}

$\{Y_i\}$:{24.9523, 25.0096, 25.0096, 25.0153, 25.0153, 25.0211, 25.0211, 25.0268, 25.0726, 25.0841}

令

$$\overline{X} = \frac{1}{n} \sum_{i=1}^{n} X_i, \quad \sigma_X = \sqrt{\frac{1}{(n-1)} \sum_{i=1}^{n} (X_i - \overline{X})^2} \tag{9.6}$$

则有 $\overline{X}=25.0237, \sigma_X = 0.0246$；

取 $X'=\dfrac{X-\overline{X}}{\sigma_X}$，得到新序列 $\{X'_i\}$：

$\{-1.3154, -0.6892, -0.4087, -0.3843, -0.3843, -0.2216, -0.0346,$
$0.0834, 1.1081, 2.2466\}$

于是对原序列 $\{X_i\}$ 分布的检验问题就转化为对序列 $\{X'_i\}$ 的检验。设 $\{X'_i\}$ 服从正态分布：$\sqrt{2\pi}$ 倍的 $N(0,1)$ 分布。根据正态分布的对称性和分布规律，将序列分为正负半轴的数据分别进行 k-s 检验。

负半轴的各点：$\{-1.3154, -0.6892, -0.4087, -0.3843, -0.3843, -0.2216,$ $-0.0346\}$，作出阶梯形经验分布函数与正态分布的理论分布函数，由式(9.4)求得最大偏差 $D_{N1}=0.1423$，根据式(9.5)求出 k-s 检验统计量为 0.4206；对于正半轴上各点：$\{0.0834,$ $1.1081, 2.2466\}$，将其映射为负半轴上的序列：$\{-2.2466, -1.1081, -0.0834\}$，按照上述 k-s 检验算法求得最大偏差 $D_{N2}=0.3299$，k-s 检验统计量为 0.7300。查表可得显著水平 $\alpha=0.05$ 时的临界值 $d_N=0.895$；由于 $0.4206<0.895$ 且 $0.7300<0.895$，故认为在 95% 置信度下接受所选择的正态分布的假设。即可认为仿真样本序列服从正态分布。

设真实数据序列 $\{Y'_i\}$ 也服从正态分布：$\sqrt{2\pi}$ 倍的 $N(0,1)$ 分布。按照同样的方法对其进行检验，由负半轴上的样本序列作出的阶梯形经验分布函数与正态分布的理论分布函数的最大偏差 $D_{N1}=0.1418$，k-s 检验统计量为 0.4193；正半轴上的序列 $D_{N2}=0.3271$，k-s 检验统计量为 0.7238。同样取显著水平 $\alpha=0.05$，由于 $0.4193<0.895$ 且 $0.7238<0.895$，故可认为真实样本序列亦服从正态分布，置信度为 95%。

得出结论：经过 k-s 检验，可认为仿真序列和真实序列均服从正态分布，置信度为 95%。

2. 统计特性检验

比较仿真数据与实际数据的常用方法是比较它们的样本特征值，如样本均值、样本方差、最大值、最小值等，通过检验仿真序列和真实序列的这些统计量是否有显著差异，来判定仿真模型与真实系统的接近程度。

在相控阵雷达仿真系统的威力和精度校模工作中所得到的样本数据，经常是多次蒙特卡洛仿真的结果，而蒙特卡洛仿真的随机性决定了在很多情况下样本数据都服从正态分布。根据数理统计理论，t 分布常用于正态总体均值的区间估计和检验，F 分布常用于方差比的检验。因此，在对随机样本的概率分布进行了一定的检验（如符号检验、k-s 检验等）后，就可构造一定的统计量对其进行检验，在一定的置信度下求出一定的置信区间，并与给定的精度范围相比较，考察统计量是否有显著性差异，为判断模型的有效性提供依据。

为了对雷达仿真系统的威力和测距测角精度进行检验，一种最简单直观的方法就是以两部雷达系统的测距、测角系统偏差以及其起伏特性（也即以误差统计特性的一、二阶矩）、仿真系统威力测量均值与雷达系统威力真值之差的一、二阶统计特性作为评判标准。具体可描述如下：

设对某雷达仿真系统在同一条件下进行了 N 次蒙特卡洛仿真，可构成近似服从正态分布的误差序列 $Z_{i, i=1,2,\cdots,N}$，对应的均值和标准差分别记为 m_Z 和 σ_Z。若式(9.7)成立，

$$\left|\frac{m_z - \Delta}{\Delta}\right| \times 100\% \leqslant \eta, \quad \left|\frac{\sigma_z - \sigma}{\sigma}\right| \times 100\% \leqslant \gamma \tag{9.7}$$

其中，Δ（斜距、方位角和俯仰角偏差对应为 Δ_R、Δ_φ 和 Δ_θ）为标准雷达系统的测距或测角系统偏差；$\sigma(\sigma_R、\sigma_\varphi$ 或 $\sigma_\theta)$ 为标准雷达系统的测距或测角误差的标准差；$\eta(\eta_R、\eta_\varphi$ 或 $\eta_\theta)$ 为系统偏差置信度；$\gamma(\gamma_R、\gamma_\varphi$ 或 $\gamma_\theta)$ 为标准差置信度。

则认为测距测角误差精度的一、二阶统计特性合乎要求。

若式（9.8）成立，则认为仿真系统威力的一、二阶统计特性合乎要求。

$$\left|\frac{\bar{R} - R_0}{R_0}\right| \leqslant \lambda, \quad \sigma_{\Delta R} \leqslant \sigma \tag{9.8}$$

其中，$\bar{R}$ 为仿真威力平均值；R_0 为真实雷达威力；$\sigma_{\Delta R}$ 为误差序列的标准差；$\lambda、\sigma$ 为仿真系统规定的真实雷达威力与仿真均值的对比误差的容许值和误差标准差容许值。

3. 置信区间检验

1）理论引出

根据数理统计理论，t 分布常用于正态总体均值的区间估计和检验，F 分布常用于方差比的检验。设序列 $\{X_{i,i=1,2,\cdots,n}\}$ 和 $\{Y_{j,j=1,2,\cdots,m}\}$ 分别取自两个样本总体 $N(\mu_X, \sigma_X^2)$ 和 $N(\mu_Y, \sigma_Y^2)$，记 $\delta = \mu_X - \mu_Y$，$\lambda = \sigma_X^2/\sigma_Y^2$，设 $1-\alpha$ 为给定的置信水平。

定义 $\bar{X}$、S_X^2、$\bar{Y}$ 和 S_Y^2 为

$$\bar{X} = \frac{1}{n}\sum_{i=1}^{n} X_i, \quad S_X^2 = \frac{1}{n-1}\sum_{i=1}^{n}(X_i - \bar{X})^2$$

$$\bar{Y} = \frac{1}{m}\sum_{j=1}^{m} Y_j, \quad S_Y^2 = \frac{1}{m-1}\sum_{j=1}^{m}(Y_j - \bar{Y})^2$$

令

$$T = \frac{\sqrt{\dfrac{mn}{m+n}}(\bar{X} - \bar{Y})}{\sqrt{\dfrac{(n-1)S_X^2 + (m-1)S_Y^2}{(n+m-2)}}} \tag{9.9}$$

则 T 服从具有 $(n+m-2)$ 个自由度的 t 分布，即 $T \sim t(n+m-2)$。

在实际应用中，经常应用统计量对置信区间进行求解，

令

$$T' = \frac{\bar{X} - \bar{Y} - \delta}{\sqrt{\dfrac{S_X^2}{n} + \dfrac{S_Y^2}{m}}} \tag{9.10}$$

则 T' 的分布近似与自由度 υ 的 t 分布相同，其中，

$$\upsilon = \frac{\left(\dfrac{\lambda}{n} + \dfrac{1}{m}\right)^2}{\dfrac{\lambda^2}{n^2(n-1)} + \dfrac{1}{m^2(m-1)}}, \quad \lambda = \sigma_X^2/\sigma_Y^2 \tag{9.11}$$

利用此定理，令 $\hat{\lambda} = S_X^2/S_Y^2$，将 $\hat{\lambda}$ 代入 υ 的表达式中得到 $\hat{\upsilon}$，可以近似地认为

$$T' \sim t(\hat{\upsilon}) \tag{9.12}$$

由此得到 δ 的一个近似置信水平为 $1-\alpha$ 的置信区间为

$$\left[\overline{X}-\overline{Y}-t_{\alpha/2}(\hat{\upsilon})\sqrt{\frac{S_X^2}{n}+\frac{S_Y^2}{m}}\,,\overline{X}-\overline{Y}+t_{\alpha/2}(\hat{\upsilon})\sqrt{\frac{S_X^2}{n}+\frac{S_Y^2}{m}}\right] \tag{9.13}$$

令

$$F=\frac{S_Y^2}{S_X^2} \tag{9.14}$$

则统计量服从第一自由度为 $n-1$，第二自由度为 $m-1$ 的 F 分布。该统计量可用于方差的检验。

下面给出几种在工程上适用而且又比较可靠的置信区间估计方法。

2) 统计均值的置信区间估计

(1) 独立同分布序列的韦尔奇置信区间估计。

假设仿真数据与真实数据独立同分布，它们的总体方差未知，则可用式(9.13)求得它们均值差置信度为 $(1-\alpha)$ 的置信区间：

$$\left[\overline{X}-\overline{Y}-t_{\alpha/2}(\hat{\upsilon})\sqrt{\frac{S_X^2}{n}+\frac{S_Y^2}{m}}\,,\overline{X}-\overline{Y}+t_{\alpha/2}(\hat{\upsilon})\sqrt{\frac{S_X^2}{n}+\frac{S_Y^2}{m}}\right] \tag{9.15}$$

其中，$\upsilon=\left(\dfrac{\lambda}{n}+\dfrac{1}{m}\right)^2\Big/\left(\dfrac{\lambda^2}{n^2(n-1)}+\dfrac{1}{m^2(m-1)}\right)$，$\lambda=S_X^2/S_Y^2$。

如果置信区间包含零或是在给定的精度范围内，则认为是可接受的精度范围。

在相控阵雷达系统的仿真中，这种情况是经常存在的。例如，当真实数据是通过外场实验得到的实际系统威力或精度，仿真数据是由计算机模拟的仿真系统运行所得结果时，这两个数据序列就是独立的，在这种情况下，就应采用以上方法检验。

但是，由于相控阵雷达系统的复杂性等客观原因，使得外场数据很难获得。因此，经常"真实"的数据是通过等效的方法在软件系统中得到，这时，"仿真"数据和"真实"数据是相关的。在这种情况下，可采用以下介绍的配对 t 置信区间估计。

(2) 相关序列的配对 t 置信区间估计。

如果仿真数据与真实数据序列之间是相关的，即相互不独立的情况，可采用配对 t 置信区间估计。

令 $n=m=n$，将 $\{X_i\}$ 和 $\{Y_i\}$ 配对构成新的序列 $\{Z_i\}$：

$$\{Z_i\}=\{X_i\}-\{Y_i\} \tag{9.16}$$

序列 $\{Z_i\}$ 均值的置信度为 $(1-\alpha)$ 的置信区间为

$$\overline{Z}\pm t_{\alpha/2,n-1}\sqrt{\frac{S_Z^2}{n}} \tag{9.17}$$

式中，$\overline{Z}$ 为 $\{Z_i\}$ 的样本均值，$\overline{Z}=\overline{X}-\overline{Y}$；

S_Z^2 为 $\{Z_i\}$ 的样本方差，$S_Z^2=\dfrac{1}{n-1}\displaystyle\sum_{i=1}^{n}(Z_i-\overline{Z})^2$；

$t_{\alpha/2,n-1}$ 为自由度为 $n-1$ 的 t 分布的 $\alpha/2$ 分位数。

表 9-2 中的数据实例中的仿真数据和真实数据序列相关，因此采用上述方法进行估计。按式(9.16)构成的新序列 $\{Z_i\}$ 为

$\{Z_i\}:\{-0.0029,0.0017,-0.0011,-0.0017,0.0046,0.0390,-0.0029,0.0011,0.0052,0.0217\}$

对 $\{Z_i\}$ 计算得(样本容量 $n=10$):样本均值 $\overline{Z}=0.0065$,样本标准差 $S_Z=0.0135$;取 $\alpha=0.05$,查表得 $t_{\alpha/2,n-1}=2.2622$,根据式(9.17)求出置信度为 95% 的序列 $\{Z_i\}$ 的均值的置信区间为 $[-0.0032,0.0162]$。由于此置信区间包含了 0,则可判断在 95% 置信度下仿真数据与真实数据均值无明显差异。假如系统给定了可接受的精度范围 ARA,则可通过比较该置信区间是否在 ARA 内来判断均值有无显著差异,从而为检验模型的有效性提供依据。

3) 统计方差的置信区间估计

设 D_X 和 D_Y 分别表示仿真系统与真实系统的测距或测角系统方差。用模型与系统的方差相对对比误差 $\lambda_{D_0}=\left|\dfrac{D_X-D_Y}{D_X}\right|$ 作为表征量。若仿真模型开发者确定仿真模型能够容许的 λ_D 的值为 λ_{D_0},则容许区间为

$$D_X/D_Y \in [1-\lambda_{D_0},1+\lambda_{D_0}] \tag{9.18}$$

假设

$$H_0:D_X/D_Y \in [1-\lambda_{D_0},1+\lambda_{D_0}]$$

检验:当 X 和 Y 服从正态分布时,由于统计量

$$F=\frac{S_X^2}{S_Y^2}\frac{D_Y}{D_X}$$

服从自由度为 $(n-1,n-1)$ 的 F 分布,若取显著水平为 α,则有

$$P\{F_{1-\alpha/2}(n-1,n-1) \leqslant F \leqslant F_{\alpha/2}(n-1,n-1)\}=1-\alpha \tag{9.19}$$

所以

$$P\left\{F_{1-\alpha/2}(n-1,n-1)\frac{D_X}{D_Y} \leqslant \frac{S_X^2}{S_Y^2} \leqslant \frac{D_X}{D_Y}F_{\alpha/2}(n-1,n-1)\right\}=1-\alpha \tag{9.20}$$

式中,$F_{\alpha/2}(n-1,n-1)$ 是自由度为 $(n-1,n-1)$ 的 F 分布的关于 $\alpha/2$ 的上侧分位数,查 F 分布表可得。而 $F_{1-\alpha/2}(n-1,n-1)=1/F_{\alpha/2}(n-1,n-1)$,这说明当 $D_X/D_Y=b$ 一定时,由随机性所造成的 S_X^2/S_Y^2 的值以 $1-\alpha$ 的概率落在区间 $[F_{1-\alpha/2}(n-1,n-1)b,bF_{\alpha/2}(n-1,n-1)]$ 内。所以,当 b 是容许区间 $[1-\lambda_{D_0},1+\lambda_{D_0}]$ 内某一值且式(9.21)成立时,

$$S_X^2/S_Y^2 \in [F_{1-\alpha/2}(n-1,n-1)b,bF_{\alpha/2}(n-1,n-1)] \tag{9.21}$$

模型与系统的方差比落在假设区间内无显著问题,可接受假设,置信概率为 $1-\alpha$。

仍然取表 9-2 中的实例数据,$\overline{X}=25.0237$,$S_X^2=0.0006048$,$\overline{Y}=25.0228$,$S_Y^2=0.0013$,$S_Y^2/S_X^2=2.1495$,设由专家议定的相对对比误差的容许值为 $\lambda_{D_0}=0.05$,则由式(9.18)确定的 D_X/D_Y 的容许区间为

$$D_X/D_Y \in [0.95,1.05]$$

取显著水平 $\alpha=0.05$,查表得

$$F_{\alpha/2}(n-1,n-1)=F_{0.025}(9,9)=4.03$$

$$F_{1-\alpha/2}(n-1,n-1)=F_{0.975}(9,9)=0.248$$

取 $b=0.98 \in [0.95,1.05]$,则 $[F_{1-\alpha/2}(n-1,n-1)b,bF_{\alpha/2}(n-1,n-1)]=[0.2430,3.9494]$,$S_Y^2/S_X^2=2.1495$ 落在区间 $[0.2430,3.9494]$ 内,可接受假设。认为仿真序列的方差和真实序列的方差比以 95% 的置信概率落在要求范围 $[0.95,1.05]$ 内。

9.3.2.2 动态数据的检验方法

在相控阵雷达系统的仿真结果中,除了一些静态数据和性能指标表征其模型的有效性外,还有一部分动态数据,如在一次蒙特卡洛仿真实验中,测得的随时间变化的斜距、俯仰角、方位角等。对于这类动态数据有效性的分析,有相关系数法、Theil 不一致系数法、自相关函数检验法、频谱分析等多种方法。下面结合具体实例讨论几种在相控阵雷达仿真系统校模工作中的常用方法。

1. 动态性能检验的相似系数法

由于相似系数的物理概念比较直观,因此经常采用相似系数法作为定性分析的手段。常用的有相关系数法、Theil 不一致系数法、平均欧氏距离系数、角余弦系数等衡量指标。

1) 相关系数法

设 $\{X_i\}$ 和 $\{Y_i\}$ 分别是仿真模型输出序列和真实序列数据,N 为数据的数量,则其相关系数 R 为

$$R = \frac{\sum_{i=1}^{N}(X_i - \overline{X})(Y_i - \overline{Y})}{\sqrt{\left(\sum_{i=1}^{N}(X_i - \overline{X})^2\right)\left(\sum_{i=1}^{N}(Y_i - \overline{Y})^2\right)}} \tag{9.22}$$

可见,相关系数越大,两数据序列越相似。$R = 1$ 表示两组数据完全相关,$R = -1$ 表示两组数据完全相反,$R = 0$ 则为不相关。一般来说,$R \geqslant 0.95$ 表示两组数据有较好的相关性,相关数据可在一定的程度上反映仿真结果和真实结果的一致性。

2) Theil 不一致系数法

令

$$U = \frac{\sqrt{\frac{1}{N}\sum_{i=1}^{N}(X_i - Y_i)^2}}{\sqrt{\frac{1}{N}\sum_{i=1}^{N}X_i^2} + \sqrt{\frac{1}{N}\sum_{i=1}^{N}Y_i^2}}, \quad 0 \leqslant U \leqslant 1 \tag{9.23}$$

称 U 为 Theil 不一致系数。Theil 系数反映了仿真结果和真实实验结果的一致性程度。$U = 0$ 表示仿真结果和真实实验结果一致,$U = 1$ 表示它们差异较大。

3) 角余弦系数

令

$$\alpha = \frac{\sum_{i=1}^{N}X_i Y_i}{\sqrt{\left(\sum_{i=1}^{N}X_i^2\right)\left(\sum_{i=1}^{N}Y_i^2\right)}} \tag{9.24}$$

称 α 为角余弦系数,可见角余弦系数越大,两样本也越相似。

4) 平均欧氏距离系数

令

$$d = \sqrt{\frac{1}{N}\sum_{i=1}^{N}(X_i - Y_i)^2} \tag{9.25}$$

称 d 为平均欧氏距离系数,可见平均欧氏距离系数越小,两样本越相似。

截取某相控阵雷达相干视频仿真系统的某次蒙特卡洛仿真中的一段结果,如表 9-3 所示。

表 9-3　某相控阵雷达仿真系统仿真和真实数据序列(单位:度)

仿真时刻	T_1	T_2	T_3	T_4	T_5
仿真俯仰角 X_i	25.0279	25.0010	24.9810	24.9431	24.9248
真实俯仰角 Y_i	25.0268	24.8836	24.9810	24.9466	24.9237
误差 $Z_i = X_i - Y_i$	0.0011	0.1175	0	-0.0034	0.0011
仿真时刻	T_6	T_7	T_8	T_9	T_{10}
仿真俯仰角 X_i	24.9019	24.8836	24.8658	24.8417	24.8217
真实俯仰角 Y_i	24.9007	24.8836	24.8664	24.8434	24.8205
误差 $Z_i = X_i - Y_i$	0.0011	0	-0.0006	-0.0017	0.0011

针对这组数据计算出相关系数 $R=0.8451$,Theil 不一致系数 $U=0.00075$,角余弦系数 $\alpha=0.9998$,平均欧氏距离系数 $d=0.037$。从以上结果看出,虽然相关系数不理想,但从各个指标的总体水平来看,仿真数据与真实数据可定性的认为比较相似。

2. 系统输出时间序列的自相关函数检验法

设真实系统输出的时间序列为 $Y(T)$,$T=1,2,\cdots,n$($Y(T)$ 表示真实斜距 Y_R、俯仰角 Y_θ 或方位角 Y_φ 的时间序列值),则按下式计算其样本自相关函数:

$$r_y(k)=\frac{1}{n-k}\sum_{T=1}^{n-k}(Y(T)-\bar{Y})(Y(T+k)-\bar{Y})/S_Y^2 \qquad (9.26)$$

式中,k 为时延,$k=0,1,2,\cdots,m<n$;$\bar{Y}$,S_Y^2 为时间序列 $Y(T)$ 的历程样本均值与方差。

设仿真系统输出的时间序列为 $X(T)$,$T=1,2,\cdots,n$($X(T)$ 表示相应的仿真输出,如斜距 Y_R、俯仰角 X_θ 或方位角 X_φ 的时间序列值),其样本自相关函数为 $r_x(k)$。则 $r(k)$(代表 $r_x(k)$ 或 $r_y(k)$)具有以下特性:

$|r(k)|\in[0,1]$,$r(k)=r(-k)$,$r(0)=1$,k 很大时,随着 k 的增大 $r(k)\to 0$。

根据有关理论,可假设:k 一定时,$r(k)$ 的取值服从正态分布,而其方差估计可按下式近似计算:

$$S^2(r(k))=\frac{1}{n(n+2)}\sum_{T=1}^{n-1}(n-T)[r(k-T)+r(k+T)-2r(k)r(T)]^2 \qquad (9.27)$$

按此式可分别计算出 $r_y(k)$ 和 $r_x(k)$ 的方差估计 $S^2(r_y(k))$ 和 $S^2(r_x(k))$。

用仿真模型与真实系统的自相关函数系统均值的相对对比误差 $\lambda_\mu=\left|\dfrac{\mu_{r_x}(k)-\mu_{r_y}(k)}{\mu_{r_y}(k)}\right|$ 表示仿真模型与真实系统的对比精度,对一定的 k,仿真目的能够容许的 λ_μ 可由仿真开发者确定,设为 λ_{μ_0},且当 k 取其他值时其值不变,即容许 $\dfrac{\mu_{r_x}(k)}{\mu_{r_y}(k)}\in[1-\lambda_{\mu_0},1+\lambda_{\mu_0}]$。

对一定的 k,假设:

$$H_0: \frac{\mu_{r_x}(k)}{\mu_{r_y}(k)} \in \left[1-\lambda_{\mu_0}, 1+\lambda_{\mu_0}\right]$$

检验：令 $V = r_x(k) - \dfrac{\mu_{r_x}(k)}{\mu_{r_y}(k)} r_y(k)$

若令 D_V 代表 V 的方差,则应用中心极限定理可构造一服从标准正态分布的统计量 $Z = \dfrac{V}{\sqrt{D_v/n_r}}$,取显著水平为 α,则

$$P\left\{-u_{\alpha/2} \leqslant \frac{V}{\sqrt{D_V/n_r}} \leqslant u_{\alpha/2}\right\} = 1-\alpha$$

即

$$P\left\{-\sqrt{\frac{D_V}{n_r}}u_{\alpha/2} \leqslant r_x(k) - \frac{\mu_{r_x}(k)}{\mu_{r_y}(k)} r_y(k) \leqslant \mu_{\alpha/2}\sqrt{\frac{D_V}{n_r}}\right\} = 1-\alpha \tag{9.28}$$

其中,$u_{\alpha/2}$ 为标准正态分布的关于 $\alpha/2$ 的上侧分位数,$n_r = 1$。

$$D_V = S^2(r_x(k)) + \left(\frac{\mu_{r_x}(k)}{\mu_{r_y}(k)}\right)^2 S^2(r_y(k)) \tag{9.29}$$

这说明当 $\dfrac{\mu_{r_x}(k)}{\mu_{r_y}(k)} = q$ 取区间 $[1-\lambda_{\mu_0}, 1+\lambda_{\mu_0}]$ 内的某一值时,由随机性所造成的偏差 $r_x(k) - \dfrac{\mu_{r_x}(k)}{\mu_{r_y}(k)} r_y(k)$ 以 $1-\alpha$ 的置信概率落于区间 $\left[-\sqrt{\dfrac{D_V}{n_r}}u_{\alpha/2}, u_{\alpha/2}\sqrt{\dfrac{D_V}{n_r}}\right]$ 内。

所以,若这时 $r_x(k) - \dfrac{\mu_{r_x}(k)}{\mu_{r_y}(k)} r_y(k)$ 的值落在区间 $\left[-\sqrt{\dfrac{D_V}{n_r}}u_{\alpha/2}, u_{\alpha/2}\sqrt{\dfrac{D_V}{n_r}}\right]$ 内,则表明仿真系统与真实系统的自相关函数与假设无显著差异,可接受假设,置信概率为 $1-\alpha$。

当对所有的 $k=1,2,\cdots,m$ 都能接受假设时,就可近似认为仿真系统与真实系统的对比精度满足要求。如确定 λ_{μ_0} 时无过宽失误,则验证的置信概率为 $1-m\alpha$。

仍然采用表9-3中的数据,按式(9.26)求得仿真序列和真实序列的自相关函数如图9-4所示,按式(9.27)求得自相关函数的估计方差如图9-5所示。设自相关函数期望值的相对对比误差容许值 $\lambda_{\mu_0} = 0.05$,则容许

$$\frac{\mu_{r_x}(k)}{\mu_{r_y}(k)} \in [0.95, 1.05] \tag{9.30}$$

取显著性水平 $\alpha = 0.005$ 时,查表得 $u_{\alpha/2} = u_{0.0025} = 2.81$,设 q 取区间 $[0.95,1.05]$ 内的值0.98,$q = 0.98$,由式(9.28)计算出 $D_V(k)$,$\sqrt{D_V(k)}$ 的值如图9-6所示。根据算得的 $\sqrt{D_V(k)}$ 的值求出 $k=0,1,2,\cdots,N$ 时的区间 $\left[-\sqrt{\dfrac{D_V}{n_r}}u_{\alpha/2}, u_{\alpha/2}\sqrt{\dfrac{D_V}{n_r}}\right]$ 和相应的统计量 $r_x(k) - qr_y(k)$ 的值如图9-7所示。由图易看出,当 $k=0,1,2,\cdots,N-1$ 时,$r_x(k) - qr_y(k)$ 的值均落在了区间 $\left[-\sqrt{\dfrac{D_V}{n_r}}u_{\alpha/2}, u_{\alpha/2}\sqrt{\dfrac{D_V}{n_r}}\right]$ 内,表明仿真系统与真实系统的自相关函数与假设无显著差异,且置信度为 $1-10\times0.005=95\%$。

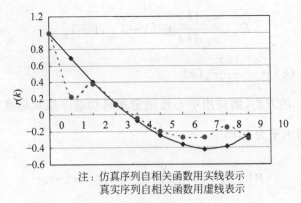

注：仿真序列自相关函数用实线表示
真实序列自相关函数用虚线表示

图 9-4　自相关函数示意图

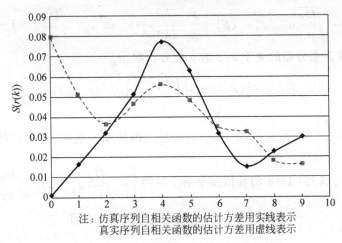

注：仿真序列自相关函数的估计方差用实线表示
真实序列自相关函数的估计方差用虚线表示

图 9-5　自相关函数估计方差示意图

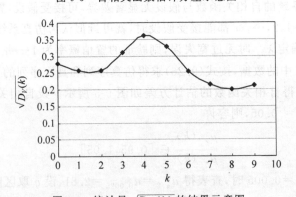

图 9-6　统计量 $\sqrt{D_V(k)}$ 的结果示意图

3. 谱估计法

在比较仿真系统和真实系统的输出时间序列时,除了在时域进行外,一种很重要的方法就是在频率域进行(谱分析)。鉴于现在的谱分析理论和方法多是针对各态历经的(广义)平稳时间序列,所以下面的分析设 $\{X_i\}$ 和 $\{Y_i\}$ 是(广义)平稳序列,这不论是对于相控阵雷达系统输出的真实测角测距数据序列,还是对于其仿真系统的输出,都是不无道理的。具体包括谱估计和相容性检验两部分内容。

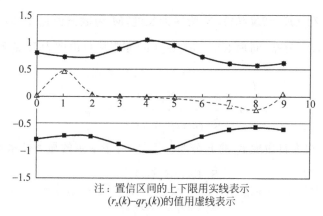

注：置信区间的上下限用实线表示
$(r_x(k)-qr_y(k))$的值用虚线表示

图 9-7　置信区间及关键统计量示意图

1) 谱密度的估计

设$\{X_n\}$是(广义)平稳序列,其自相关函数为$R_x(m)$,其谱密度为$S_x(\omega)$,$R_x(m)$和$S_x(\omega)$为一对傅里叶变换对。即

$$S_x(\omega) = \sum_{m=-\infty}^{+\infty} R_x(m) e^{-j\tilde{\omega}m} \tag{9.31}$$

在计算$S_x(\omega)$时,$R_x(m)$的确定通常比较困难,而且式(9.31)是无穷求和,因此,用式(9.31)求取$S_x(\omega)$是行不通的。但当$\{X_n\}$是(广义)平稳序列时,可用样本自相关函数得到$R_x(m)$的估计值$\hat{R}_x(m)$为

$$\hat{R}_x(m) = \frac{1}{N-m} \sum_{n=1}^{N-m} (X_n - \mu_x)(X_{n+m} - \mu_x), \quad 0 \leqslant m \leqslant N-1 \tag{9.32}$$

$\mu_x = \dfrac{1}{N}\sum_{n=1}^{N} X_n$为$\{X_n\}$的均值。当$m$越大,用式(9.32)估计自相关函数时用到的加项越少,估计误差也就越大,再用式(9.31)逼近出的谱密度误差就更大,为此,可考虑减少$R_x(m)$端部项对谱密度估计的影响。一种简便的办法就是对$R_x(m)$进行加窗截留,这样,谱密度的估计公式为

$$\hat{S}_x(\omega) = \sum_{m=-M}^{M} W(m) \hat{R}_x(m) e^{-j\tilde{\omega}m} \tag{9.33}$$

$W(m)$为窗函数,选择合适的$W(m)$可使谱估计的精度提高。除了窗谱估计外,最大熵谱估计等谱估计方法也是非常实用而有效的方法。

2) 谱的相容性检验

随机序列的谱估计是对其数据的相容性进行检验的基础,从而得到模型有效性的统计分析结果。设$\{X_n\}$和$\{Y_n\}$的谱密度真值分别为$S_x(\omega)$和$S_y(\omega)$,而通过谱估计得到的其估计值分别为$\hat{S}_x(\omega)$和$\hat{S}_y(\omega)$,现在的问题是如何根据估值来判断$S_x(\omega)$和$S_y(\omega)$是否相等,即要检验如下假设：

$$H_0: S_x(\omega) = S_y(\omega) \tag{9.34}$$

其检验的统计方法如下：

设$\hat{S}_x(\omega)$为随机时间序列$\{X_n\}$的谱估计$S_x(\omega)$的窗谱估计,相关文献已证明

$K\hat{S}_x(\omega)/S_x(\omega) \sim \chi_K^2 (K=2N/M)$，$N$ 为序列长度，M 为数据窗宽度，即 $K\hat{S}_x(\omega)/S_x(\omega)$ 服从自由度为 K 的 χ^2 分布，同理 $K\hat{S}_y(\omega)/S_y(\omega)$ 亦服从自由度为 K 的 χ^2 分布，且它们是相互独立的，于是

$$G = \frac{\hat{S}_y(\omega)/S_y(\omega)}{\hat{S}_x(\omega)/S_x(\omega)} \sim F_{K,K} \tag{9.35}$$

即 G 服从分子分母均为自由度 K 的 F 分布。于是，对于给定的显著性水平 α，有

$$P\left\{F_{1-\alpha/2,K,K} < \frac{\hat{S}_y(\omega)/S_y(\omega)}{\hat{S}_x(\omega)/S_x(\omega)} < F_{\alpha/2,K,K}\right\} = 1-\alpha \tag{9.36}$$

$F_{p,K,K}$ 为分子分母均为自由度 K 的 F 分布的 $100p$ 百分位点，将上式做一变形，则为

$$P\left\{\frac{\hat{S}_x(\omega)}{\hat{S}_y(\omega)}F_{1-\alpha/2,K,K} < \frac{S_x(\omega)}{S_y(\omega)} < F_{\alpha/2,K,K}\frac{\hat{S}_x(\omega)}{\hat{S}_y(\omega)}\right\} = 1-\alpha \tag{9.37}$$

令 $a = \dfrac{\hat{S}_x(\omega)}{\hat{S}_y(\omega)}F_{1-\alpha/2,K,K}$，$b = F_{\alpha/2,K,K}\dfrac{\hat{S}_x(\omega)}{\hat{S}_y(\omega)}$，则式(9.37)变为

$$P\left\{a < \frac{S_x(\omega)}{S_y(\omega)} < b\right\} = 1-\alpha \tag{9.38}$$

若式(9.37)成立，则上式变为

$$P\{a < 1 < b\} = 1-\alpha \tag{9.39}$$

按上述关系式，对每个频率点 ω_i 都进行检验，如果在每个频率点 ω_i 上，式(9.39)都成立，则认为在显著性水平 α 下，两个时间序列样本是相容的。

9.3.2.3 模糊评判法及其在相控阵雷达模型校验中的应用

在威力校模和精度校模的过程中，多用的是一些定量或定性的客观方法对模型的有效性进行评判，但是对于某些模块的校验，很难通过定量化的标准或方法得出用数字表征的是否有效的结论。例如，对视景表现模块的有效性进行评判时，经常采用模糊判别准则。模糊评判法是一种主观性较强的方法，下面具体讨论它在相控阵雷达仿真系统模型校验工作中的应用。

1. 模糊评判的初始模型

模糊评判是在模糊的环境中，考虑了多种因素的影响，关于某种目的对某事物做出的综合决断或决策。设 $U = \{u_1, u_2, \cdots, u_n\}$ 为 n 种因素构成的集合，称为因素集；$V = \{v_1, v_2, \cdots, v_n\}$ 为 m 种决断所构成的集合，称为评判集。一般地，各因素对事务的影响是不一致的，所以因素的权重分配可视为 U 上的模糊集，记为 $A = (a_1, a_2, \cdots, a_n) \in F(U)$，$A_i(i=1, 2, \cdots, n)$ 表示第 i 个因素 u_i 的权重，它们满足归一化条件：$\sum\limits_{i=1}^{n} a_i = 1$。另外，$m$ 个决定也不是绝对的肯定或否定，因此综合后的评判也应看作 V 上的模糊集，记为 $B = (b_1, b_2, \cdots, b_m) \in F(U)$，其中 $b_j(j=1, 2, \cdots, m)$ 反映了第 j 种决断在评判总体 V 中所占的地位。综上所述，模糊评判模型有三个基本要素：

(1) 因素集 $U = \{u_1, u_2, \cdots, u_n\}$；

(2) 评判集 $V = \{v_1, v_2, \cdots, v_n\}$;

(3) 单因素评判,即模糊映射:

$$f: U \to F(V)$$

$$u_i \to f(u_i) = (r_{i1}, r_{i2}, \cdots, r_{im}) \in F(V)$$

由 f 可诱导出一个模糊关系:

$$R = \begin{bmatrix} f(u_1) \\ f(u_2) \\ \cdots \\ f(u_n) \end{bmatrix} = \begin{bmatrix} r_{11} & r_{12} & \cdots & r_{1m} \\ r_{21} & r_{22} & \cdots & r_{2m} \\ \cdots & \cdots & \ddots & \cdots \\ r_{n1} & r_{n2} & \cdots & r_{nm} \end{bmatrix} \tag{9.40}$$

由 R 再诱导一个模糊变换:

$$T_R: F(U) \to F(V)$$

$$A \mapsto T_R(A) = A \circ R \tag{9.41}$$

这意味着三元体 (U, V, R) 构成了一个模糊综合评判模型。它像一个"转换器",若输入一个权重分配 $A = (a_1, a_2, \cdots, a_n)$,则输出一个综合评判 $B = A \circ R = (b_1, b_2, \cdots, b_m)$,即

$$(b_1, b_2, \cdots, b_m) = (a_1, a_2, \cdots, a_n) \begin{bmatrix} r_{11} & r_{12} & \cdots & r_{1m} \\ r_{21} & r_{22} & \cdots & r_{2m} \\ \cdots & \cdots & \ddots & \cdots \\ r_{n1} & r_{n2} & \cdots & r_{nm} \end{bmatrix} \tag{9.42}$$

若使用 Zadeh 算子 $(\wedge, \vee)$,则 $b_j = \bigvee_{i=1}^{n} (a_i \wedge r_{ij})$, $j = 1, 2, \cdots, m$。假如 $b_{j1} = \max(b_1, b_2, \cdots, b_m)$,则得出的判决为 V_{j1}。在模糊理论中,根据不同情况有多种算子,这里就不一一讲述了。

2. 权重的确定

在模糊评判中,各因素的权重分配非常重要,将直接影响评判的结论。可以采用模糊理论中隶属度的计算方法来解决这一问题,如绝对比较法、二元比较法、模糊统计法、层次分析法等。但在实践中,很难找到一种"完美"的方法,只能根据具体情况,结合各种方法的优缺点,选择相对比较合适的方法。绝对比较法就是一种较常用的方法,下面对其简要说明。

设因素为 $U = \{u_1, u_2, \cdots, u_n\}$,被调查者(可能是该领域的专家或权威机构代表)为 $P = \{p_1, p_2, \cdots, p_k\}$,待确定的权重分配 $A = (a_1, a_2, \cdots, a_n)$。

(1) 选择最重要的因素,即确定 $r \in \{1, 2, \cdots, n\}$,使 $a_r = \max\{a_1, a_2, \cdots, a_n\}$。

(2) 让被调查者将 $u_i (I = 1, 2, \cdots, n)$ 与 u_r 作比较,得比较值

$$f_{ur}(u_i, p_j), \quad i = 1, 2, \cdots, n, j = 1, 2, \cdots, k$$

(3) 综合比较结果:

$$x_i = \frac{1}{k} \sum_{j=1}^{k} f_{ur}(u_i, p_j), \quad i = 1, 2, \cdots, n$$

(4) 计算归一化权重:

$$a_i = \frac{x_i}{\sum_{j=1}^{n} x_j}, \quad i = 1, 2, \cdots, n$$

模糊评判法是一种主观性较强的综合评判,对结论产生决定性影响的不仅有模糊算法和模糊算子等的选取,还有被调查者。因此,不仅要开发和选取尽可能合适的算法,更要仔细地选择被调查者和选尽可能多的专业性调查者,以使评判结论尽可能具有客观性。

9.3.3 相控阵雷达仿真系统内部模型的校验

首先对相控阵雷达仿真系统内部模型进行校验,使仿真系统内部工作机制、模式以及性能参数等与真实系统相匹配。相控阵雷达仿真系统的主要模块结构如图9-8所示,大致可分为相控阵天线方向图模块、信号与环境模块、信号处理和数据处理模块、主控与资源调度模块等几部分,每个模块又包含若干子模块,这里仅从一般性方法的角度探讨各模块及其子模块的校验方法。

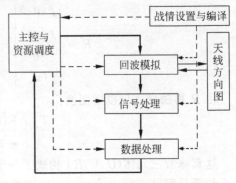

图 9-8 相控阵雷达仿真系统模块化结构

9.3.3.1 相控阵天线方向图模型的校验

相控阵天线方向图建模的准确与否将直接影响到整个仿真系统的准确性。因此,首先对此模块进行校验。天线的性能参数主要包括主瓣最大增益、半功率点波束宽度、主瓣零点位置、第一副瓣位置、第一副瓣电平、第一副瓣零点位置、第二副瓣电平等,考察这些参数是否与实际雷达系统的参数达到了一致。相控阵雷达波束随着扫描角的增大存在展宽效应,理论上波束展宽程度近似与扫描角的余弦成反比,增益减小程度近似与扫描角的余弦成正比,考虑仿真中的波束展宽及增益变化是否合理。根据以上原则,对仿真模型进行修正,不断改进,直至天线方向图的形状、天线参数和天线展宽效应与实际雷达系统基本达到一致。

9.3.3.2 相控阵雷达回波模型的校验

雷达接收机接收到的电磁信号,既包括目标散射回波信号,也包括各种杂波、干扰及噪声信号,这些信号在接收机前端进行线性叠加,作为雷达信号检测、处理设备的输入。具体来说,目标散射回波信号是指雷达发射的电磁波经过与目标复杂的相互作用后,有一部分散射波返回到雷达接收天线处,并在天线单元中感应出电流,形成回波信号;杂波信号主要是由于雷达天线在地面、海面的方向增益不可能完全为零,而由地面或海面散射回来的信号,也包括云、雨、雪、雾等气象杂波信号;噪声信号包括天线外部噪声和接收机内部噪声,它们成为雷达目标检测的主要背景,决定接收机中频放大器的输出信噪比,进而决定目标的检测概率;干扰信号一般由敌方干扰设备施放,旨在对我方雷达接收、数据处理等设备进行压制、欺骗,以降低己方目标被发现、跟踪的概率。

对于一个闭环仿真系统来说,输入正确与否是关键。正确地模拟这些信号,对仿真结果起着重要影响,也是雷达系统仿真的重要一环。可以根据实测数据正面验证仿真的目标反射截面积和多普勒速率是否准确,也可以分析仿真回波信号的频谱,从中提取幅度、频率等信息,反推目标反射截面积和径向速度,看其是否与所建立的模型相符,这实际上也是一个检验所建立的数学模型与计算机程序之间一致性(即"模型验证")的过程。

这里主要以某一相干视频仿真系统的回波模拟模块为例,从各种分布随机数产生的验证、各种压制噪声信号产生的验证和地杂波信号模拟的验证几个方面对回波模拟模块进行验证。

1. 随机数产生验证

对随机数产生的验证可以通过画出产生随机序列的统计直方图与理论分布曲线进行直观比较的方法进行。高斯分布随机信号的包络为瑞利分布,四种斯威林模型是常用的 RCS 起伏模型。因此,对这两种分布进行检验是随机数产生验证工作的基础。如图 9-9~图 9-11 分别示出了某次仿真中瑞利分布随机序列统计分布、斯威林Ⅰ型、斯威林Ⅱ型 RCS 随机数统计分布和斯威林Ⅲ型、斯威林Ⅳ型 RCS 随机数统计分布与理论分布的对比图,可以很直观地看出,统计图与理论图形是十分接近的,仿真有效。

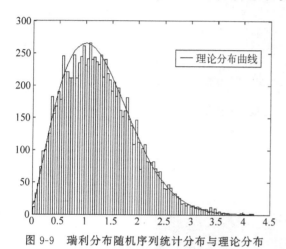

图 9-9　瑞利分布随机序列统计分布与理论分布　图 9-10　斯威林Ⅰ型、斯威林Ⅱ型 RCS 随机数统计分布

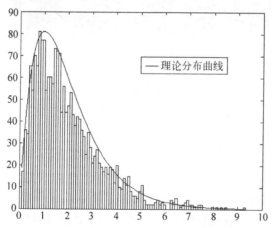

图 9-11　斯威林Ⅲ型、斯威林Ⅳ型 RCS 随机数统计分布

2. 压制噪声干扰信号验证

压制噪声干扰信号主要有射频噪声直放式、噪声调幅式和噪声调频式几种形式。对这几种干扰信号的验证,不仅要满足直观性要求,更必须满足一定的统计特性,如概率分布和功率谱分布等。因此,可以画出噪声信号的信号波形、概率统计分布和功率谱估计图与理论结果比较,作出判断。

例如,射频噪声直放式干扰信号可认为是一个窄带高斯随机过程,其包络服从瑞利分布,相位服从均匀分布,最终的噪声信号满足高斯型概率分布,功率谱类似于白噪声功率谱,带宽等于数字系统采样率。图 9-12 和图 9-13 分别为某一仿真系统中的射频噪声信号的概率统计分布和功率谱估计,可以看出是有效的。

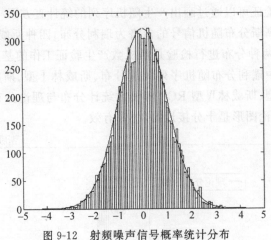

图 9-12　射频噪声信号概率统计分布

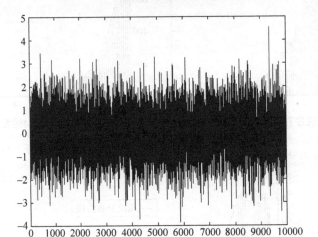

图 9-13　射频噪声信号功率谱估计

3. 地杂波信号验证

对地杂波信号的验证应根据不同的仿真算法采取不同的方法。在某仿真系统中,针对匹配滤波之后的地杂波产生的杂波信号数据,具体的产生方法是:首先划分地面有效散射单元,然后计算每个距离环上的杂波功率,并根据采样点数进行拟合插值,得到一个幅度调制序列;产生一个相关复高斯随机序列,其带宽与相干处理时间长度和地面内部运动有关;最后用幅度调制序列调制相关复高斯随机序列,得到最终的地杂波信号。可以画出产生的相关复高斯随机序列的概率统计分布、功率谱估计、实部和虚部,并与理论情况相比较,如图 9-14~图 9-17 所示的一组仿真结果即是符合要求的。

可以看出,这部分的校验工作既是一个模型"确认"的过程,也是一个模型"验证"的过程,采取的主要方法是输出图形比较法。

9.3.3.3　信号处理模型的校验

信号处理模块是雷达系统的重要组成部分,这一部分模型的准确与否将直接影响仿真系统的威力和精度。针对信号处理模块模型众多的特点,在校模过程中应先将各子模块从中

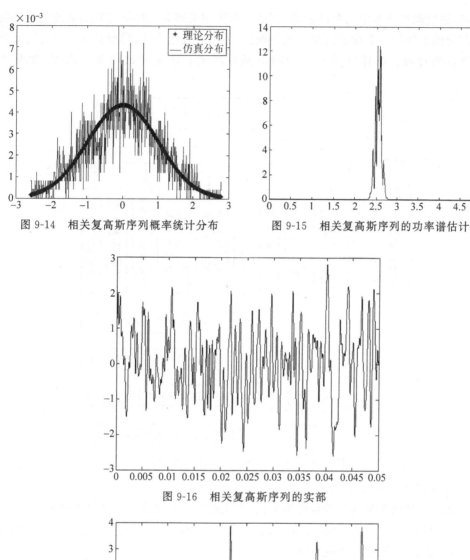

图 9-14　相关复高斯序列概率统计分布　　　图 9-15　相关复高斯序列的功率谱估计

图 9-16　相关复高斯序列的实部

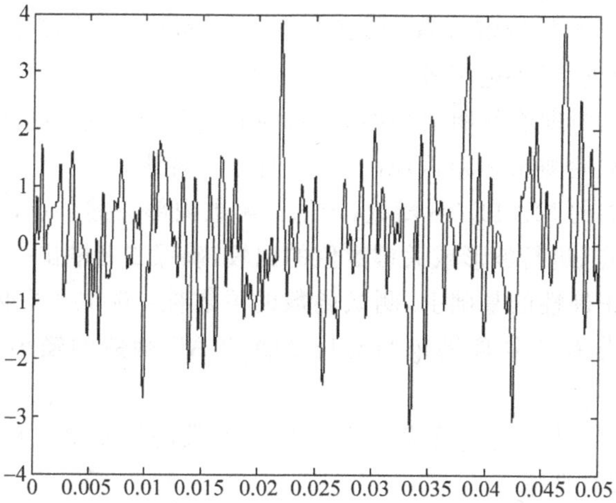

图 9-17　相关复高斯序列的虚部

抽出,分别进行校验,看各子模块是否能实现各自预期的功能,确保各个子模块/函数的正确性、可靠性和有效性。然后再对整个信号处理模块进行校验,分析在各种不同典型战情下的运行结果,通过调整仿真中的关键参数,使仿真系统相关部分的性能与真实系统基本达到一致。这部分的工作是一个理论模型有效性确认、数据有效性确认、模型验证和运行有效性确认同时进行的过程。具体来说可分为内部函数测试和功能测试两部分内容,如图 9-18 所示。

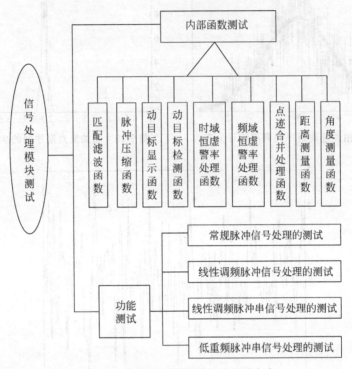

图 9-18　信号处理模块测试的主要内容

针对各个函数的测试,主要步骤如下:

(1) 选取函数内部和输入参数的典型值,理论推算函数输出结果或结果特征参量,比如脉冲压缩输出结果波形图的峰值位置、峰值大小、3dB 宽度、最大副瓣位置、大小等特征参量,测角输出的预期角度、误差范围等。

(2) 分析仿真结果与理论预期结果的异同,在忽略计算误差的基础上,二者是否一致,若一致,则进行下一步,否则分析错误原因所在,直至二者达到一致。

(3) 编写对应功能的 MATLAB 函数,选取该函数内部关键节点,与信号处理分系统对应函数的对应关键节点,进行波形或关键数值的比较,确保二者输出一致。

(4) 在确保函数正确性的基础上,测试函数的可靠性:选取函数内部和输入参数的特殊值,比较信号处理分系统处理结果与对应 MATLAB 函数的输出结果,查看是否达到要求。

(5) 测试函数的容错性:选取函数内部和输入参数的异常值,分析系统输出及其处理方法,直至达到软件设计要求。

对于各个功能模块的测试,具体步骤如下:

(1) 功能模块的初始化是否正确,在源程序中适当的位置设置断点,比较程序执行到断点处各个变量的值与对话框中的设置值是否一致。

（2）功能模块的执行过程、结果是否与预期一致，运行各种典型战情下，在源程序中适当的位置设置断点，查看功能模块的执行流程是否达到预期目的。

（3）测试功能模块的可靠性、容错性，测试方法与函数的测试雷同，这里不再赘述。

9.3.3.4 数据处理模型的校验

数据处理主要包括航迹管理、航迹关联以及跟踪滤波几部分内容。对于数据处理模块的校验可通过分析仿真运行结果，分析仿真系统搜索、跟踪目标的能力，来调整跟踪滤波算法，调整数据处理中的斜距波门值等关键参数，使仿真系统的数据处理能力达到规定水平。

对航迹管理和航迹关联算法的校验需要全系统的支持，而跟踪滤波算法相对独立，对跟踪算法进行测试时，得到各飞行阶段和各种飞行姿态下的估计误差，看所得误差是否在相应的要求范围内，若在各种情况下均满足要求，则结合整体飞行状况作出判断，否则应分析原因，对算法做出修正。具体包括如图9-19所示的各部分内容。

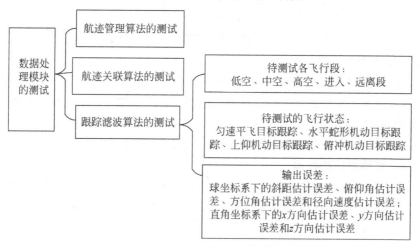

图 9-19 数据处理模块测试的主要内容

上仰机动一般是目标（飞机）作俯冲机动后的拉起，是一种比较典型的机动。例如，图9-20、图9-21分别为某次相干视频仿真中，作上仰机动的目标在球坐标系下、直角坐标系下的跟踪误差。

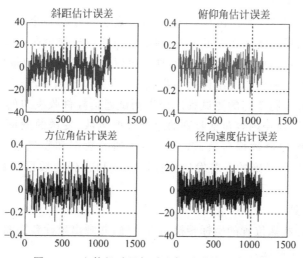

图 9-20 上仰机动目标球坐标系下的跟踪误差

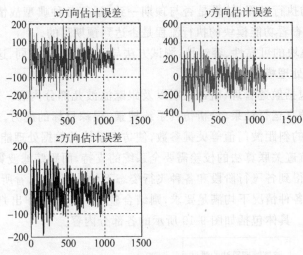

图 9-21　上仰机动目标直角坐标系下的跟踪误差

9.3.3.5　资源调度模型的校验

雷达主控与资源调度是一部多功能相控阵雷达的灵魂,牵涉面广,不仅控制各雷达内部模块,而且还与整个大系统相联系。这部分的校模工作应从整个仿真系统的结果入手,分析仿真系统搜索、确认、跟踪、失跟和制导等多任务、多功能的计算机控制能力。调整雷达调度间隔等参数,必要时调整雷达资源调度模型,使系统达到要求。

9.3.3.6　其他模型的校验

除了对以上主要模型进行校验外,还需对仿真系统的一些其他模型进行校验。主要包括公共模型、战情管理模型、视景表现模型等。下面对其检验方法作简单讨论。

1. 公共模型的校验

公共模型的主要内容和相应的检验方法简述如下:

1) 系统初始化模型

在系统初始化时进行,如果界面输入的参数超出合理范围,则系统给出提示框,要求用户重新输入等。

2) 网络数据通信模型

对于一个完整的相控阵雷达仿真系统来说,仿真主程序与各个显示分系统及视景表现分系统之间的有效数据传输是必不可少的,网络数据通信模块就是为实现这一功能而设计的,通常用基于一定通信协议的网络控件实现。可以通过连续 1h 对固定长度数据的收发,检测数据传输有无丢包和出错及统计丢包出错率,当丢包出错率小于 0.01% 时,数据收发模块测试合格;也可编制专门的测试程序用于测试通信控件收发包的正确性,在程序中对收发包状况进行监控,监控内容包括收到的原始数据包数、发送的测量数据包数、转发的原始状态数据包和原始测量数据包数,若接收端收到的数据和发送端发送的数据一致,表明通信控件传输内容是正确的。若发送的数据包数和收到的数据包数一致,表明没有发生丢包。

3) 坐标变换模型

可以通过检验在特殊位置的坐标转换是否正确,并画出坐标转换曲线图,分析其物理意义,来检验此模块的正确性。

4）创建仿真结果保存路径函数模型

在程序能够稳定运行的情况下，在各种典型战情下进行仿真，检验仿真结果是否按照正确的格式在相应的路径下。如果正确，则认为该模块有效，否则应检查错误出处，分析原因，进行修正。

2. 战情管理模型的校验

战情管理软件分系统主要实现以下功能：

➤ 战情想定；

➤ 战情保存；

➤ 战情调用；

➤ 仿真参数设置与存储；

➤ 初始化。

战情想定、战情保存、战情调用及仿真参数设置与存储等功能主要通过设置各种战情反复操作来检查各个功能是否正确实现，包括试验战区地图显示、装备图标拖放、装备参数设置与存储、屏幕坐标与经纬度的转换、仿真参数设置与存储等。

初始化功能是指用操作者设置的仿真参数与各个装备参数初始化仿真系统其他各个模块。测试方法是在源程序中适当的位置设置断点，比较程序执行到断点处各个变量的值与对话框中的设置值是否一致。

3. 视景表现模型

相控阵雷达仿真系统中的视景表现模块将完成把整个系统的仿真结果生动地再现给仿真开发者和用户的功能，是整个系统的重要组成部分，其可信度将直接影响整个系统的仿真可信度。它包含的主要子模块和各子模块的主要功能为：

1）雷达综合显示模块

主要包括航迹显示和雷达技术参数与探测结果显示两部分内容。航迹显示部分包括真实航迹和滤波后的航迹的显示。雷达技术参数与探测结果显示部分主要是显示仿真主控部分传递来的仿真过程中雷达的技术参数和数据处理部分传递来的雷达探测结果信息。

2）波形显示模块

波形显示部分将实时地显示雷达接收机信号处理各节点的输出波形，主要有发射波形、接收机波形、匹配滤波波形、MTD波形、CFAR波形和检测输出波形等。

3）干扰显示模块

4）仿真综合显示模块

主要显示主控及调度信息、雷达探测状态、当前雷达任务类型、战情信息及其他仿真信息。对视景表现模块的校验是一个总体的过程，需要整个仿真系统结果的支持。由于在评判时主观性较强，因此可以用模糊判决准则对其有效性进行评定，视景的可信度是由多种因素决定的，它们不仅来自显示设备，而且还来自视景数据库和仿真算法，网络数据通信是否畅通等。

根据相控阵雷达仿真系统视景表现部分的特点，设其因素集为

$U=\{$

　　$u_1=$航迹及各种波形显示是否合理；

　　$u_2=$显示航迹及波形的曲线连续性、完整性以及美观性；

$u_3 =$是否正确显示雷达技术参数以及数据处理等各部分传来的探测结果；

$u_4 =$"量程选择""隐藏/显示航迹""波形回放/恢复"等按钮的功能实现；

$u_5 =$雷达"搜索、跟踪、确认、失踪"等任务指示灯的显示、进度条的显示；

$u_6 =$画面的整体效果，如亮度、对比度、色彩等；

$u_7 =$画面品质（如纹理、光照等）。

}

评判集为

$V = \{$

$v_1 =$很好地满足要求；

$v_2 =$较好地满足要求；

$v_3 =$基本满足要求；

$v_4 =$不能满足要求。

}

首先为各因素分配权重。选用绝对比较法，设被调查者为 $P = \{p_1, p_2, p_3, p_4\}$。设把最重要的因素记为 10 分。得到各因素重要性的打分情况如表 9-4 所示。

表 9-4　各因素重要性

u	p_1	p_2	p_3	p_4	均　值
u_1	10	10	10	10	10
u_2	6	6	7	5	6
u_3	10	10	10	10	10
u_4	8	7	7	6	7
u_5	6	5	7	6	6
u_6	4	3	5	4	4
u_7	2	3	3	2	2.5

归一化，得权重分配：

$$A = \{0.2198, 0.1319, 0.2198, 0.1538, 0.1319, 0.0879, 0.0549\}$$

对于给定的某视景分系统，单因素评判可以请若干专家或用户进行。例如，单就因素 u_1 表态，若有 60% 的人评价为 v_1，30% 的人评价为 v_2，10% 的人评价为 v_3，则有关于 u_1 的对应

$$u_1 | \rightarrow (0.6 \quad 0.3 \quad 0.1 \quad 0)$$

类似地，可以得到

$$u_2 | \rightarrow (0.5 \quad 0.3 \quad 0.2 \quad 0)$$
$$u_3 | \rightarrow (0.6 \quad 0.2 \quad 0.1 \quad 0.1)$$
$$u_4 | \rightarrow (0.7 \quad 0.2 \quad 0.1 \quad 0)$$
$$u_5 | \rightarrow (0.8 \quad 0.2 \quad 0 \quad 0)$$
$$u_6 | \rightarrow (0.5 \quad 0.2 \quad 0.2 \quad 0.1)$$
$$u_7 | \rightarrow (0.4 \quad 0.3 \quad 0.2 \quad 0.1)$$

由此得到模糊关系：

$$R = \begin{bmatrix} 0.6 & 0.3 & 0.1 & 0 \\ 0.5 & 0.3 & 0.2 & 0 \\ 0.6 & 0.2 & 0.1 & 0.1 \\ 0.7 & 0.2 & 0.1 & 0 \\ 0.8 & 0.2 & 0 & 0 \\ 0.5 & 0.2 & 0.2 & 0.1 \\ 0.4 & 0.3 & 0.2 & 0.1 \end{bmatrix}$$

则输出综合评判

$(b_1, b_2, b_3, b_4, b_5, b_6, b_7)$

$$= [0.2198, 0.1319, 0.2198, 0.1538, 0.1319, 0.0879, 0.0549] \begin{bmatrix} 0.6 & 0.3 & 0.1 & 0 \\ 0.5 & 0.3 & 0.2 & 0 \\ 0.6 & 0.2 & 0.1 & 0.1 \\ 0.7 & 0.2 & 0.1 & 0 \\ 0.8 & 0.2 & 0 & 0 \\ 0.5 & 0.2 & 0.2 & 0.1 \\ 0.4 & 0.3 & 0.2 & 0.1 \end{bmatrix}$$

$= [0.6088, 0.2407, 0.1143, 0.0363]$

若使用 Zadeh 算子（∧，∨），则由于 b_1 最大，则得出的判决为 V_0，即"很好地满足要求"。

9.3.4 相控阵雷达系统的威力校模

雷达威力是雷达仿真系统的一个十分重要的指标。雷达仿真系统是否在要求的距离范围内发现目标，以及如何对此进行评判，是威力校模的关键所在。这也是对跟踪阶段的测距测角精度进行有效性检验的基础。在仿真系统程序稳定运行的情况下，将结果与实际雷达系统威力数据相比较，若不一致，调节雷达仿真系统中不确定参数，如发射综合损耗、接收综合损耗、噪声系数等，直至雷达仿真系统的威力与真实系统相匹配。

某雷达仿真系统在同一典型战情下进行多次蒙特卡洛仿真，将威力的仿真数据样本与雷达系统的真实威力相比较，得到威力误差序列，在此基础上按照一定的检验准则对其有效性进行评估。此时的误差序列样本序列属于静态数据范畴。针对其数据特点，可采用 k-s 检验、统计特性检验和正态分布置信区间相结合的方法进行校模。下面以一个具体实例说明。

对某相控阵雷达仿真系统在同一战情下进行 60 次蒙特卡洛仿真，威力仿真结果如图 9-22 和图 9-23 所示，其平均值 $\bar{R} = 146.708$ km，对于设定真实雷达威力为 $R_0 = 147.008$ km，可求出误差序列 $\Delta R_{i, i=1,2,\cdots,60}$ 的均值和标准差分别为 $m_{\Delta R} = -0.3003$ km，$\sigma_{\Delta R} = 6.7673$ km。

9.3.4.1 误差序列分布的 k-s 检验

由于多次蒙特卡洛仿真得到的雷达威力值相互独立且随机分布在真值周围，而且从图 9-24 可看出仿真序列值所构成的样本是近似服从正态分布的，因此可设误差序列是服从正态分布的，并对其进行 k-s 检验。

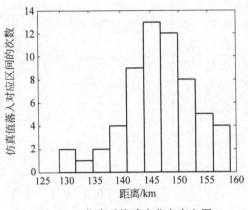

图 9-22　仿真系统威力分布直方图

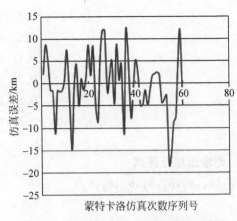

图 9-23　各次蒙特卡洛仿真威力误差曲线

构造统计量 $Q = \dfrac{\Delta R - m_{\Delta R}}{\sigma_{\Delta R}}$（$N$ 为样本数，$N = 60$），如果仿真误差序列服从正态分布，则 Q 应服从标准正态分布 $N(0,1)$。因此只要对统计量 $A = \sqrt{2\pi} Q$ 的序列值 $\{a_1, a_2, \cdots, a_N\}$ 与理论分布函数 $F(x) = \exp\{-x^2/2\}$ 进行 k-s 检验，若符合要求则误差序列也是服从正态分布的。

统计量 $A = \sqrt{2\pi} Q$ 的序列值 $\{a_1, a_2, \cdots, a_N\}$ 分布和作出的阶梯形经验分布函数分别如图 9-24 和图 9-25 所示。

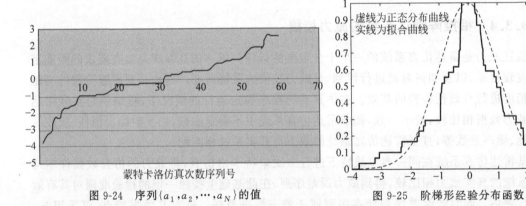

图 9-24　序列 $\{a_1, a_2, \cdots, a_N\}$ 的值

图 9-25　阶梯形经验分布函数

负半轴上序列的最大偏差 $D_{N1} = 0.0219$，求出相应的 k-s 检验统计量为 0.1252，查表可得显著水平 $\alpha = 0.05$ 时的临界值 $d_{N1} = 0.2379$；正半轴上序列的最大偏差 $D_{N2} = 0.0262$，求出相应的 k-s 检验统计量为 0.1449，显著水平 $\alpha = 0.05$ 时的临界值 $d_{N2} = 0.24571$；显然有 $D_{N1} < d_{N1}$ 且 $D_{N2} < d_{N2}$。故可认为在 95% 置信度下接受所选择的正态分布的原假设，即可认为误差序列是服从正态分布的。

9.3.4.2　有关统计特性检验

设仿真系统规定的真实雷达威力与仿真均值的对比误差的容许值和误差标准差容许值分别为 $\lambda = 0.01$ 和 $\sigma = 8$，则

$$\left| \frac{\bar{R} - R_0}{R_0} \right| = 0.002 < 0.01, \quad \sigma_{\Delta R} = 6.7673 \leqslant \sigma = 8 \tag{9.43}$$

成立,认为此组仿真数据的统计特性是合乎要求的。

9.3.4.3 置信区间检验

由于已经检验出误差序列服从正态分布,因此可以采用9.3.2节所述的"相关序列的配对 t 置信区间估计法"进行进一步的检验。本例中 $N=60, m_{\Delta R}=-0.3003, \sigma_{\Delta R}=6.7673$,取显著水平 $\alpha=0.05, t_{0.025,59}=2.0010$,由式(9.17)确定的置信区间 $\left[m_{\Delta R}-t_{a/2,N-1}\dfrac{\sigma_{\Delta R}}{\sqrt{N}}\right.$, $\left. m_{\Delta R}+t_{a/2,N-1}\dfrac{\sigma_{\Delta R}}{\sqrt{N}}\right]$,计算得到威力测量误差均值以95%的概率落入区间 $[-2.0485\mathrm{km}$, $1.4479\mathrm{km}]$ 内,如果系统要求的精度范围是 $[-2.2051\mathrm{km},2.2051\mathrm{km}]$,包含了求得的置信区间。得出结论:仿真系统的威力测量误差合乎要求。

以上提供了一种有效可行的威力校模思路。由于相控阵雷达仿真系统进行多次蒙特卡洛仿真得到的雷达威力值相互独立且随机分布在真值周围,因此在样本足够大时(通常 $N\geqslant30$ 时即可认为是大样本),通常可认为仿真误差序列服从正态分布,在得到 k-s 检验的基础上,进一步对仿真威力数据进行统计特性检验和配对 t 置信区间检验,如果其统计特性合乎要求,且在给定置信度下其误差均值落在了规定精度范围内,则认为仿真系统的雷达威力是合乎要求的,否则应寻找原因,调节雷达仿真系统中不确定参数,如发射综合损耗、接收综合损耗、噪声系数等,直至雷达仿真系统的威力与真实系统相匹配。

威力校模实际上是一个系统级的模型校验问题,也是一个发现问题、解决问题,不断逼近的过程。

9.3.5 相控阵雷达仿真系统的精度校模

对于相控阵雷达来说,其测距、测角精度直接决定了它的跟踪、制导等性能。相控阵雷达仿真系统精度校模是 VV&A 工作中"运行有效性确认"的过程,也是整个系统校模工作的关键步骤。针对获取的仿真数据的不同特点有不同的校验方法。

在校模过程中,首先考查在同一战情下的多次蒙特卡洛仿真数据(测距、测角值),评估其仿真精度是否合乎要求,然后用同样的方法评估其他战情下的仿真结果,战情的设置包括目标高空、中空、低空飞行;作匀速平飞、水平蛇形机动、上仰机动、俯冲机动等,以及雷达参数和仿真参数各种典型情况的设置。如果在各种典型战情下仿真系统的测距测角精度经过检验均合乎要求,则"认定"此相控阵雷达仿真系统的精度与真实雷达系统的精度是"一致"的。本节主要说明如何对同一战情下的仿真数据精度进行校验,依此类推,得到对系统进行精度校模的方法。

在仿真系统稳定运行的情况下,进行多次蒙特卡洛仿真获取仿真数据。要验证在某一战情下仿真数据的有效性,理论上说应该对飞行航迹中的每一时刻点上的多次蒙特卡洛仿真的仿真数据进行校验,如果在每一时刻点的仿真数据都是合乎精度要求的,那么可以推断在整个飞行过程中的数据都是合乎要求的。从这种意义上,我们称这种方法为"逐点检验法",这实质上也是一个对静态仿真数据进行检验的过程。用这种方法进行精度校模是非常严谨而准确的,但是它对仿真数据要求非常高,在实际工作中很难获得;而且对每一点均要检验到,难以操作。因此,在实际工作中,可以采用"分段处理"的思想代替"逐点计算",即用一段时间内的测距测角数据的平均值来代替某点值,这样,对"无限"点处的多次蒙特卡洛仿真数据的检验就转换为对"有限"段内的多次蒙特卡洛仿真数据平均值的检验。我们称这种方法为"静态分段检验法",从后面的分析可以看出,这种方法是有效可行的。

同时也可以首先将某一战情下某次蒙特卡洛仿真的仿真误差数据按照飞行进入段分时间段进行有效性检验,然后按照同样的方法检验各次蒙特卡洛仿真结果,如果每次蒙特卡洛仿真结果均合乎要求,则认为这次战情下的仿真数据是有效的。这实质上是一个对动态仿真数据进行检验的过程,我们称这种方法为"序列动态检验法"。这种方法可操作性较强,能对时间数据序列进行有效检验,但它没有考虑各次蒙特卡洛仿真数据的相关性,因此,如果仅用此法对整个雷达仿真系统的精度进行检验将存在很大的片面性。

在相控阵雷达仿真系统的精度校模工作中,应根据不同的数据特点选用不同的检验方法。但是,并不是用每一种方法都能同时得到"是"或者"否"的结论,很容易出现在某些准则下该数据是"合格"的,而在另一种准则下,这组数据又是"不合格"的情况,这时不能武断地认为仿真结果与真实数据"一致"或者"不一致",应综合考虑各种因素和数据"不合格"的原因所在,进行修正。应该注意的是,在现有的条件下(包括真实数据的提供、工作效率和计算量允许等)应尽量选用大样本和长时间序列进行检验,提高校模精度。

本文采用静态分段检验和序列动态检验相结合的方法,对仿真数据进行全面、有效的校验,下面结合具体实例详细说明。

9.3.5.1 序列动态检验法

在对时间序列动态数据的有效性进行检验时,可采用统计特性检验、相关系数检验、自相关函数检验和谱估计检验相结合的方法,评估某次蒙特卡洛仿真时间序列数据的有效性。

设某相控阵雷达相干视频仿真系统在某一典型战情下进行了多次蒙特卡洛仿真,其中某次仿真的测距/测角误差随时间的变化曲线如图9-26～图9-28所示。

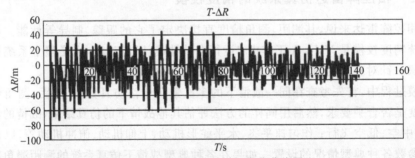

图9-26　测距误差随时间变化曲线图

在充分分析和了解仿真数据的基础上,对目标进入稳定飞行后的数据进行校验,包括对目标的斜距测量精度的校验、对方位角测量精度的校验和对俯仰角测量精度的校验三部分内容。由于数据量非常大,计算极其复杂,因此本书只以此实例中对目标的斜距测量精度的校验为例进行说明,按照同样的方法对测角精度进行校验,如果测距测角精度均能满足要求,说明这次蒙特卡洛仿真的仿真数据和真实数据可以认为是"一致的";否则应找出差异所在,分析原因,调节系统中的关键参数,必要时调整模型,直至系统测距测角精度达到规定精度范围为止。

在对测距精度进行校验时,从理论上讲,取的观测点数目越多,对模型的校验越有效,也越有说服力,因此应把整个稳定飞行阶段的仿真数据作为一个序列整体进行校验。但是考虑到在这种情况下计算量巨大,而本书的目的主要在于说明校验方法,因此下面选取目标稳定飞行段50～75s中的500个观测点的斜距测量数据为例进行精度校模。

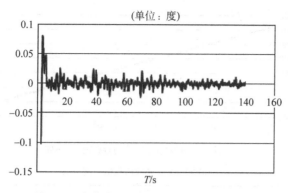

图 9-27 方位角测量误差随时间变化曲线图

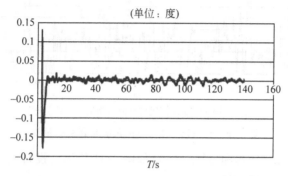

图 9-28 俯仰角测量误差随时间变化曲线图

采用"主观法"和"定量分析"相结合的方法对仿真结果进行校验,首先分析仿真测距测角误差随时间变化曲线,看是否大致符合精度要求,如果明显不符合,则应分析原因,找到问题所在;如果符合再运用各种统计方法进行定性和定量的检验。

1. 有关统计特性的检验

此例中,$m_{\Delta R}=-13.2774\text{m}$,$\sigma_{\Delta R}=25.46\text{m}$,设标准雷达系统的测距偏差和标准差分别为 $|\Delta_R|=12\text{m}$,$\sigma_R=22\text{m}$,且系统的测距偏差置信度和标准差置信度分别为 $\eta_R=15\%$,$\gamma_R=20\%$,由于 $\left|\dfrac{-13.2774-(-12)}{-12}\right|\times100\%=10.65\%<15\%$,$\left|\dfrac{25.46-22}{22}\right|\times100\%=15.73\%$,说明此次仿真中的测距误差的一、二矩特性合乎要求。

2. 相似系数检验

$50\sim75\text{s}$ 时间段仿真值与真实测量值如图 9-29 所示。设 $50\sim75\text{s}$ 时间段内的仿真序列和真实序列分别为 $\{X_{i,i=1,2,\cdots,N}\}$ 和 $\{Y_{i,i=1,2,\cdots,N}\}$,其中,$N=500$。

由式(9.22)~式(9.25)计算得序列 $\{X_i\}$ 和 $\{Y_i\}$ 的相关系数 $R=0.9998$,Theil 不一致系数 $U=1.50\times10^{-4}$,角余弦系数 $\alpha=0.9999$,平均欧氏距离系数 $d=29.5845\text{m}$,以上各相似性系数定性的说明仿真数据和真实数据是非常相似的,下面用相关函数法和谱估计法对其"一致性"进行定量说明。

3. 自相关函数检验

由于得到的时间序列观测值的量可足够大,因此自相关函数法是一种有效的检验方法,求得序列 $\{X_i\}$ 和 $\{Y_i\}$ 的自相关函数 $r_x(k)$ 和 $r_y(k)$,$k=1,2,\cdots,500$,如图 9-30 所示,自相

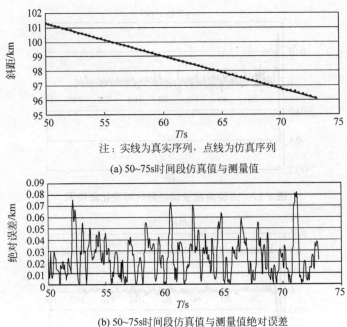

注：实线为真实序列，点线为仿真序列

(a) 50~75s时间段仿真值与测量值

(b) 50~75s 时间段仿真值与测量值绝对误差

图 9-29　50～75s 时间段仿真值与真实测量值

关函数的估计方差 $S^2(r_x(k))$ 和 $S^2(r_y(k))$ 如图 9-31 所示。设自相关函数期望值的相对对比误差容许值 $\lambda_{\mu_0} = 0.05$，则容许

$$\frac{\mu_{r_x}(k)}{\mu_{r_y}(k)} \in [0.95, 1.05]$$

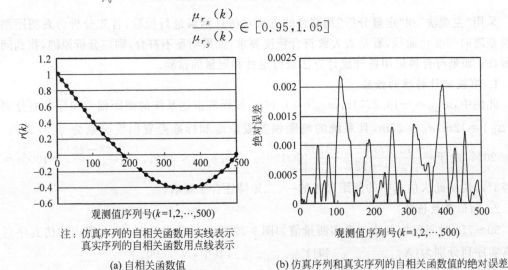

注：仿真序列的自相关函数用实线表示
真实序列的自相关函数用点线表示

(a) 自相关函数值

(b) 仿真序列和真实序列的自相关函数值的绝对误差

图 9-30　自相关函数示意图

取显著性水平 $\alpha = 0.0002$ 时，查表得 $u_{\alpha/2} = u_{0.0001} = 3.08$，设 q 取区间 $[0.95, 1.05]$ 内的值 0.98，$q = 0.98$，由式(9.29)计算出 $D_V(k)$，$\sqrt{D_V(k)}$ 的值如图 9-32 所示。根据算得的 $\sqrt{D_V(k)}$ 的值求出 $k = 0, 1, 2, \cdots, 500$ 时的区间 $\left[-\sqrt{\dfrac{D_V}{n_r}} u_{\alpha/2}, u_{\alpha/2} \sqrt{\dfrac{D_V}{n_r}}\right]$ 和相应的统计量 $r_x(k) - qr_y(k)$ 的值如图 9-33 所示。由图易看出，当 $k = 0, 1, 2, \cdots, 500$ 时，$r_x(k) - qr_y(k)$

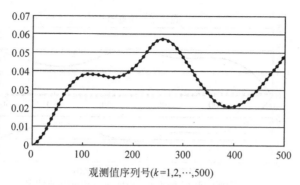

观测值序列号($k=1,2,\cdots,500$)

注:仿真序列的自相关函数的估计方差用实线表示
真实序列的自相关函数的估计方差用点线表示

(a) 自相关函数估计方差

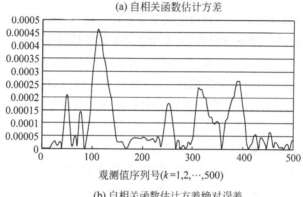

观测值序列号($k=1,2,\cdots,500$)

(b) 自相关函数估计方差绝对误差

图 9-31 自相关函数估计方差示意图

的值均落在了区间 $\left[-\sqrt{\dfrac{D_V}{n_r}}u_{\alpha/2}, u_{\alpha/2}\sqrt{\dfrac{D_V}{n_r}}\right]$ 内,表明仿真系统与真实系统的自相关函数与假设无显著差异,且置信度为 $1-500\times0.0002=90\%$。

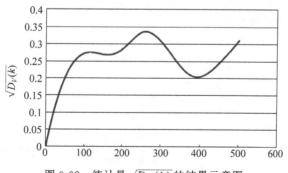

图 9-32 统计量 $\sqrt{D_V(k)}$ 的结果示意图

比较图 9-30～图 9-33 可以看出,对时间序列数据进行动态检验时,应选用足够大的样本,当样本数太少时,准确度不够,在某些情况下容易造成误判。

到此为止,已经对斜距仿真序列 $\{X_i\}$ 和真实仿真序列 $\{Y_i\}$ 进行了上述三个方面的检验,即统计特性检验、相似系数检验和自相关函数检验,其检验结果已经足以说明仿真序列和真实序列是非常接近的。即可认定仿真序列和真实序列为"一致"。

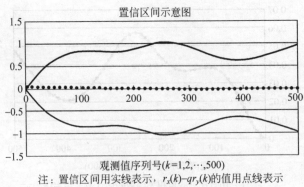

图 9-33　置信区间及关键统计量示意图

但在某些情况下,可能在以上三种检验的基础上并不能马上做出判决,这时就需要对仿真结果进行进一步的检验——谱估计检验,因为功率谱是随机信号序列的重要频域特征,无论是短时序还是长时序序列,通过仿真与真实序列功率谱的定量比较,都可以得到有效结论。

由于功率谱估计是一个十分复杂的过程,因此在选择检验方法时应灵活处理,结合应用多种方法,如果在进行较简单的检验的基础上就能做出判决,就不一定种种方法都用到,以提高整个系统检验的效率。

9.3.5.2　静态分段检验法

从图 9-26～图 9-28 所示的误差曲线可看出,虽然在目标飞行的过程中测距测角误差逐渐较小,但在某一时间段内变化却很微弱。因此,在校验静态数据时,用"分段检验"代替"逐点检验"的近似处理是可行的。下面以具体实例来说明"静态分段检验"。

对某相控阵雷达仿真系统在同一战情下进行 10 次蒙特卡洛仿真,取中间某一时间段的数据,得到仿真样本序列 $\{X_{i,i=1,2,\cdots,10}\}$、真实样本序列 $\{Y_{i,i=1,2,\cdots,10}\}$ 和误差样本序列 $\{Z_{i,i=1,2,\cdots,10}\}$,其中 X_i、Y_i 和 Z_i 分别表示第 i 次蒙特卡洛仿真时,按时间平均求得的该时间段内指标(斜距、方位角、俯仰角)的仿真值均值、真实值均值和误差均值。各次蒙特卡洛仿真测距测角误差均值分布如图 9-34～图 9-36 所示。

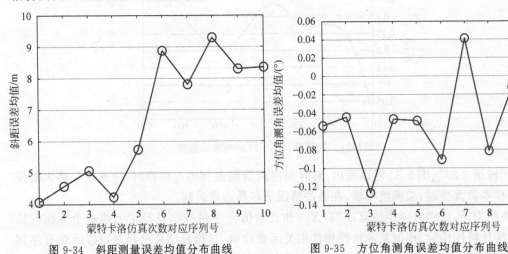

图 9-34　斜距测量误差均值分布曲线　　　　图 9-35　方位角测角误差均值分布曲线

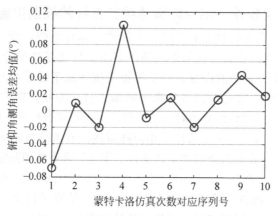

图 9-36　俯仰角测角误差均值分布曲线

在对以上样本数据进行检验时,应首先用前面所述的各种统计方法对数据样本服从的概率分布进行检验,在此基础上进行下一步的工作。经过对相控阵雷达仿真系统的多组和各种情况下的实验结果分析,可以得出一个结论:在一定条件下,当蒙特卡洛仿真次数足够多即样本数足够大时,数据序列大多都服从正态分布。

因此,为避免重复,以下在假设测距测角样本数据服从正态分布的基础上,用"配对 t 置信区间估计"和"统计方差的 F 检验"法分别对仿真数据和真实数据的接近程度进行检验。

1. 统计均值的检验

取 $\alpha=0.05$,按照式(9.15)求出本时间段内斜距、方位角和俯仰角测量误差置信度为 95% 的均值置信区间分别为 $[5.13561\text{m},8.11668\text{m}]$, $[-0.08687°,-0.02141°]$ 和 $[-0.02367°,0.04121°]$。也就是说,斜距测量误差均值、方位角测量误差均值、俯仰角测量误差均值分别以 95% 的概率落入区间 $[5.13561\text{m},8.11668\text{m}]$、$[-0.08687°,-0.02141°]$ 和 $[-0.02367°,0.04121°]$ 内。以上置信区间均在系统给出的精度要求范围内,则认为仿真序列的均值是合乎要求的。

2. 统计方差的检验

该例中,设 $\lambda_{D_0}=0.05$,则由式(9.16)确定的 D_X/D_Y 的容许区间为

$$D_X/D_Y \in [0.95,1.05]$$

取显著水平 $\alpha=0.05$,查表得

$$F_{\alpha/2}(n-1,n-1)=F_{0.025}(9,9)=4.03$$
$$F_{1-\alpha/2}(n-1,n-1)=F_{0.975}(9,9)=0.248$$

取 $b=0.98\in[0.95,1.05]$,则 $[F_{1-\alpha/2}(n-1,n-1)b,bF_{\alpha/2}(n-1,n-1)]=[0.2430,3.9494]$,求得斜距、方位角和俯仰角的真实样本方差与仿真样本方差比分为:$S_{YR}^2/S_{XR}^2=2.1495$、$S_{Y\varphi}^2/S_{X\varphi}^2=1.8854$ 和 $S_{Y\theta}^2/S_{X\theta}^2=1.5674$,均落在区间 $[0.2430,3.9494]$ 内,可接受假设。则仿真序列的方差和真实序列的方差比(斜距、方位角、俯仰角)以 95% 的置信概率落在要求范围 $[0.95,1.05]$ 内,可认为仿真序列的样本方差和真实序列的样本方差无明显差异,是"一致的"。

实际校模工作中,在计算量允许的条件下,应尽量"分段"分得细一些,以在保证工作效率的前提下尽量提高校模精度。

9.3.6 电子干扰条件下相控阵雷达仿真系统的模型校验

建立相控阵雷达仿真系统的主要目的是评估被仿真对象的性能,为我导弹突防设计分析和评估提供支撑。因此,检验在施加干扰条件下雷达仿真系统的性能是相控阵雷达仿真系统模型校验工作中十分重要的内容。对于施加干扰情况下的模型校验,其校模内容和方法基本参照未加干扰时:即首先分析各种典型战情下待检验相控阵雷达仿真系统的仿真精度、探测能力和欺骗成功率等性能是否符合预先要求。若不符合要求,则对仿真系统中的不确定参数进行相应的调整,直至有干扰条件下相控阵雷达仿真系统与实际雷达系统的性能基本达到一致。下面重点讨论在加入压制式干扰条件下雷达仿真系统探测能力的校验方法。

在各种压制式有源干扰(一台或多台)的条件下,针对不同目标(直升机、无人机、突防弹头等)进行雷达仿真系统的探测性能仿真计算,并对仿真结果进行验证。例如可以在图 9-37 给出的各种情况下多次运行仿真软件,得到雷达仿真系统的探测性能。

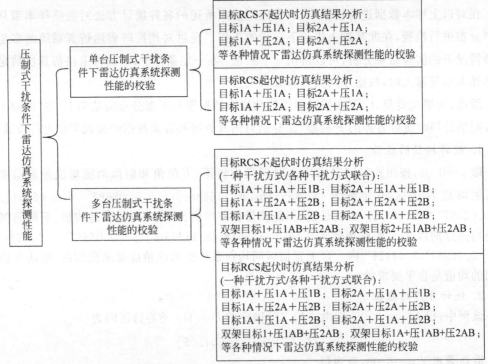

注:设各种压制式干扰机分别记为"压 1""压 2"等。若有两台压 1 式干扰机,则分别记为"压 1A"和"压 1B",其他以此类推。设各种目标类型(如直升机、无人机等)分别设为"目标 1""目标 2"等。若有两架目标 1,则设为"目标 1A"和"目标 1B",其他以此类推。

图 9-37 压制式干扰条件下雷达仿真系统探测性能校验的步骤

前面讨论的各种静态数据检验方法对雷达仿真系统压制距离的检验均适用,这里不再一一列举,只针对某一实例给出一种有效可行的校模方法。

对某相控阵雷达功能仿真系统在同一战情下进行 75 次蒙特卡洛仿真,得到压制距离结果(设仿真系统规定虚警概率 $P_f = 10^{-6}$,检测概率 $P_d = 0.8$ 时的发现距离为干扰机压制距离)如图 9-38 和图 9-39 所示,其平均值 $\bar{R} = 9.6180\text{km}$,对于外场试验真实雷达压制距离 $R_0 = 9.887\text{km}$,可求出误差序列 $\Delta R_{i,i=1,2,\cdots,75}$ 的均值和标准差分别为 $m_{\Delta R} = -0.2690\text{km}$,$\sigma_{\Delta R} = 0.5903\text{km}$。

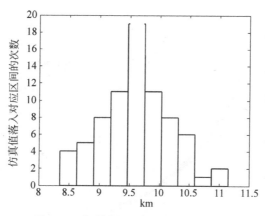

图 9-38　仿真系统压制距离分布直方图

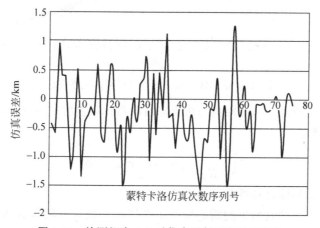

图 9-39　检测概率 0.8 时仿真压制距离误差曲线

画出仿真结果中的一组雷达检测概率与目标距离的关系曲线和雷达接收信干比与目标距离的关系曲线如图 9-40 和图 9-41 所示。

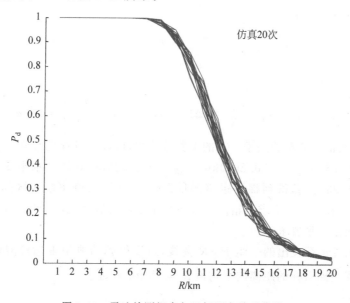

图 9-40　雷达检测概率与目标距离关系曲线

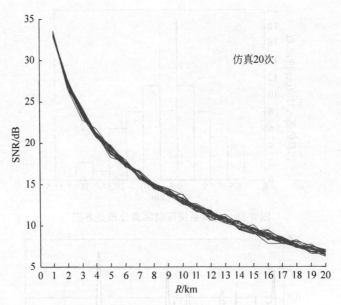

图 9-41　雷达接收信干比与目标距离关系曲线

设仿真系统规定的真实探测距离与仿真均值的对比误差容许值 η 和误差标准差容许值 δ 之间满足下列关系式

$$\left|\frac{\bar{R}-R_0}{R_0}\right|\leqslant\eta,\quad\sigma_{\Delta R}\leqslant\delta$$

则认为此组仿真数据的统计特性是合乎要求的。

由于多次蒙特卡洛仿真所得的雷达探测距离值相互独立且随机分布在真值周围,而且从图 9-38 可看出仿真序列值所构成的样本是近似服从正态分布的,可构造正态分布检验统计量为 $Q=\dfrac{\Delta R-m_{\Delta R}}{\sigma_{\Delta R}/\sqrt{N}}$($N$ 为样本数)。

设显著水平为 α,则有

$$P\left\{-u_{\alpha/2}\leqslant\frac{\Delta R-m_{\Delta R}}{\sigma_{\Delta R}/\sqrt{N}}\leqslant u_{\alpha/2}\right\}=1-\alpha \tag{9.44}$$

即有

$$P\left\{m_{\Delta R}-u_{\alpha/2}\frac{\sigma_{\Delta R}}{\sqrt{N}}\leqslant\Delta R\leqslant m_{\Delta R}+u_{\alpha/2}\frac{\sigma_{\Delta R}}{\sqrt{N}}\right\}=1-\alpha$$

式中,$u_{\alpha/2}$ 为标准正态分布的关于 $\alpha/2$ 的上侧分位数,可以通过查正态分布表得到。

本例中 $N=75$,$m_{\Delta R}=-0.2690$km,$\sigma_{\Delta R}=0.5903$km,取显著水平 $\alpha=0.05$,查表得 $u_{\alpha/2}=u_{0.025}=1.96$,计算得到探测距离测量误差以 95% 的概率落入区间[-0.4026km,-0.1354km]内,由于系统要求的精度范围包含了求得的置信区间,得出结论:仿真系统的探测距离测量误差合乎要求。

根据仿真软件运行输出的一组 P_d-R 曲线,可以得到诸典型雷达检测概率值 P_d 所对应的各次仿真探测到目标的距离的平均值 $\bar{R}$,如表 9-5 所示。

表 9-5　P_d-$\bar{R}$ 列表

P_d	0.9	0.8	0.7	0.6	0.5	0.4	0.3	0.2	0.1
$\bar{R}$/km	8.73	9.46	10.07	10.60	11.24	12.12	12.90	14.01	15.64

从上表可看出,在此种战情下仿真软件运算得到的平均压制距离在 14.01~9.46km 的范围内(检测概率 0.2~0.8),外场实装干扰试验测得的干扰设备压制距离 9.887km 落在其中,也说明了仿真结果的合理性。

如果在各种战情下雷达仿真系统测得的压制距离均合乎要求,则认为在施加干扰条件下此雷达仿真系统的探测性能有效。如果在某些情况下仿真数据与实测数据有较大差异,就应分析原因,找出问题所在,不断调整系统的模型或参数,直至系统满足仿真要求为止。

在现代电子战条件下,电磁环境日益复杂,干扰技术及对应的雷达抗干扰技术水平也不断提高,使得对电子对抗环境下的雷达仿真系统的模型校验的难度也越来越大。探测能力的检验虽然是很重要的一部分内容,但还远远不能对整个系统在干扰/抗干扰环境下的有效性做出全面、客观、定量的检验,尤其是施加欺骗性干扰的情况下如何进行校模更是难点。本节只对在施加压制性干扰条件下,如何对仿真系统的探测性能进行检验作了简单讨论,其他部分的工作还有待以后继续研究。

思考题

1. 阐述模型的校核、验证和确认的内涵。
2. 常用模型校验方法有哪些? 列举 4 种动态数据检验方法。
3. 相控阵雷达仿真系统检验的内部模型有哪些?
4. 雷达系统的威力检验如何实现?
5. 雷达系统的精度校验如何实现?

第10章

雷达电子战效果效能评估模型

10.1 概述

包含雷达电子战系统在内的电子信息系统,是现代武器装备的核心组成部分或关键伙伴,其主要目的是完成武器系统所赋予的电子战作战任务,确保武器系统的战斗力。随着各种新技术、新体制雷达不断涌现,现代的雷达对抗技术已发展到了相当高的水平。雷达干扰与抗干扰作为对立统一体,正是在这种相互制约、相互促进的过程中共同发展的。雷达电子战效果效能分析及评价,是雷达及雷达对抗装备发展过程中组织管理决策的科学依据,指导相关设备的规划、论证、设计、研制及装备采办,同时也服务于模拟训练、装备使用、作战指挥等。

雷达电子战效果效能评估的目的和意义体现在:

(1) 研究和发展雷达电子战战法,有效使用雷达对抗系统,充分发挥雷达电子战装备实战效用;

(2) 用实际数据核查验证雷达电子战系统性能、功能及其效能,发现系统中存在的弱点或缺点,指导相关装备的改进;

(3) 用实际数据核查验证雷达电子战系统技战术指标的合理性、正确性;

(4) 探索未来雷达电子战技术及装备的发展方向。

根据评估数据源的不同,雷达电子战效果效能评估的手段主要包括外场实装试验、半实物仿真(Hardware-in-loop Simulation)和计算机仿真(Computer Simulation)。外场实装试验评估环境相对逼真,结果可信度较高,但是也存在试验样本数量少,大型试验难于协调以及保密困难等多种不足之处;半实物仿真和计算机仿真则可以有效克服上述缺点,在经过严格的仿真系统模型校验之后,利用蒙特卡洛仿真提供的结果数据开展效果及效能评估,能够保证较高的置信度,故而近年来在国内外都得到了广泛的应用。

由于雷达对抗过程是一个不完全信息动态博弈过程,其中既有复杂的技术因素,也含有大量不确定因素、模糊因素或者人为因素,所以对其效果及效能评估的难度相当大。目前,美国、英国、俄罗斯等一些发达国家均建立了与此相应的学科,投入大量人力和资金进行该学科领域的研究。由于此类问题的研究,尤其是相关应用都属于国家重点机密,所以在公开的文献和资料中都难以查找。

10.2　雷达电子战效果评估模型

10.2.1　雷达干扰/抗干扰效果基本评估准则

10.2.1.1　信息准则

在防空导弹武器系统中,对目标搜索雷达主要使用压制性干扰。对这种干扰来说,可用干扰信号熵来评估干扰信号的品质。因为熵是随机变量或随机过程不确定性的一种测度。根据定义,随机变量(干扰信号)的熵 $H(J)$ 为

$$H(J) = -\sum_{i=1}^{n} P_i \log P_i \tag{10.1}$$

离散随机变量 J 的有限全概率矩阵为

$$\boldsymbol{J} = \begin{bmatrix} J_1, J_2, \cdots, J_n \\ P_1, P_2, \cdots, P_n \end{bmatrix} \tag{10.2}$$

式中,J_i 为随机变量的数值,P_i 为随机变量出现的概率。

压制性干扰信号的熵越大,干扰信号品质越好。用熵表示随机变量的不确定性很方便,只要知道随机变量或随机过程的概率分布即可求出熵。引用熵作为压制性干扰的品质特性,在评估干扰信号的潜在干扰能力时,可以不考虑被干扰雷达对它们的处理方法。

如果随机变量是连续分布的,那么它的熵可用概率分布密度表示,即

$$H(J) = -\int_{-\infty}^{+\infty} p(J) \log p(J) \mathrm{d}J \tag{10.3}$$

多维随机变量可用多维概率分布密度表示:

$$H(J) = -\int_{-\infty}^{+\infty} \cdots \int_{-\infty}^{+\infty} p(J_1, J_2, \cdots, J_n) \log p(J_1, J_2, \cdots, J_n) \mathrm{d}J_1 \mathrm{d}J_2 \cdots \mathrm{d}J_n \tag{10.4}$$

对于欺骗性假目标干扰信号的品质,也可用类似的方法描述,采用真目标和假目标的条件熵之差来度量,但是必须知道它们的统计特性。

可见,信息准则的核心是通过计算干扰信号的熵来评价它的品质,进而评估可能产生的干扰效果。这种评估准则和方法运算简单,理论清楚,但需要知道干扰信号的概率分布,这在实际中并不容易做到。信息准则只能在相同功率条件下评价干扰信号本身的质量优劣,估价一种潜在的干扰能力,并没有考虑雷达的抗干扰措施等其他一些影响最终干扰效果的因素,因此评估结果并不能准确地反映真实的干扰效果。

10.2.1.2　功率准则

功率准则又称信息损失准则,它通过雷达系统被有效干扰时,干扰与信号的功率比或其变化量来评估干扰效果。通常用压制系数、自卫距离等功率性的指标来表征。

雷达类型不同,有效干扰的含义也不相同,对于目标搜索雷达,有效干扰指使雷达的发现概率(P_D)下降到某一数值(如 $P_D < 10\%$);对于跟踪雷达,有效干扰指使其角跟踪误差增大到一定的倍数,如 $\Delta\theta$ 增大了 $3 \sim 4$ 倍,或使其角跟踪误差信号的频谱特性变坏,使其失去跟踪能力。有效干扰也可以用受干扰覆盖住的雷达观测空间体积或面积来度量,或用干

扰覆盖住的空间体积(或面积)与整个观测空间体积(或面积)之比来表示。

功率准则在理论分析和实测方面比较方便,因此是目前应用最广泛的准则,主要适用于压制式干扰(包括隐身)的干扰效果评估,因为有源压制式干扰的实质就是功率对抗。对于欺骗性干扰,它也是干扰效果评估的必要条件。

但功率准则只取决于干扰设备和被干扰雷达的参数,特别是只侧重于考虑功率性因素,对于其他因素基本不予考虑,更没有考虑干扰对抗的最终结果。因此,它对干扰效果的评价是不全面的,有一定的局限性。尽管如此,功率准则仍是目前应用最广泛的一种干扰和抗干扰效果度量方法,在评定防空导弹武器系统各个无线电环节抗干扰性能时均可采用。

10.2.1.3　战术应用准则

战术应用准则又称概率准则,是以干扰条件下雷达所服务的武器系统完成作战任务的能力来评价干扰效果的好坏,比如用装备有火控雷达的火炮杀伤概率来评估干扰效果,这样就将干扰效果直接与作战结果联系起来,评估结果客观、可信。

以反辐射武器完成战斗使命为例,其基于概率准则的评估指标为

$$P_0 = P_1 P_2 P_3$$

其中,P_0为完成战斗使命的概率,P_1为干扰载机突防概率,P_2为发现目标概率,P_3为目标遭受损失概率。

10.2.1.4　效率准则

效率准则是比较有无干扰条件下雷达系统同一性能指标的比值,即通过干扰条件下雷达完成本身使命的能力相对于无干扰条件下的变化量,直观反映对雷达的干扰效果,具体的如搜索雷达对目标的检测能力、跟踪雷达对目标的跟踪能力等。

效率准则制定的指标集有如下通用形式:

$$\eta_i = \frac{W_{i1}}{W_{i0}} \quad (i=1,2,\cdots,n)$$

其中,W_{i0}表示无干扰时第i项指标值,W_{i1}表示有干扰时第i项指标值。

原则上讲,用效率准则得出的干扰效果评估结果最为客观可靠。但是,运用效率准则往往需要大量的对抗试验,试验代价较大,且受各种因素的限制,不易实现,有些情况下甚至不可能作对抗试验。正是由于操作上的困难,大大限制了效率准则的应用。运用数学仿真试验就不存在这样的问题。因此,对数学仿真试验来讲,效率准则更具优势。

10.2.1.5　时间准则

在特定条件下,武器系统的各个环节完成任何一项工作都需一定的时间。雷达发现目标、识别目标、信号处理等都需要时间。反应时间的早晚能够直观地反映出武器系统性能的优劣。当干扰作用于武器系统时,各个环节的反应时间将有所延迟。如果抗干扰措施的效果好,延时将比较小,反之则很大。因此时间准则是一种直观且有效的干扰与抗干扰效果评估准则。

不论是抗压制性干扰还是抗欺骗性干扰,我们都可以定义一个相对有效截获跟踪时间。所谓相对有效截获跟踪时间,是指其他条件相同情况下,防空导弹武器系统在有干扰时截获到真实目标并转入有效跟踪的时间,与无干扰条件下截获到真实目标并转入有效跟踪的时间的差的相对比值,即

$$\mu_T = \frac{\Delta T}{T_0} = \frac{T_J - T_0}{T_0} \tag{10.5}$$

式中,μ_T 为雷达相对有效截获跟踪时间,T_J 为有干扰条件下雷达有效截获跟踪时间,T_0 为无干扰条件下雷达有效截获跟踪时间。

应该指出的是,对于抗压制性干扰来说,在雷达回波信号中检测出目标并转入跟踪的时间即为有效截获跟踪时间;对于抗欺骗性干扰来说,在噪声中检测到目标并转入跟踪并不是所谓的有效截获跟踪时间,因为检测到的目标有可能是假目标,必须是检测到真实目标信号并转入跟踪,此时的时间才能称作有效截获跟踪时间。

10.2.2　遮盖性干扰效果评估指标模型

评估遮盖性干扰效果的指标有探测距离、雷达暴露区、干扰效率、预警时间、压制系数、可见度因子、可见度损失、干扰因子、自卫距离、检测概率-距离曲线、发现时间的分布、雷达分辨单元体积的扩大因子及干扰效果因素等。

1. 探测距离

即雷达在各个方向、不同高度上对目标的探测距离 $R(\theta, \varphi)$,其中 θ、φ 分别表示目标相对雷达的俯仰角和方位角。

2. 雷达暴露区

雷达有/无干扰时,以雷达为中心,对指定目标的探测距离所围成的区域 Ω。

$$\Omega = \iint R(\theta, \varphi) \mathrm{d}\theta \mathrm{d}\varphi \tag{10.6}$$

而在地平面的投影为

$$S = \int_{-\pi}^{\pi} R(\theta, \varphi) \mathrm{d}\theta \tag{10.7}$$

3. 干扰效率

干扰效率为有无干扰情况下的雷达暴露区的比值,即

$$\eta = \frac{\Omega_{\text{干}}}{\Omega_{\text{无}}} \times 100\% \tag{10.8}$$

4. 预警时间

预警时间为目标被雷达发现到目标到达雷达处的时间,即

$$T_W = \frac{R_{\max}}{v} \tag{10.9}$$

式中,$R_{\max}$ 是雷达对目标的最大发现距离,v 为目标相对雷达的径向速度。

5. 压制系数

遮盖性干扰主要针对搜索雷达,干扰的效果表现为雷达对目标检测概率的降低或信息流量的减少。评估干扰效果,必须确定检测概率下降到何种程度才表明干扰有效。通常,取检测概率 $P_d = 0.1$ 作为有效干扰的衡量标准,即当检测概率下降到低于 0.1 时,认为对雷达的干扰有效。定义压制系数为

$$K_a = \left(\frac{J}{S}\right)_{\min}\bigg|_{P_d = 0.1} \tag{10.10}$$

它表示使雷达检测概率 P_d 下降到 0.1 时,接收机中放输入端通带内的最小干扰-信号功率

比,其中 J 表示受干扰雷达输入端的干扰信号功率,S 表示受干扰雷达输入端的目标回波信号功率。压制系数可以用来比较各种干扰信号的优劣,压制系数越小,表明对雷达干扰有效所需的干扰信号功率越小,说明干扰效果越好。不过,由于压制系数仅考虑了干扰信号与目标回波信号的关系,用它来衡量干扰机的干扰性能则不全面。

6. 可见度因子

图 10-1 给出了雷达接收机的简化模型。雷达检测能力,按 Neyman-Pearson 准则可由识别系数 V 来描述。识别系数又称可见度因子,其定义为:在噪声背景下,当目标检测器的输出端提供预定的发现概率和虚警概率时,幅度检波器输入端所需要的最小单个回波脉冲功率 S_2 和噪声功率 N_2(或干扰背景下的干扰功率 J_2)之比,即

$$V = \left(\frac{S_2}{N_2}\right)_{i,\min} \tag{10.11}$$

当有外界干扰时,干扰功率一般远大于噪声功率,所以可见度因子又可以表示为

$$V = \left(\frac{S_2}{J_2}\right)_{i,\min} \tag{10.12}$$

由可见度因子的定义可知,可见度因子越大,干扰效果将会越好。

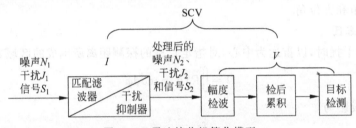

图 10-1　雷达接收机简化模型

7. 可见度损失

干扰条件下,雷达在预定的发现概率和虚警概率条件下检测回波所允许的最大干信比,称为雷达干扰中的可见度 SCV(区别可见度因子),记为

$$\text{SCV} = \left(\frac{J_0}{S}\right)_{\max} \tag{10.13}$$

当雷达采取抗干扰措施后,所需干扰功率就会增大。用 J_1 表示采取抗干扰措施后的输入端平均干扰信号功率,J_0 是抗干扰措施实施前的输入端的平均功率,它们满足使雷达接收机输出端信噪比不变的条件。SCV 变为

$$\text{SCV} = \left(\frac{J_1}{S}\right)_{\max} \tag{10.14}$$

在保持接收机输出端信干比不变的条件下,称采用如式(10.13)和式(10.14)中干扰抑制器前后的平均干扰功率之比为干扰抑制器的改善因子。为简化讨论,忽略自然杂波的影响,将改善因子表示为

$$I = J_1/J_0 \tag{10.15}$$

改善因子可以在同一部雷达上比较不同干扰抑制器的相对结果,也可在不同雷达上比较同一种干扰抑制器的相对效果,改善因子较大表明干扰抑制器的抗干扰效果较好。

联立式(10.13)和式(10.15),则有

$$\text{SCV} = \frac{I}{V} \tag{10.16}$$

定义可见度损失(L_{scv})为：在噪声干扰环境下，回波信号的门限功率 S'_{1min} 与无噪声干扰时的门限功率 S_{1min} 之比。

当无噪声干扰时，由于

$$V = \left(\frac{S}{N_0}\right)_{min} = \frac{S_{1min}}{kT_0 B_n F_n} \tag{10.17}$$

式中，k 为玻耳兹曼常数，$k = 1.38 \times 10^{-23}$J/K；T_0 为室温 290K；B_n 为雷达的带宽；F_n 为接收机噪声系数，是一个无量纲的量。故而可得

$$S_{1min} = KT_0 B_n F_n V \tag{10.18}$$

又因为

$$S'_{1min} = (J_1 + N_1) \times \frac{V}{I} \tag{10.19}$$

所以有下式成立：

$$L_{scv} = \frac{S'_{1min}}{S_{1min}} = \frac{J_1 + N_1}{KT_0 B_N F_n} \times \frac{1}{I} \tag{10.20}$$

或

$$L_{scv}(\text{dB}) = J_1 + N_1 - I - KT_0 B_n F_n \tag{10.21}$$

这种准则的物理概念是：无干扰时，达到一定 SCV 所对应的雷达回波信号功率为 S_{1min}，而有干扰时，仍旧达到此 SCV，则对应的回波信号功率变成了 S'_{1min}。那么，这个量变化的相对大小可以用来衡量干扰信号的干扰效果，如果 L_{scv} 较大，即要达到同样的 SCV，回波信号需要增加的量较大，表明干扰效果较好。

8. 干扰因子

图 10-2 给出了干扰过程模型。当存在人为干扰时，匹配滤波器输出的信干比为

$$S/J = P_s/(P_c + P_n + P_j) \tag{10.22}$$

式中，P_s 为回波功率，P_n 为接收机内部噪声功率，P_c 为接收机所接收的环境杂波功率，P_j 为进入雷达接收机的干扰功率。

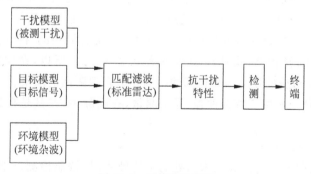

图 10-2　干扰过程模型

由压制系数的定义 $K_a = (P_j/P_s)_{min}$ 和可见度因子的定义 $F_{scv} = (P_s/P_n)_{min}$，$K_a$ 可以将压制系数记为

$$K_a = \frac{C}{F_{scv}\eta} \tag{10.23}$$

式中，C 是常数，η 是噪声质量因子。

针对雷达采取的抗干扰措施，引入了抗干扰改善因子的概念。抗干扰改善因子是 Johnston 于 1974 年提出的。

抗干扰改善因子的 K_a 倍是干扰因子，因此干扰因子越大，干扰效果就会越好。其中关键是抗干扰改善因子的测量。不同的干扰样式对不同的抗干扰措施的对抗效果不尽相同。所以，在讨论雷达对抗效果评估时，应考虑建立统一标准的问题。

9. 自卫距离

随着目标与雷达间的距离减少，干信比逐渐减小。当干信比等于雷达在干扰中的可见度时，雷达能以一定的检测概率发现目标。此时，二者之间的距离称为"最小隐蔽距离"（对干扰机而言），或"烧穿距离"，又称"自卫距离"（对雷达而言）。定性地说，自卫距离越小，干扰效果越好。

根据自卫距离，还可以定义相对自卫距离，即

$$R'_j = \frac{R_j}{R_m} \tag{10.24}$$

式中，R_m 为无干扰时雷达的最大作用距离；R_j 为有干扰时雷达的最大作用距离。

数学仿真试验时，进行同样战情下的试验 N 次，设发现距离分别为 $R_1, R_2, \cdots, R_N$，则可以认为自卫距离

$$R_z = \frac{\sum\limits_{i=1}^{N} R_i}{N} \tag{10.25}$$

相对自卫距离

$$\bar{R}_z = \frac{R_z}{R} \tag{10.26}$$

式中，R 为无干扰时对真实目标的发现距离。

"自卫距离"是与一定的雷达检测概率相对应的，通过预先设置不同的检测概率值，即使是同一次飞行试验，也可以得到不同的自卫距离。事实上，在一次目标检测的实践中，不能确定雷达究竟是以多大的概率来发现目标的，也就是不能得到检测目标的后验概率，而只能认为在发现目标的临界状态，雷达检测概率为 0.2～0.8。所以，在实际中可以取 $P_d = (0.2+0.8)/2 = 0.5$ 对应的雷达与目标间的距离作为自卫距离的取值。

自卫距离的评估指标由于综合性强，易于测量，在实际中，尤其是在野外试验场试验中得到了较好的应用。

10. 检测概率-距离曲线

当重点考查空间中某一点（设为 R_0）处的干扰效果时，按照检测概率的物理意义，在此种战情下进行 N（N 必须满足大样本的条件）次仿真，如果检测到真实目标的次数为 M，则可以得到检测概率

$$P_d = \frac{M}{N} \tag{10.27}$$

这样,选取多个点,通过数学仿真求得其检测概率,若样本点不够,再通过插值可以得到检测概率-距离曲线。

11. 发现时间的统计分布

"发现时间"可以认为是一个随机变量,设开始试验的时刻为 0,到真实目标被雷达系统发现的时间间隔为 T。进行 N 次试验,设 $T_1, T_2, \cdots, T_n$ 是总体 T 的一个样本,容易得到样本均值和样本方差,并可以应用直方图或者经验函数来得到发现时间的统计分布,并在此基础上进行参数的区间估计。

比较干扰前后发现这个目标的时间变化,可以得到干扰效果的一种评估,公式如下:

$$\Delta T \% = \frac{T' - T}{T} \times 100\% \tag{10.28}$$

式中,T' 为实施干扰后雷达系统发现目标的时间。

可以看到,这种评估指标不但对压制性干扰有效,对欺骗干扰的干扰效果评估也适用。

12. 雷达分辨单元体积的扩大因子

雷达分辨单元的体积扩大因子定义为

$$K_v = \frac{V_1}{V_0} \tag{10.29}$$

式中,V_1 和 V_0 分别表示有、无干扰条件下的雷达分辨单元体积,且有

$$V_0 = \frac{1}{2} R_s^2 \alpha \beta \tau c \tag{10.30}$$

式中,R_s 为雷达的最大作用距离;α 为方位角波束宽度;β 为仰角波束宽度;τ 为雷达脉冲宽度;c 为光速。

如果对雷达实施大功率遮盖性干扰,雷达的分辨体积将会扩大。如果干扰扇面在方位角上宽度扩大为 α',在仰角上宽度扩大为 β',c 为光速,则有

$$K_v = \frac{R_1^2 \alpha' \beta'}{R_s^2 \tau \alpha \beta} \tag{10.31}$$

式中,R_1 为干扰条件下的作用距离。因此,K_v 越大,表明干扰效果越好。

13. 干扰效果因素

一般地,雷达抗干扰品质因素(Q_{ECCM})可以作为一种抗干扰效果评估指标,其定义是:雷达在干扰环境中对典型目标在雷达所要求的作用距离处,接收机实际输出的回波信号功率与干扰功率之比。即

$$Q_{ECCM} = (P_s / P_j)_{out} \tag{10.32}$$

式中,P_s 为目标回波信号功率;P_j 为干扰功率;下标 out 表示雷达接收机的输出端。

考虑到雷达采取了抗干扰措施,可以用抗干扰改善因子 D_j 与雷达接收机输入端信干比来表示 Q_{ECCM}

$$Q_{ECCM} = D_j (S/J) \tag{10.33}$$

这样就可以把雷达方程与干扰方程引入 Q_{ECCM} 中。

Q_{ECCM} 作为抗干扰效果度量标准与雷达其他性能指标具有一定的联系,说明这种方法具有一定的合理性。考虑到干扰与抗干扰的矛盾关系,可以用雷达接收机输出端的实际干信比来度量干扰效果,并将其定义为干扰效果因素(Q_{ECM}),显然 Q_{ECM} 越大,表示干扰效果越好。有

$$Q_{\text{ECM}} = \frac{1}{Q_{\text{ECCM}}} \tag{10.34}$$

通过研究发现,对于搜索雷达,Q_{ECM} 大,对目标的检测概率越小;也就是说,Q_{ECCM} 能够体现干扰的功效。特别是 Q_{ECM} 与雷达诸项工作性能指标关系密切、直观、清晰。因此,将其作为评定雷达有源遮盖性干扰效果的准则较为合适、可靠。更重要的是,数学仿真试验和野外靶场试验能较为方便、准确地测得各种功率性指标,从这个意义上讲,将 Q_{ECM} 作为干扰效果评估指标又是切实可行的。

10.2.3 欺骗性干扰效果评估指标模型

欺骗性干扰的效果一般是以假乱真,使跟踪雷达跟踪到假目标,或是使雷达产生较大的跟踪误差,甚至丢失目标。现有的几种典型的欺骗性干扰评估指标有跟踪误差、压制系数、干扰有效概率、欺骗干扰成功率、欺骗干扰条件下"发现真实目标的时间"和"稳定跟踪真实目标的时间"的统计分布、模糊综合评估等。

1. 跟踪误差

欺骗性干扰的主要对象是跟踪雷达,那么用跟踪雷达的主要性能指标(如跟踪误差)的变化来衡量干扰效果是最为直接的,跟踪误差越大,表明干扰效果越好。同样,需要规定"有效干扰"的定义。有效干扰所对应的跟踪误差与干扰对象有关,不过要测量跟踪误差有一定的难度。

2. 压制系数

与遮盖性干扰的压制系数一样,它用来比较各种干扰信号的优劣。其定义为:在规定跟踪误差下,输入端所需的干扰-信号功率比。使雷达有同等的跟踪误差,所需干信比越小,说明欺骗性干扰产生的干扰信号品质越好。

3. 干扰有效概率

在欺骗干扰条件下,无论采用何种欺骗样式,反映干扰对雷达的作用效果只具有两种状态:受欺骗(干扰有效)和不受欺骗(干扰无效)。在某种干扰作用下,雷达受欺骗的概率,称为干扰有效概率 P_j;雷达不受欺骗的概率,称为干扰无效概率 p_j',显然有

$$P_j + p_j' = 1 \tag{10.35}$$

欺骗性干扰电子对抗模型一般如图 10-3 所示。

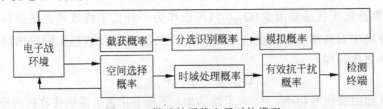

图 10-3 欺骗性干扰电子对抗模型

在某种欺骗性干扰作用下,设干扰机截获雷达信号的概率为 P_{j1},分选识别目标信号各参数的概率为 P_{j2},模拟目标信号相似程度的概率为 P_{j3};雷达利用空间选择法选择出假目标的概率为 P_{r1},利用时域处理识别假目标的概率为 P_{r2};雷达有效抗干扰的概率为 P_{r3},则欺骗干扰对雷达的有效干扰概率为

$$P_j = P_{j1} P_{j2} P_{j3}(1 - P_{r1})(1 - P_{r2})(1 - P_{r3}) \tag{10.36}$$

得到 P_j 后,就可判断干扰效果的好坏。可是,要通过式(10.36)求得 P_j,需要得到若干概率值,而这些概率值需要用统计的方法确定,从可操作性方面来看,干扰有效概率并不

是一种理想的方法。

4. 欺骗干扰成功率

对欺骗干扰效果评估,通常采用概率论的方法通过统计试验得出统计指标——"欺骗干扰成功率"。在某种典型战情下进行 N(N 必须满足大样本的条件)次仿真,如果欺骗干扰成功的次数为 M,则可以得到此种战情下欺骗干扰成功率,即

$$P_{\text{decept}V} = \frac{M}{N}$$

所谓"欺骗干扰成功"可从以下两个角度理解:

(1) 真目标不能被雷达系统在有限的时间内发现、跟踪和识别,真目标达到电子作战目的;

(2) 使得雷达系统不能正常工作(比如系统饱和)或者雷达系统误把假目标(有源或者无源)作为真目标跟踪并且进行拦截,从系统性能角度看,这使得防御代价增大,欺骗干扰也起到了作用。

5. 欺骗干扰条件下"发现真实目标的时间"的统计分布

对于雷达系统,认为其具有一定的区分真假目标的能力,所以多假目标欺骗干扰、有源诱饵欺骗干扰和无源重诱饵等干扰的作用在相当程度上是延迟雷达系统发现真实目标的时间,为完成作战任务赢得时间。故而可以用与前面评估遮盖性干扰效果类似的方法来得到"欺骗干扰引起的发现真实目标的时间延迟"作为欺骗干扰效果评估的指标。

6. 欺骗干扰条件下"稳定跟踪真实目标的时间"的统计分布

欺骗干扰消耗了雷达系统有限的资源,使得雷达系统对真实目标建立稳定跟踪的时间也延迟,可以利用欺骗干扰条件下"稳定跟踪真实目标的时间"的统计分布来对干扰效果进行评估,主要是考虑这种分布的均值、方差等各种估计量。

7. 模糊综合评估

有些学者把模糊理论引入电子对抗领域,认为电子对抗领域中许多问题都具有固有的模糊性,比如"什么是干扰有效"的问题;其中许多因素之间的关系也具有模糊性;一些文献中还建立了一些评估干扰/抗干扰效果评估的模糊综合模型。实践证明,利用模糊的方法评估欺骗性干扰的干扰效果具有一定的优势。同样,对遮盖性干扰效果的评估也可以采用模糊的处理方法。

8. 神经网络评估法

神经网络是一个具有高度非线性的超大规模连续时间动力系统,其最主要的特征为连续时间非线性动力学、网络的全局作用、大规模并行分布处理及高度的鲁棒性和学习联想能力。同时它又具有一般非线性动力系统的共性,即不可预测性、吸引性、耗散性、非平衡性、不可逆性、高维性、广泛联结性和自适应性等。因此它实际上是一个超大规模非线性连续时间自适应信息处理系统。

10.3 雷达电子战效能评估模型

10.3.1 系统效能的概念

目前,谈到武器系统的效能,大多采用美国工业界武器系统效能咨询委员会(WSEIAC)

为美国空军建立的效能概念和框架。WSEIAC 给任意系统效能所下的定义是："系统效能是指系统能够满足（或完成）一组特定任务要求的量度"。这个定义包含了以下 5 方面的内容。

（1）对象——就是系统。系统随研究对象而异，它可以是某个工业系统或农业系统；也可以是某个武器系统；等等。

（2）任务——就是用途。任何系统的效能，只能是针对一组特定任务而言的。任务改变了，系统的效能随之改变。

（3）条件——定义中的"一组特定任务要求"蕴涵着"特定条件"的要求。一般所说的系统效能，只能是在特定条件下的效能。"特定条件"主要包括自然环境条件、战场环境条件、系统工作条件和维护修理条件等。

（4）时间——定义中的"一组特定任务要求"蕴涵着"特定时间"的要求。时间就是效益，时间就是胜利，任何系统的效能总是与时间紧密地联系在一起的，比如武器系统的反应时间、任务工作时间和允许多次射击的时间等。

（5）能力——定义中说效能是"系统能够满足（或完成）一组特定任务要求的量度"，显然是量度系统满足"一组特定任务要求"的程度。这个"程度"的大小反映了系统完成给定任务的能力。

也可以这样定义系统的效能，即系统的效能是指在规定的条件下和规定的时间内，系统完成给定任务的能力。

我国目前对武器系统效能的通俗定义是：武器系统完成给定作战任务的能力。

10.3.2　系统效能的架构

系统在开始执行任务时的状态、在执行任务过程中的状态和最后完成给定任务的程度，三者共同构成了系统的效能。

系统在开始执行任务时的状态由系统的"可用性"描述。系统在执行任务过程中的状态由系统的"可信性"描述。系统完成给定任务的程度由系统的"能力"描述。因此，系统的"可用性""可信性"和"能力"构成了系统的效能，称为系统效能的三大要素。

导弹武器系统效能的架构见图 10-4。

1. 可用性

系统的可用性是指需要开始执行任务的任一时刻，系统处于正常工作（即无故障）状态的程度。可用性的量度指标是可用度，即需要开始执行任务的任一时刻，系统处于正常工作状态的概率。

对于在开始执行任务前是可修复的系统，系统的可用性依赖于系统的可靠性和维修性；对于在开始执行任务前是不可修复的系统，系统的可用性仅仅依赖于系统的可靠性。而大多数系统在开始执行任务前是可修复系统。

2. 可信性

系统的可信性是指在执行任务过程中，系统处于正常工作（即无故障）状态的程度。可信性的量度指标是可信度，即在执行任务过程中，系统处于正常工作状态的概率。

对于在执行任务过程中是可修复的系统，系统的可信性依赖于系统的可靠性和维修性；对于在执行任务过程中是不可修复的系统，系统的可信性仅仅依赖于系统的可靠性。

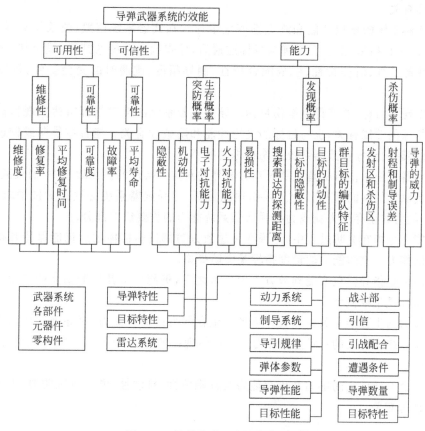

图 10-4　导弹武器系统效能的架构

有些武器系统在执行任务过程中是可修复的,比如军用机场的导航系统、军舰、重型轰炸机等。这里所谓的可修复,也只是针对某些特定的轻微故障和特定的时间而言的。

由于作战机遇往往稍纵即逝,这要求许多武器系统做出快速反应或某些机动运动。对于这些武器系统,一般认为在执行任务过程中是不可修复的。至于已经发射出去的导弹、鱼雷之类的武器,无论故障大小,都是无法修理的。

3. 能力

系统的能力是指系统在最后阶段完成给定任务的程度。能力的量度指标是系统完成给定任务的概率。

系统的能力在很大程度上依赖于分配给它的任务。用于完成特定任务的系统,对于这项任务而言,它的能力可能很高;若换成了另一项任务,它的能力就可能很低,甚至为零。特定的任务对应特定的系统。系统不同,它完成的任务也不同;任务不同,对系统能力的内容要求也不同。下面仅以导弹武器系统为例,讨论该系统能力所包含的内容。

导弹武器系统的直接任务是摧毁(或杀伤)给定目标,其能力由摧毁(或杀伤)给定目标的概率描述。因此,导弹武器系统的能力包括性能、探测能力、突防能力和生存能力。

这里所说的性能是指导弹与目标遭遇时,导弹武器系统的累积性能和终点性能。累积性能主要指射程、制导精度和遭遇条件等,它与动力系统、制导回路、发射方式、目标和导弹的飞行性能等有关;终点性能主要指导弹破坏给定目标的威力特性,它与战斗部、引信和目标易损性等有关。

导弹武器系统的累积性能和终点性能集中体现在武器系统摧毁（或杀伤）目标的概率（简称摧毁或杀伤概率）上。在导弹与目标遭遇后，导弹武器系统的摧毁（或杀伤）概率主要依赖于战斗部特性、引信特性、引战配合特性、制导精度、遭遇时的交会条件、目标的易损性等。

只有发现了目标，才谈得上杀伤目标。导弹武器系统的搜索指挥雷达发现目标的概率既与雷达的探测性能有关，也与目标的飞行性能和隐蔽性有关。能否在早期或较远距离发现目标，直接影响到导弹武器系统杀伤目标的概率。

导弹武器系统杀伤目标是在敌对双方激烈的对抗中实现的。在战争中，消灭敌人、保存自己是对抗双方的共同目标。为了杀伤预期目标，导弹武器系统必须在对抗中求得生存。因此，突防能力和生存能力就成为导弹武器系统能力的重要组成部分。

突防能力是指在突防过程中，导弹在飞越敌方防御设施群体之后仍能保持其初级功能（不坠毁）的能力。突防能力的量度指标是突防概率。

生存能力是指导弹在遭受到敌方火力攻击之后，仍能保持其预期功能的能力。生存能力的量度指标是生存概率。

突防能力与生存能力紧密相关。不考虑生存能力的突防能力，对导弹这样的无人驾驶飞行器来说是毫无意义的；而生存能力又往往体现在突防过程中，只有突防成功之后，才谈得上生存问题。

导弹武器系统的突防能力和生存能力与其隐蔽性、机动性、电子对抗能力、火力对抗能力和易损性等有关。

10.3.3 系统效能的量度准则

系统效能的量度是指对系统完成特定任务程度（即能力）的定量描述，它是评价、比较系统效能的具体尺度。

由于系统不同或要求和着眼点的不同，系统效能的量度准则也不同。不同类型的系统，往往有不同的效能量度准则；同一类型的系统，也可以有若干个效能量度准则。每个准则对应一个指标。选择适当的效能准则是系统效能分析首要的问题。无论怎样选择效能的量度准则，这些准则都必须基本上能够反映系统所要实现的真实目标。

由于大量随机因素的影响，系统完成特定任务的能力（即效能）具有随机性，因此，往往用体现系统目的的各种概率或数学期望（各种特征量的平均值）作为系统效能的量度指标。

采用若干指标描述系统的效能时，会使评价系统效能的工作复杂化，因为经常出现这样的情况：按某一个或几个指标来看，系统的效能是高的；而按另外一个或几个指标来看，该系统的效能却是低的。产生这类问题的原因是人们平等地对待各项效能指标的结果。实际上，系统的效能指标有主有次。效能指标的主与次取决于系统完成任务目的的主与次。

武器系统的效能指标可能很多，但起核心作用的仍然是摧毁（或杀伤）目标的概率。如果没有这一指标，其他指标将无法成立，而且意义不大。武器系统的摧毁（或杀伤）概率是讨论其他效能指标的基础，也是后面分析武器系统效能的中心问题。

10.3.4　系统效能的数学模型

系统的效能可以用若干个不同的指标表示,这些指标共同表征了系统质量的优劣。其中每一个指标称为一个品质因数。尽管可以用数学期望、标准差等表示品质因数,但是,用概率表示品质因数是最常见、最适当的。品质因数的性质和数量,在很大程度上取决于被评价的具体系统的任务。比如,对步枪而言,其品质因数是各个有效射程上的杀伤概率;对雷达而言,其品质因数是发现目标的概率和(或)精确跟踪目标的概率。

WSEIAC 把一般系统的效能说成是给定系统的品质因数行向量,而且评价这个行向量是建立在系统的 n 个具有明显差别的状态之上的。

前面已经提到,系统的效能由系统的可用性、可信性和能力 3 部分组成,而这三部分都是由相应的概率表示的。WSEIAC 给出的系统效能表达式为

$$\boldsymbol{E}^{\mathrm{T}} = \boldsymbol{A}^{\mathrm{T}} \boldsymbol{D} \boldsymbol{C} \tag{10.37}$$

式中,$\boldsymbol{E}^{\mathrm{T}}$ 为效能行向量;$\boldsymbol{A}^{\mathrm{T}}$ 为可用性行向量;$\boldsymbol{D}$ 为可信性矩阵;$\boldsymbol{C}$ 为能力矩阵。

有 m 个品质因数时,效能行向量可表示为

$$\boldsymbol{E}^{\mathrm{T}} = (e_1, e_2, \cdots, e_m) \tag{10.38}$$

式中,e_k 是第 k 个品质因数的值。

式(10.38)中的任一元素可由下式求得:

$$e_k = \sum_{i=1}^{n} \sum_{j=1}^{n} a_i d_{ij} c_{jk}$$

式中,a_i 为系统在开始执行任务时处于第 i 种状态的概率;d_{ij} 为已知系统在开始执行任务时处于第 i 种状态,而在执行任务过程中处于第 j 种状态的概率;c_{jk} 为系统在执行任务过程中处于第 j 种状态时,第 k 个品质因数相对应的能力数值;k 为第 k 个品质因数的号码。

系统完成特定任务的概率是系统效能最重要的指标,它是其他效能指标的中心和基础。对于大多数系统(尤其是武器系统),系统的效能一般都是指该系统完成特定任务的概率。因此式(10.37)就转化为

$$\boldsymbol{E} = \boldsymbol{A}^{\mathrm{T}} \boldsymbol{D} \boldsymbol{C} \tag{10.39}$$

式中,$\boldsymbol{E}$ 为效能向量;$\boldsymbol{C}$ 为能力向量。这个公式是人们普遍应用的效能表达式。

从上述武器系统效能的定义和数学模型中可以看出,雷达干扰的结果是影响了武器系统的能力从而降低了武器系统的作战效能,雷达干扰影响了发现概率、突防概率、生存概率和杀伤概率,计算比较这些指标是评估雷达干扰对武器系统作战效能的重要内容。

10.3.5　雷达干扰对地空导弹武器系统作战效能模型

以飞机空袭敌方目标为例进行说明。空袭飞机执行空袭任务要经过敌方地空导弹拦截区,假设地空导弹武器系统独立执行拦截任务:目标指示雷达搜索,飞机进入导弹射击范围后,制导雷达引导导弹射击飞机。

1. 目标指示雷达发现飞机概率

目标指示雷达发现飞机概率

$$P_{\text{plane}} = P_{\text{AEW}} [P_{\text{info}} P_{\text{P-S}} + (1 - P_{\text{info}}) P_{\text{search}}] + (1 - P_{\text{AEW}}) P_{\text{search}} \tag{10.40}$$

式中,P_{AEW} 为警戒雷达或机载预警雷达发现飞机概率;P_{search} 为目标指示雷达常规搜索时

发现目标概率；P_{info} 为导弹阵地与警戒雷达/预警飞机是否通信畅通，畅通为 1，否则为 0；P_{P-S} 为目标指示雷达应急搜索时发现飞机概率。

其中，

$$P_{AEW} = \begin{cases} \exp\left(-\dfrac{4.75}{\sqrt{n}S_n}\right), & \text{常规雷达} \\[2mm] \exp\left(-\dfrac{9.5}{\sqrt{n}S_n}\right), & \text{PD 雷达} \\[2mm] 1 - \Phi\left(\dfrac{4.75 - \sqrt{n}S_n}{1 + S_n}\right), & \text{捷变频、频率分集雷达} \end{cases} \quad (10.41)$$

式中，S_n 为单个脉冲信噪比（无干扰）或信干比（有干扰）；n 为一次扫描中雷达脉冲累积数；$\Phi(x)$ 为标准正态概率分布函数。

$$P_{P-S} = 1 - (1 - P_{search})^{2\pi/\theta} \quad (10.42)$$

式中，θ 为目标指示雷达应急搜索时的扇扫角度，P_{search} 的计算方法同 P_{AEW}。

2. 单发导弹击毁飞机概率

导弹击毁飞机分为直接命中毁伤和破片毁伤两种方式。

1）直接命中毁伤概率

假设导弹对目标的射弹散布服从圆正态分布 $f(x,y) = \dfrac{1}{2\pi\sigma^2}\exp\left(-\dfrac{x^2+y^2}{2\sigma^2}\right)$，导弹脱靶量 r 服从瑞利分布 $f(r) = \dfrac{1}{\sigma^2}\exp\left(-\dfrac{r^2}{2\sigma^2}\right)$，$\sigma$ 是弹着点散布的均方差，

$$\sigma^2 = \dfrac{1}{2\ln 2}\left(\dfrac{c_1 R_{ave}^2 + c_2}{S/J} + c_3\right) \quad (10.43)$$

式中，S/J 为制导雷达信干比，无干扰时表示信噪比；R_{ave} 为平均射击距离，$R_{ave} = 0.619R$，R 为导弹射程；c_1, c_2, c_3 为拟合常数。

把飞机被命中面等效为一个圆，r_0 为半径，则单发导弹直接击毁飞机的概率为

$$P_{1missile} = 1 - \exp\left(-\dfrac{r_0^2}{2\sigma^2}\right) \quad (10.44)$$

2）破片毁伤概率

导弹圆概率误差为 $e_{CEP} = \sqrt{(c_1 R_{dk}^2 + c_2)/(S/J) + c_3}$，设导弹对飞机毁伤半径为 r_n，则破片毁伤概率为

$$P_{1missile} = 1 - 0.5^{\frac{r_n}{e_{CEP}}} \quad (10.45)$$

3. 地空导弹射击效能

1）地空导弹对飞机击毁概率

单发导弹毁伤飞机的概率 $P_n = P_{plane} P_{1missile}$，无干扰时 $P_{plane} \approx 1$。

假设导弹可拦截飞机次数为 n，可计算导弹阵地对编队飞机每架的击毁概率为

$$P_H = P_{plane}\left[1 - (1 - P_{kk} P_{1missile})^{nk/N}\right] \quad (10.46)$$

式中，P_{kk} 为导弹发射装置的可靠性概率；N 为飞机编队中飞机数目；k 为导弹一次齐

射数。

2）飞机突防概率

$$P_{突} = 1 - P_H$$

3）单发导弹毁伤飞机概率下降比

$$r_{\text{atio}} = \frac{P - P_j}{P} \times 100\% \tag{10.47}$$

式中，P 为无干扰时导弹单发毁伤概率；P_j 为有干扰时导弹单发毁伤概率。

10.3.6　雷达干扰综合效能

（1）飞机突防率：

$$\eta_{\text{plane}} = \frac{\sum\limits_{i=1}^{n} L_i}{N_{\text{plane}}} \tag{10.48}$$

式中，n 为飞机类型（歼轰机、强击机、歼击机等）数；L_i 为各类飞机突防数；N_{plane} 为出动飞机总数。

（2）弹道导弹突防率：

$$\eta_{\text{missile}} = \frac{\sum\limits_{i=1}^{m} M_i}{N_{\text{missile}}} \tag{10.49}$$

式中，m 为导弹类型数；M_i 为各类导弹突防数；N_{missile} 为发射导弹总数。

（3）雷达对抗在 EW 中的有效率，可用干扰前后突防率的差计算：

$$\Delta\eta_{\text{plane}} = \eta_{\text{plane}}^0 - \eta_{\text{plane}}'$$

$$\Delta\eta_{\text{missile}} = \eta_{\text{missile}}^0 - \eta_{\text{missile}}'$$

（4）雷达对抗在最终作战使命中的有效率，一般作战下的使命成功率按下式计算：

$$\eta_{\text{victory}} = \sum\limits_{i=1}^{m} \xi_i \frac{N_i}{T_i} \tag{10.50}$$

式中，m 为敌方目标类型数（机场、三军基地、导弹和火炮阵地、重要水坝、桥梁等）；ξ_i 为敌目标价值不同给予的第 i 类目标的权重值；N_i 为第 i 类目标被击毁数；T_i 为第 i 类目标总数。

雷达对抗下的作战使命成功率用使用干扰前后成功率的差计算：

$$\Delta\eta_{\text{victory}} = \eta_{\text{victory}}^0 - \eta_{\text{victory}}' \tag{10.51}$$

由于武器系统的基本配置和作用原理相同，因而雷达干扰对于其他武器系统，如火炮武器系统等的作战效能计算方法与对地空导弹武器系统的作战效能计算方法类似：计算比较干扰前后突防目标被发现的概率、突防概率、生存概率及最终对目标的杀伤概率，从而获取雷达干扰对该武器系统的作战效能。

10.4　相控阵雷达电子战效果评估指标体系

评估指标集合的研究是整个评估系统的关键环节，有关弹道导弹突防的背景下雷达电子战干扰效果/抗干扰性能评估指标体系的研究也是国内外相关领域研究的热点问题。

本节主要研究相控阵雷达电子战效果评估指标集合中各项指标的具体内涵和实现算法,为评估系统的应用奠定基础。

可以从两个不同的角度来描述雷达干扰和抗干扰这一对矛盾。一个是雷达系统抗干扰性能的角度,另外一个则是干扰系统干扰效果的角度。与此对应的,"评估指标集合"也可以依照这两个主要的角度来建立。

如图 10-5 所示,从雷达抗干扰角度来考察对抗过程,指标集合的体系性表现为"分系统级联的体系性"。就相控阵雷达系统而言,与其对抗的目标突防过程可以大致级联分解为"搜索—确认—初始跟踪—稳定跟踪—识别—制导拦截弹",当然在这个过程中还有失踪处理等雷达任务。所以评估指标集合也可以按照此过程进行对偶映射而建立。不妨令 S 为搜索过程的评估指标子集,包括目标发现距离统计分布、方差和统计分布,用户指定点之外的目标发现概率,以及检测概率曲线。C 为确认过程评估指标子集,即目标截获时间。CT 为粗跟过程的评估指标子集,包括目标建立粗跟的距离统计分布及相关统计量,目标建立粗跟的概率。PT 为精跟过程的评估指标子集,包括目标建立精跟的距离统计分布及相关统计量,目标建立精跟的概率。作为 CT 和 PT 的公共评估指标还包括信噪比曲线、任意段内的跟踪精度以及平均精度。L 为失跟过程评估指标子集,包括失跟概率和再次截获概率。另外,作为补充,针对有源多假目标这种典型欺骗干扰样式也给出了评估指标子集 JI,包括搜索帧周期,多假目标形成的虚假航迹数目,相控阵雷达系统资源(包括时间和能量)裕度等。由上述指标张成的评估指标空间 $\Psi=\{S,C,CT,PT,L,JI\}$,它是真实评估对象空间的对偶空间,由一系列具有层次结构且经过适当的简化处理后的指标组成,其中评估指标的个数 N 称为评估指标空间 Ψ 的维数。图 10-5 给出了相控阵雷达抗干扰性能评估的指标集合中各个指标的名称,其具体内涵将在下文中详细论述。

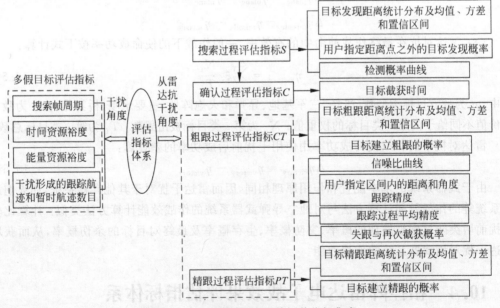

图 10-5 相控阵雷达电子战评估指标集合

10.4.1 搜索阶段评估指标

1. 发现实体目标的距离统计分布

这里的实体目标不但包括突防真实目标(比如飞机和弹头等),也包括其他实体装置,比如干扰装置、其他无源诱饵以及末修舱等。设试验次数共 M 次,每次的发现距离依次为 R_i ($i=1,2,\cdots,M$),利用建立直方图的方法可以实现此评估指标,然后通过计算得到相应统计量,包括均值(即自卫距离),标准差和置信区间等。

$$\bar{R} = \frac{\sum_{i=1}^{M} R_i}{M} \tag{10.52}$$

$$\sigma_R = \sqrt{\frac{\sum_{i=1}^{M}(R_i - \bar{R})^2}{M-1}} \tag{10.53}$$

"自卫距离"的定义为:随着被掩护的目标飞行器与雷达之间的距离的减小,干信比是逐渐减小的,当干信比等于雷达在干扰中的可见度(SCV)时,雷达能以一定的检测概率发现目标。此时,二者之间的距离称为"最小隐蔽距离"(对干扰机而言),或者"烧穿距离"(对雷达而言);而相对自卫距离则指雷达自卫距离与其无干扰条件下作用距离的比值。

在计算置信区间时,需要指定一定的显著性水平 α,因此要对试验样本进行分布拟合检验。在大样本条件下,可以事先假定发现目标距离的统计分布服从非零均值的正态分布,然后进行假设检验。有关分布拟合检验的内容,这里不再赘述。

2. 在用户关心的多个距离点外成功发现各个目标的比率

用户有时候关心的不是雷达发现各个目标时对应的距离,而是在多个指定距离点 L_i ($i=1,2,\cdots,N$)之外发现目标的比率 DP_i。于是在上面指标的基础上经过统计处理就可以得到本指标。需要指出的是,在这里用了"比率"而不是"概率",也就是说,即使少量样本也可以得到本指标的实现,并且当样本数目满足大样本条件后,可以认为这个比率等于概率。

$$DP_i = \frac{C(R_j \geq L_i)}{M} \quad j=1,2,\cdots,M \tag{10.54}$$

式中, $C(\cdot)$ 表示括号内事件发生的次数统计, R_j 表示第 j 次试验中的自卫距离。

3. 各个目标检测概率和距离的关系曲线

在得到了蒙特卡洛仿真中各次试验的发现距离之后,经过拟合可以得到目标平均检测概率和距离的关系曲线。为简便起见,可以利用正态函数积分来进行拟合。

10.4.2 截获阶段评估指标

理想情况下应在四维坐标(距离、方位角、俯仰角和速度)上为跟踪雷达提供具有足够精确的目标指示信息,以便跟踪雷达在开始跟踪前把它的关心分辨单元对准目标。在这种场合下搜索过程就是等待回波信号上升到超过检测门限的过程。然而更一般地,指示数据既不完整也不准确,具有可以按统计方法来描述的有限分布的误差。这些指示数据包括光学指示、搜索雷达指示、链式雷达指示、来自轨道参数的指示、方向探测器指示、手控指示等。

相控阵雷达的波束形状是笔形波束,以各种方式成功地捕获目标以后,还需要几个步骤才能变换成跟踪方式。在这些步骤中，任何一步的失败都将导致目标的丧失，而且搜索过程必须再次开始。

此外，确认数据率的选择对于尽快并且正确起始航迹有着重要影响。一方面，确认数据率，尤其是起始航迹时的确认数据率过高时，目标在空间移动的距离相当小，观测误差的影响可能使得航迹起始不准确。另一方面，如果确认数据率过低，则目标可能穿越搜索波位，使得确认失败，或者目标突防深度加深，不利于防御系统及时建立跟踪。

定义雷达系统从发现目标到建立跟踪过程的时间为目标截获时间 T_C，用来衡量确认过程的时间长短。

$$T_C = \frac{\sum_{i=1}^{M}(T_{ti} - T_{fi})}{M} \tag{10.55}$$

式中，T_{ti} 表示第 i 次仿真中建立跟踪的时刻，而 T_{fi} 表示相应发现目标的时刻。

10.4.3 跟踪阶段评估指标

为了更加精细地刻画跟踪过程中雷达电子战的效果，把整个跟踪过程划分为粗跟阶段和精跟阶段，并分别针对不同阶段进行评估。

1. 对目标建立粗跟的距离统计分布

截获过程结束之后，相控阵雷达对目标建立了跟踪，但此时的跟踪滤波器尚未收敛，滤波误差较大。各种因素的影响（比如信噪比起伏、目标机动等）使目标重新丢失的概率较大，此时对应的跟踪过程称为"粗跟"过程。

定义"粗跟"的内涵为：

条件1：信噪比大于 SNR_1；

条件2：至少连续 N_1 次有效跟踪照射；

条件3：跟踪的新息统计量小于某个门限 Th_1；

通过蒙特卡洛仿真，可以得到对各个真实目标建立粗跟对应的距离点，然后可以得到目标建立粗跟的距离的统计分布。与前面发现目标距离统计分布类似，可以进一步得到均值、方差和置信区间等统计量。

2. 成功建立粗跟的比率

对于编号为 i 的目标，如果在某次试验中雷达能够至少一次对其建立粗跟，则称此目标在本次试验中建立了粗跟。

在相同战情下进行重复次数为 M 的蒙特卡洛试验，假设雷达成功对某个目标建立粗跟的试验次数为 N 次（还有 $M-N$ 次试验因为干扰等原因在整个过程中都不能建立航迹粗跟），则对此目标成功建立粗跟的比率为 $\frac{N}{M}$，当试验样本数目满足大样本条件时，可以认为这就是成功建立粗跟的概率。

3. 对目标建立精跟的距离统计分布

经过若干时间的粗跟过程，当下列条件满足后，可以认为雷达系统对目标的跟踪已经进入了精跟状态。

定义"精跟"的内涵为

条件1：信噪比大于 SNR_2；

条件2：至少连续 N_2 次有效跟踪照射；

条件3：跟踪的新息统计量小于另一个门限 Th_2；

通过蒙特卡洛仿真，可以得到对各个真实目标建立精跟对应的距离点，然后可以得到对目标建立精跟的距离的统计分布。类似地，可以进一步得到均值、方差和置信区间等统计量。

4. 成功建立精跟的比率

对于编号为 i 的目标，如果在某次试验中雷达能够至少一次对其建立精跟，则称此目标在本次试验中建立了精跟。

在相同战情下进行重复次数为 M 的蒙特卡洛试验，假设雷达成功对某个目标建立精跟的试验次数为 N 次（还有 $M-N$ 次试验因为干扰等原因在整个试验过程中不能建立航迹精跟），则对此目标成功建立精跟的比率为 $\dfrac{N}{M}$，当试验样本数目满足大样本条件时，可以认为这就是成功建立精跟的概率。

5. 信噪比和距离的关系曲线

在不考虑 RCS 起伏影响的情况下，雷达接收天线口面处的回波信噪比与雷达-目标之间距离成平方关系，也就是说，信噪比与距离的关系曲线大体上服从平方关系，但是由于目标起伏、大气衰减等原因，信噪比曲线在局部是起伏的。

通过录取信噪比数据，可以真实反映实体目标所在单元的信噪比变化情况。如果需要，可以进一步扩展为任意指定距离单元（包括假目标所在距离单元，由仿真白方实时指定数据录取的位置）信噪比变化情况。结合录取的波形数据，则可以在信号层次深入分析和评估雷达电子战效果。

6. 指定距离段内跟踪精度

探测航迹和真实航迹配对之后，设配对成功的实体目标数据和探测航迹对中相应的状态为 $\{X_i(l),\hat{X}_j(l)\}$，则可以利用直角坐标下的数据计算精度。

$$\overline{\Delta x}=\frac{1}{N}\sum_{l=1}^{N}\mid X_i(l)-\hat{X}_j(l)\mid \tag{10.56}$$

$$\overline{\Delta y}=\frac{1}{N}\sum_{l=1}^{N}\mid Y_i(l)-\hat{Y}_j(l)\mid \tag{10.57}$$

$$\overline{\Delta z}=\frac{1}{N}\sum_{l=1}^{N}\mid Z_i(l)-\hat{Z}_j(l)\mid \tag{10.58}$$

7. 指定距离段内新息统计量

设第 $(k-1)$ 时刻，状态变量的预测值为 $\hat{X}(k|k-1)$，第 k 时刻的观测方程为

$$Y(k)=H(k)X(k)+V(k) \tag{10.59}$$

式中，$H(k)$ 是观测矩阵，$V(k)$ 是零均值，方差为 $R(k)$ 的高斯白噪声，$Y(k)$ 是观测向量。定义观测量 $Y(k)$ 与预测观测量 $H(k)\hat{X}(k|k-1)$ 之差为滤波残差向量 $d(k)$，即

$$d(k)=Y(k)-H(k)\hat{X}(k|k-1) \tag{10.60}$$

其对应的协方差矩阵为

$$S(k)=H(k)P(k|k-1)H^{T}(k)+R(k) \tag{10.61}$$

式中,$\boldsymbol{P}(k|k-1)$为一步预测协方差矩阵。

假定观测维数是M,残差向量$\boldsymbol{d}(k)$的范数为

$$g(k) = \boldsymbol{d}^{\mathrm{T}}(k)\boldsymbol{S}^{-1}(k)\boldsymbol{d}(k) \tag{10.62}$$

可以证明,新息统计量$g(k)$是服从自由度为M的χ^2分布。

8. 不丢失目标的最远距离

对于编号为i号的实体目标,在整个过程中,可能发生多次失踪,然后也可能重新捕获。对于目标i对应的某条航迹,如果直到最后仿真结束不再发生失踪,那么这条航迹的起始点对应的距离就是本项评估指标的关心内容。

10.4.4 失踪与再截获评估指标

1. 目标发生失踪的概率

由于信噪比的起伏和各种干扰的影响,以及目标机动等诸多原因,在雷达跟踪过程中可能发生目标的丢失,称为"失踪"。

对于编号为i的目标,如果在某次试验中发生过失踪,则称此目标在本次试验中发生了失踪现象,而不论具体失踪的次数。如果此目标在M次的蒙特卡洛仿真中发生失踪的次数为N(还有$M-N$次试验中此目标完全不发生失踪),则此目标发生失踪的比率为$\dfrac{N}{M}$,当试验样本数目满足大样本条件时,可以认为这就是目标发生失踪的概率。

2. 发生失踪后重新截获的比率

即使采用最好的转换程序或者已经成功建立跟踪,目标也可能发生丢失。对于高威胁度目标,相控阵雷达应当在丢失目标的位置附近进行快速搜索以重新捕获目标。

设编号为i'的目标在M次的蒙特卡洛仿真中发生失踪的次数为N,而重新截获的次数为L,则发生失踪后重新捕获的比率为$\dfrac{L}{M}$,当样本数目满足大样本条件时,可以认为这个比率等于概率。

10.4.5 多假目标干扰评估指标

多假目标干扰对于相控阵雷达的干扰作用体现在多个方面:对于相控阵雷达任务调度系统,大量的假目标将使得任务调度和分配计算机饱和而无法正常工作,或者使得雷达发现真实目标时间延后(对于固定模板调度除外);对于信号处理系统,假目标的存在抬升了CFAR检测中参考单元的电平,造成真目标检测门限的抬升和检测概率的下降,经过对干扰信号进行调制,还可以欺骗雷达的测距、测速分系统;对于数据处理系统,大量假目标将使得数据处理计算机饱和,或者航迹关联发生困难而产生错批和混批现象,或者错误地截获跟踪假目标,甚至对它发射导弹拦截。

与此相对应,多假目标干扰效果评估也从多个侧面开展。

10.4.5.1 多假目标干扰对于相控阵雷达调度系统干扰效果评估

1. 搜索帧周期

搜索帧周期T_S是指搜索完整一帧的时间,不但包括扫描所有波位的时间,也包括在此过程中其他类型雷达任务的执行时间。与此相区别的是帧扫描周期T_C,它是指仅仅执行

搜索任务,完成一帧扫描任务的时间。多假目标干扰效果越好,产生的各种非搜索类任务请求数目越多,则系统的搜索帧周期则越长,此时相控阵雷达系统对应的距离损失 ΔR 越大,这在目标高速突防背景下是极其不利的。

$$\overline{\Delta R} \approx \frac{1}{2}\overline{V}T_S \tag{10.63}$$

式中,$\overline{V}$ 为 T_S 周期内目标的平均径向速度。

2. 相控阵雷达系统时间资源裕度

相控阵雷达采用 TAS(Tracking And Scanning)的工作模式,所以其系统资源优先满足优先级较高的雷达任务。搜索任务(不包括失踪处理)作为一种常驻任务,其优先级在仿真系统中往往最低。可以用搜索任务所消耗时间占所有系统时间资源的比例来反映系统当前任务的饱和程度,称为相控阵雷达系统时间资源裕度 R_t。

$$R_t = 1 - \frac{T_s}{T_a} \tag{10.64}$$

式中,T_s 表示搜索任务所消耗的时间,T_a 表示系统时间资源。

在指标实现上,只要记录每个非搜索任务的驻留时间,就可以计算出某个时间段内相控阵雷达系统时间资源裕度。

3. 相控阵雷达系统能量资源裕度

相控阵雷达的另外一项重要资源是能量资源。能量资源裕度 R_e 指标定义为总的发射时间和全部时间之比,它从一个侧面反映了相控阵雷达系统能量资源被消耗的情况,可以用来刻画多假目标干扰效果。

$$R_e = \frac{\sum_{i=1}^{N}D_i\tau_i}{\sum_{i=1}^{N}D_i} \tag{10.65}$$

式中,D_i 是第 i 个雷达任务的驻留周期,τ_i 是相应的占空比。

10.4.5.2　多假目标干扰对于相控阵雷达信号处理干扰效果评估

由于假目标信号(包括主瓣和旁瓣)占据了目标信号的参考单元,抬升了参考单元电平,使得目标检测概率下降。因此多假目标干扰对于目标信号的压制作用可以利用前面提出的搜索阶段指标进行评估,这里不再提出新的评估指标。

10.4.5.3　多假目标干扰对于相控阵雷达数据处理干扰效果评估

1. 多假目标欺骗干扰形成的跟踪航迹平均数目

多假目标欺骗干扰形成的跟踪航迹平均数目的含义是指把蒙特卡洛仿真中多次试验的多假干扰形成的跟踪航迹累加,然后除以蒙特卡洛仿真的重复次数。

$$L = \frac{\sum_{i=1}^{M}T_i}{M} \tag{10.66}$$

式中,T_i 是第 i 次仿真中干扰形成的跟踪航迹数目,M 为蒙特卡洛仿真的重复次数。

2. 多假目标欺骗干扰形成的暂态航迹平均数目

有源多假目标干扰不但会形成跟踪航迹,而且还会形成大量的暂态航迹。这些暂态航迹都比较短，但是大量的暂态航迹会影响数据处理计算机的处理能力，而且密集的航迹给数据关联带来了困难。

思考题

1. 简述常见评估准则。
2. 简述常见评估方法。
3. 简述常见的雷达抗压制干扰评估指标。请列举 5 个并说明具体含义。
4. 简述常见的雷达抗欺骗干扰评估指标。请列举 5 个并说明具体含义。
5. 简述雷达电子战效果评估和效能评估的区别。

参 考 文 献

[1] 周玉芳,余云智,翟永翠.LVC仿真技术综述[J].指挥控制与仿真,2010,32(4):1-7.
[2] 何晓骁."真实-虚拟-构造"仿真技术发展研究[J].测控技术,2019:342-345.
[3] 彭春光,邓建辉,张博.武器装备测试真实-虚拟-构造仿真技术研究[J].兵工学报,2015(S2):6.
[4] 涂亿彬.LVC联合试验体系结构及关键技术研究[D].长沙:国防科学技术大学,2016.
[5] 杨晓岚,陈霁,张翠侠,等.基于LVC的试验鉴定支撑平台构建方法研究[C].第六届中国指挥控制大会论文集(上册),2018.
[6] 赵严冰,崔连虎.基于LVC的舰艇电子对抗反导能力试验研究[J].舰船电子工程,2019,39(7):161-165,193.
[7] 张昱,张明智,胡晓峰.面向LVC训练的多系统互联技术综述[J].系统仿真学报,2013,25(11):2515-2521.
[8] 罗永亮,张珺,熊玉平,等.支持LVC仿真的航空指挥和保障异构系统集成技术[J].系统仿真学报,2017,29(10):2538-2541.
[9] 董志明,高昂,郭齐胜,等.基于LVC的体系试验方法研究[J].系统仿真技术,2019,15(3):170-175.
[10] 徐鸿鑫.基于LVC的联合仿真试验与技术研究[D].长沙:国防科学技术大学,2015.
[11] 蔡继红,卿杜政,谢宝娣.支持LVC互操作的分布式联合仿真技术研究[J].系统仿真学报,2015,27(1):93-97.
[12] 马能军,王丽芳.分布式LVC仿真系统关键技术研究[J].微电子学与计算机,2014,31(7):32-36.
[13] 陈西选,徐珞,曲凯,等.仿真体系结构发展现状与趋势研究[J].计算机工程与应用,2014,50(9):32-37.
[14] 李汉文.多雷达组网数据融合仿真平台及相关算法研究[D].杭州:杭州电子科技大学,2013.
[15] 谷雨,左燕,彭冬亮.基于HLA的多雷达组网信息融合仿真系统[J].火力与指挥控制,2015.40(6):136-144.
[16] 徐惠群.多雷达组网的数据处理技术研究[D].南京:南京理工大学,2008.
[17] 卢宣华.多平台雷达组网优化部署研究[D].南京:南京理工大学,2012.
[18] 梁元辉.分布式CFAR融合检测算法研究[D].成都:西南交通大学,2012.
[19] 石玉彬.分布式干扰技术研究[D].西安:西安电子科技大学,2013.
[20] Ahmed N,Hong H. Distributed jammer network: Impact and characterization [C]. Military Communications Conference,2009.
[21] 董旭良.基于多目标优化的雷达组网部署研究[D].镇江:江苏科技大学,2013.
[22] 鲁晓倩.组网雷达航迹干扰研究[D].成都:电子科技大学,2007.
[23] 兰俊杰,陈蓓,徐廷新.组网雷达发展现状及其干扰技术[J].飞航导弹,2009,12:39-41.
[24] 陈永光,李修和,沈阳.组网雷达作战能力分析与评估[M].北京:国防工业出版社,2006.
[25] 孙连山,杨晋辉.导弹防御系统[M].北京:航空工业出版社,2004.
[26] 何友,王国宏,陆大金,等.多传感器信息融合及应用[M].北京:电子工业出版社,2007.
[27] Bar-Shalom Y,Blair W D. Multitarget-multisensor tracking applications and advances Vol III [M]. Norwood,MA:Artech House,2000.
[28] 邹毅智,罗鹏飞,张文明.分布式多雷达组网融合算法及软件设计[J].火控雷达技术.1999,6(28):8-12.
[29] 王中许,李银伢,张学彪.雷达组网仿真研究与实现[J].南京理工大学学报.2006,30(3):292-301.
[30] 严朝译.雷达组网仿真技术研究[D].西安:电子科技大学.2003.
[31] 赵立军.雷达网探测仿真及三维地形可视化的设计与实现[D].南京:南京航空航天大学,2006.
[32] 张文明,罗鹏飞,周一宇.多雷达多目标跟踪仿真系统软件设计[J].宇航学报.2001,22(5):86-90.

[33] 赵锋,艾小锋,刘进,等.组网雷达系统建模与仿真[M].北京:电子工业出版社,2018.

[34] 伍光胜,郑明辉,黄远铮.COM_DCOM 技术的分析及应用[J].计算机应用研究,2001,(9):64-67.

[35] 周捷,高沈钢.基于组件的应用系统构造方法研究[J].探索与观察,2017,(14):75.

[36] 刘晓铖,陈彬,邱晓刚.一种构建仿真系统模型体系框架的工程方法[J].系统仿真学报,2018,30(12):4529-4535.

[37] 甘斌,郝佳新,李连军.基于 HLA 的雷达组网仿真及应用研究[J].系统仿真学报,2013,25(增 1):162-166.

[38] 陈彬,童创明,李西敏.基于检测概率的雷达组网反隐身建模与仿真[J].系统仿真学报,2017,29(12):3100-3106.

[39] Mercuri M. A Direct phase-tracking doppler radar using wavelet independent component analysis for non-contact respiratory and heart rate monitoring[J]. IEEE Transactions on Biomedical Circuits and Systems,2018,632-643.

[40] 梁胤程,袁媛,杨峰.基于 Hadoop 的探地雷达数据并行处理方法研究[J].系统仿真学报,2017,29(1):120-128.

[41] 郭金良,李晓燕.雷达对抗仿真推演系统的组件化设计与实现[J].火力与指挥控制,2015,40(1):126-130.

[42] 安红,张雁平,杨莉.基于组件的信号级雷达模型可重构设计[J].电子信息对抗技术,2020,35(4):57-61.

[43] 张晓东,李想.基于 C++语言的雷达系统组件化建模与仿真[J].计算机测量与控制,2020,28(11):187-191.

[44] 陈志杰,饶彬,李永祯,等.雷达组网数据融合系统性能分析[J].系统仿真学报,2015,27(7):130-135.

[45] 陈志杰,饶彬,李永祯,等.雷达组网数据融合系统仿真实现[J].系统仿真学报,2016,8(1):209-216.

[46] 雒梅逸香.基于组网雷达数据融合的目标跟踪技术研究[D].西安:西安电子科技大学,2018.

[47] 赵温波,丁海龙.基于 GMPHD 的雷达组网检测跟踪算法研究[J].系统仿真学报,2016,28(11):2804-2812.

[48] 李家强,赵春艳,陈金立.变步长约束总体最小二乘空间配准算法[J].系统仿真学报,2018,30(10):4021-4028.

[49] 郭冠斌,方青.雷达组网技术的现状与发展[J].雷达科学与技术,2005,4(3):193-197,202.

[50] 王雪松,肖顺平,冯德军,等.现代雷达电子战系统建模与仿真[M].北京:电子工业出版社,2010.